Hermann Beigel

Pathologische Anatomie der weiblichen Unfruchtbarkeit (Sterilität)

Deren Mechanik und Behandlung

Hermann Beigel

Pathologische Anatomie der weiblichen Unfruchtbarkeit (Sterilität)
Deren Mechanik und Behandlung

ISBN/EAN: 9783743450295

Hergestellt in Europa, USA, Kanada, Australien, Japan

Cover: Foto ©berggeist007 / pixelio.de

Manufactured and distributed by brebook publishing software (www.brebook.com)

Hermann Beigel

Pathologische Anatomie der weiblichen Unfruchtbarkeit (Sterilität)

PATHOLOGISCHE ANATOMIE

DER

WEIBLICHEN UNFRUCHTBARKEIT

(STERILITÄT),

DEREN

MECHANIK UND BEHANDLUNG.

Holzstiche
aus dem xylographischen Atelier
von Friedrich Vieweg und Sohn
in Braunschweig.

Papier
aus der mechanischen Papier-Fabrik
der Gebrüder Vieweg zu Wendhausen
bei Braunschweig.

PATHOLOGISCHE ANATOMIE

DER

WEIBLICHEN UNFRUCHTBARKEIT

(STERILITÄT),

DEREN

MECHANIK UND BEHANDLUNG,

VON

DR. HERMANN BEIGEL,

weiland Professor in London und Director des Maria-Theresia-Frauenhospitals in Wien,
Mitglied des Königlichen Collegiums der Aerzte in London, der Geburtshülflichen und
Pathologischen Gesellschaft daselbst; Mitglied der Kaiserlich Leopoldinischen Carolinischen
deutschen Akademie der Naturforscher, der Kaiserlich Königlichen Gesellschaft der Aerzte
in Wien, Ordinirender Arzt für Frauenkrankheiten am Mariahilfer Ambulatorium
daselbst, Ritter des eisernen Kreuzes, etc. etc.

MIT 113 EINGEDRUCKTEN HOLZSTICHEN.

ZWEITE AUSGABE.

BRAUNSCHWEIG,

DRUCK UND VERLAG VON FRIEDRICH VIEWEG UND SOHN.

1889.

VORWORT.

Das Fundament, auf welchem sich der Inhalt dieses Werkes aufbaut, bilden die Sectionen einer Anzahl weiblicher Generationsorgane, welche auf Sechshundert angewachsen und dem hiesigen pathologischen Institute entnommen sind. Es drängt mich daher, vor Allem, eine angenehme Pflicht zu erfüllen und dem Director dieses berühmten Institutes, Herrn Professor Heschl, meinen aufrichtigsten Dank für die gütige und liberale Unterstützung auszusprechen, welche er mir dadurch angedeihen liess, dass er mir gestattet hat, sämmtliche Generationsorgane weiblicher Leichen, welche für die Zwecke des Institutes nicht zur Verwendung gekommen sind, für meine Untersuchungen benützen zu dürfen. Hierdurch bin ich in die angenehme Lage gekommen, über ein Material verfügen zu können, wie es wohl kaum noch an irgend einem andern Orte angetroffen werden dürfte.

Nur sehr wenige der Frauen, deren Generationsorgane ich post mortem untersucht habe, sind an Krankheiten des Geschlechtsapparates gestorben; was ich an diesem gefunden, ist somit nur gelegentlich zur Beobachtung gekommen und ich habe, in Uebereinstimmung mit der von Winkel in

Dresden ausgesprochenen Ansicht, versucht darzuthun, dass
gerade hierin ein besonderer Werth der aus den Befunden
abgeleiteten Schlüsse gelegen sei.

Ich bin mir dessen wohl bewusst, dass man diesem
Werke, welches ich hiermit der wohlwollenden Beurtheilung
meiner Berufsgenossen übergebe, gewissermaassen seine
Existenzberechtigung bestreiten kann, weil die Sterilität
keine Krankheit, sondern nur die Folge, eine Symptomen-
gruppe, wenn man will, der verschiedenartigsten Erkrankungen des Weibes bildet. Das ist richtig. Diese Symptomen-
gruppe ist aber eine solche, welche tief eingreift in das Leben
der Staaten und in das Glück der Familien und gerade,
weil ihre Wurzeln äusserst zahlreich sind und aus den verschiedensten Körpergegenden stammen, erscheint eine syste-
matische Ordnung derselben dringend geboten. Noch mehr.
Viele dieser Wurzeln bilden nicht etwa regelmässige
Stränge, welche umfangreich und daher deutlich sichtbar
erscheinen, sondern sie verlaufen oft als feine Fasern unbemerkt und unbeachtet, obgleich sie, trotz ihrer Unschein-
barkeit, die gröberen und mächtigeren an nachtheiliger Wirkung weit übertreffen. Weil ihnen aber an und für sich,
d. h. lediglich als pathologischen Objecten, keinerlei Bedeutung zukommt, ist ihnen in den Krankheitsbildern,
denen sie ursprünglich angehören, kaum ein Plätzchen ein-
geräumt worden, und die Pathologen berühren sie höchstens
nur nebenbei und ganz oberflächlich, wodurch sie auch
seitens der Gynäkologen jene Beachtung nicht gefunden
haben, welche ihnen gerade von dieser Seite in einem sehr
hohen Grade gebührt. Diese Thatsachen zeigen aber in
deutlichster Weise die Nothwendigkeit der Gruppirung
der vielfachen zur Sterilität führenden veranlassenden Momente zu einem einheitlichen Bilde.

Das habe ich in diesem Werke zu thun versucht und obgleich ich mir wohl bewusst bin, wie mangelhaft ich die Aufgabe gelöst habe, so tröstet mich doch das Bewusstsein, dass ich einerseits ein nicht unbeträchtliches Material zusammengetragen habe, welches sich späteren Bearbeitern des Gegenstandes nützlich erweisen wird, und dass ich andererseits hier und da eine Anregung gegeben habe, welche geeignet sein dürfte, andere, tüchtigere Arbeiter in die Arena zu locken.

Einer der hervorragendsten Lehrer der Gynäkologie an einer deutschen Hochschule, dem ich den Plan dieses Werkes mitgetheilt habe, schreibt mir: „Es ist jedenfalls ein guter Gedanke von Ihnen, die pathologische Anatomie wieder aufzugreifen. Wir sind in der Praxis eigentlich den pathologisch-anatomischen Untersuchungen vorausgeeilt. Es haben sich dabei ganz neue Gesichtspunkte ergeben, auf welche unsere pathologischen Anatomen von Fach noch gar nicht eingegangen sind und für welche sie noch kein Verständniss gewonnen haben. Wir unsererseits spüren den Mangel solcher Untersuchungen sehr, und ich glaube, dass Sie mit Ihrer Arbeit, um einen vulgären Ausdruck zu gebrauchen, einem tiefgefühlten Bedürfnisse entgegen kommen." Das sind in der That ermunternde Worte und es soll mir eine grosse Befriedigung gewähren, wenn es mir gelungen sein sollte, dieser Erwartung auch nur in der bescheidensten Weise entsprochen zu haben.

Schliesslich noch ein Wort über die in diesem Werke enthaltenen Abbildungen. Es hat sich in den letzten Decennien in den gynäkologischen Lehrbüchern ein Schematismus der Illustration herausgebildet, der nicht selten zu falschen Vorstellungen führte. Diesen Schematismus habe ich aus der vorliegenden Arbeit ganz und gar verbannt und bin der Ansicht, dass das Werk schon hierdurch allein einen

gewissen Werth gewonnen hat; jedenfalls kommt ihm das
Verdienst zu, das erste grössere gynäkologische Werk zu sein,
welches, mit Ausnahme der Einzeichnungen in Fig. 29, nicht
eine einzige schematische Abbildung enthält. Vielmehr sind
sämmtliche Zeichnungen, die mikroskopischen sowohl als
die makroskopischen, mit alleiniger Ausnahme der Fig. 15,
welche Henle's berühmtem Lehrbuche der Anatomie
entlehnt ist, von Herrn Dr. Heitzmann nach der Natur
und zwar nach frischen Präparaten, mit besonderer Sorgfalt, unmittelbar oder nach photographischer Aufnahme, und
in diesem Falle unter gleichzeitiger Beihilfe der Präparate,
angefertigt worden. Die Reproduction der in den Figuren
24 und 26 dargestellten Präparate, ist in der berühmten
xylographischen Anstalt der Herren Vieweg und Sohn
in Braunschweig, woselbst sämmtliche Holzschnitte angefertigt worden sind, in wahrhaft meisterhafter Weise ausgeführt. Dass manche Abbildungen den ursprünglichen
Umfang der Präparate beibehalten haben und nicht in
verkleinertem Maassstabe gezeichnet worden sind, geschah
absichtlich, nachdem ich mich überzeugt hatte, dass mit
der Verkleinerung auch die richtige Vorstellung von dem
Gegenstande im hohen Grade beeinträchtigt worden wäre.

So möge denn diese Arbeit, mit welcher ich mich
lange und gern beschäftigt habe, hinausgehen und eine
freundliche Aufnahme in dem Kreise der Berufsgenossen
finden. Das Einzige, warum sie bittet, ist eine unpar-
theiische Beurtheilung.

Wien, im Juni 1878.

Hermann Beigel.

INHALTSVERZEICHNISS.

INHALTSVERZEICHNISS.

I.

EINLEITUNG.

Die Unfruchtbarkeit des Weibes (Sterilität) hat nicht nur darum von den ältesten Zeiten bis auf die Gegenwart die Aufmerksamkeit der Aerzte sowohl, als die des Publikums auf sich gezogen, weil sie an und für sich tief einschneidet in das Leben der Familie und des Staates, sondern weil überdies ihr Vorkommen ein weit häufigeres ist, als in der Regel angenommen wird, und weil die Aerzte ihr, bis in die neueste Zeit hinein, ziemlich machtlos gegenüber gestanden haben, die öffentliche Meinung aber in der Sterilität der Frau geradezu eine Schande, ja eine Strafe des Himmels, erblicken zu müssen glaubte.

Es ist zu bedauern, dass die Statistik aller europäischen Länder uns keine genügenden Aufschlüsse über das Verhältniss der sterilen zu den fruchtbaren Ehen zu geben im Stande ist, weil die für diesen Zweck den betreffenden Personen vorzulegenden Fragen aus conventionellen Gründen von den Statistikern nicht gut gestellt werden können [1]. Unsere Bemühungen in den statistischen Aemtern Preussens, Deutschlands, Oesterreichs und Englands konnten daher nicht zum

---

[1] Der Registrar General von England, Dr. W. Farr, schreibt auf unsere Anfrage: „Ich bedaure, Ihnen mittheilen zu müssen, dass unsere statistischen Nachweise kein Material für die Beantwortung Ihrer Frage enthalten. Die Untersuchung derselben ist von ausserordentlicher Wichtigkeit, allein sie kann nur privatim von den Aerzten ausgeführt werden."

Ziele führen [1], und wir blieben auf dasjenige angewiesen, was uns
Matthews Duncan in seiner bekannten, den hier in Rede stehenden
Gegenstand betreffenden, Schrift mitgetheilt hat. (Fecundity, Fertility
and Sterility. Edinburgh 1866.)

Dieser Schriftsteller ist zu dem Resultate gelangt, dass im Jahre
1855 in Edinburgh und Glasgow 15 Proc. aller Ehen, welche von
Frauen zwischen dem fünfzehnten und vierzigsten Lebensjahre geschlossen wurden, steril waren. Natürlich gilt dieses Resultat nur
für die von Duncan auf Grundlage eines zehnjährigen Turnus berech-
neten Verhältnisse und auch nur für die in Betracht gezogenen beiden
Hauptstädte. Der Variationen giebt es viele, da ja bekannt ist, dass

---

[1]) Es ist interessant, die Stellung der Statistik gegenüber der vorliegenden
Frage kennen zu lernen, daher wir die von uns unternommenen Schritte, sowie
die durch dieselben erreichten Resultate beschreiben wollen. Auf unsere an
Herrn Director Dr. Engel in Berlin gerichtete Anfrage über das Verhältniss
der sterilen zu den fruchtbaren Ehen hatte dieser die Freundlichkeit, uns mit-
zutheilen, dass ihm hierüber keine Zahlen zu Gebote stehen, und uns an die
Herren Doctoren Schimmer und Glatter in Wien zu verweisen. Herr
Dr. Schimmer besprach die Frage mit uns an der Hand des vorhandenen
Materials, welches sich aber als gänzlich ungenügend erwies, meinte jedoch, dass
wir die gewünschte Auskunft aus dem Kaiserl. statistischen Amte des Deutschen
Reiches seit Einführung der Civilstandsregister erhalten würden. Der Director
dieser Anstalt, Herr Dr. Becker, hatte die Güte, uns folgende Antwort zu
ertheilen:

„Berlin, W., den 25 Februar 1877.

Geehrter Herr!

Von den Deutschen Bundesstaaten fragen nur Grossherzogthum Hessen,
Grossherzogthum Oldenburg und Reichsland Elsass-Lothringen bei verheirathet
Gestorbenen nach der Zahl der in letzter Ehe geborenen Kinder. Die Antwort giebt unter anderem auch Auskunft auf Ihre Frage nach der Zahl der
unfruchtbaren Ehen. Es müsste die Zahl sämmtlicher durch den Tod gelösten
Ehen mit der Zahl derjenigen unter ihnen, in welchen keine Kinder erzeugt
wurden, verglichen werden, mit anderen Worten, es wäre das Verhältniss zu
ermitteln, in welchem die sämmtlichen verheirathet Gestorbenen zu der Zahl
derjenigen verheirathet Gestorbenen, welche in letzter Ehe kinderlos blieben,
stehen. Die Fragen werden aber für die Reichsstatistik nicht nutzbar gemacht,
und ich habe daher über die Ergebnisse keinerlei Nachweis, kann Ihnen vielmehr nur anheimstellen, Sich an
    die Grossherzoglich Hessische Centralstelle für die Landesstatistik in
       Darmstadt,
    das Grossherzoglich Oldenburgische statistische Bureau zu Oldenburg,
    das statistische Bureau des Oberpräsidiums zu Strassburg im Elsass
zu wenden. Allerdings weiss ich nicht, ob die betreffenden Daten in den gedachten Staaten zusammengestellt sind; veröffentlicht ist darüber bis jetzt
nichts.“

die Zahl der Eheschliessungen durch Epidemien, Kriege, Ernten u. s. w. wesentlich beeinflusst wird.

Eine, allerdings nur unvollständige Berechnung, welche wir, soweit das mangelhafte Material es eben gestattete, mit dem bekannten österreichischen Statistiker. Herrn Dr. Schimmer für die österreichische Monarchie angestellt haben, ergab noch weit ungünstigere Resultate, als diejenigen sind, welche Matthews Duncan erhalten hat. Charles West (Diseases of women. III. Aufl., p. 366) fand, dass unter seinen Patientinnen im St. Bartholomew's Hospital die achte steril sei. Wenngleich nun weder diese, noch die Angaben anderer Autoren sichere Anhaltspunkte darbieten, so geht aus ihnen doch zur

---

Wir erbaten uns nunmehr von den statistischen Anstalten dieser Länder Auskunft und erhielten zunächst von Herrn Dr. Schumann, Assistent des Vorstandes des Grossherzoglich Oldenburgischen statistischen Bureaus, folgende Mittheilung:

„Oldenburg, den 9. März 1877.

Sehr geehrter Herr!

Auf Ihr Gesuch vom 6. d. M., betr. Mittheilung des Verhältnisses zwischen fruchtbaren und sterilen Ehen, beehre ich mich ergebenst zu erwiedern, dass die diesbezüglichen Angaben der Grossherzoglichen Standesbeamten erst seit Einführung des Zählblättchenverfahrens (1. Januar 1876) dem statistischen Bureau zugehen, und dass eine Verarbeitung des bereits eingegangenen Materials (ein Jahrgang) noch nicht stattgefunden hat. Zu meinem Bedauern sehe ich mich daher nicht in der Lage, die gewünschte Auskunft ertheilen zu können.

Ich erlaube mir noch, die Bemerkung hinzuzufügen, dass meines Wissens über den in Rede stehenden Gegenstand bisher überhaupt noch keine Publicationen vorliegen ausser einer Arbeit von Wilhelm Stieda (veröffentlicht in den „Statistischen Mittheilungen über Elsass-Lothringen" Heft 5), aus welchen Sie vielleicht einige für Ihre Zwecke brauchbare Daten werden entlehnen können."

Von der Grossherzoglich Hessischen Centralstelle für die Landesstatistik wurde uns folgender Bescheid:

„Auf das gefällige Schreiben vom 6. v. M. erwiedern wir ergebenst, dass aus den bis jetzt in Hessen gefertigten Zusammenstellungen sich das Verhältniss der fruchtbaren zu den sterilen Ehen nicht entnehmen lässt.

Darmstadt, den 4. April 1877."

Eine positivere Antwort vermochte uns das statistische Bureau in Strassburg zu ertheilen, machte jedoch vorher in freundlichster Weise auf das Material aufmerksam, welches daselbst für die Aufstellung der bald mitzutheilenden Tabelle vorhanden sei:

„In den Registern über die Sterbefälle findet sich eine Rubrik „Zahl der in der letzten Ehe geborenen Kinder, einschliesslich der Todtgeborenen."

Aus diesen Angaben lässt sich nun das Verhältniss der durch den Tod eines Ehegatten aufgelösten kinderlosen Ehen zu den mit Kindern gesegneten,

1*

Genüge hervor, dass das Vorkommen der Sterilität ein ungemein häufiges sei.

Erst in neuester Zeit hat man angefangen, die Fantasiegebilde, welche die weiblichen Generationsorgane in einen mystischen Nebel hüllten, aufzugeben, und die verbesserten Untersuchungsmethoden haben wesentlich dazu beigetragen, der Erkenntniss der weiblichen Unfruchtbarkeit näher zu treten. Die Zahl der Aerzte aber, welche die Behauptung aufgestellt und es versucht haben, dieselbe mittelst anatomischer und klinischer Thatsachen zu stützen, dass der Sterilität, abgesehen von dem Antheile seitens des Mannes, immer ein mechanisches Moment zu Grunde liege, infolge dessen entweder ein Contact

---

ebenfalls durch den Tod gelöste Ehen ermitteln. Sollten Sie diese Ermittelungen erwünschen, so bitte ich um gefällige weitere Benachrichtigung.

Der Vorstand des Statistischen Bureaus."

Auf unser Ersuchen war das Bureau sodann so gefällig, folgende Tabelle für uns zusammenstellen zu lassen:

Jahr	Gesammtzahl *) der durch den Tod gelösten Ehen	Davon		In Procenten	
		Ehen mit Kindern	Ehen ohne Kinder	Ehen mit Kindern	Ehen ohne Kinder
1872	11·320	10·915	405	96·42	3·58
1873	12·367	11·922	445	96·40	3·60
1874	8·054	7·765	289	96·41	3·59
1875	8·769	8·475	294	96·65	3·35
Summa .	40·510	39·077	1·433	96·46	3·54

*) Ehen, bei denen jegliche Angabe darüber fehlte, ob die Ehe eine mit Kindern gesegnete, oder eine kinderlose war, sind unberücksichtigt geblieben.

Eine wesentliche Bedeutung kann leider auch dieser Tabelle für die Beantwortung unserer Frage nicht beigelegt werden, nicht allein, weil sie sich auf einen zu kurzen Zeitraum erstreckt, sondern weil die Erhebungen in die Jahre unmittelbar nach dem Kriege und in die Zeit fallen, in welcher die Optionsfrage in den eroberten Provinzen zum Austrage kam; es wanderten sehr viele Familien aus, und es ist kaum nöthig darauf hinzuweisen, dass die in kinderloser Ehe lebenden Personen ungleich mobiler sind, als diejenigen, welche Kinder haben.

Schliesslich bleibt uns nur noch übrig, einer Mittheilung Erwähnung zu thun, welche uns von Herrn Dr. Farr, Registrar General für England zugekommen ist. Derselbe war so gütig, uns folgenden Auszug aus der Zusammenstellung des letzten Census in England (Census Report. Vol. I, Occupations p. XLIII)

zwischen Sperma und Ovulum nicht möglich sei, oder, wenn eine Befruchtung stattgefunden, das so befruchtete Ovulum entweder auf Abwege gerathe, oder auf seiner Bahn nach der Uterushöhle irgendwo festgehalten werde, oder aber, wenn es in das *Cavum uteri* gelangt, daselbst nicht zur Reife gebracht werden könne, ist noch gering. Ja es hat an Autoren nicht gefehlt, welche dieser durchweg mechanischen Erklärung und der darauf begründeten Therapie mit einem gewissen Hohne entgegengetreten sind, allein es scheint, dass sich das Material für die mechanische Auffassung der Sterilität von Tag zu Tage häuft, und schliesslich auch diejenigen von der Richtigkeit dieser Auffassung überzeugen wird, welche sich noch nicht entschliessen konnten, dieselbe zu adoptiren.

Es darf übrigens nicht vergessen werden, dass den vielen Zweifeln, welche man der mechanischen Auffassung von den verschiedensten Seiten entgegengestellt hat, eine gewisse Berechtigung nicht abgesprochen werden kann.

Lag z. B. eine Knickung des Uterus vor, oder wurde ein Polyp im *Cervix* vorgefunden, welcher diesen vollkommen unwegsam machte, dann ist dieser Befund für die Ursache der obwaltenden Sterilität angesprochen worden; trat nun, nachdem die Unwegsamkeit in Folge der eingeleiteten Therapie behoben war, dennoch keine Conception ein, dann glaubten die Gegner der mechanischen Auffassung hieraus eine Waffe sowohl gegen die Theorie, als gegen die Behandlung schmieden zu dürfen. Nun wird es sich aber im Laufe unserer Darstellung zeigen, dass die als Beispiele angeführten, sowie eine ganze Reihe anderer ähnlicher Befunde, Folgezustände zu setzen im Stande sind und in der

zu übersenden: „Eine grosse Zahl Verheiratheter haben keine lebenden Kinder, und der letzte Bericht hat auf Grundlage hinreichender Thatsachen dargethan, dass unter 100 verheiratheten Paaren etwa 28 am Censusabende keine Kinder bei sich hatten. Anderen Beobachtungen zufolge darf jedoch angenommen werden, dass von 100 Familien nicht mehr als 20 kinderlos sind, somit 80 von 100 Kinder haben. Ueber 100 Wittwen und Wittwer hatten 59 Kinder, 41 keine Kinder am Censusabende bei sich.

Von 42023 Familien, in denen Mann und Weib lebten, hatten nämlich 11947 keine Kinder, 30076 hatten 82145 Kinder bei sich. Von 10854 Wittwen und Wittwer hatten 4449 keine Kinder, während 6405 am Censusabende 13902 Kinder bei sich hatten. (First Census-Report 1851, p. XLIII).“

Diese Zahlen sind, wie ersichtlieh, zum Zwecke der Feststellung des Hausstandes zusammengestellt worden, sie beziehen sich auf die Kinder, welche in der Censusnacht im elterlichen Hause anwesend waren und dürften für die Beantwortung der Frage über das Verhältniss der sterilen zu den fruchtbaren Ehen kaum in Verwendung gezogen werden.

Regel zu setzen pflegen, welche die Conceptionsfähigkeit nicht minder, ja in einem noch weit erhöhtem Maasse, aufzuheben vermögen, als es ihre veranlassenden Momente thun. Es wird sich ferner zeigen, dass eine grosse Anzahl an und für sich unbedeutender, bisher unbeachtet gebliebener, Alterationen im Gebiete des weiblichen Genitalapparates auftreten und die Conception in der energischsten Weise verhindern können, Alterationen, welche kaum jemals zur Kenntniss der betreffenden Patientinnen gelangen, weil sie ohne schmerzhafte oder sonstwie unangenehme Symptome einhergehen können, und selbst am Sectionstische sich dem prüfenden Auge des Anatomen entziehen, wenn er nicht sein specielles Augenmerk auf sie richtet.

Die Unbedeutendheit der Alterationen, welche wir im Auge haben, und auf die wir specieller werden eingehen müssen, birgt zugleich die Möglichkeit ihrer spontanen Rückbildung auf den normalen Zustand in sich und erklärt alle jene Fälle in höchst ungezwungener Weise, in welchen scheinbar gesunde Frauen entweder gar nicht concipiren, bis sie nach jahrelanger Sterilität und ohne Dazwischentreten irgend welcher Kunsthülfe schwanger werden und regelrecht gebären, oder, wenn sie geboren haben, ohne irgend einen nachweisbaren Grund diese Function entweder gänzlich zu üben aufhören oder für dieselbe, nach Verlauf einer geraumen Zeit, spontan oder in Folge einer eingeleiteten Behandlung, wieder tüchtig werden.

Kurzum das nicht unbedeutende, anatomische sowohl als klinische, Material, welches uns zu Gebote stand, ganz speciell aber das erstere, mit dessen genauer Untersuchung wir uns eingehend beschäftigt haben, und deren Resultate hier mitgetheilt werden sollen, hat uns zu der vollen und unerschütterlichen Ueberzeugung geführt, **dass es keinen Fall von Sterilität giebt, dem nicht eine materielle Veranlassung zu Grunde liegt.** Allerdings müssen wir gleich hinzufügen, was wir übrigens immer betont haben, dass diese materiellen Veranlassungen an der lebenden Patientin nicht immer nachweisbar seien, weil sie in jenen Abschnitten des Generationssystemes auftreten können, ja leider wirklich oft auftreten, welche uns absolut unzugänglich sind, wie die Eierstöcke, die Tuben u. s. w.

Hieraus erwächst aber keinerlei Berechtigung, die materielle Erklärung für unbrauchbar oder unzulänglich zu halten, weil sie das bestehende veranlassende Moment in der lebenden Patientin nicht immer ad oculos zu demonstriren in der Lage ist. Es dürfte wohl von keiner Seite in Abrede gestellt werden, dass sich vom rein anatomischen Standpunkte aus die Ursache und auch die Möglichkeit der Heilung

sowie der Werth der Diagnose sicherer feststellen lässt, als es auf
dem klinischen Wege möglich ist, weil auf dem letzteren zu viele
Irrthümer, sowohl für die Diagnose als für die richtige Beurtheilung
der wirkenden Kräfte einhergehen und sich unseren Erwägungen und
Plänen gar leicht und störend beigesellen.

Aus diesem Grunde halten wir die, zumeist auf pathologisch-
anatomischer Grundlage gewonnenen Resultate, welche den Inhalt
dieses Werkes bilden sollen, für geeignet, dass wir uns der Hoffnung
hingeben, sie werden zu weiteren Untersuchungen nach dieser Richtung
hin anregen und für die Beurtheilung und Behandlung der Sterilität
dieselben sicheren, auf mechanischen Principien beruhenden, Gesetze
aufstellen, wie sie im Bereiche anderer Organe bereits maassgebend
geworden sind und sich so ausserordentlich wirksam erwiesen haben.

Nach dieser gegebenen Darstellung ist es noch kaum nöthig, besonders darauf hinzuweisen, dass wir uns jener Eintheilung der Sterilität
in primäre und aquirirte nicht anschliessen können. Die veranlassenden Momente für beide sind dieselben, sie unterliegen derselben Beurtheilung und derselben Behandlung. Wenn z. B. ein Polyp
des *Cervix* die Wegsamkeit dieses Canales aufhebt, so ist es vollkommen gleichgültig, ob eine derartige Neubildung sich vor oder nach der
Verheirathung der Patientin oder erst nach erfolgten Geburten entwickelt hat. In derselben Weise gleichgültig ist es, ob eine Pseudomembran, welche den Eileiter an die hintere Wand des Uterus fest-
löthet oder das abdominelle Lumen verschliesst, bei einer Unverheiratheten in Folge einer Erkältung, oder bei einer Verheiratheten in
Folge einer puerperalen Entzündung oder einer sonstigen schädlichen
Veranlassung entstanden ist. Das Resultat ist bei beiden dasselbe
und wir sehen nicht ein, warum die dadurch bedingte Sterilität bei der
einen, wenn sie die Ehe eingegangen, für primär, bei der andern,
wenn sie sich in der Ehe, vielleicht nach bereits erfolgten Geburten,
manifestirt, für aquirirt gehalten werden soll; aquirirt sind sie eben
beide. Eben so wenig können wir denjenigen Gesetzen unsere Zustimmung ertheilen, welche Matthews Duncan auf Grund seiner
statistischen Zusammenstellungen mit Rücksicht auf die Sterilität aufgestellt hat. Das eine derselben geht dahin, dass die Wahrscheinlichkeit vorhanden sei, eine Frau bleibe steril, wenn sie drei Jahre nach
der Ehe kein Kind geboren habe, während sich das andere Gesetz auf
die relative Sterilität bezieht und dahin lautet, dass eine Frau, nachdem sie Kinder geboren und hinterher drei Jahre lang steril bleibt,
wahrscheinlich auch keine Kinder mehr zur Welt bringen, also steril

bleiben werde, und dass diese Wahrscheinlichkeit im Verhältniss zum fortschreitenden Alter wachse. Diese Gesetze entbehren jeglicher materiellen Grundlage. Es kann unserer Ueberzeugung nach nur ein Gesetz aufgestellt werden, welches also lautet: **„Ein weibliches Individuum, bei welchem der einmalige oder wiederholte Coitus mit einem befruchtungsfähigen Manne keine Conception zur Folge hat, leidet, wenn es im geschlechtsreifen Alter steht und das Säugegeschäft nicht verrichtet, an irgend einer materiellen Veränderung seines Generationsapparates, welche das Eintreten der Conception auf mechanischem Wege verhindert, ist also steril und wird es so lange bleiben, als das bestehende Hinderniss nicht aus dem Wege geräumt ist".**

Der schwache Punkt dieses Gesetzes liegt in „dem einmaligen oder wiederholten Coitus"; allein so bedauerlich es ist, sich in dieser Beziehung keines bestimmten Ausdruckes bedienen zu können, so scheint die von uns gebrauchte Redeweise doch noch zweckmässiger als die Annahme bestimmter, gewissermaassen präclusiver Zeiträume. Uebrigens werden wir auf diesen Punkt bei der Betrachtung der Menstruationsvorgänge und der Conception noch zurückkommen müssen.

Unserer Ueberzeugung gemäss wären wir der Erkenntniss der weiblichen Unfruchtbarkeit längst näher getreten, als bisher der Fall war, wenn die pathologisch-anatomische Seite der Gynäkologie von den Gynäkologen selber nicht allzu stiefmütterlich behandelt worden wäre, da sie für den pathologischen Anatomen nur dann zum Gegenstande einer besondern Aufmerksamkeit wird, wenn sich die Generationsorgane als der Sitz jener Krankheit erweisen, an welcher die Patientin zu Grunde gegangen ist.

Nicht ohne Interesse ist es, zu erfahren, dass ein Anatom des vorigen Jahrhunderts dem uns hier beschäftigenden Gegenstande bereits seine besondere Aufmerksamkeit geschenkt hat und der, obgleich er sich der Schwierigkeit, über die Ursache der Sterilität Aufschlüsse zu geben, bewusst war, dennoch bereits die Wichtigkeit einer ganzen Reihe von Thatsachen erkannt hat, aus denen die Gynäkologen seinerzeit und bis auf die Gegenwart denjenigen Nutzen nicht gezogen haben, welchen eine Würdigung seiner Resultate hätte ergeben können. Johann Gottlieb Walter [1] sagt: „Die Ursachen der Unfruchtbarkeit anzugeben ist eine höchst missliche Sache. In meinen Betrach-

---

[1] Von der Krankheit des Bauchfelles und dem Schlagflusse. Berlin 1785.

tungen über die Geburtstheile des weiblichen Geschlechtes, welche ich im Jahre 1774 der königlichen Akademie vorzulegen die Ehre hatte, habe ich zwar versprochen die Gründe anzugeben, warum die lustigen Mädchen mehrentheils unfruchtbar sind. Ob ich nun meine Zusage so ganz erfüllen werde, das glaube ich kaum selbst". Und nun folgt die, heutigen Tages in höchst ungenügender Weise gegebene, Erklärung über die Sterilität der „lustigen Mädchen" und die Beobachtung anderer, die Sterilität veranlassender, Momente rein mechanischer Natur, auf welche wir in den betreffenden Abschnitten näher einzugehen Veranlassung haben werden. Es wird daraus ersichtlich werden, dass die Neigung zur mechanischen Erklärung des hier in Rede stehenden Zustandes ältern Datums ist, und dass es nicht gerade die geringsten Beobachter waren, welche das Bedürfniss danach fühlten. Ja wir können darauf hinweisen, dass schon Hippokrates die mechanische Theorie lehrte, indem er unter Anderm im fünften Abschnitte seiner Aphorismen das zu grosse Netz dickleibiger Frauen als den häufigsten Grund der Sterilität bei denselben aus dem Grunde ansah, weil es den Muttermund zusammendrücke und die Empfängniss verhindere. Werden diese Frauen, sagt er, nicht mager, so kann Schwangerschaft bei ihnen auch nicht eintreten. Wenngleich die Beobachtung selber nicht als richtig angesehen werden kann, so bleibt sie, eben wegen der rein mechanischen Erklärungsweise, immerhin sehr interessant.

Es wäre durchaus nicht schwer, an der Hand der Geschichte der Medicin den Nachweis zu liefern, dass dieses Bedürfniss der mechanischen Erklärung der Sterilität sich zu allen Zeiten, und zwar bei den tüchtigsten Aerzten, geltend gemacht hat. Dass diesem Bedürfnisse kein Genüge hat geleistet werden können, lag an dem Mangel anatomisch festgestellter Thatsachen. Unsere gegenwärtige Aufgabe aber besteht gerade darin, solche zur Grundlage unserer Betrachtung zu machen und aus ihnen heraus die bisher dunkel gebliebenen klinischen Beobachtungen zu erklären, somit die Lehre von der Sterilität aus der dunklen Stellung, welche sie bisher eingenommen, zu befreien und sie den übrigen bereits gelösten wichtigen Fragen der Medicin ebenbürtig an die Seite zu stellen.

Da wir somit eine Reihe von Thatsachen in das Bereich unserer Besprechung zu ziehen haben werden, welche bisher einer kritischen Untersuchung noch gar nicht, oder nur in ungenügender Weise, unterworfen worden sind und diese sich an gewisse Verhältnisse der normalen Anatomie und der physiologischen Vorgänge anschliessen, in denen wir nicht selten von der bisher üblichen Darstellung wesentlich abweichen,

scheint es uns räthlich, den Plan dieses Werkes folgendermaassen festzustellen: Zunächst soll eine pragmatische Uebersicht der normalen
Anatomie der weiblichen Generationsorgane gegeben werden. Dieselbe
scheint uns schon wegen der genauen Messungen, welche wir an normalen Organen aus den verschiedensten Lebensperioden auszuführen
Gelegenheit hatten, und deren Kenntniss uns für Jeden, der sich mit
der Sterilität bekannt machen will, unerlässlich erscheint, sowie wegen
gewisser, mit der Untersuchung der hier vorliegenden Frage untrennbar
zusammenhängender Ergebnisse der mikroskopischen Structur mancher
Organe, von selbst geboten. Wir müssen da unserer Erfahrung folgen,
weil die Kritik keinen sichern Fingerzeig bietet, dem man folgen kann.
Das haben wir bei der Beurtheilung unseres Werkes über die Krankheit
des weiblichen Geschlechtes[1]) erfahren. Die Einen waren über die aus-
führliche Darstellung der normalen Anatomie der weiblichen Generationsorgane des Lobes voll, die Anderen hielten sie für überflüssig.
Wem also soll man es da recht machen ? Wir hätten auf die in unserm
Werke gegebene Darstellung einfach verweisen können, wenn wir durch
umfangreiche Untersuchungen und mit Hülfe neuer Methoden nicht zu
Resultaten gelangt wären, welche in manchen, nicht unwesentlichen
Punkten von den früher gewonnenen abwichen. Auf diese näher einzugehen, scheint uns daher unerlässlich, ohne allerdings eine syste-
matische anatomische Darstellung der weiblichen Generationsorgane
zu beabsichtigen.

Sodann gedenken wir nach einer kurzen Besprechung der physiologischen Vorgänge, welche für die Beantwortung der uns vorgelegten
Frage von Wichtigkeit sind, zur Beschreibung der pathologisch-
anatomischen, bei der Sterilität wesentlich concurrirenden Verhältnisse
zu schreiten, um daraus in einem weiteren Abschnitte die Mechanik
der Unfruchtbarkeit zu erklären.

Der therapeutische Theil soll den Schluss bilden.

---

[1]) Die Krankheiten des weiblichen Geschlechts vom klinischen, pathologischen und therapeutischen Standpunkte aus dargestellt von Dr. Hermann
Beigel. Zwei Bände. Stuttgart 1875.

II.

ANATOMIE.

Der weibliche Geschlechtsapparat ist bekanntlich so gelagert, dass sich ein Theil ausserhalb des Beckens, ein anderer innerhalb desselben befindet. Die äusseren Theile beginnen am *Mons Veneris*, von welchem die beiden, zwei dicke Wülste bildenden, rechts und links auseinanderweichenden und sich in die Hinterbacken verlierenden grossen **Schamlefzen** (*Labia majora*) ausgehen. Im jungfräulichen Zustande bilden ihre inneren, einander berührenden, Ränder die Schamspalte (*Rima pudenda*), und werden an ihrem hintern Ende durch ein **Bändchen**, (Frenulum, Fourchette der Franzosen) vereinigt. Hinter letzterm befindet sich nach innen zu eine Vertiefung, die sogenannte *Fossa navicularis*.

Zieht man die beiden grossen Schamlefzen einer jungfräulichen Person etwas auseinander, dann treten die beiden **kleinen Schamlefzen** (*Labia minora*, *Nymphae*) zu Tage, welche sich etwa in der Mitte der grossen in diese verlieren. Nach vorn vereinigen sie sich einmal unterhalb der *Clitoris*, um das Bändchen der letzteren (*Frenulum clitoridis*) zu bilden, biegen sodann nach rechts und links um die *Clitoris* um, und treten oberhalb derselben wieder zusammen, wodurch die **Vorhaut** dieses Organes (*Praeputium clitoridis*) entsteht. Im nicht mehr jungfräulichen Zustande bilden die kleinen Schamlefzen zwei mehr oder minder lange Hautfalten, welche von den grossen nicht bedeckt werden, sondern frei aus der Schamspalte hervorragen.

Unterhalb des *Praeputium clitoridis* umfassen die beiden Schenkel der Nymphen eine Fläche, welche bis zur Urethra reicht und Vorhof (*Vestibulum*) genannt wurde. Die Urethramündung bildet eine 2 bis 4 Mm. lange, bei jugendlichen Individuen mit franzenartigen Fortsätzen besetzte, Oeffnung. In geringer Entfernung unterhalb der letztern ist eine zweite, in der Regel quergestellte, Oeffnung von nur wenigen Millimetern Ausdehnung, der Scheideneingang (*Introitus vaginae*) sichtbar. Ihr Lumen erfreut sich zwar grösserer Dimensionen,

Fig. 1.

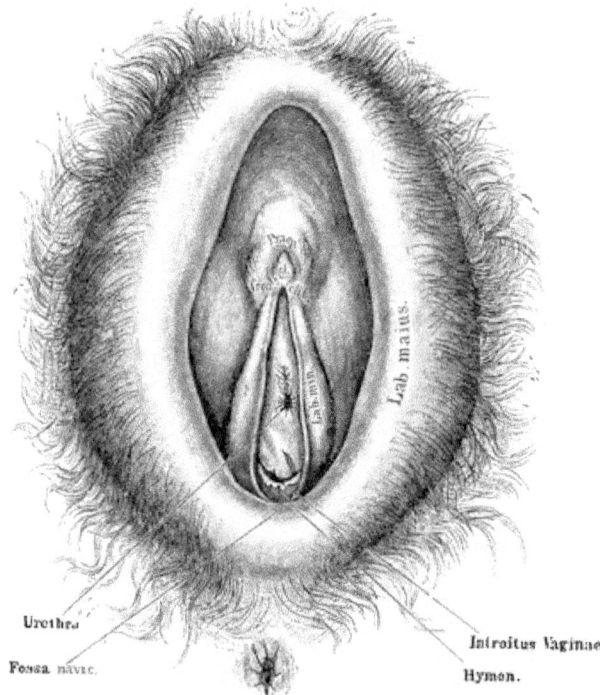

Die äusseren Geschlechtstheile im jungfräulichen Zustande. *cl Clitoris.*
(Natürliche Grösse.)

ist jedoch mittelst einer von hinten nach vorn sich erstreckenden Hautduplicatur, den Hymen, verschlossen.

Die Gestalt dieser Duplicatur ist grösstentheils sichelförmig oder halbmondförmig (*Hymen semilunaris*) mit der Concavität nach vorn gerichtet. Zuweilen ist gar keine Oeffnung vorhanden (*Hymen imperforatus*) oder die Falte setzt sich ringförmig mit einer centralen

Oeffnung allseitig an (*Hymen annullaris*), oder aber der Hymen bildet eine Haut, in deren Centrum sich mehrere Oeffnungen befinden (*Hymen cribriformis*). In fast allen Fällen muss die Haut während des ersten Coitus gesprengt werden und lässt jene Fleischklümpchen als Spur ihres einstigen Daseins zurück, welche als *Carunculae hymenales s. myrtiformes* bekannt sind. Dieselben können bekanntlich zum Sitz äusserst heftiger Schmerzen werden, die weitere Ausübung des Beischlafs unmöglich machen und jenen Zustand schaffen, welcher unter der Bezeichnung „Vaginismus" bekannt ist.

Der Hymen beginnt in der Regel unmittelbar oberhalb des Frenulum, kann aber auch abnormerweise seinen Ansatz höher oben in der Vagina nehmen, eine starke, sehr feste Membran bilden und die Trennung durch das Messer, entweder um den Coitus oder, wenn Schwangerschaft eingetreten ist, die Geburt zu ermöglichen, nöthig machen. In der Nähe des vordern Ansatzes des Hymen treten gewöhnlich zu jeder Seite die Ausführungsgänge der Cowper'schen, auch Duverney'schen oder Bartholini'schen Drüsen (*Glandulae vulvovaginales. Hugier*) zu Tage. Diese bohnenförmigen, 15 bis 20 Mm. langen Drüsen zeigen bekanntlich eine ziemlich grosse Neigung zur Entzündung und Abscessbildung und werden daher häufig Objecte der ärztlichen Behandlung. Dass sie im Stande sind, die Gonorrhoe lange zu erhalten, hat Matthews Dunean erst ganz jüngst gezeigt [1]).

Die hier abgebildeten, jungfräulichen äusseren Geschlechtstheile (Fig. 1) rühren von einer zwanzigjährigen Patientin her, welche im Wiener Irrenhause gestorben ist, und deren Generationsorgane sich durchweg durch eine sehr regelmässige, normale Formation ausgezeichnet haben. Wir halten diesen Umstand der besondern Erwähnung werth, weil weibliche Generationsorgane im normalen Zustande bei Verheiratheten als Seltenheit angesehen werden müssen, aber auch in Leichen jungfräulicher Personen nicht gar zu häufig angetroffen werden.

Gewissermaassen ein Vermittlungsglied zwischen den äusseren und inneren Theilen des Generationsapparates bildet die Scheide (*Vagina*), ein vorn etwa 60 Mm., hinten etwa 80 Mm. langer Schlauch, welcher sich im kindlichen Alter durch eine üppige Faltung auszeichnet, welche sich niemals, selbst nach vielen Geburten, namentlich am untern Abschnitte, selbst wenn der obere bereits ganz glatt und lederartig geworden, gänzlich verliert. Vom Orificium verlaufen nach auf-

[1]) Lancet 1877. März-Nummer.

wärts die beiden Wülste, welche Huber als *Columna carneo-pa-pillosa anterior* und *posterior* bezeichnet hat, in der Regel aber

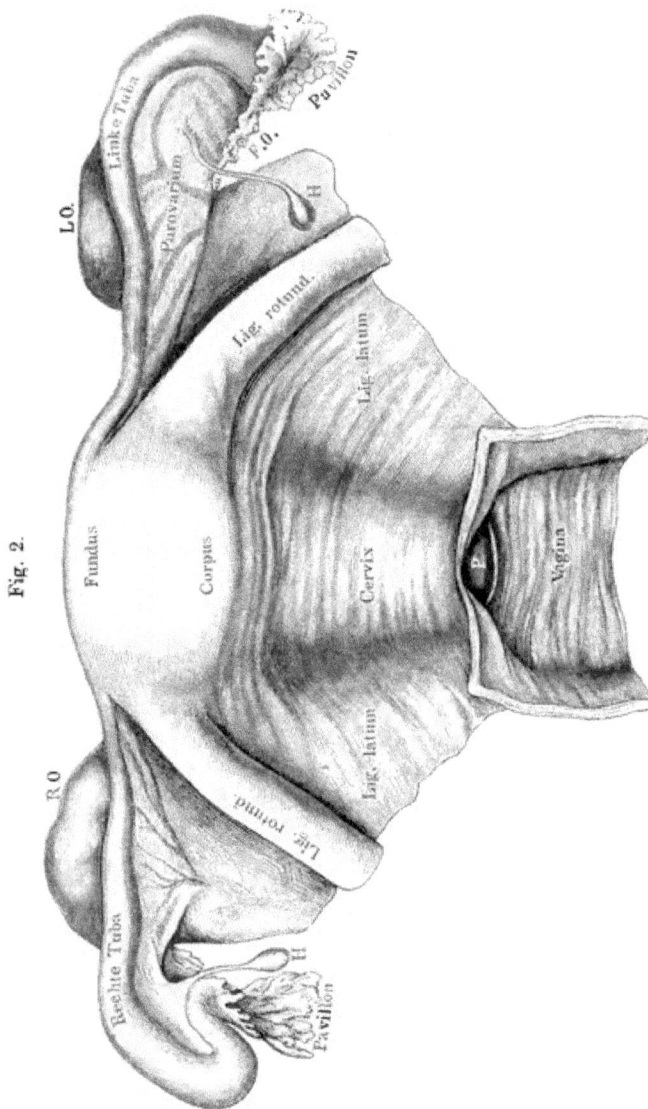

Fig. 2.

Der Uterus und seine Anhänge im jungfräulichen Zustande. (Vordere Ansicht.) *H Morgagnische Hydatide. F O Fimbria ovarica. L O Linkes Ovarium.* (Natürliche Grösse.)
P Portio vaginalis. R O Rechtes Ovarium. L O Linkes Ovarium.

als *Columnae rugarum* beschrieben werden. Das obere Ende der Scheide schlägt sich zum Scheidendache (*Fornix vaginae s.*

Laquear), um, scheinbar um den in die Vagina hineinragenden Abschnitt
der Gebärmutter zu umfassen, in der That aber, um sich in denselben
fortzusetzen. Dieser in die Vagina hineinreichende Theil der Gebärmutter ist Vaginalportion (*Portio vaginalis*) genannt worden.
Wir werden auf die anatomischen Verhältnisse, welche zwischen der
Scheide und diesem Theile der Gebärmutter bestehen, noch zurückkommen müssen.

Denken wir uns das Bauchfell von vorn und hinten in das Becken
herabsteigend und den Boden des letztern überziehend, und denken wir
ferner das Bauchfell in der Mitte des Bodens in eine Querfalte etwa
bis zur Höhe des Symphysenrandes erhoben, so dass das kleine Becken
in einen vordern und hintern Abschnitt getheilt wird, dann schiebt
sich der Uterus mit fast allen seinen Anhängen derartig in diese Falte
ein, dass er in der Mitte seinen Platz findet, seine flache vordere Fläche
gegen die Symphyse, seine convexe hintere Fläche gegen das Kreuz-
bein gerichtet ist, die Tuben rechts und links in den Faltenrändern
nach den Seitenwänden des Beckens ihren Verlauf nehmen, die Eierstöcke hinter ihnen Platz finden, während vor ihnen die runden Mutterbänder ihren Lauf nach vorn nehmen, durch den Inguinalcanal treten
und sich in die Schamlefzen verlieren.

Nachdem die Bauchfellfalten die vordere und hintere Uteruswand
überzogen, legen sich ihre beiden Blätter an den Seitenwänden des
Uterus, den Arterien und Venen den Ein- und Austritt gestattend,
aneinander an und gehen als breite Mutterbänder (*Ligamenta lata*)
seitlich nach rechts und links ab, um schliesslich die Beckenwände zu
bekleiden. Von der vordern Wand des Uterus aber schlägt sich das
Bauchfell auf die Blase, von der hintern auf das Becken über; so entsteht vorn jener Raum, welcher als *Excavatio vesico-uterina* beschrieben worden ist, während hinten ein Raum entsteht, welcher die
Bezeichnung *Excavatio recto-uterina* erhalten hat. Diese beiden
Excavationen haben für die Auffassung gewisser Krankheitsprocesse
eine nicht zu unterschätzende Bedeutung und machen auch unsererseits
Anspruch auf eine speciellere Würdigung, dem wir in einem spätern
Abschnitte gerecht werden müssen.

Das Präparat, von welchem unsere mit grosser Sorgfalt angefertigten Zeichnungen ausgeführt worden (Fig. 2 und 3), rührt von demselben
Individuum her, von welchem die äusseren Genitalien stammen. Die
Beurtheilung eines aus der Leiche herausgenommenen Präparates der
weiblichen Generationsorgane, mit Rücksicht darauf, ob wir es mit der
vordern oder hintern Ansicht zu thun haben, ist äusserst leicht, wenn man

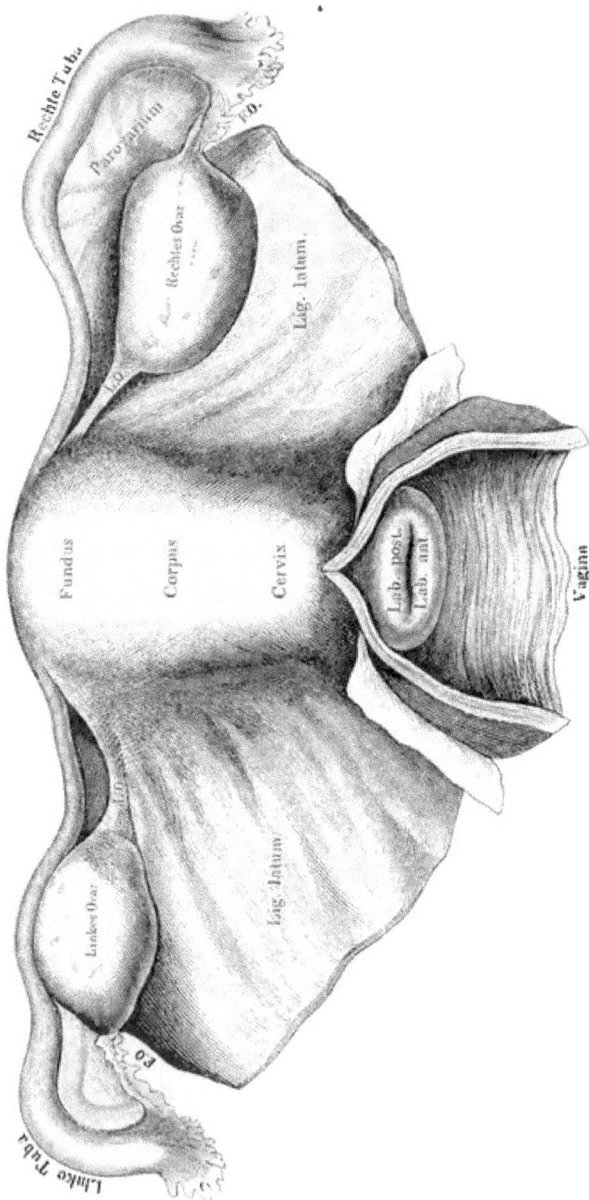

Fig. 3.

bedenkt, dass sich an der erstern die runden Mutterbänder präsentiren, während die Eierstöcke entweder gar nicht oder nur deren oberen Ränder oberhalb der Eileiter sichtbar sind, während die *Ligamenta rotunda* bei der hintern Ansicht gar nicht, dafür aber die Ovarien in ihrem ganzen Umfange gesehen werden können. In der Abbildung (Fig. 3) haben wir das linke Ovarium an seinem normalen Platze gelassen, während das rechte nach unten umgeschlagen worden ist, um den Nebeneierstock (*Parovarium*) zu zeigen, welcher in dem zwischen Eierstock und Tuben gelegenen, als Schmetterlingsflügel (*Ala vespertilionis*) bezeichneten Abschnitt des breiten Mutterbandes befindlich ist.

Auch den äussern Muttermund vermag man wegen des tiefern Standes der vorderen Muttermundslippe in der vordern Ansicht nicht zu sehen, wohl aber in der hintern, wie eine Vergleichung der beiden Abbildungen (Fig. 2 und 3) lehrt.

Die Verhältnisse des Uterus an und für sich und zur Scheide, sowie das Verhältniss der Ovarien zu den Tuben hat für das von uns abzuhandelnde Thema eine Bedeutung, die unseres Erachtens bisher entweder gar nicht oder nicht genug gewürdigt worden ist und eine besondere Berücksichtigung erheischt.

Bevor wir jedoch zur Besprechung dieser Verhältnisse schreiten, müssen wir noch die Veränderungen betrachten, denen die verschiedenen Maasse der weiblichen Generationsorgane in den verschiedenen Lebensabschnitten unterworfen sind. Wir erachten diese wichtige Mittheilung an dieser Stelle für zweckmässig, damit wir uns in dem folgenden Abschnitte darauf beziehen können, und beginnen mit dem Maasse eines siebenmonatlichen Fötus [1]).

Länge des Uterus .	10	mm
Breite des Fundus	4	„
Dicke desselben . .	1	„
Länge der linken Tuba . .	7	„
Länge der rechten Tuba	7	„
Entfernung der beiden Tubenenden von einander	16	„
Linkes Ovarium. Länge	7	„
„ „ Breite	2	„
„ „ Dicke . . .	2	„

[1]) Das Präparat ist in Fig. 25 dargestellt.

Rechtes Ovarium. Länge			7 mm
„	„	Breite	2 „
„	„	Dicke	2 „
Länge der Clitoris	.		4 „
Dicke „	„	. . . .	2 „
Länge der rechten Lab. maj.	.		4 „
„	„	linken „ „ . . .	3 „

Nymphen noch nicht vorhanden.

Es folgen nunmehr zehn kindliche Uteri nebst deren Anhängen:

I.   von einem neugeborenen Kinde,
II. und III.   von zwei einige Tage alten Kindern,
IV.   von einem 28 Tage alten Kinde,
V.   „   „   6 Monate
VI.   „   „   1 Jahr
VII.   „   „   10 Jahre
VIII.   „   „   10 Jahre
IX.   „   „   12 Jahre
X.   „   „   13 Jahre alten Kinde.

Maasverhältnisse kindlicher Uteri verschiedener Alters-perioden [1]).

	I.	II.	III.	IV.	V.	VI.	VII.	VIII.	IX.	X.
1. Gesammtlänge d. Uterus [2])	21	26	29	29	25	27	32	37	26	46
2. Länge des Körpers [3]) . . .	—	10	9	—	6	8	15	7	15	17
3. „ „ Halses [4]) . . .	—	15	13	—	18	15	15	20	18	25
4. Breite des Fundus [5]) . . .	8	8	9	9	10	16	27	19	30	26
5. Breite der Uterinhöhle [6]) .	—	—	—	4	—	9	8	9	15	21
6. „ des Os intern. . .	—	—	—	1·5	—	2	3	2	5	6
7. „ der Cervicalhöhle [7])	—	—	—	2	—	3	7	5	8	8
8. „ des Os extern. . .	6	—	—	6	5	4	4	5	10	7
9. Dicke des Fundus (aussen)	5	4	4	5	3	4	4	5	7	6
10. „ des Körpers (aussen)	9	3	—	7	6	6	8	6	11	9
11. „ der vordern Wandung:										
a) am Fundus	2	2	—	2	2	3	3	3	4	4
b) „ Corpus	5	4	—	3	3	3	4	2	6	7
c) „ Cervix	4	6	—	4	4	5	2	2	5	4
12. Dicke der hintern Wandung:										
a) am Fundus	3	3	—	2	2	2	3	2	—	4
b) „ Corpus	4	4	—	2	4	3	3	2	—	5
c) „ Cervix	6	7	—	5	4	5	4	4	—	5
13. Dicke des Fundusdaches [8])	2	1	—	2	1·5	4	5	3	3	4
14. Länge der vordern Lippe	6	8	6	2·5	6	3	4	1	7	4
15. Dicke „ „ „	3	5	—	2	5	2	3	2	5	2
16. Länge der hintern Lippe	7	9	7	4	3	4	3	6	7	4
17. Dicke „ „ „	4	4·5	—	4	4	3	3	3	2	3
18. Capacität der Uterus-höhle [9])	—	—	—	—	—	—	—	—	einige Tropfen	—
19. Rechter Eierstock:										
a) Länge	12	9	17	17	24	22	23	29	24	23
b) Breite	5	4	5	6	6	5	16	14	7	14
c) Dicke	3	2	6	6	5	4	12	8	7	7
20. Linker Eierstock:										
a) Länge	9	8	20	17	—	25	27	32	24	34
b) Breite	6	3	12	8	—	5	11	12	5	13
c) Dicke	2	2	5	4	—	4	14	8	9	6
21. Länge der rechten Tuba .	11	22	6	39	25	39	46	49	71	74
22. „ „ linken „ .	12	14	21	32	—	34	50	52	70	74

[1]) Um Wiederholungen zu vermeiden sei bemerkt, dass die hier gebrauchten Bezeichnungen für alle folgenden Maassen Geltung haben, und dass sämmtliche Maasse in Millimetern gegeben sind.

[2]) Von der höchsten Stelle des Fundus bis zur tiefsten der Portio vaginalis.

[3]) Von der äussersten Höhe der Uterinhöhle bis zum Os internum.

[4]) Vom Os internum bis zum Os externum.

[5]) Von aussen, u. z. von Tubeninsertion zu Tubeninsertion gemessen.

[6]) Vom Orificium tubae uterin. der einen Seite zu dem der andern Seite gemessen.

[7]) An der breitesten Stelle gemessen.

[8]) Von der obern Begrenzung der Uterushöhle bis zur dicksten Stelle der äussern Fläche des Fundus gemessen.

[9]) Nach ungefährer Schätzung.

2*

Maassverhältnisse jungfräulicher Generationsorgane.
Nr. I. und III. sind bei 20jährigen Jungfrauen, Nr. II. bei einer 19jähri-
gen jungfräulichen Person gefunden worden.

	I.	II.	III.
1. Gesammtlänge des Uterus	70	63	71
2. Länge des Körpers	14	20	15
3. „ „ Halses	42	32	39
4. Breite des Fundus	49	41	42
5. Breite der Uterinhöhle	21	21	20
6. „ des Os interu.	6	5	5
7. „ der Cervicalhöhle	10	10	7
8. „ des Os extern.	10	9	10
9. Dicke des Fundus (aussen)	25	20	25
10. „ des Körpers (aussen)	27	19	32
11. „ der vordern Wandung:			
a) am Fundus	12	10	13
b) „ Corpus	12	9	16
c) „ Cervix	10	7	11
12. Dicke der hintern Wandung:			
a) am Fundus	13	10	16
b) „ Corpus	14	9	16
c) „ Cervix	8	7	12
13. Dicke des Fundusdaches	12	11	14
14. Länge der vordern Lippe	10	5	5
15. Dicke „ „ „	8	7	6
16. Länge der hintern Lippe	10	7	10
17. Dicke „ „ „	9	7	8
18. Capacität der Uterushöhle		3 bis 5 Tropfen	
19. Rechter Eierstock:			
a) Länge	33	29	29
b) Breite	26	10	15
c) Dicke	13	13	9
20. Linker Eierstock:			
a) Länge	44	28	30
b) Breite	29	18	14
c) Dicke	11	14	12
21. Länge der rechten Tuba	94	70	97
22. „ „ linken „	85	64	90

Maassverhältnisse zweier Individuen, von denen das erste
(I.) 28 Jahre alt war und einmal geboren hatte, während das
zweite (II.) 44 Jahre alt und Mutter dreier Kinder war.

	I.	II.
1. Gesammtlänge des Uterus ...	66	57
2. Länge des Körpers	24	19
3. „ „ Halses	31	25
4. Breite des Fundus ...	38	14
5. Breite der Uterinhöhle	13	33
6. „ des Os intern......	4	3
7. „ der Cervicalhöhle	7	6
8. „ des Os extern......	5	3
9. Dicke des Fundus (aussen) ...	20	10
10. „ „ Körpers (aussen) ...	17	10
11. „ der vordern Wandung:		
a) am Fundus	8	4
b) „ Corpus	7	4
c) „ Cervix	5	5
12. Dicke der hintern Wandung:		
a) am Fundus	9	6
b) „ Corpus	9	5
c) „ Cervix	6	5
13. Dicke des Fundusdaches	8	5
14. Länge der vordern Lippe....	18	4
15. Dicke „ „ „	14	10
16. Länge der hintern Lippe	7	8
17. Dicke „ „ „ ...	6	10
18. Capacität der Uterushöhle	einige Tropfen	1 Grm.
19. Rechter Eierstock:		
a) Länge	27	
b) Breite	14	
c) Dicke...........	9	fehlen
20. Linker Eierstock:		
a) Länge	27	
b) Breite	11	
c) Dicke...........	8	
21. Länge der rechten Tuba	117	
22. „ „ linken „	101	

Maassverhältnisse von Greisinnen.

I. Von einer 76 Jahre alten Frau, welche fünf Kinder geboren hatte und an Lungenödem gestorben ist.

II. Von einer 60 Jahre alten Frau, welche acht Kinder geboren hatte. Uterus zwar klein, jedoch in seinen Wandungen noch ziemlich stark, die Ovarien hatten das für das Alter charakteristische, wie aus Schrotkörnern zusammengesetzte Aussehen.

III. Von einer 68 Jahre alten Frau; Zahl der Geburten, ob sie überhaupt solche durchgemacht, unbekannt.

	I.	II.	III.
1. Gesammtlänge des Uterus	65	52	51
2. Länge des Körpers	22	21	23
3. „ „ Halses	35	26	25
4. Breite des Fundus . . .	58	32	34
5. Breite der Uterinhöhle	15	16	19
6. „ des Os intern.	5	7	5
7. „ der Cervicalhöhle	12	11	13
8. „ des Os extern.	15	14	6
9. Dicke des Fundus (aussen)	21	16	9
10. „ des Körpers (aussen) . . .	15	21	17
11. „ der vordern Wandung:			
a) am Fundus	11	7	7
b) „ Corpus	18	10	9
c) „ Cervix	8	8	6
12. Dicke der hintern Wandung:			
a) am Fundus	12	8	7
b) „ Corpus	11	11	9
c) „ Cervix	9	11	9
13. Dicke des Fundusdaches	14	6	6
14. Länge der vordern Lippe	2	6	6
15. Dicke „ „ „ . . .	2	9	8
16. Länge der hintern Lippe	4	9	10
17. Dicke „ „ „ . . .	5	7	6
18. Capacität der Uterushöhle	5 Grm.	Einige Tropfen	1 Grm.
19. Rechter Eierstock:			
a) Länge	15	42	33
b) Breite	19	8	10
c) Dicke	13	8	8
20. Linker Eierstock:			
a) Länge		34	30
b) Breite		15	16
c) Dicke	Cyste	6	6
21. Länge der rechten Tuba		79	78
22. „ „ linken „		97	76

Die Schlüsse, welche aus diesen Maassen folgen, werden wir in den betreffenden Abschnitten ziehen. Gehen wir nunmehr zur Betrachtung derjenigen Verhältnisse über, welche für unser Thema von besonderer Bedeutung sind.

1. Der Uterus.

Ein Blick auf die mitgetheilten Tabellen wird genügen, um zu erkennen, dass die Grössenverhältnisse nicht nur des Uterus, sondern auch seiner Anhänge, im kindlichen wie im erwachsenen Alter, in ziemlich weiten Grenzen variiren, und die spätere Auseinandersetzung wird noch darthun, dass der Umfang einzelner Theile, z. B. der Ovarien, in höchst abnormer Weise zu wachsen vermag, ohne dass von einem krankhaften Zustande die Rede zu sein braucht.

Die Gebärmutter bildet bekanntlich ein hohles Organ, dessen Wandungen, abgesehen von dem grossen Reichthume an Gefässen, aus fibrösen und muskulösen Elementen zusammengesetzt, bei Erwachsenen eine grosse Derbheit und bedeutende Festigkeit darbieten, an der vordern Seite jedoch von geringerer Mächtigkeit sind als an dem hintern, namentlich obern Abschnitte, weshalb dieser grösstentheils mehr oder minder gewölbt erscheint und sich als der mächtigste Theil des Uterus erweist.

Der zuoberst gelegene, geschlossene Abschnitt des Uterus wird als Grund (*Fundus*), der den grössten Theil der Höhle umfassende als Körper (*Corpus*) und der übrigbleibende als Hals (*Cervix*) beschrieben; von letzterm reicht ein Theil, wie bereits bemerkt, als abgestumpfter Kegel (*Portio vaginalis*) in die Scheide hinein, so dass wir an dem Halse einen vaginalen und einen supravaginalen Theil unterscheiden. (Fig. 2 und 3.)

Legt man, wie in Fig. 4 (S. 24), durch den Uterus seiner ganzen Länge nach so einen Schnitt, dass er die Seitenwandungen trifft, also die vordere von der hintern Wand trennt, dann wird man dadurch der beiden Höhlen, nämlich derjenigen des Körpers (*Cavum uteri*) und des Halses (*Cavum cervicis*) ansichtig, welche unsere volle Aufmerksamkeit verdienen, da sie nicht nur für die Conception, sondern auch für die Behrütung des befruchteten Eies von der grössten Bedeutung sind. Höhlen im eigentlichen Sinne des Wortes sind sie nicht, sondern Schläuche, Canäle oder Spalten, da der Uterus ein von vorn nach hinten flachgedrückter Körper ist, dessen vordere Wand in normalem jungfräulichen Zustande der hintern anliegt oder dieselbe doch nahezu berührt, so dass man bei Jungfrauen eigentlich von einer Uterin- und Cervicalspalte sprechen sollte, die sich bei Frauen, welche Kinder geboren haben,

oder unter pathologischen Verhältnissen, zu Höhlen ausbilden können
und sich wirklich ausbilden.

Die normale Gestalt dieser Höhlen oder Spalten bei jungfräulichen
Individuen haben wir in der Abbildung (Fig. 4) sorgfältig wiederzugeben
versucht; die Uterinhöhle ist dreieckig, mit einer obern starken Concavität und einer seitlichen leichten Convexität, verjüngt sich nach unten
zu, verläuft eine Strecke mit fast unverändertem Caliber, um sich neuer-

Fig. 4.

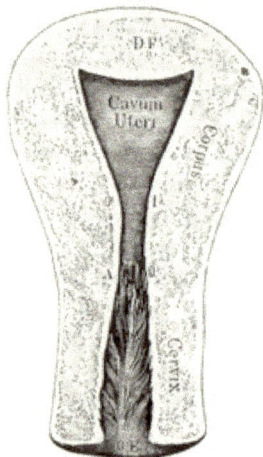

Durchschnitt durch den jungfräulichen
Uterus. *D F* Dach des Fundus. *O I* Innerer
Muttermund (gynäkologischer). *A O* Innerer
Muttermund (anatomischer). *O E* Aeusserer
Muttermund. (Natürliche Grösse.)

dings behuf Bildung der Cervicalhöhle etwas zu erweitern
und sich endlich am äussern
Muttermunde wieder zu verjün-
gen. Im Grossen und Ganzen
gehen diese Verhältnisse niemals,
auch nicht nach wiederholten Geburten, ganz verloren, nur dass die
seitlichen Convexitäten des *Cavum
uteri* ausgebauchte Formen annehmen.

Diejenige Stelle, wo die Gebärmutter ihre grösste Verjüngung erfährt, muss vom gynäkologischen Standpunkte als der
innere Muttermund (*Os internum*) angesehen werden. Diese
Definition stimmt mit der bisher
von den Gynäkologen und Anatomen gegebenen nicht überein
und bedarf daher einer nähern
Erklärung.

Es ist bekanntlich zu verschiedenen Mitteln gegriffen worden, um
das *Os internum* zu fixiren. Zu diesem Zwecke hat man nicht nur die
äussere Form, sondern auch den innern Schleimhautrand, ja selbst die
Anheftung des Peritoneums herangezogen.   Allein die äussere Einschnürung ist weder stets vorhanden, noch ist sie eine so jähe,
dass man sagen könnte, das *Os internum* correspondire mit ihr an
einer bestimmten Stelle.   Der Schleimhautrand wäre ein weit con-
stanteres Merkmal, allein er fällt nicht immer auf die grösste Verengerung der Gebärmutterhöhle und das müsste er doch wohl, wenn
er den innern Muttermund bezeichnen sollte. Der Peritonealansatz erweist sich für die Bestimmung als vollkommen unbrauchbar, da er an der

vordern Fläche schon früh den Uterus verlässt, um sich auf die Blase hinüberzuschlagen, während er nicht nur die ganze hintere Wand des Körpers und Halses bedeckt, sondern auch einen Theil der Scheide überzieht, bevor er auf das Rectum übergeht. Wir erachten es daher für am zweckmässigsten, ein gynäkologisches und ein anatomisches Os internum anzunehmen und ersteres dorthin zu verlegen, wo die grösste Verjüngung des Cavum uteri stattfindet, letzteres hingegen dort zu fixiren, wo das den Cervicalcanal charakterisirende, als Palmae plicatae, Plicae palmatae, Rugae penniformes, Arbor vitae, Lyra bezeichnete Faltensystem mit einem erhabenen Rande und meist in einer scharfen Linie abschneidet. Diese Linie geht fast niemals verloren und weder zahlreiche Geburten noch pathologische Processe oder die retrograde Entwicklung vermögen sie so zu verwischen, dass nicht noch deutliche Spuren derselben aufgefunden werden könnten.

Das gynäkologische Os internum würde daher ein wandelbares sein, bei jüngeren Personen oft höher liegen, in Folge stattfindender Geburten herabsteigen und mit dem **fixen anato**mischen Muttermunde nicht selten zusammenfallen. Uebrigens besteht diese Identität in vielen Fällen, aber durchaus nicht immer, schon von vorn herein, d. h. im jungfräulichen Zustande. Andererseits aber kommen Fälle vor, in denen der Unterschied auch nach stattgehabten Geburten noch fortbesteht. Ein Blick auf Fig. 4 lehrt, dass der gynäkologische Muttermund von dem anatomischen durch einen nahezu 1 cm betragenden Zwischenraum getrennt sein kann.

Legen wir einen sagitalen Schnitt durch den Uterus, dann sind wir im Stande, die zwischen dem Peritonealüberzuge und der Schleimhaut gelegene Muskelschicht, deren Verhältniss zur Scheide, die Schleimhautauskleidung, sowie den Verlauf der Höhlen zu beurtheilen. Auch hierüber gehen die Ansichten der Autoren weit auseinander. Wir haben uns Mühe gegeben, an einer Reihe tadellos gebauter weiblicher Generationsorgane die streitigen Punkte zu klären und werden Gelegenheit finden, manche Angaben der Autoren zu berichtigen.

Der **Verlauf des Uterincanales** wird in der Regel als ein S-förmig gewundener angegeben. Das ist nicht ganz richtig. Im kindlichen Alter, da die Wände der Gebärmutter noch wenig widerstandsfähig sind, der untere Abschnitt (Cervix) den obern (Corpus und Fundus) überdies an Mächtigkeit weit übertrifft, beginnt an der Grenze zwischen beiden, also da wo der Körper in den Hals übergeht, fast ausnahmslos eine scharfe Knickung oder eine Curvatur, welche den ganzen obern, kürzern Abschnitt trifft.

Dieser Zustand ist zweifellos das Resultat des auf dem Uterus lastenden, durch die Baucheingeweide erzeugten Druckes, welcher den dünnwandigen, mithin weniger resistenten Theil zwingt, sich zu krümmen oder in einem scharfen Winkel von dem dickwandigen, mithin widerstandsfähigeren untern Abschnitte abzuknicken, während der Cervix seine gestreckte Richtung beibehält.

Wenn der Uterus sich aber mit dem zunehmenden Alter mehr und mehr entwickelt, wenn Muskel- und Bindegewebe sich vermehrt

Fig. 5.

Fig. 6.

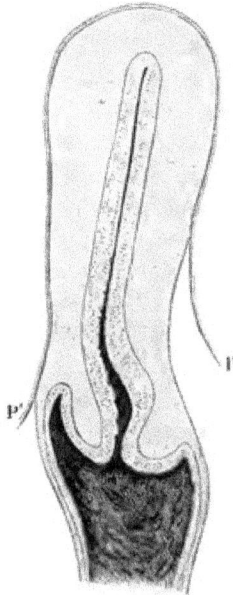

Sagitaler Schnitt durch den jungfräulichen Uterus. *P* Uebergang des Peritoneum auf die Blase. *P'* Uebergangsstelle desselben auf das Rectum. (Natürliche Grösse.)

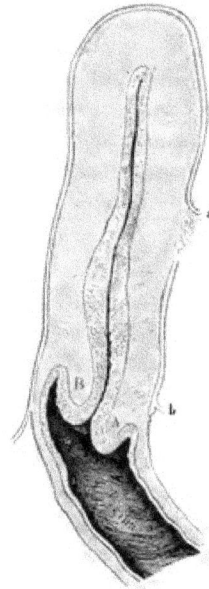

Jungfräulicher Uterus. *A* vordere, *B* hintere Muttermundslippe. *a b* Ansatz der Blase. (Natürliche Grösse.)

und den Wänden der Gebärmutter Straffheit und Widerstandskraft verleiht, dann kehrt sich das Verhältniss um. Der obere Abschnitt (*Fundus* und *Corpus*) übertrifft den untern (*Cervix*) bald an Mächtigkeit, die früher bestandene Knickung oder Curvatur gleicht sich aus und nun ist es der Cervicalabschnitt, welcher von dem Drucke der Abdominaleingeweide besonders beeinflusst wird. Zwar sind seine

Wandungen stark genug, um dem Drucke einen gewissen Widerstand bieten zu können, aber nicht hinlänglich kräftig, um denselben gänzlich aufzuheben und eine mehr oder minder schlanke Windung zu verhindern. (Fig. 5 und 6).

Ob diese sogenannte S-förmige Krümmung in früheren Stadien eine ausgesprochenere war, haben wir nicht festzustellen vermocht, allein unter einer Anzahl normal gebauter, jungfräulicher Uteri war die Krümmung, wie sie in Fig. 5 sichtbar ist, die stärkste. In anderen Fällen war sie, wie in Fig. 7, so schwach, dass sie von der geraden Linie nur äusserst wenig abgewichen ist. Dem sei nun, wie ihm wolle, so viel steht fest, dass die Curvatur, wie sie sich beim entwickelten Uterus einmal herausgebildet hat, stabil bleibt, so lange sie eben nicht durch Schwangerschaft oder pathologische Verhältnisse gezwungen wird, sich zu verändern. Dass der wechselnde Stand der Blase oder die Füllung des Rectums unter gewöhnlichen Verhältnissen nicht im Stande ist, eine solche Veränderung herbeizuführen, lehrt der Versuch, einen aus der Leiche herausgenommenen gesunden Uterus gewaltsam zu knicken. Es gehört eine ganz ungewöhnliche Kraftanstrengung dazu, wenn es gelingen soll, eine Gewalt, wie sie das angefüllte Rectum oder die entleerte Blase nimmermehr auszuüben vermag.

Fig. 7.

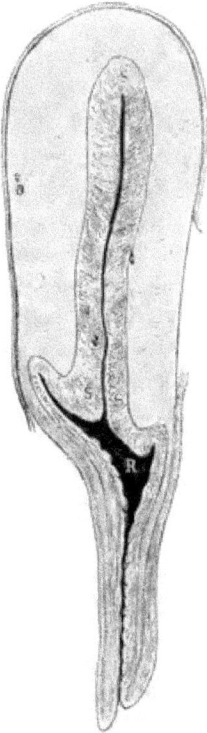

Sagitaler Durchschnitt durch einen normalen, jungfräulichen Uterus. *SS* Schleimhaut. *R Receptaculum seminis.*

Wie sich nun manche Autoren durch die hier besprochene schlanke Windung des Uterincanals soweit verleiten lassen können, die Antiflexion als den normalen Zustand des Uterus zu bezeichnen, ist uns vollkommen unerklärlich.

Wir können uns auf Grund eingehender Untersuchungen über den Verlauf des Uterincanals nur dahin äussern: dass er unter normalen Verhältnissen im obern Abschnitte (Corpus, und

oft auch ein Theil des Cervix) ein geradgestreckter, im Cervix
aber ein mehr oder minder schlank gewundener ist, so jedoch, dass die Windung niemals einen so hohen Grad von
Richtungsänderung der Uterinachse erreicht, um eine
Knickung darzustellen.

2. Ueber die Schleimhaut des Genitalcanals und das Verhältniss der Scheide zum Uterus.

Um einen richtigen Einblick in die Art und Weise des Belages
des Genitalrohres mit Schleimhaut zu gewinnen, ist es erforderlich,
von der Betrachtung kindlicher Generationsorgane auszugehen,
bei denen die Verhältnisse noch im typischen Zustande zur Beobachtung gelangen, während sie später Veränderungen unterworfen werden, durch welche sie eine vollkommene Umgestaltung erleiden.

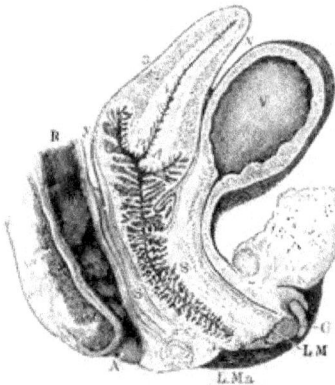

Fig. 8.

Sagitaler Durchschnitt durch die Generationsorgane eines einige Tage alten Kindes.
(Natürliche Grösse.) 1 Schleimhaut des Uterus.
2 Muskelschicht. 3 Peritoneum. *x Excavatio
vesico-uterina. y Excavatio recto-uterina.
R Rectum. A' Anus. C Clitoris. LM Labium
minus. L Ma. Labium majus. V Vesica.
A Vordere, P hintere Muttermundslippe.
S Septum vesico-vaginalis. S' Septum recto-
vaginalis. Die Maassverhältnisse sind sub. VII
der zehn kindlichen Uteri (S. 19) angegeben.*

Die Vagina zeichnet sich im
kindlichen Zustande durch eine
äusserst üppige Faltenbildung
aus, welche sich auf die *Portio
vaginalis* fortsetzt, sich in den
Cervicalcanal hinein erstreckt und
häufig, obgleich nicht in so üppiger Weise, bis zum *Fundus Uteri*
reicht. (Fig. 8).

Wenn wir von einer Faltenbildung sprechen, so ist diese
Bezeichnung nur rücksichtlich
der äussern Erscheinung zutreffend, denn thatsächlich haben wir es
mit keinen Falten, sondern mit zottenartigen Verlängerungen zu thun,
welche sich von der Mucosa erheben, ihrerseits aber wiederum zapfen-
förmige Nebenfortsätze aussenden, welche in der Vagina von mächtigen Lagern Plattenepithels bedeckt erscheinen, welches im Cervix aber
in Cylinderepithel übergeht und auch in der Uterinhöhle als solches

verharrt. Fig. 9 stellt zwei derartige Papillen nebst secundären Fortsätzen und dem dicken Belage von Pflasterepithel dar, während Fig. 10 (a. f. S.) den Uebergang des vaginalen Pflasterepithels in das cervicale Cylinderepithel darstellt.

Die äussere Fläche der kindlichen Vaginalportion gewinnt durch diese Formation ein fast beerenförmiges Aussehen und schon eine oberflächliche Betrachtung genügt, um darzuthun, dass sich nicht etwa das Epithel allein, sondern die ganze Vaginalschleimhaut in den Cervix

Fig. 9.

Mikroskopischer Schnitt durch die in Fig. 8 abgebildete Vagina. (Hartnack I, Syst. I.) V Vaginalwand. P P Papillenartige Projectionen, von deren Rändern wiederum secundäre Fortsätze ausgehen, beide mit dicken Pflasterepithelmassen belegt. (Präparat mit Carmin tingirt.)

fortsetzt, woselbst der Epithelbelag, wie bereits bemerkt, allmälig seinen Charakter verändert, in Cylinderepithel verwandelt wird und als solches die ganze Uterinhöhle auskleidet.

Die Papillen (PP) ändern hier nur wenig ihre Form, nur wuchern sie nicht selten in so gedrängten Reihen, dass sie den Cervicalcanal gänzlich ausfüllen. In manchen Fällen findet das auch schon in der Vagina statt, woselbst sich die papillösen Fortsätze in so umfangreicher Weise von der Vaginalwand erheben, dass sie bis zum äussern Muttermunde vordringen, wie dies in Fig 11, VS' (a. f. S.), dargestellt ist.

Im Verlauf der weitern Entwicklung der Auskleidung des Generationscanals erleiden diese Verhältnisse zwar wesentliche Verän-

derungen, in der Hauptsache aber lässt sich die ursprüngliche Anordnung in allen Altersstufen noch deutlich nachweisen.

Fig. 10.

Uebergang der Vaginalschleimhaut (S) in den
Cervix und des Plattenepithels in Cylinderepithel. (Hartnack III, Syst 4. Präparat
mit Carmin tingirt.)

Das Verhältniss der Vagina
zum Uterus ist somit ein äusserst
intimes und für viele pathologische Vorgänge maassgebend.
Da sich auch die Muskelschicht
des Uterus direct in die der Vagina
fortsetzt, kann die Scheide als
Fortsetzung des Uterus, oder es
kann der Uterus als eine Modification der Scheide angesehen werden.   Beide bestehen nicht nur
aus denselben Gewebsschichten,
sondern diese gehen unmittelbar
in einander über. Wir verweisen
auf Fig. 5, 6 und 7. woselbst die
Muskelschicht des Uterus verfolgt
werden kann, wie sie sich in die
Vagina fortsetzt und die Schleimhaut des Gebärmuttercanals, wie
sie, von der Scheide kommend,
den Cervix und die Uterinhöhle
auskleidet.

An dem in Fig. 12 abgebildeten
Präparate waren die erwähnten
Verhältnisse besonders deutlich
zu sehen. Die Vaginalschleimhaut
von normaler Mächtigkeit verdickt
sich an der Vaginalportion um
das Zwei- bis Dreifache, setzt sich,
dünner werdend, durch den Cervicalcanal fort, tritt durch den
innern Muttermund (S') in die
Uterinhöhle, um schliesslich deren
Wandungen vollständig zu überziehen.

Dieses für die gesammte Pathologie der weiblichen Generationsorgane hochwichtige Verhältniss,

durch welches der Genitalcanal den Charakter eines einheitlichen Rohres

Fig. 11.

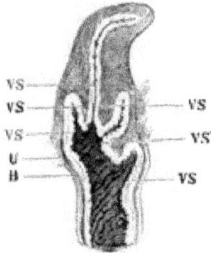

Uterus und Vagina eines neugeborenen Kindes. (Nat. Gr.)
V S Vaginalschleimhaut und deren Fortsetzung in die Cervical- und Uterinhöhle. V S′ ein grosser Papillarfortsatz.
U aus dem Uterus kommendes Gewebe. B Bindegewebsschicht. Die Maasse dieses Präparates sind sub. l. unter den zehn Generationsorganen von Kindern gegeben. (S. 19.)

Fig. 12.

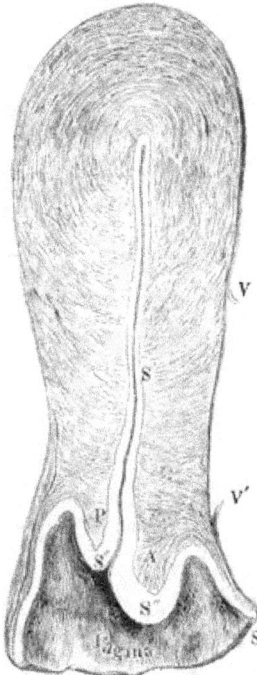

Uterus mit verlängerter vorderer Muttermundslippe und Verdickung der Schleimhaut an der Portio vaginalis.
A vorderes, P hinteres Labium. V′ und V′ Ansatz der Blase. S Vaginalschleimhaut vor ihrem Uebergange und S″ ihre Verdickung an der Vaginalportion. S⁰S′ Schleimhaut des Cervix.

erhält, ist bereits von Rokitansky [1]) in ausgezeichneter Weise dargelegt worden, hat aber, merkwürdiger Weise, nicht immer die ihr gebührende Berücksichtigung und Würdigung gefunden.

Im erwachsenen Zustande geht die ursprüngliche Beschaffenheit der Auskleidung des Generationscanales zum Theil verloren und es treten Veränderungen ein, welche den verschiedenen Abschnitten ein ganz verschiedenes Aussehen verleihen. Die üppige Papillosität der Vagina glättet sich mehr und mehr und geht, wenn Geburten erfolgt sind, bis auf diejenigen, welche am untern Vaginalabschnitte persistiren, gänzlich verloren. Wir haben sie nur einmal an dem Präparate einer Erwachsenen, welches sich in der hiesigen

[1]) Ueber den Uterus und seine Flexionen. Allgemeine Wiener medicinische Zeitschrift 1859. S. 122.

anatomischen Sammlung befindet, in der Weise vom Scheideeingange
bis zum innern Muttermunde gesehen, wie wir sie bei Kindesleichen
zu beobachten pflegen.   Im Allgemeinen verliert auch die Vaginalportion schon frühzeitig ihre beerenartige Beschaffenheit, die Schleimhaut ihrer Aussenfläche wird glatt und behält bis einige Millimeter in
den Cervicalcanal hinein diese Beschaffenheit, woselbst die Papillosi-
täten als ein regelmässiges, verzweigtes System von Falten, die sogenannten *Palmae plicatae* verharren, welche, mit Cylinderepithel bekleidet, fast die ganze Cervicalhöhle entlang verlaufen, mit einer scharfen Linie abschneiden und, wie bemerkt, den anatomischen, auf bestimmten Structurverhältnissen beruhenden, innern Muttermund bilden.   Von hier beginnt sodann die Schleimhaut der Gebärmutterhöhle, welche schon dem unbewaffneten Auge ein siebförmig
durchlöchertes Ansehen darbietet, bei Loupenvergrösserung aber wie
ein feines, vielfach verschlungenes, netzartiges Gewebe erscheint. dessen
Maschen bekanntlich die Mündungen der Utriculardrüsen bilden, in
welche sich das Cylinderepithel der Schleimhaut fortsetzt, nur dass
es in den Drüsen der Wimperhaare entbehrt, mit welchen es in
der Uterushöhle und theilweise schon in der Höhle der Cervix versehen ist.

Die Uterinschleimhaut ist bekanntlich beständigen Veränderungen
unterworfen, indem sie bereits vor dem Eintritt der Menstruation beträchtlich anschwillt, während derselben ihr Epithel abstösst und nach
derselben die Regeneration des Belages besorgt, während der Schwangerschaft sich zur Decidua umbildet und unter gewissen pathologischen
Verhältnissen (*Endometritis exfoliativa s. Decidua menstrualis*) theils
unverändert, theils alterirt als zusammenhängender Sack oder in Fetzen
ausgestossen wird [1].

Es ist bekannt, dass die Uterinschleimhaut auf der Muscularis
des Uterus ohne Vermittlung submucösen Gewebes ruht, ein Umstand,
welcher manche Autoren veranlasst hat, ihr den Charakter einer
Schleimhaut gänzlich abzusprechen.   Die Verbindung der Schleimhaut
mit der Muscularis ist dadurch allerdings eine so innige, dass unter

---

[1] Siehe unter Anderem: Zur Pathologie der Dysmenorrhoea membranacea,
von Dr. Hermann Beigel. Archiv f. Gynäkologie, Bd. IX, Heft 1.
    Zur Pathologie und Therapie der Dysmenorrhoea membranacea, von den
Doctoren George und Francis Hoggan. Ibid. Bd. X, p. 301. Ueber die Dysmenorrhoea membranacea. Leopold. Ibid. Bd. X, p. 293 und Studien über die
Uterusschleimhaut während der Menstruation etc. von demselben. Ibid. Bd. XI,
p. 110.

normalen Verhältnissen eine Trennung fast unmöglich ist. Nicht so unter abnormen Vorgängen. Wir haben bereits bemerkt, dass unter pathologischen Bedingungen eine Trennung im grössern Umfange wohl erfolgen kann und erfolgt; bei gewissen physiologischen Vorgängen, wie bei der Gravidität, geschieht dies stets und es verdient erwähnt zu werden, dass die Uterinschleimhaut auch während der Anfertigung mikroskopischer Schnitte sich nicht selten von ihrer Unterlage weithin

Fig. 13.

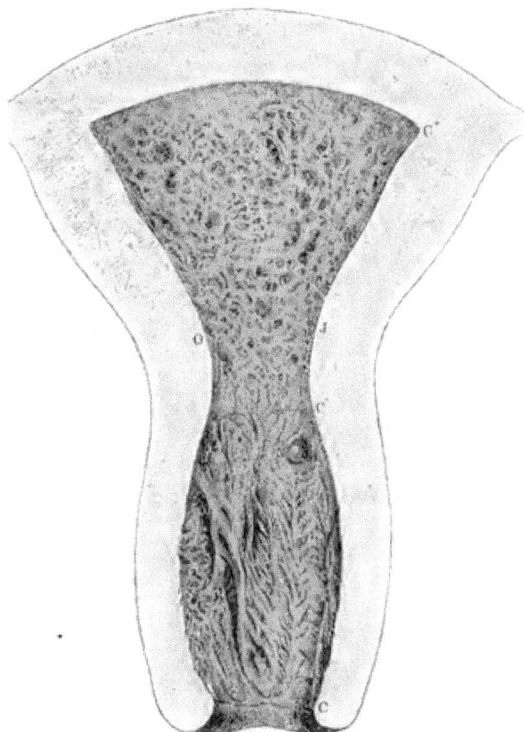

Schleimhaut der Uterin- (C' C'') und Cervicalhöhle (C C') (Loupenvergrösserung). $O.J$ Innerer Muttermund (gynäkologischer) N *Ovulum Nabothi.*

abhebt und auf dem Messer zurückbleibt, Beweise genug, dass sie mit ihrer Unterlage nicht untrennbar verbunden ist.

Die Grenze zwischen der Schleimhaut der beiden Höhlen des Uterincanals ist, wie bemerkt, eine ganz scharfe, die Uterinschleimhaut mit ihren Drüsen hört genau dort auf, wo die Schleimhaut des Cervical-canals mit ihren Leisten der Rugae und mit ihren Lacunen beginnt.

An dieser Grenze löst sie sich in der Regel auch, wie Tyler Smith [1]), Williams [2]) und Andere beobachtet haben, in einer scharfen Linie ab, wenn sie ganz oder theilweise ausgestossen wird.

Tyler Smith fand im Uterus einer Frau, welche während der Menstruation starb, die Schleimhaut des Cervicalcanals ganz zerfetzt bis zum *Os internum*. Hier hörte sie aber in einer so markirten Weise gänzlich auf, als wenn sie von da ab mit einem Messer auspräparirt worden wäre. Aehnliche Fälle hat Williams beschrieben.

Fig. 14.

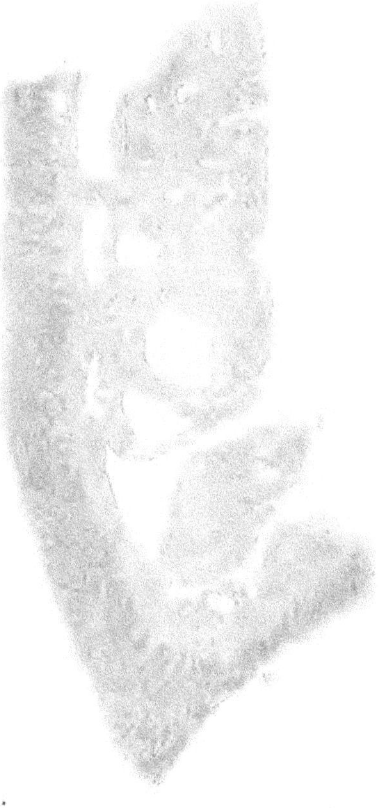

Querschnitt durch die Cervicalschleimhaut. *M* Muscularis. *S* Schleimhaut. *R* Rugae. (Hartnack 1, Syst. I.)

Dieses Verhalten der Cervicalschleimhaut gegenüber der Schleimhaut der Uterinhöhle, zum Theil als Folge der verschiedenen Beschaffenheit der permanent verharrenden Cervixvorsprünge gegenüber den glatten Wänden der Uterinhöhle, ist von wesentlicher praktischer Bedeutung, denn es erklärt, warum gewisse Krankheiten, welche im Cervix ihren Anfang nehmen, sich weit leichter nach der Vagina, als nach der Uterinhöhle fortpflanzen, und wie umgekehrt innerhalb der Gebärmutterhöhle entstandene Affectionen sehr lange auf den Uteruskörper beschränkt bleiben, sich scharf an dem

---

[1]) Tyler Smith. Manual of Obstetrics.
[2]) John Williams. The structure of the mucous membran. Obstetrical Journal. London 1875, p. 681.

Beginn der Cervicalschleimhaut begrenzen, während zumeist von der Vagina herkommende pathologische Processe mit grosser Leichtigkeit auf den Cervix übergehen.

Die Cervicalschleimhaut zeichnet sich durch ihr verästeltes Faltensystem aus, dessen Grundlage zwei bis drei Längsbalken bilden, von denen aus die Verästelung nach der Seite hin geschieht. In den Vertiefungen zwischen diesen Rugae liegen äusserst zahlreiche, grubenförmige, mit papillären Fortsätzen versehene, gleichfalls mit Cylinderepithel ausgekleidete Ausbuchtungen (*Lacunae*) (Fig. 10 *PPP*), welche den glashellen Schleim liefern, welcher im Cervicalcanale stets und in reichlicher Menge angetroffen wird.

Die Cervicalschleimhaut hebt sich, wie aus der Abbildung (Fig. 14) ersichtlich, sowohl durch ihre hellere Farbe als durch ihre Structur, in auffälliger Weise von ihrer Unterlage ab. Die Rugae erweisen sich nicht etwa als einfache Schleimhautfalten, sondern als Leisten, welche der Schleimhaut mit mehr oder minder breiter Basis oder langen Stielen aufsitzen, daher im Querschnitte von polypenartiger Beschaffenheit erscheinen. (Fig 14 *RRR*). Sie bieten für unser Thema ein nicht unerhebliches Interesse dar, da sie, wie wir im weitern Verlaufe der Darstellung sehen werden, in selbständiger Weise und unabhängig von ihrer Umgebung hypotropisch werden, den Cervicalcanal verschliessen, und so den Eintritt der Conception verhindern können.

In der Regel beginnen die *Plicae palmatae* im Cervicalcanale unmittelbar hinter dem äussern Muttermunde, zuweilen nehmen sie höher (bis zu einem Centimeter hinauf) ihren Anfang; in anderen, selteneren Fällen beginnt ihre Formation schon ausserhalb des *Os externum* und documentiren so die Art ihres ursprünglichen unmittelbaren Zusammenhanges mit der Schleimhaut der Vagina. (Fig. 8.)

Werfen wir noch einen flüchtigen Blick auf das Verhalten des obern Scheidenabschnittes zur Vaginalportion und insbesondere zum äussern Muttermunde, ein Verhältniss, welches unser Interesse mit Rücksicht auf das hier abzuhandelnde Thema in einem besonders hohen Maasse in Anspruch nimmt.

Henle giebt von der Vagina folgende Beschreibung [1]:

„Die vordere Wand der Vagina endet an dem untern Rande des vordern *Labium uterinum*; ihre hintere Wand geht hinter dem hintern *Labium uterinum* zu dessen obern Rand; demnach übertrifft die

---

[1] Handbuch der Anatomie des Menschen. Braunschweig 1866. Zweiter Band. S. 443.

Höhe der hintern Wand der Vagina beträchtlich (um 13 bis 20 Mm.)
die Höhe der vordern Wand; sie beträgt in den meisten Fällen etwa
7 Cm. Was die Weite der Vagina betrifft, so ist ihre grosse Dehn-
barkeit bekannt; sich selbst überlassen ist sie geschlossen, ihre Wände
berühren einander und ihr Lumen erscheint auf dem Quer- oder Horizontalschnitt als eine im Wesentlichen transversale Spalte, die aber
doch je nach dem Stadium der Entwicklung und den Regionen der
Vagina verschiedene Formen und ausserdem mancherlei individuelle
Varietäten zeigt. In ihrer regelmässigen Gestalt ist sie H-förmig, der
quere Schenkel des H leicht vor- oder rückwärts gekrümmt, ungefähr
24 Mm. lang, die seitlichen Schenkel mehr oder minder medianwärts
convex oder auch gebrochenen Linien ähnlich, die mit dem Scheitel
auf den queren Schenkel stossen."

Obgleich wir im Allgemeinen der Beschreibung dieses berühmten
Anatomen Nichts hinzuzufügen haben, können wir doch nicht umhin,
einige Punkte mit Rücksicht auf die gynäkologischen Verhältnisse besonders hervorzuheben. Zunächst muss bemerkt werden, dass die
von Henle gegebene Beschrei-
bung nur bezüglich der Vagina
Erwachsener, und auch bei diesen
nicht durchweg zutreffend genannt werden kann. Der Ansatz
der vordern Vaginalwand an den
untern Rand des vordern *Lu-
bium uterinum* wird bei Kindern,
deren Vaginalportion im Verhältniss zum Uterus ausnahmslos stark
entwickelt ist, niemals so gefunden, wie Henle beschreibt, sondern in der Weise, wie Fig. 8 und
Fig. 11 es zeigen, mit einem ausgebildeten, verhältnissmässig langen, vordern *Cul de sac.* Auch
bei Erwachsenen, und namentlich bei Jungfrauen, sind die
Verhältnisse so. Wir verweisen
auf Fig. 5, 6 und Fig. 12. Wir halten dies aus dem Grunde für er-
wähnenswerth, weil von diesem

Fig. 15.

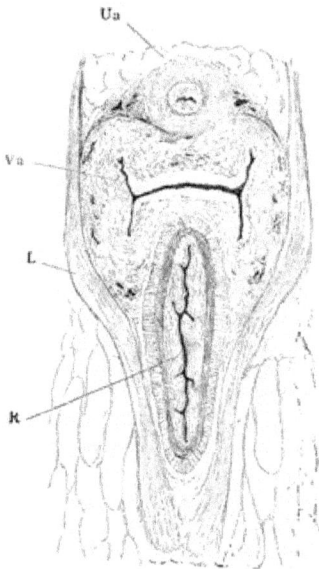

Horizontalschnitt der Weichtheile am Becken-
ausgange (Henle). *Ua Urethra. Va Vagina. R Rectum. L M. levator ani.*

Abschnitte, an dem sich die Vaginalportion zwischen die Vaginalwände einschiebt, nicht gesagt werden kann, dass die letzteren, sich selbst überlassen, überall einander berühren. Vielmehr berühren sie die vordere und hintere Fläche der *Portio vaginalis*, werden aber durch die untere, den äussern Muttermund an sich tragende, Fläche eine Strecke weit auseinander gehalten, umgrenzen somit einen kleinen Raum, hinter welchem sie erst wieder mit einander in Contact gerathen können, um dann in unmittelbarer gegenseitiger Berührung bis zum Scheideneingange zu verlaufen. Darauf bezieht sich offenbar auch Henle's Bemerkung, dass die von ihm gegebene Beschreibung, je nach dem Stadium der Entwicklung und den Regionen der Vagina verschiedene Formen und ausserdem mancherlei individuelle Verschiedenheiten zeigt.

Aber auch in denjenigen Fällen, in denen der Ansatz der vordern Vaginalwand so erfolgt, wie ihn Henle beschreibt, kann die Berührung der beiden Wände wegen der Intervention der hintern Muttermundslippe allein oder auch der vordern allein nicht unmittelbar unterhalb der *Portio* geschehen. Auch in diesen Fällen wird der oben erwähnte Raum formirt, nur hat er dann eine andere Form und Grösse. Ein Blick auf Fig. 7 *R* wird das klar machen. An dem Präparate, von welchem die Zeichnung herrührt, erfreuten sich die Vaginalwände einer besonderen Dicke und Festigkeit, so dass es uns nicht einmal gelingen wollte, den Raum (*R*) unter Anwendung von Gewalt ganz zum Verschwinden und die Vaginalwände unmittelbar unterhalb des *Os externum* in unmittelbaren Contact zu bringen. Es ist auffallend, dass alle Autoren, welche normale weibliche Generationsorgane in einer Weise abgebildet, dass sie den natürlichen Verhältnissen nur einigermaassen entsprachen, den hier in Rede stehenden Raum (*R* Fig. 7), ja oft in übertriebener Weise abgebildet haben, ohne seiner weiter zu erwähnen; und doch ist die Kenntniss dieses Raumes, welcher von uns aus Gründen, die wir später noch erörtern müssen, *Receptaculum seminis* benannt worden ist, für die Lehre von der Empfängniss von grosser Wichtigkeit.

3. Ovarien, Tuben und deren Verhältniss zum Peritoneum (*Ligamentum latum*). — Accessorische Ovarien[1].

Eine genaue Kenntniss der Verhältnisse, welche zwischen Ovarien, Tuben und den sie verbindenden Abschnitten des Peritoneums, welcher das breite Mutterband genannt wird, scheint für die richtige Beurtheilung der weiblichen Sterilität geradeswegs und umsomehr unerlässlich, als wir hier einerseits eine häufige Quelle der Unfruchtbarkeit finden, andererseits aber die Wahrnehmung machen werden, dass diese Quelle von den Autoren entweder gar nicht gewürdigt, oder bei ihnen jene Berücksichtigung nicht gefunden hat, welche sie in einem hohen Grade verdient.

Die Beziehungen des Eierstockes zum Peritoneum sind bis in die neueste Zeit hinein so dargestellt worden, dass das Ovarium vom Bauchfelle einen vollkommenen Ueberzug erhält, welcher mit einer besondern unter dem letztern liegenden Membran, der sogenannten *Albuginea* untrennbar verwachsen sei, unter welcher erst das eigentliche Gewebe des Eierstockes befindlich sei. Nur der *Hilus ovarii* sollte des serösen Ueberzuges entbehren, um den das Ovarium versorgenden Gefässen freien Ein- und Austritt zu gestatten.

Dieser Auffassung hat Pflüger[2] zuerst widersprochen, jedoch blieb es Waldeyer[3] vorbehalten, die Verhältnisse in das richtige Licht zu setzen, und wir müssen uns seiner gerechten Verwunderung darüber anschliessen, wie es möglich war, anatomische Thatsachen, welche die einfache Ocularinspection jedes einzigen Ovariums lehrt, so lange zu übersehen. Das Resultat der Waldeyer'schen Untersuchungen lässt sich, insofern es uns hier interessirt, darin zusammenfassen, dass die Serosa des Abdomens mit keinem ihrer Bestandtheile über das Ovarium hinweggehe, sondern am Rande des Eierstockes, in der Nähe des Hilus, mit einer feinen, aber deutlich ausgesprochenen, etwas unregelmässig zackigen oder wellenförmig verlaufenden Linie, rings um den untern Umfang des Eierstockes herumziehend, endige, somit die Grenzlinie bilde, mit der das Pritoneum aufhört.

Der in diese Grenzlinie nicht einbezogene Abschnitt des Eierstockes

[1] Ueber accessorische Ovarien von Dr. Hermann Beigel. Wiener medicinische Wochenschrift 1877, p. 266.
[2] Die Eierstöcke der Säugethiere und des Menschen. Leipzig 1863.
[3] Eierstock und Ei. Leipzig 1870.

ist von einem Epithel bekleidet, welches, nach Waldeyer, mit dem Epithel der Tubenschleimhaut in nähere Verbindung gebracht werden müsse. „Die von Henle so benannte *Fimbria ovarica* hat uns dazu den Weg gezeigt." Dieser Ansicht werden wir uns, aus bald zu erörternden Gründen, nicht anschliessen können.

Hinsichtlich der topographischen Verhältnisse der hier in Rede stehenden Theile genügt es, auf die zahlreichen Abbildungen von Ovarien in diesem Werke zu verweisen. Die peritoneale Grenzlinie war an jedem Präparate, das wir zu untersuchen Gelegenheit hatten, deutlich ausgesprochen.

Dieselbe tritt in manchen Fällen deutlicher hervor, in anderen minder deutlich, in allen aber hinlänglich markirt, um sich vom Ovarium

Fig. 16.

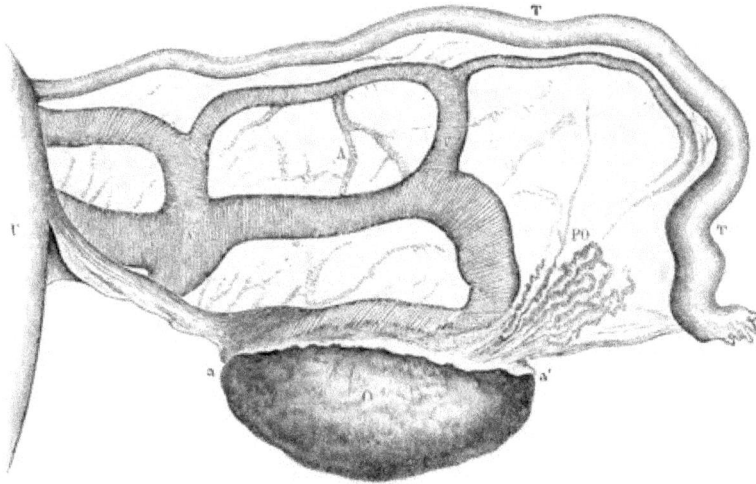

Rechte Adnexa eines puerperalen, nicht gehörig contrahirten Uterus (4 Wochen nach der Entbindung). *T* Tuba. *O* Ovarium. *a a'* Grenzlinie des Peritoneums. *P O* Parovarium. *A* Ala vespertilionis. *V V* Stark erweiterte Gefässe.

sowohl durch ihre Dicke, wie durch ihre hellere Farbe zu unterscheiden. An allen physiologischen und pathologischen Processen, welche mit einer Congestion und Schwellung der Gewebe des Uterus und seiner Anhänge einhergehen, nimmt der Peritonealansatz Theil, indem er weit prominenter, mächtiger auftritt, als es im normalen Zustande der Fall ist. Fig. 16 zeigt das recht klar; dieselbe stellt die rechten Uterus-Adnexa einer vier Wochen nach der Entbindung verstorbenen, zweiunddreissigjährigen Frau dar. Der Uterus war nur wenig

40 ANATOMIE.

contrahirt, der Eierstock vergrössert und der Peritonealansatz (*a—a'*)
bildete eine förmliche dicke Leiste.

Fig. 17.

Querschnitt durch *Ovarium*, *Ligamentum latum* und *Tuba* eines neugeborenen Kindes.
H H Hilus ovarii. Ll Ll Ligamentum latum. (Hartnack I, Syst. 1.)

Dieses Verhalten der Ovarien zu den breiten Mutterbändern kann
schon bei Neugeborenen mit unbewaffnetem Auge wahrgenommen

werden, nur dass hier bei der Zartheit der Gewebe und ihrer Farben-
nüancirung die Grenzlinie des Peritonealansatzes nicht in allen Fällen
in so auffallender Weise, wie bei Erwachsenen, sicht geltend macht.

Hingegen beobachten wir um so deutlicher andere auf die beiden
Theile Bezug habende Verhältnisse, welche nicht nur ein grosses
theoretisches sondern ein eben so bedeutendes praktisches Interesse
darbieten. Dieselben sind zum Theil in Fig. 17 wiedergegeben.

Das vom Durchzuge der Gefässe und der Parovarialschläuche vielfach durchlöcherte Peritoneum umfasst einerseits die Tuba in ihrem
ganzen Umfang und tritt andererseits an das Ovarium heran, um
sich beim Aufbau der Ovarialgewebe als wichtiger Factor geltend zu
machen. Es zieht nämlich unmittelbar durch den Hilus in das Cen-

Fig. 18.

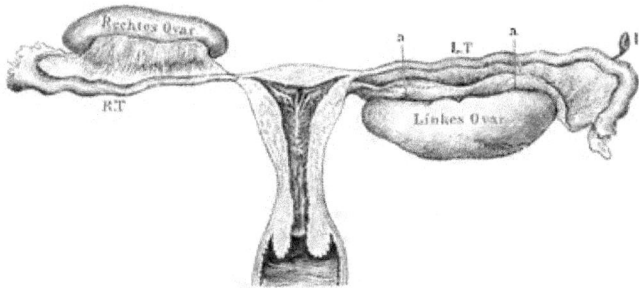

Uterus und Adnexa eines acht Monate alten Kindes. *R T* Rechte Tuba. *L T* Linke Tuba.
P Peritoneum. *a a* Grenzlinie des Peritoneum an das linke Ovarium. *H* Morgagnische
Hydatide. (Natürliche Grösse.)

trum des Ovarium ein, breitet sich daselbst strahlenförmig aus, um als
centrale Bindegewebsschicht des Eierstocks zu persistiren und von hier
aus jene nach verschiedenen Richtungen hin verlaufenden, mehr oder
minder starken Bindegewebsfäden und Bänder auszusenden, deren
Maschen die schon im kindlichen Zustande äusserst zahlreichen Follikel
aufnehmen und mit ihnen das eigentliche *Stroma ovarii* bilden. Es
ist zweckmässig, diese Verhältnisse vor Augen zu behalten, um zu
einer richtigen Vorstellung über die Art und Weise zu gelangen, wie
peritonitische Processe sich rasch in das Innere der Ovarien fortzupflanzen vermögen.

In der embryonalen Lebensperiode sieht man wohl schon deutlich
den Ansatz des Bauchfelles an den Eierstock oder vielmehr den Eintritt des erstern in den letztern, die Peritonealgrenze in der oben
beschriebenen Weise ist jedoch noch nicht auffallend markirt. Dieselbe

tritt vielmehr erst später hervor. Am rechten, nach oben zurück-
geschlagenen Ovarium des in Fig. 17 abgebildeten Präparates ist deutlich zu sehen, wie das Peritoneum dem Ovarium gegenüber ganz die
Rolle eines Mesenteriums spielt, während linkerseits der wulstige Ansatz des Peritoneums in auffallender Weise ausgebildet erscheint.

Auf das Vorkommen gewisser Gebilde an der Grenzlinie des Peritoneums möchten wir hier aufmerksam machen, welche an und für
sich von hohem praktischen Interesse sind, der Erwähnung aber um
so würdiger erscheinen, als sie weder in den anatomischen und gynäkologischen Lehrbüchern, noch in den Monographien dieser Disciplinen
bisher beschrieben, vielmehr fälschlich für kleine Fibroide gehalten
worden sind. Es handelt sich um kleine, regelmässige, runde ge-
schwulstförmige Gebilde, welche in Fig. 18 und Fig. 19 in natürlicher
Grösse abgebildet sind. Wir haben dieselben unter 500 weiblichen

Fig. 19.

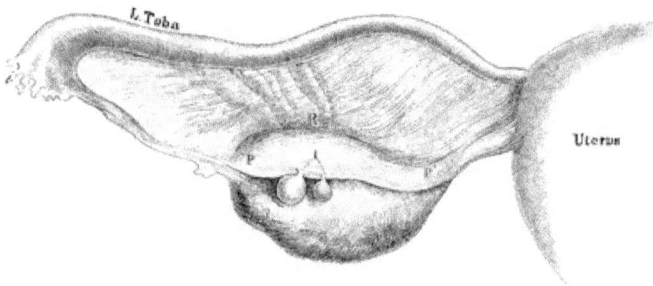

Adnexa des Uterus einer Erwachsenen. *R* unterer Rand des linken Ovariums. *P P'* Peritonealgrenze. *t* zwei accessorische Eierstöcke.

Generationsorganen 23 Mal zu beobachten Gelegenheit gehabt. Ihr
Standort war ausnahmslos die Peritonealgrenze des Ovariums, nur einmal an der Fläche der *Ala vespertilionis* dem Parovarium aufsitzend.
Die meisten waren mit deutlichen Stielchen versehen, der Minderzahl
fehlten dieselben, und mehr als zwei an einem Ovarium haben wir
nicht beobachtet. Waldeyer bildet sogar sechs an dem Eierstocke
eines neugeborenen Kindes ab, meint, dass man dergleichen Bildungen
bei Neugeborenen nicht selten antreffe und fasst sie als kleine Nebeneierstöcke auf. Wir haben dieselben an den Eierstöcken von Kindern
nur einmal zu sehen Gelegenheit gehabt, alle andern sind von uns
an den Eierstöcken Erwachsener beobachtet worden.

Der Ansicht, die kleinen Gebilde als Nebeneierstöcke aufzufassen,
schliessen wir uns an, nur erheben wir gegen den Namen „Nebeneierstöcke" Einsprache, weil dieser bereits dem als „Parovarium" be-

kannten Organe gehört, und mit diesen will gewiss auch Waldeyer
die kleinen Gebilde nicht in Verbindung bringen, viel weniger identisch
erklären. Sie sind vielmehr „accessorische" Ovarien, insofern sie
en miniature dasjenige darstellen, was die wirklichen Eierstöcke im
Grossen sind. Die Art und Weise ihrer Entwicklung ist noch festzustellen.

Fertigt man von diesen Gebilden mikroskopische Schnitte an und
unterwirft sie der Untersuchung, so findet man ihre Structur der Art,
dass sie aus einer dickfaserigen, fibrösen Hülle bestehen, welche von
Ovarialstroma ausgefüllt ist, in welcher sich regelrecht gebildete Follikel befinden. Das Ganze unterscheidet sich von der Zusammensetzung
eines normalen Ovariums fast gar nicht.

Dieser Befund überraschte uns, und da sich Waldeyer über die
mikroskopische Structur nicht weiter ausgelassen, erbaten wir von ihm
Anskunft, die also lautete: „Ich kenne die von Ihnen erwähnten

Fig. 20.

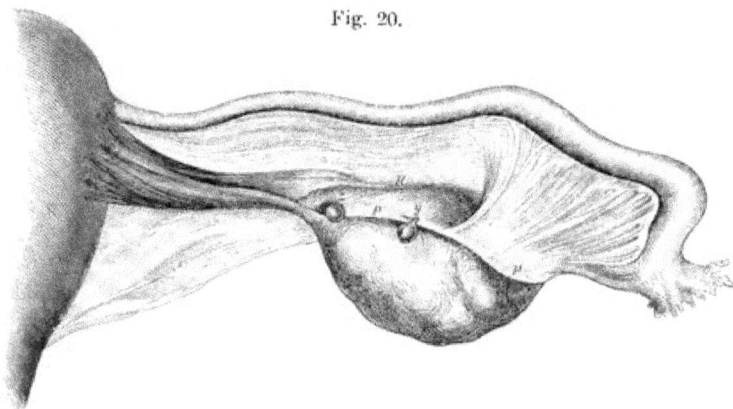

Die rechten Adnexa vom Uterus einer Erwachsenen. *R* Unterer Rand des hier nach unten
zurückgelegten Ovariums. *PP* Peritonealrand. *y* ein gestieltes, *z* ein ungestieltes accessorisches Ovarium.

Bildungen ebenfalls, habe sie aber niemals zum Gegenstande eingehender Untersuchungen gemacht. Ich hielt sie, da ich sie schon an fötalen
Eierstöcken und bei Neugeborenen fand, für gleichzeitig mit dem normalen Ovarium entstandene Bildungen, also für Nebeneierstöcke in
optima forma. Einzelne mögen auch späteren Abschnürungen vom
Ovarium ihr Dasein verdanken. Da die Ausbreitung des Keimepithels
beim Fötus eine wechselnde, und nicht immer scharf conturirte ist,
so ist die Entstehung solcher kleiner *Ovaria succenturiata* wohl annehmbar und erklärlich.

Es ist ja ferner auch möglich, dass unter abnormen Verhältnissen,

z. B. bei Cystenbildungen, Processe im Ovarium, wie z. B. die Eibildung, wieder wach werden, die schon länger geschlummert hatten [1].

Das ist Alles, was ich Ihnen vor der Hand über diese Dinge zu sagen weiss."

Die Form, Grösse und Anheftungsweise des Eierstockes und der Tuben spielen, wie später gezeigt werden soll, in der Conception eine bei weitem wichtigere Rolle, als gewöhnlich angenommen wird. Hieraus erwächst die Nothwendigkeit, diese Verhältnisse in ihrem normalen Zustande möglichst genau festzustellen, um ihre Abweichungen von der Norm um so bestimmter constatiren zu können. Das hat jedoch seine Schwierigkeiten.

Die Grenzen, innerhalb welcher sich die normalen, sagen wir lieber: die gesunden Verhältnisse bewegen, sind sehr weit, so zwar, dass, wenn wir die Ovarien einer Erwachsenen bei der Section einmal von der Kleinheit einer mässigen Bohne, ein anderes Mal von der Grösse einer Niere antreffen, wir in dem einen Falle weder ein Recht haben, von einer Atrophie, noch in dem andern von einer Hypertrophie zu reden, denn beide, sammt allen ihren Zwischengrössen, werden im normalen Zustande angetroffen, d. h. ohne dass deren Function im Leben in irgend einer Weise eine Beeinträchtigung erfahren oder überhaupt eine Erkrankung im Bereiche des Genitalapparates stattgefunden hätte. Allerdings ist das Vorkommen dieser Extreme ein ausnahmsweises, immerhin ist es doch häufig genug, um unsere Aufmerksamkeit auf sich zu lenken und bei dem von uns abzuhandelnden Thema eine Rolle zu spielen. Minder grosse Ovarien, welche die gemeinhin als normal angeführten um das mehrfache übertreffen, gehören hingegen zu den häufigen Vorkommnissen am Leichentische. Bei den von uns untersuchten Präparaten war die excessive Kleinheit nicht minder häufig als die excessive Grösse, welche letztere durch das in Fig. 20 (S. 46) abgebildete Präparat eine vorzügliche Illustration findet. Dasselbe wurde uns von dem Prosector an der hiesigen anatomischen Anstalt, Herrn Dr. Zuckerkandl zur Verfügung gestellt und rührt von einer etwa zwanzigjährigen Person her. Der gesammte Generationsapparat zeigte durchaus keine Abweichung von der Norm, die Maassverhältnisse waren folgende:

---

[1] Diese Aeusserung bezieht sich auf einen von uns untersuchten Fall eines Cysterovariums, bei dem sich an der Stelle des ursprünglichen Ovariums ein solider Theil befunden hat, welcher aus Ovarialgeweben bestand mit so massenhafter Anhäufung von Follikeln, wie sie im normalen Zustande nicht beobachtet wird. Wir kommen auf diesen Fall ausführlicher zurück.

	Millimeter
1. Gesammtlänge des Uterus . . .	65
2. Länge des Körpers	22
3. „ „ Halses	29
4. Breite des Fundus	53
5. Breite der Uterinhöhle	22
6. „ des Os intern.	6
7. „ der Cervicalhöhle	10
8. „ des Os extern.	8
9. Dicke des Fundus (aussen) . .	20
10. „ des Körpers (aussen) . . .	32
11. „ der vordern Wandung:	
a) am Fundus . .	14
b) „ Corpus	16
c) „ Cervix	11
12. Dicke der hintern Wandung:	
a) am Fundus . . .	14
b) „ Corpus	15
c) „ Cervix	13
13. Dicke des Fundusdaches . . .	14
14. Länge der vordern Lippe . . .	4
15. Dicke „ „ „ . . .	2
16. Länge der hintern Lippe	5
17. Dicke „ „ „ . . .	5
18. Capacität der Uterushöhle .	Grm. 0·5
19. Rechter Eierstock:	
a) Länge	61
b) Breite	20
c) Dicke	11
20. Linker Eierstock:	
a) Länge	62
b) Breite	18
c) Dicke	19
21. Länge der rechten Tuba	128
22. „ „ linken „	112
23. Entfernung der beiden Ost. Tub. abdom.	254

Die mikroskopische Zusammensetzung dieser Eierstöcke zeigte keine Abweichung von derjenigen gesunder Ovarien. Zwischen diesen beiden Extremen bewegen sich die verschiedenartigsten Grössen-verhältnisse der Organe, obschon es richtig ist, dass die Mehrzahl dieser Organe im jungfräulichen Zustande sich in der Weise präsen-

Fig. 21.

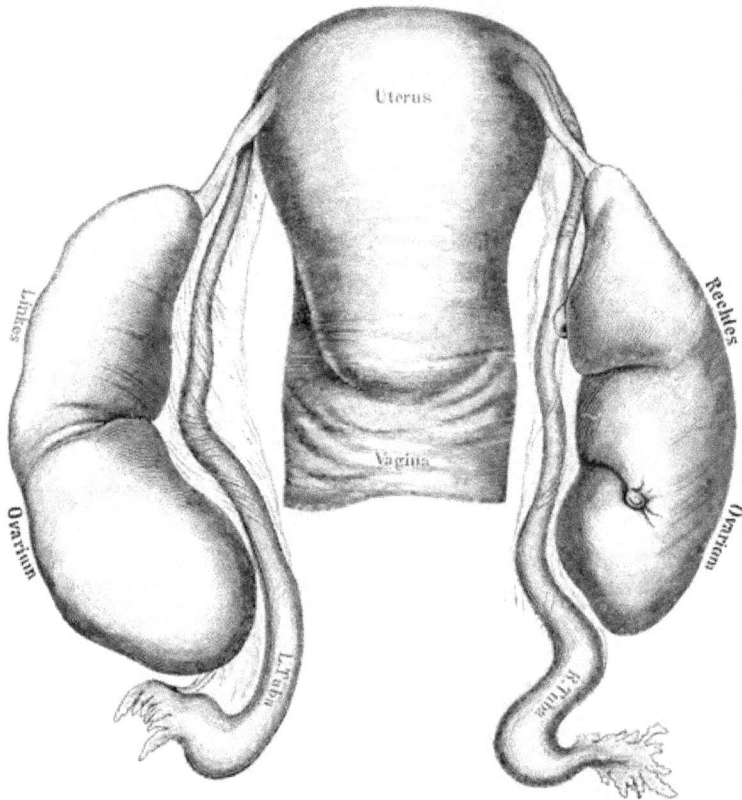

Abnorm grosse Ovarien. (Natürliche Grösse.)

tiren, wie sie in Fig. 3 abgebildet worden sind. Es darf jedoch nicht vergessen werden, dass für uns, die wir es in der Praxis mit einzel-nen speciellen Fällen zu thun haben, die Ausnahmen von mindestens derselben Bedeutung wie die Regel sind, eine genaue Kenntniss der-selben daher unerlässlich erscheint.

Wie in der Grösse, so variiren die Ovarien auch in der Form; bald sehen sie, wie häufig angegeben wird, einer Mandel ähnlich, bald

sind sie cylinderförmig oder walzenförmig, bald haben sie eine dreieckige Gestalt oder sind kreisrund, Formen, wie sie in den Abbildungen der verschiedenen Capitel dieses Werkes leicht aufgefunden werden
können.

Die Befestigung des Eierstocks geschieht, abgesehen von der
durch das Peritoneum, noch mittelst des *Ligamentum ovarii* gegen
den Uterus hin und mittelst des von Henle so benannten *Ligamentum infundibulo-ovaricum* gegen den Eileiter. Das erstere
kommt zuweilen doppelt vor, so dass je eins vom obern und untern
Rande des Ovariums nach dem Uterus zieht, als letzteres wird gemeinhin der *Fimbria ovarica* angesehen. Der Name ist insofern nicht
recht zweckentsprechend, als es sich in der That um keine Fimbria,
sondern um ein Ligament handelt, welches häufig seiner ganzen Länge
nach gefranzt ist. Hasse[1]) giebt seine Länge auf 1 Cm. an. Diese
gefranzte Beschaffenheit des Ligamentes, und das ist für unser Thema
von nicht zu unterschätzender Bedeutung, ist jedoch durchaus keine
constante. Nicht selten ist das ganze Ligament völlig ungefranzt und
glatt; in anderen Fällen verlaufen die Franzen vom Pavillon aus eine
grössere oder geringere Strecke nach dem Ovarium zu, hören dann
aber auf und lassen den Rest des Ligamentes kahl zurück.

Obgleich wir den Folgen dieses Vorkommens erst in dem Abschnitte von der Mechanik der Sterilität näher treten werden, können
wir nicht umhin, schon hier daran zu erinnern, dass die erwähnte Beschaffenheit des *Ligamentum infundibulo-ovaricum* wesentlich dazu
beitragen kann, das Schicksal des aus dem Eierstock getretenen und
nach der Tuba sich begebenden Ovulums zu beeinflussen.

Die Schwankungen, denen die Länge der Eileiter unterworfen
sind, bewegen sich gleichfalls in weiten Grenzen. Luschka[2]) bemerkt, dass die Länge des Eileiters vom Centrum des *Ostium abdominale* bis zu der Stelle gemessen, wo er äusserlich in den Uterus übergeht, sich nicht immer gleich verhalte und namentlich verschieden
ausfalle, je nachdem er an der natürlichen Lage und Verbindung
belassen oder an der isolirten und gestreckten Röhre bestimmt
werde. Im erstern Falle betrage die gerade Länge durchschnittlich
10 Cm., während sich dieselbe im letztern auf 14 Cm. belaufe. Nach
Henle[3]) ist, je nach der Form der Windungen, die Länge des aus

[1]) Archiv für Gynäkologie Bd. VIII, S. 403.
[2]) Die Anatomie des menschlichen Beckens. Tübingen 1864, S. 338.
[3]) Handbuch der Anatomie. Braunschweig 1866. Bd. II, S. 465.

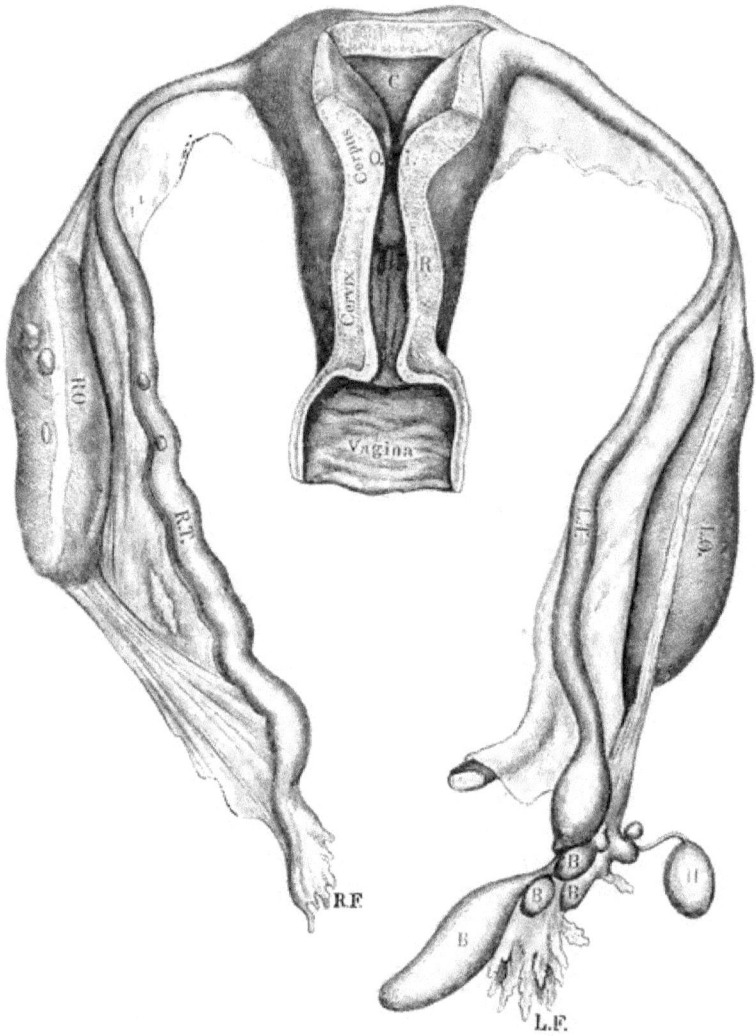

Fig. 22.

Abnorm lange Tuben. Am Abdominalende der linken Tuba eine grosse (18 Mm.) lange Blase und mehrere erbsengrosse, Morgagnische Hydatiden. (Natürliche Grösse.)

in situ vorgenommen, d. h. wir haben sie im Zusammenhange mit dem Uterus gelassen, sie ausgebreitet, die Windungen nicht gestreckt und von der Mitte der Abdominalöffnung bis zum Ansatz der Tuba an den Uterus gemessen. Die kürzeste maass 4 Cm., die längste 161 Mm. rechts und 173 Mm. links, eine Länge, welche die äusserste von Henle angegebene übertrifft. Unter mehreren Hunderten weiblichen Genitalien ist uns eine solche Ausdehnung des Eileiters übrigens nur einmal vorgekommen, so dass wir das in unserer Sammlung befindliche Präparat für hinlänglich interessant halten, um es an dieser Stelle abbildlich mitzutheilen (Fig. 22).

Folgendes sind die Maassverhältnisse dieses Präparates:

	Millimeter.
1. Gesammtlänge des Uterus	53
2. Länge des Körpers	12
3. „ „ Halses	34
4. Breite des Fundus	44
5. Breite der Uterinhöhle	15
6. „ des Os intern.	4
7. „ der Cervicalhöhle	6
8. „ des Os extern.	4
9. Dicke des Fundus (aussen)	10
10. „ „ Körpers (aussen)	15
11. „ der vordern Wandung:	
a) am Fundus	4
b) „ Corpus	9
c) „ Cervix	8
12. Dicke der hintern Wandung:	
a) am Fundus	6
b) „ Corpus	8
c) „ Cervix	8
13. Dicke des Fundusdaches	8
14. Länge der vordern Lippe	7
15. Dicke „ „	7
16. Länge der hintern Lippe	6
17. Dicke „ „	5
18. Capacität der Uterushöhle	4 — 5 Tr.
19. Rechter Eierstock:	
a) Länge	45
b) Breite	9
c) Dicke	5
20. Linker Eierstock:	
a) Länge	46
b) Breite	9
c) Dicke	4
21. Länge der rechten Tuba	161
22. „ „ linken	173
23. Entfernung der beiden Ost. Tub. abdom.	380

Mit Ausnahme eines grossen blasenförmigen Anhanges am Abdominalende der linken Tuba boten Uterus und Ovarium nichts Abnormes dar. Allerdings war die Uterinhöhle ganz ungewöhnlich klein, und in Folge dessen der Cervicalcanal sehr lang, doch kann dies als eine Abweichung von der Norm kaum angesehen werden. Im weitern Verlaufe unserer Auseinandersetzungen wird es sich ergeben, dass ungewöhnlich lange Tuben gleichfalls im Stande sind, dem Eintritte der Conception hindernd in den Weg zu treten.

4. Die Lage des Uterus im Becken. — Der Douglas'sche Raum.

Gynäkologen und Anatomen haben sich stets bemüht, dem Uterus eine bestimmte, sogenannte normale Lage im Becken anzuweisen. Dabei sind sie in ihren Ansichten himmelweit von einander abgewichen, und wenngleich man in der Gegenwart angefangen hat, die Verhältnisse in einer unbefangenen Weise zu beurtheilen, so sind selbst die klinischen Lehrer noch durch eine weite Kluft von einander getrennt. Der Fehler lag in dem ununterbrochenen Streben, die normale Lage des Uterus zu bestimmen, ohne dass man sich zuerst über die Vorfrage geeinigt hatte: Giebt es überhaupt eine normale Lage? Wäre die Antwort aber bejahend ausgefallen, dann drängte sich eine andere Frage in den Vordergrund: Wer hat diese normale Lage zu bestimmen, der Gynäkolog mit Finger und Sonde etc., oder der Anatom mit Skalpel, Maassstab u. s. w.? Darf der Befund des Einen auf den des Andern unbedingte Anwendung finden?

Martin[1] ist, und wie wir glauben mit vollem Rechte, der Ansicht, dass die anatomische Untersuchung der Leiche über die Lage der Gebärmutter im Leben sichern Aufschluss nicht zu bieten vermag. „Denn ohne Zweifel können sowohl in Folge des mit dem Tode eintretenden Nachlasses der Spannung contractlicher Elemente in den Bändern des Organs, als auch in Folge der veränderten Füllung der zahlreichen Gefässe im Becken je nach der Lage der Leiche Abweichungen verschiedenster Art gegenüber dem lebendigen Zustande zu Stande kommen, so dass aus diesem Befund auf den Zustand bei den Lebenden ein sicherer Schluss nicht gezogen werden kann."

---

[1] Physiologische Lage und Gestalt der Gebärmutter im lebenden Weibe. Zeitschrift für Geburtshilfe und Frauenkrankheiten. Stuttgart 1866. I. Bd., S. 375.

„Die Lage und Gestalt der Gebärmutter bei Lebenden kann allein durch eine vollständige exacte Untersuchung der Lebenden ermittelt werden." Das Schlimme hierbei ist nur, dass gar zu viel von subjectiven Verhältnissen abhängt; da concurriren Uebung, Ausbildung des Tastsinnes, Deutung der getasteten Gegenstände und dergleichen mehr.

Die Anatomie hat zwar den grossen Vortheil der unmittelbaren, ganz objectiven Anschauung, allein ihren Schlüssen stehen die postmortalen Veränderungen hindernd im Wege. Henle[1] weist daher mit Recht darauf hin, dass es fraglich sei, ob der Schluss von der Leiche auf das Verhalten im Leben erlaubt sei, Pansch[2] äussert sich dahin, dass von einer bestimmten „normalen Lage" des Uterus in dem Sinne mancher Autoren keine Rede sein könne, da dieser durch die Füllung der Blase und des Rectums wankt, dass es höchstens eine mittlere Lage geben könne, und Waldemar Holstein[3] giebt seine Meinung dahin ab, dass jede Methode der Untersuchung, sowohl die anatomische, als die klinische, für sich unzureichend ist, und dass nur aus der Combination beider ein richtiger Schluss gezogen werden kann.

Die extremsten Ansichten werden von Claudius[4] einer-, von Credé[5] und Bernhard Schultze[6] andererseits vertreten.

Der ganz unhaltbaren Behauptung Cruveilhier's, welcher gemäss der Uterus zwischen den Beckeneingeweiden sich in einem Zustande der „indifference", d. h. des Flottirens befinde und mit jeder Stellung und Lageveränderung der Frau auch seinerseits eine Veränderung der Lage erfahren soll, wollen wir nur vorübergehend Erwähnung thun.

Claudius zufolge liegen in der überwiegenden Mehrzahl der Fälle der Uterus, sowie die breiten Mutterbänder und die Ovarien, der hintern Beckenwand und dem Mastdarm gerade so dicht an, wie etwa die Lungen der Rippenwand. Auch während der Schwangerschaft berührt

---

[1] Anatomie des Menschen, Bd. II, p. 473.
[2] Anatomische Bemerkungen über Lage und Lageveränderungen des Uterus. Dubois-Reymond und Reichert's Archiv 1875, p. 702.
[3] Ueber Lage und Beweglichkeit des nichtschwangern Uterus. Inauguraldissertation. Zürich 1874.
[4] Henle und Pfeiffer's Zeitschr. f. rationelle Medicin, Bd. XXIII, 1865 und Bericht über die XXIX. Versammlung deutscher Naturforscher und Aerzte. Giessen 1865.
[5] Archiv für Gynäkologie. Bd. I, 1870, p. 123.
[6] Ueber pathologische Antiflexion der Gebärmutter und die Parametritis posterior. Archiv für Gynäkologie, Bd. VIII, p. 134.

der Uterus die hintere Beckenwand bis zum Promontorium hinauf, um dieselbe bei der Involution nicht wieder zu verlassen. Luschka[1]) hält diese Anschauung für annehmbar und meint, dass diese gesetzmässige Reduction des Douglas'schen Raumes zu einer engen Spalte

Fig. 23.

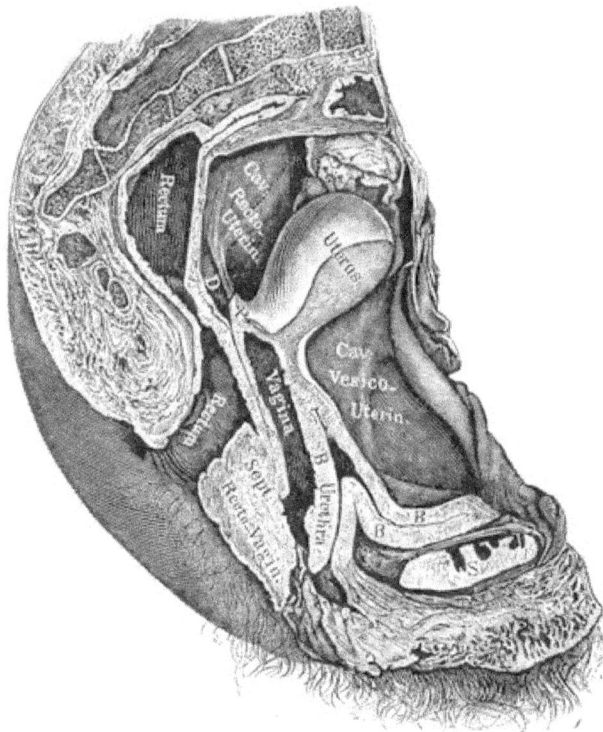

Sagitaler Durchschnitt durch das Becken einer Jungfrau. (Halbe natürliche Grösse. Photographische Aufnahme. Reduction durch die Camera.) *S* Symphyse. *B B* Blase. *P Plica Douglasii. D* Der darunter befindliche Raum.

unter Anderm die Erklärung des unzweifelhaften Vorkommens einer extrauterinalen Ueberwandung des Eies dem Verständnisse viel näher bringe, als es mit der Annahme eines weit offenen, Schlingen des Darmcanals enthaltenden, Douglas'schen Raumes möglich sei.

Credé hingegen hält die Anteversion und Flexion für normale Lagerungen des Uterus. Dasselbe thut Schultze, nur spricht sich

---

[1]) Die Lage der Baucheingeweide des Menschen. Carlsruhe 1873.

dieser ausführlicher über den Gegenstand aus, sucht den Unterschied zwischen physiologischer und pathologischer Flexion zu präcisiren und die letztere durch einen eigenthümlichen Vorgang, nämlich durch eine circumscripte *Parametritis posterior* zu erklären.

Nach diesem Autor ist die Fixation des Uterus eine vollkommen mobile und somit wird die Lage des letztern lediglich durch die Füllung und Entleerung der Blase und des Mastdarms bestimmt. *Cervix* und *Corpus uteri* bilden nach Schultze einen vollkommen unbestimmten Winkel, der sich verkleinern, ja ganz spitz werden oder erweitern kann, je nachdem sich die Blase eben füllt und leert. Der Uterus befindet sich ununterbrochen in einem Zustande der Knickung und Streckung, und nur wenn die Knickung stabil bleibt, ist sie eine pathologische. Den Grund dieser Stabilität erblickt Schultze, wie bemerkt, in der posterioren Parametritis. Nicht die Gestaltveränderungen des Uterus, meint er, sondern die derselben zu Grunde liegende Parametritis ist es, welche bei der Anteflexion so häufig Dysmenorrhoe bedingt. Auch die behinderte Flexion hängt nicht von der Gestaltveränderung des Uterus ab, sondern von der Parametritis. Eine Erklärung für diesen mystischen Zusammenhang zwischen diesem Zustande und der Parametritis zu geben, fühlt sich Schultze nicht verpflichtet [1]. „Die Thatsache eines solchen Zusammenhanges wird dadurch nicht bedeutungslos, dass wir das Wie dieses Zusammenhanges nicht kennen."

Niemals ist, unserer Ansicht nach, eine Lehre vorgetragen worden, welche mit den Thatsachen in einem grössern Wiederspruche gestanden hätte, niemals eine Theorie aufgebaut, welche, wenn sie Anhänger fände, einen nachtheiligeren Einfluss auf die uterine Therapie auszuüben geeignet wäre, umsomehr als sie einen der anerkanntesten klinischen Lehrer zu ihrem Urheber hat, eines sorgfältigen Forschers, dessen Worten man stets gern das Ohr leiht, und dem eine Anzahl von Aerzten unbedingte Folge leisten!

Schröder [2] hat gegen Schultze's Lehre übrigens schon energisch Protest erhoben. Er kann nicht zugeben, dass Lage und Gestalt des normal beschaffenen Uterus solchen bedeutenden physiologischen Schwankungen unterworfen seien, und der von Schultze als neu geschilderten Form von Parametritis, die er übrigens für Perimetritis hält, könne er keine besondere Bedeutung für das Zustandekommen

---

[1] A. a. O., p. 178.
[2] Archiv für Gynäkologie und Frauenkrankheit. Bd. IX, p. 68.

der Anteflexion beilegen, noch weniger könne er in dieser hintern Fixation mit Schultze „die häufigste Ursache stabiler, also patho-logischer Anteflexion" erkennen.

Wir schliessen uns dieser Anschauung an und wollen nunmehr zur Darstellung der Lage des Uterus im Becken, wie sie sich uns auf

Fig. 24.

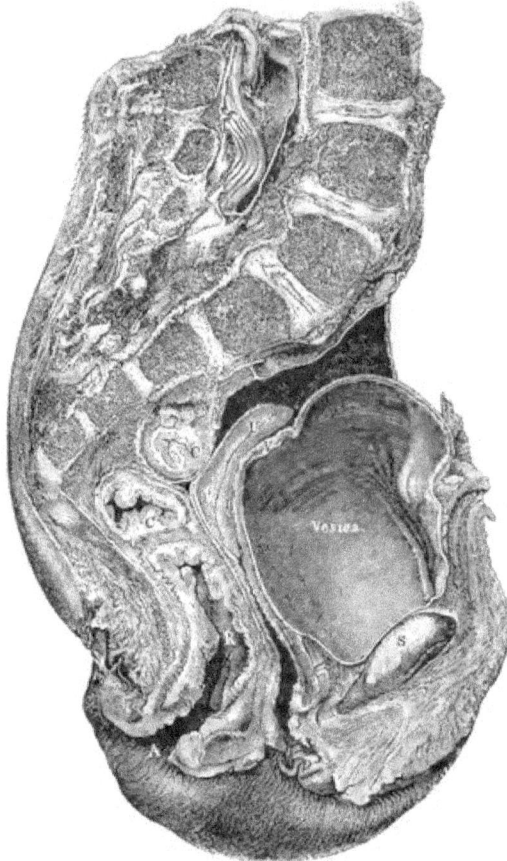

Sagitaler Durchschnitt durch das Becken und seiner Organe eines ein Jahr alten Mädchens. (Natürliche Grösse, photographische Aufnahme.) *U* Uterus. 1. 1′ Cervix. *1′* Blasenwand. *C C′* Darmschlingen. *R* Rectum. *A* Anus. *S* Symphyse.

Grundlage anatomischer Präparate und zahlreicher Untersuchungen an Lebenden dargeboten hat, schreiten.

Eine Hauptschwierigkeit für die richtige Darstellung der Lage des Uterus bei der Lebenden besteht darin, dass wir den letztern schon durch unsere Untersuchung in eine Lage hineinzwingen, welche ihm, sich selbst überlassen, nicht eigen ist. Das Einführen des Speculums oder auch nur des Fingers in die Scheide hat nothwendigerweise eine Streckung der letztern zur Folge, und diese wiederum muss selbstverständlich die natürliche Anteversionstellung der Gebärmutter vergrössern. Die bimanuelle Untersuchung, durch welche gar noch ein Druck auf den Uterus von oben her ausgeübt wird, zwingt diesen nicht nur zur Anteversion, sondern auch sich zu senken, und gestaltet die Lage immer unnatürlicher. Dabei handelt es sich jedoch, soweit die Veränderung der Längenachse des Organs in Betracht kommt, stets nur um **Version**, und nicht um **Flexion**. Hält man die Resultate der anatomischen Untersuchung mit denen zusammen, welche sich durch die Exploration an Lebenden ergeben, so gelangt man zu dem Schlusse, dass sich der Uterus beim gesunden Weibe in der Anteversion befindet, so jedoch, dass die Längsachse desselben zu der der Scheide in einem mässig stumpfen Winkel steht. Wenngleich sich dieser Winkel nicht in Zahlen ausdrücken lässt, so muss von ihm doch behauptet werden, dass er unter normalen Verhältnissen keine Veränderung in einem sehr auffallenden Grade erfährt. Untersucht man eine Frau in der Rückenlage, merkt sich den Stand des Uterus und lässt sie dann die Knieellenbogenlage einnehmen, dann findet man zwar eine dadurch herbeigeführte Verkleinerung des Winkels, allein nicht in der Weise, wie das von manchen Autoren behauptet wird, dass nämlich der Uterus gänzlich nach vorn umkippt. Auch diese Verkleinerung des Winkels lässt sich in Zahlen nicht ausdrücken, allein nach den uns zu Gebote stehenden Erfahrungen nehmen wir keinen Anstand zu behaupten, dass, wo ein solches Umkippen nach vorn oder hinten möglich ist, die Verhältnisse im Becken keine normalen mehr sind. Die Anheftung des Uterus an das Rectum und die Blase, seine Befestigung durch die breiten und runden Mutterbänder, seine Stützen durch das Bindegewebe des Beckens und durch die Scheide, endlich die Hülfe, welche er durch die ihn bedeckenden Darmschlingen erhält, reichen vollkommen hin, ihn nicht dem Spiele jeder Bewegung des Körpers preiszugeben. Welchen bedeutenden Einfluss die Beckenfascie auf die Fixirung des Uterus ausübt, hat Savage[1]) experimentell nachgewiesen, und der Ansicht Martin's, dass der Scheide, abgesehen von der Befestigung des Scheidengewölbes durch die Beckenfascie und

---

[1]) The surgery, Surgical Pathology and surgical Anatomy of the female Pelvic Organs. London 1870.

die damit zusammenhängenden Muskeln und Bänder eine Einwirkung auf die Erhaltung der physiologischen Lage der Gebärmutter nicht zugestanden werden könne, vermögen wir uns ebensowenig anzuschliessen, als seinen Annahmen, dass eine Einwirkung auf die Lage und Gestalt erst nach Erkrankung der Scheide und der sie umgebenden Gewebe secundär stattfindet. Das Umgekehrte scheint richtiger, und die Fälle von Senkung und Vorfall der Gebärmutter, welche perivaginitische Entzündungen voraussetzen, bilden die Illustration dafür. Andererseits vermögen wir auch die Versuche Warker's[1]), auf experimentellem Wege nachzuweisen, welche Stütze die Vagina für den Uterus abgebe, keine besondere Beweiskraft zuzusprechen. Die anatomische Structur thut das weit besser dar.

Fig. 25.

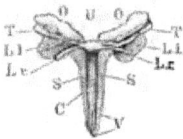

Weibliche Generationsorgane eines siebenmonatlichen Fötus. (Natürliche Grösse.) *O Ovarien. T Tuben. Ll Ligamenta lata. Lr Ligamenta rotunda. U Uterus. C Cervix. V Beginn der Scheide. S Peri-uterines Bindegewebe.*

Ganz anders als mit der normalen Anteversion verhält es sich mit der sogenannten normalen Anteflexion. Eine solche existirt einfach nicht, und am allerwenigsten besteht, wie es nach Schultze sein müsste, eine gelenkartige Verbindung zwischen *Corpus* und *Cervix uteri*, welche die Möglichkeit einer Knickung und Streckung des Uterus, je nach der Entleerung und Füllung der Blase, gestattete.

Wir haben bereits darauf hingewiesen, dass der Uterus ursprünglich, d. h. im Fötus, eine vollkommen grade Richtung besitzt, so wie Fig. 25 sie darstellt, dass er zur Zeit der Geburt in seinem untern Abschnitte den obern an Dicke übertrifft, dass er sich daher, dem Drucke der über ihm lagernden Darmschlingen nachgebend, oben krümmt oder knickt, dass sich das Verhältniss im Verlauf der spätern Entwicklung umkehrt, d. h. dass die obere Parthie die mächtigere, die untere die schlankere wird, letztere nunmehr die *Pars minoris resistentiae* darstellt und eine in der Regel leichte, schlanke **Windung, aber keine Knickung** annimmt, welche persistirt. **Nur unter krankhaften Verhältnissen, deren Erörterung nicht hierher gehört, bildet sich diese Windung zur Knickung (Flexion) aus und geht dann in den meisten Fällen mit** mehr oder

---

[1]) Dr. Van de Warker. A study of the normal movements of the unimpregnated Uterus. New York Medical-Journal. 1875. April-Heft, S. 337.

minder deutlich ausgesprochenen pathologischen Symptomen einher. An aus der Leiche herausgenommenen normalen Präparaten aber bedarf es der Anwendung einer erheblichen Gewalt, um diese Umwandlung zu bewirken, d. h. um den Uterus zu knicken, einer Gewalt, welche, wie wir bald sehen werden, weder die Blase durch ihre Entleerung, noch das Rectum durch seine Füllung auszuüben vermag.

Die Entleerung der weiblichen, mit Muskelfasern nur kärglich und mit einem schwachen Schliessmuskel versehenen, Blase geht nämlich nicht ganz so von Statten, wie es bei der männlichen geschieht. Hier erfolgt sie fast ausschliesslich durch die Action der reichlichen Muskelelemente, und der interabdominale Druck spielt dabei nur eine secundäre Rolle. Bei den Frauen findet das Umgekehrte statt. Die Entleerung geschieht hauptsächlich durch den letztern, und diesem Umstande ist es zu verdanken, dass Frauen so häufig, oft in der unangenehmsten Weise, überrascht werden, indem ein starkes Niesen oder Lachen, Schreck, eine rasch ausgeführte Bewegung etc. eine Blasenentleerung zur Folge hat. Es findet eigentlich keine Contraction, sondern ein Collapsus der Blase in der Weise statt, wie es an dem in Fig. 23 dargestellten Beckendurchschnitte in so instructiver Weise ersichtlich ist. Von einem merklichen, auf den Uterus geübten Zug kann bei diesem Vorgange an und für sich schon keine Rede sein. Die Blase collabirt, das *Cavum vesico-uterinum* wird von Darmschlingen ausgefüllt, welche durch die Anfüllung der Blase wiederum verdrängt werden, wobei die hintere Blasenwand sich dem Uterus wiederum nähert, und das Cavum in eine seichte Spalte verwandelt wird.

Angenommen aber, die Blase vermöchte durch ihre Entleerung einen Zug auf den Uterus auszuüben, so wird es immer noch nicht einleuchtend, wie dadurch eine Knickung herbeigeführt werden sollte. Eine solche setzt ja doch die Wirkung von Kräften an zwei Angriffspunkten voraus, innerhalb welcher sich ein *Punctum fixum* befindet. Der Zug der Blase könnte doch immerhin nur an dem vordern untern Abschnitte des Uterus, also an einer Stelle geschehen, der gegenüber zumal noch die sogenannten *Retractores uteri* wirken, welche Schultze selber, sonderbarer Weise, für die vorzüglichsten Befestigungsmittel des Uterus ansieht. Im günstigsten Falle könnte es der Blase gelingen, den Uterus nach vorn zu ziehen. Allein das thut sie auch nicht, kann sie nicht thun, weil ihr dazu die Kraft fehlt, im Gegentheil accommodirt sie sich naturgemäss dem Uterus.

In dieser Beziehung ist ein Vergleich der beiden Beckendurchschnitte (Fig. 24 und Fig. 26) sehr lehrreich. Man betrachte den

Stand des Uterus bei ganz gefüllter Blase in Fig. 24 und vergleiche
denselben mit dem in Fig. 26, woselbst die Blase ganz leer ist, der
Unterschied ist kaum bemerkbar, und werfen wir einen Blick auf die
Lage des Uterus im jungfräulichen Becken (Fig. 23), dann begegnen
wir wiederum denselben Verhältnissen: leichte Anteversion, an dem
Kinderuterus die oben besprochene normale Windung, von einer
Knickung aber, von einem wesentlichen Einflusse, welcher auf die

Fig. 26.

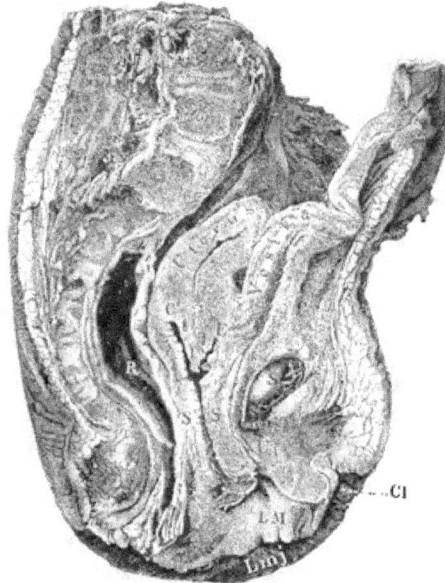

Durchschnitt durch das Becken eines neugeborenen Mädchens. (Natürliche Grösse. Photographische Aufnahme.) *E* vorderer, *C* hinterer Cul de sac. *U* Urethra. *S Sept. resic.-
vaginal. S' Sept. recto-vag. Cl* Clitoris. *L M Lab. min. I* vordere, *I'* hintere Muttermundslippe.

Uteri durch die entleerten Blasen ausgeübt worden wären, durchaus
keine Spur. Dabei verdient hervorgehoben zu werden, dass die drei
Beckendurchschnitte an in toto gefrorenen Leichen mit nicht eröffneten
Abdominal- und Thoraxhöhlen in der hiesigen anatomischen Anstalt
unter Leitung des Herrn Professor Langer, mit aller diesem Forscher so
eigenthümlichen Accuratesse ausgeführt worden sind und die anatomischen Verhältnisse in geradezu mustergiltiger Weise illustriren. Damit
sie durch die Zeichnung auch nicht die geringste Alteration erleiden,
haben wir die Präparate photographiren und dann pausen lassen. Die

Verkleinerung des einen Präparates (Fig. 23) ist gleichfalls durch die Camera erfolgt.

Ganz dieselben Resultate haben Durchschnitte, welche wir an nicht gefrorenen Leichen zweier Neugeborenen ausgeführt, geliefert. Der eine mit gefüllter Blase ist in Fig. 7 wiedergegeben, den andern stellt Fig. 27 bei entleerter Blase dar.

Auch hier hat sich die Lage der Gebärmutter durch die Entleerung der Harnblase nicht merklich geändert. Die Blasenentleerung scheint bei Neugeborenen und Erwachsenen wesentlich anders vor sich zu gehen, in ihrer Wirkung auf die Lage des Uterus jedoch dieselbe zu bleiben. Bei Neugeborenen scheint nämlich die vordere Wand der Blase, nach Entleerung der letzteren, an die hintere zu rücken, so dass zwischen beiden nur ein schmaler Spalt sichtbar bleibt (Fig. 26 und Fig. 27).

Fig. 27.

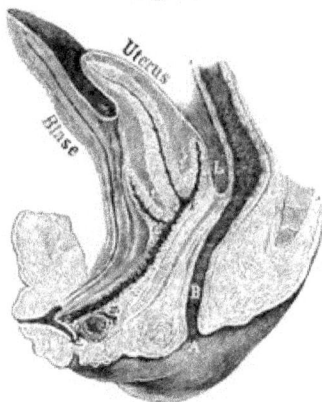

Durchschnitt durch das Becken eines neugeborenen weiblichen Kindes. (Natürliche Grösse.) 1 vordere, 1' hintere Muttermundslippe. L Excavatio recto-uterina. B Rectum. A Anus.

Bei Erwachsenen hingegen sinkt der *Fundus vesicae* mit sammt der hintern Wand bis zur Anheftungsstelle des Uterus nach unten, so dass die collabirte Blase auf dem untern Scheidenabschnitte ruht, bis sie sich durch die allmälig eintretende Füllung wieder erhebt. Bei dieser Procedur aber vermag sie auf den Uterus keinen andern Einfluss auszuüben, als dass sich die Anteversionstellung, welche ihm eigen ist, durch die Entleerung wahrscheinlich um ein wenig vergrössert und diese Vergrösserung durch die Füllung wieder ausgeglichen wird. Die Anteflexion tritt, und darauf muss wiederholt und mit Bestimmtheit hingewiesen werden, niemals in Concurrenz. Diese Thatsachen können übrigens durch das höchst einfache und beim lebenden Weibe überaus leicht auszuführende Experiment der künstlichen Füllung und Entleerung der Blase mit vorangehender und nachfolgender Exploration des Uterus, wie wir es vielfach angestellt haben, bewiesen werden; sie sollten genügen, um die Richtigkeit der bereits von dem erfahrenen Martin [1] aufgestellten Be-

[1] A. a. O. p. 384.

hauptung zu erweisen, dahin lautend: „Die Gestalt der Gebärmutter ist eine solche, dass bei der Lage des Frauenzimmers auf dem Rücken der in die Scheide eingeführte Finger den Körper weder vor noch hinter dem Scheidentheil vorspringend findet, so lange nicht von den Bauchdecken aus ein die Lage der Theile abändernder Druck auf den Muttergrund ausgeübt wird." Indem wir diesen Satz seinem vollen Inhalte nach acceptiren, müssen wir ihn noch ausdrücklich dahin ergänzen: **dass jede Knickung des Uterus, welche sich durch den explorirenden Finger nachweisen lässt, gleichgiltig ob sie mit Functionsstörungen und schmerzhaften Symptomen einhergeht oder nicht, als pathologisch angesehen werden muss.**

Wäre es richtig, dass nicht der Knickungswinkel, sondern die Permanenz der Knickung für deren pathologische Beschaffenheit entscheidend sei, dann wüssten wir in der That nicht, wohin jene Fälle von Anteflexion gehören, welche mit äusserst heftiger Dysmenorrhoe, mit einer Reihe schmerzhafter Erscheinungen und mit Sterilität einhergehen und bei denen alle, jedenfalls aber die schmerzhaften Symptome in Folge einer einfachen Aufrichtung des Uterus schwinden; wenn es ferner richtig wäre, dass eine *Parametritis* (richtiger *Perimetritis*) *posterior* die Veranlassung für die sogenannte pathologische Anteflexion abgiebt, dann müsste die pathologische Flexion, wie wir in einem späteren Abschnitte sehen werden, die allerhäufigste Erkrankung im Bereiche der weiblichen Generationsorgane bilden.

Wir haben der Lage des Uterus im Becken eine ganz besondere Aufmerksamkeit schenken und die obwaltenden Verhältnisse durch eine Reihe von Beckendurchschnitten illustriren zu müssen geglaubt, weil die richtige Anschauung über dieselben nicht nur in unser Thema tief eingreift, sondern die richtige Beurtheilung der Pathologie und Therapie der Frauenkrankheiten überhaupt wesentlich beeinflusst.

Am Schlusse dieses Abschnittes können wir es nicht unterlassen, eine Bemerkung über den sogenannten Douglas'schen Raum zu machen, weil er ja in der Gynäkologie eine äusserst wichtige Rolle spielt. Mit diesem Namen wird allgemein jene Excavation belegt, welche zwischen Uterus und Rectum (*Cavum recto-uterinum*) bestehend gedacht wird. Im Leben scheint dieselbe jedoch nur eine Spalte zu bilden, da der Uterus dem Rectum dicht anliegt. Wenigstens ist es weder Martin, noch Claudius noch auch uns gelungen, im normalen Zustande daselbst Darmschlingen zu entdecken. Vielleicht treten solche zuweilen in den Raum ein, wenn der Uterus sehr stark nach vorn vertirt oder flectirt ist, obgleich es uns selbst unter diesen Umständen nicht gelungen ist, dieselben aufzufinden. Auch post mortem senken sich nur selten Darmschlingen zwischen Uterus und Rectum hinab.

Der Ansicht Claudius', dass das Nichtvorhandensein von Darmschlingen im *Cavum recto-uterinum* als Conditio sine qua non für die Conception zu betrachten sei, und dass der entgegengesetzte Fall Sterilität zur Folge habe, können wir uns jedoch nicht anschliessen.

Gegenüber der allgemein adoptirten Bezeichnung des besagten Raumes als Douglas'scher muss hervorgehoben werden, dass Douglas überhaupt keinen Raum, sondern nur eine Falte beschrieben, die er in weiblichen Leichen fast immer beobachtet hat. Der hierauf bezügliche, nur wenig bekannte Satz, lautet also [1]):

„Ubi Peritoneum Partem anteriorem Intestini Recti deserit, mutato Cursu, et Angulo facto, sursum atque antrorsum supra Vesicum ascendit, et supra hunc Angulum nonnihil, transversa quandum notabilis Constrictio sive Semiovalis Plica in Peritonaeo conspicienda est, quam in Cadaveribus Faemininis praesertim, per haud paucos retro Annos fere semper mihi contigit videre.“

Das ist Alles, was Douglas über den Gegenstand sagt; er beschreibt einen Fortsatz, der im Durchschnitte sporenartig erscheint, vom untern Abschnitte der hintern Uteruswand sich erhebt (Fig. 23 *P*) und von welchem aus die halbmondförmige Falte rechts und links abgeht. Wollte man demnach von einem Raume sprechen, so könnte man als den Douglas'schen allenfalls jenen winzigen bezeichnen, welcher unterhalb dieser Falte gelegen ist (Fig. 23 *D*). An dem (in Fig. 23 dargestellten) Durchschnitte sind diese Verhältnisse in ausgesprochener Weise vorhanden.

Es klingt daher eigenthümlich, wenn Kohlrausch [2]) in seinem bekannten Werke „zur Anatomie und Physiologie der Beckenorgane“ es besonders hervorhebt, dass er auf allen gemachten Durchschnitten gefunden habe, dass das Bauchfell an der hintern Seite, indem es von dem Colon zurücktritt, eine kleine Falte macht, welche durch schlaffes und blättrig gelagertes Zellgewebe an das Colon angeheftet werde. Offenbar hat Kohlrausch die Beschreibung Douglas' nicht gekannt, sonst würde er diese Falte nicht noch einmal, und zwar als neu, beschrieben haben.

---

[1]) Dr. Jacob Douglas. Descriptio Peritonaei. Lugduni Batavorum 1737. p. 53.

[2]) A. a. O. p. 61.

Henle, Luschka, Hyrtl und Andere beschreiben diese Falte übrigens auch, aber es wird von den *„Plicae semilunares Douglasii"* gesprochen, während jedoch nur von einer *„Plica semilunaris Douglasii"* die Rede sein kann, der „Douglas'sche Raum" aber etwas völlig Willkührliches ist. So lange man darüber einig ist, was unter einer gewissen Bezeichnung verstanden werden soll, hat der Name nicht viel auf sich, allein wissen sollte man doch, was in dem vorliegenden Falle gänzlich in Vergessenheit gerathen zu sein scheint, dass der Autor, mit dessen Namen eine Bezeichnung in Verbindung gebracht wird, dieselbe weder vorgeschlagen, noch dasjenige, was jetzt darunter verstanden wird, ursprünglich beschrieben hat.

Soll die zwischen Uterus und Rectum bestehende Spalte einmal als Raum gelten, so empfiehlt sich der von Hyrtl gebrauchte Ausdruck des *Cavum* oder der *Excavatio Recto-uterina*. Thatsächlich aber wird diese Spalte erst dann zum Cavum, wenn sich Blut oder Eiter in ihr ansammelt oder Geschwülste den Uterus vom Rectum entfernen, um sich zwischen beiden zu lagern, oder aber wenn ausgedehnte Pseudomembranen den Raum seitlich so abschliessen, dass er zum wirklichen Behälter für feste oder flüssige pathologische Gebilde werden kann.

III.

PHYSIOLOGIE. — MENSTRUATION
UND
OVULATION.

Es scheint uns unmöglich, eine richtige Ansicht über die Sterilität zu gewinnen, ohne sich vorher mit den wesentlichsten physiologischen Eigenschaften des Uterus und dessen hauptsächlichsten normalen Functionen bekannt gemacht zu haben.

Es kann uns hier jedoch nicht darauf ankommen, die Physiologie der Gebärmutter, soweit sie eben erforscht ist, vorzutragen, sondern nur die wichtigsten Sätze zu besprechen, die bei dem hier abzuhandelnden Thema in Betracht kommen.

Die uns zu Gebote stehenden Thatsachen sind theils im Wege des Experimentes, theils durch unmittelbare Beobachtung an Lebenden gewonnen worden. Die ersteren haben für uns leider jene unerschütterliche Beweiskraft, wie sie die Natur des Versuches bedingt, nicht, weil sie sich auf Thiere beziehen, zwischen deren Uterus und demjenigen des Weibes ein so himmelweiter Unterschied besteht, wie er zwischen einem Darme und einem, zwar kleinen aber mit mächtigen Wandungen und einer nur geringen Höhle ausgerüsteten, Hohlmuskel vorhanden ist. Während für den Darm keinerlei Schwierigkeit für die Ausführung rapider und intensiver peristaltischer Bewegungen besteht, gestaltet sie sich für den letztern geradezu unüberwindlich, oder die Contactionen werden von ihm nur unter gewissen Verhältnissen und selbst dann noch in einer beschränkten Weise ausgeführt werden können.

Jedenfalls besteht zwischen beiden eine so wesentliche Differenz in der Art ihrer Contraction, dass man sich hüten muss, die Resultate eines an dem einen angestellten Experimentes ohne Weiteres auf das andere zu übertragen.

Die Thatsache selbst, d. h. die Contractionsfähigkeit eines mit mächtigen Wandungen und einer verhältnissmässig kleinen Höhle ausgestatteten Hohlmuskels bedarf kaum des Beweises. Wäre ein solcher nöthig, dann würde ihn die Thätigkeit des Herzens und die des linken Ventrikels insbesondere in eminentester Weise liefern, obgleich der Unterschied, welcher zwischen diesem Organ und dem Uterus besteht, immerhin noch ein grosser ist. Die Hervorhebung dieser Thatsachen erscheint nothwendig, weil sie das Verständniss der für das Zustandekommen einer Conception unerlässlichen Vorgänge erleichtern. Hier ist denn auch der Grund dafür zu suchen, dass in neuester Zeit so viele Forscher die experimentelle Beantwortung der hier in Betracht kommenden Fragen unternommen haben.

Nachdem von Hunter[1]), Robert Lee[2]), Snow Beck[3]), Obernier[4]), Frankenhäuser[5]) und Anderen die Anatomie der Uterusnerven zum Gegenstande besonderer Untersuchungen gemacht worden war, gab Kilian[6]) den Anstoss zur experimentellen Untersuchung des Einflusses der Innervation auf die Gebärmutter und rief eine ganze Reihe vorzüglicher Arbeiter in die Arena. Wir nennen nur die Namen Spiegelberg[7]), Kehrer[8]), Körner[9]), Oser[10]), Cyon[11]), Warker[12]), Hoffmann und Basch[13]). Leider kamen die Experimentatoren zu verschiedenen, oft einander ganz entgegengesetzten Ansichten. Zwar stimmen alle darin überein, dass der Uterus auf Reizen durch Contraction antworte, allein während die Einen diese Contraction von einem

---

[1]) The gravid Uterus.
[2]) Philosophical Transactions 1841 und 1842 und The Anatomy of the Nerves of the Uterus. London 1841.
[3]) Ibid. 1846.
[4]) Experimentelle Untersuchungen über die Nerven des Uterus. Bonn 1865.
[5]) Die Nerven der Gebärmutter. Jena 1867.
[6]) Henle und Pfeiffer's Zeitschrift. Neue Folge. II. Band.
[7]) Ibid. III. Reihe, 2. Bd. 1858.
[8]) Beiträge zur vergleichenden und experimentellen Geburtskunde. Giessen 1864.
[9]) Studien des physikalischen Instituts zu Breslau. Heft 3.
[10]) Medicinische Jahrbücher der Gesellschaft der Aerzte in Wien. 1872, p. 57.
[11]) Pflüger's Archiv 1873. Bd. 8, Heft 6 und 7, S. 349.
[12]) A study of the normal movement of the unimpregnated uterus by Ely Van de Warker. New York Medical Journal 1875. April Nr. 4. Vol. XXI.
[13]) Medicinische Jahrbücher der Gesellschaft der Aerzte in Wien. II. Heft. 1876.

bestimmten Centrum ausgehen lassen, wollen die Anderen sie auf Reizung aller möglichen Nerven des Körpers beobachtet haben. Diese letztere Behauptung hat namentlich in Schlesinger[1]) ihren Vertreter gefunden, ist jedoch von Cyon, wie es scheint, mit durchschlagendem Erfolge bekämpft worden. Dieser Autor hält das von Manchen beschriebene, in Folge von Reizungen der verschiedensten Nerven eintretende Steifwerden und Erblassen des Uterus einfach für Zusammenschrumpfung desselben in Folge der Verengerung seiner Gefässe, welche sich einstellt, da man bei der Aufsuchung der Uterusnerven meistens mit sympathischen Nerven zu thun hat, und die Reizung aller möglichen sensiblen Nerven starke Gefässverengerung auf reflectorischem Wege hervorruft. Im Laufe der Untersuchung hat sich Cyon in der That davon überzeugt, dass, auf welche Weise man auch einen Blutmangel im Uterus erzeugt, ob durch Zuklemmen der zuführenden Gefässe, oder durch Reizung centraler Enden sensibler Nerven, man fast immer eine mehr oder weniger ausgesprochene Steifung und Erblassung des Uterus erhält, dass diese Bewegung jedoch Nichts mit den wirklichen heftigen peristaltischen Bewegungen des Uterus gemein habe, welche wirklich zur Fortbewegung der in ihm enthaltenen Körper dienen können.

Cyon kommt demnach zu den folgenden, auch für unser Thema wichtigen, Schlüssen:

1. Der *Plexus uterinus* enthält die wichtigsten, wenn nicht die einzigen, motorischen Nerven, welche wirkliche Bewegungen des Uterus bei Reizung ihrer peripherischen Enden hervorrufen können. (Reizung der centralen Enden erzeugt nur heftiges Erbrechen.)

2. Reizung der centralen Enden der ersten beiden Sacralnerven erzeugt auf reflectorischem Wege heftige Uterusbewegungen, welche nach vorheriger Durchtrennung des *Plexus uterinus* verschwinden. (Reizung der peripherischen Nerven erzeugt nur heftige Contractionen der Harnblase und des Rectums.)

3. Reizung des *Nervus brachialis, cruralis, medianus, ischiadicus* etc. ruft keine peristaltischen Bewegungen des Uterus, sondern nur eine kleine Steifung und ein Erblassen desselben hervor.

4. Der Erfolg der Reizung dieser Nerven verschwindet, wenn man vorher die Aorta zuklemmt. Reizung der centralen Enden der *Nervi sacrales* leitet aber auch nach diesem Zuklemmen noch peristaltische Bewegungen des Uterus ein.

---

[1]) Medicinische Jahrbücher der Gesellschaft der Aerzte in Wien. 1873. 1. Heft, S. 1.

Von grossem Interesse sind die von Hoffmann und Basch angestellten Versuche.

Bei Gelegenheit von experimentellen Studien über Uterusbewegungen war es ihnen aufgefallen, dass, sobald der Uteruskörper elektrisch gereizt wurde, der Uterus sich verkürzte und ebenso wie die Vagina sich verschmälerte, dass aber gleichzeitig die *Portio vaginalis* der Gebärmutter wulstförmig durch die sich eng anlegende Scheide hervortrat und sichtlich herabstieg.

Sie verfolgten diese Beobachtung weiter, indem sie den Körper des Uterus bei aufgeschlitzter Vagina reizten und konnten sich überzeugen, dass während jeder Reizung die *Portio vaginalis* anschwoll und die Wände der geschlitzten Scheide wie auseinanderdrängend hervortrat, wobei gleichzeitig der bei jungfräulichen Thieren einen feinen Längsspalt darstellende, bei anderen sternförmige Muttermund sich zu einem mehr oder weniger runden Loche erweiterte. Die directe elektrische Reizung der Uterushörner blieb nach dieser Richtung erfolglos.

Als die Constanz dieser Erscheinung an einer Reihe von Versuchen sichergestellt war, wurde geprüft, ob sich nicht diese Erscheinung durch Reizung der peripheren Enden bestimmter zum Uterus ziehender Nerven hervorrufen liesse, und es zeigte sich, dass insbesondere die Reizung eines vom Aortengeflechte des Sympathicus entspringenden Nervenpaares, das von einem dem Ursprunge der *Arteria mesenterica inferior* aufsitzenden Ganglion dieses Geflechtes abgeht und zum Cervix herabzieht, von einem solchen Effect begleitet ist.

Die *Portio vaginalis* schwillt an, rückt zugleich etwas nach abwärts und der Muttermund erweitert sich allmälig zu einem runden Loche. Die Erweiterung überdauert die Reizung einige Secunden, sie nimmt sogar häufig nach der Reizung noch zu, worauf der Muttermund sich wieder unter gleichzeitiger Abschwellung des Cervix langsam schliesst. Dieses Phänomen kann selbst mit schwachen Strömen mehrmals hinter einander, jedoch mit abnehmender Intensität, hervorgerufen werden.

Indem sich die genannten Autoren auf die einfache vorläufige Mittheilung dieser von ihnen beobachteten Bewegungserscheinungen beschränken, ohne dieselben rücksichtlich ihrer Entstehung weiter zu analysiren oder schon jetzt aus derselben gewisse Schlüsse auf die physiologische Function der betreffenden Organe zu ziehen, weisen sie darauf hin, dass die von ihnen an Cervix geschenen Veränderungen mit den Bewegungen analog zu sein scheinen, welche von einzelnen

Gynäkologen, insbesondere neuestens von Wernich am Muttermunde reizbarer Frauen beobachtet worden sind.

Die von Hoffmann und Basch beobachteten Bewegungen, welche sowohl der Beschreibung zufolge, als auch nach mündlichen uns gewordenen Mittheilungen den Eindruck des „Schnappens" machten, scheinen wesentlich mit jenen Vorgängen übereinzustimmen, welche insbesondere Dr. Beck in Amerika bei einer Patientin zu machen Gelegenheit hatte, welcher er ein Pessarium gegen den vorhanden gewesenen Prolapsus einlegen wollte. Da das *Os uteri* zwischen der Vulva lag, konnte die Beobachtung leicht und ohne Hülfe eines Speculums angestellt werden. Die Patientin war sehr leicht erregbar, und nachdem der Cervix leicht gereizt war, stellten sich so heftige Contractionen ein, dass sich der Muttermund 5 bis 6 Mal in so ergiebiger Weise schloss und öffnete, dass Dr. Beck sie als „Schnappen" bezeichnete[1]. Die Mittheilung dieses Falles hatte seiner Zeit ironische Bemerkungen mancher Kritiker hervorgerufen. Heute scheint die Annahme durchaus gerechtfertigt, dass die Vaginalportion auf Reize, wenn auch nur selten in der von Dr. Beck beobachteten stürmischen Weise, durch Contractionen antwortet, und hierdurch einen wesentlichen Factor für die Weiterbeförderung der Spermatozoen, d. h. für das Zustandekommen der Conception, stellt. Eine der von Beck beobachteten Bewegung analoge der Vagina, welche der Weiterbeförderung des Samens bedeutenden Vorschub zu leisten im Stande war, hat Blondell[2] bereits vor fast 25 Jahren beobachtet.

Die Contractionen des nichtschwangern menschlichen Uterus sind besonders von Priestley[3] erörtert worden, während die des schwangern Uterus von Ingleby[4], Oldham[5], Tanner[6], Braxton Hicks[7] u. A. studirt worden sind.

Namentlich war es Hicks, welcher auf Grund jahrelanger Beobachtung festgestellt hat, dass der Uterus die Eigenschaft besitzt, sich von der frühesten Schwangerschaftszeit an in beständiger Fluctuation zwischen Contraction und Relaxation zu befinden. Diese Erscheinung

[1] Wernich's Bericht über diesen Fall in der Central-Zeitung 1873. Siehe auch dessen Aufsatz „Ueber das Verhalten des *Cervix uteri* während der Cohabitation". Berliner klinische Wochenschrift 1873, S. 103.
[2] Todds' Cyclopaedia of Anatomy and Physiology. Vol. V, p. 671.
[3] Lectures on the development of the gravid uterus. London 1860.
[4] Facts and cases in obstetric medicine. London 1826, p. 250.
[5] Medical Times and Gazette. 26. Januar 1856.
[6] Signs and Diseases of Pregnancy. London 1867, p. 21.
[7] Transactions of the Obstetrical Society of London. Vol. XIII, p. 216.

ist, nach Hicks, so constant, dass er sie zu den sichersten und frühesten Schwangerschaftszeichen rechnet. Seine detailirten Ausführungen interessiren uns hier nicht weiter; für unsere Zwecke genügt es, darauf hinzuweisen, dass alle an Thieren angestellten Experimente den Nachweis der Uteruscontraction auf gewisse Reize geliefert haben, dass ein ähnliches Verhalten beim menschlichen Uterus, wenngleich der anatomischen Structur gemäss, seine Contractionen im nichtschwangern Zustande nicht in so intensiver Weise erfolgen können, wahrscheinlich sei, zumal directe Beobachtungen derartiger Contractionen der Vaginalportion vorliegen.

Ein weiteres Verfolgen dieses Gegenstandes liegt ausserhalb der Grenzen unserer Aufgabe. Das Angeführte genügt zur Erklärung der Conceptionsvorgänge, deren Besprechung uns in einem spätern Abschnitte beschäftigen wird.

Ausser seiner physiologischen Thätigkeit beim Zustandekommen einer Befruchtung fällt dem Uterus noch die Aufgabe zu, das befruchtete Ei aufzunehmen und es zur Reife zu führen, sodann ist er der Schauplatz jener Phänomene, welche als Menstruation bekannt sind, deren Verhältniss zur Ovulation klar gestellt sein muss, wenn man eine richtige Vorstellung vom Eintritt einer Conception oder von der Unmöglichkeit einer solchen (Sterilität) gewinnen will. Da uns diese Vorgänge in eminenter Weise beschäftigen, wollen wir in eine Besprechung derselben an dieser Stelle eintreten und die Frage über Aufnahme und Bebrütung des Eies oder vielmehr die Behinderung, diese Aufgabe zu erfüllen, für den Abschnitt über die Mechanik der Sterilität aufsparen.

Menstruation und Ovulation. Wir haben die Menstruation als einen von Zeit zu Zeit wiederkehrenden geschlechtlichen Impuls definirt, wobei in Folge von Ueberfüllung der Capillargefässe der Schleimhaut des Uterus und wahrscheinlich auch der Tuben ein Blutabgang aus diesen Theilen stattfindet[1]), und haben bisher keine Veranlassung gefunden, eine Aenderung dieser Definition vorzunehmen. Hierbei ist von einer Bezugnahme auf die Thätigkeit der Ovarien durchaus keine Rede, weil wir an bezeichneter Stelle in ausführlicher Weise die Gründe auseinandergesetzt haben, durch welche uns die Ueberzeugung geworden ist, dass ein unmittelbarer Zusammenhang zwischen Ovulation und Menstruation nicht besteht, dass vielmehr beide Functionen unabhängig von einander vor

---

[1]) Beigel, Krankheit des weiblichen Geschlechts. Bd. I, S. 318.

sich gehen und dass, wenn schon von einer Beeinflussung der einen durch die andere gesprochen werden kann, die Ovulation es ist, welche aus den menstrualen Vorgängen Nutzen zieht. Gleich als Négrier mit der Behauptung aufgetreten ist, dass bei jeder Menstruation ein Graaf'sches Bläschen platze und ein Ovulum sich entleere, eine Lehre, welche später namentlich in Bischoff einen eifrigen Vertreter gefunden hat, sprachen Autoritäten wie Remak[1]) ihre Ansicht dahin aus, „dass diese Angabe vorläufig mehr als eine Hypothese, dann als das Resultat genauer Beobachtung betrachtet werden muss"[2]). Heute aber liegen hinreichende Beweise dafür vor, diese Hypothese für gänzlich unhaltbar zu erklären.

Der hauptsächlichste Beweis für die Ovulation als Ursache der Menstruation wurde von den Vertretern dieser Hypothese aus einer geringen Anzahl von Fällen herangezogen, in denen bei Frauen, welche während oder unmittelbar nach der Menstruation gestorben waren, geplatzte Follikel aufgefunden wurden.

Seitdem ist man aber zur Beobachtung zahlreicher anderer Fälle gelangt, in denen ein solcher Befund nicht hat constatirt werden können, in denen also die Menstruation ihren regelmässigen Verlauf genommen hatte, ohne dass ein geplatzter Follikel aufgefunden werden konnte. Es ist nicht nöthig, auf den berühmt gewordenen, die Maria Manning betreffenden Fall Paget's[3]) zu recurriren; Ritchee[4]) hat deren in hinreichender Zahl veröffentlicht, und erst vor Kurzem hat John Williams[5]) eine Reihe hierher gehörender Fälle vorgetragen, in denen zwar die Ruptur am Follikel stattgefunden, dies aber in den meisten Fällen vor dem Eintritte der Menstruation geschehen war.

Nicht minder häufig, und für unsere Behauptung des nicht bestehenden Zusammenhanges zwischen Ovulation und Menstruation, sind jene Fälle, in denen Frauen schwanger werden, ohne jemals menstruirt

[1]) Beweis der von der Begattung unabhängigen periodischen Reifung und Loslösung des Eies der Säugethiere und der Menschen. Giessen 1844. Beiträge zur Lehre von der Menstruation und Befruchtung 1853, und Wiener mediciu. Wochenschrift 1873, Nr. 8 u. 9.
[2]) Remak, Die abnorme Natur des Menstrualflusses. Busch's neue Zeitschrift für Geburtskunde. 1842, Bd. XIII, Heft 2.
[3]) Tilt, On uterine and ovarian inflammation. London 1862, p. 64.
[4]) Contributions to assist the study of ovarian physiology and pathology. London 1865.
[5]) Note on the dricharge of Ova. Proceedings of the Royal Society 1875, Nr. 162.

gewesen zu sein. Busch [1]) hat sogar Frauen beobachtet, welche niemals menstruirt hatten, bei denen die Menstruation aber nach dem Eintritte der Schwangerschaft aufgetreten ist. Wir haben ähnliche Fälle beschrieben [2]), und in Montgomery's [3]) berühmtem Werke finden wir eine ganze Blumenlese derselben und auch solche, in denen Conception eingetreten ist, nachdem die Periode jahrelang ausgeblieben war; in einem ähnlichen Falle Duboi's hat dieser so wenig an Schwangerschaft gedacht, dass er seine Patientin zum Gegenstande einer Vorlesung über Bauchwassersucht machte, bis endlich der fötale Puls gehört und die Frau entbunden worden ist [4]). Montgomery hat sogar eine Dame behandelt, deren sicherstes Zeichen, dass sie schwanger geworden war, darin bestand, dass die nächste Menstruation einen profusen Charakter angenommen hatte; Fälle, in denen die Menses sich zum ersten Male nach der ersten Conception zeigen, sind durchaus nicht selten, ja Deventer [5]), Baudelocque [6]) und Busch [7]) haben Fälle beschrieben, in denen die Menstruation **nur** während der Schwangerschaft vorhanden war, nach erfolgter Geburt ausblieb und sich erst nach erneuerter Conception eingestellt hat.

Wie es möglich ist, Angesichts solcher, von den besten Beobachtern festgestellten Thatsachen, den Glauben aufrecht zu halten, dass die Menstruation die Folge der Ovulation sei, ist uns geradezu unerklärlich. Zu diesen Beobachtungen traten noch diejenigen hinzu, zu welchen man erst in der neuesten Zeit durch die Häufigkeit der Ovariotomie gelangen konnte.

Dass die ausgedehnteste Erkrankung beider Ovarien nicht im Stande sei, die Menstruation aufzuheben, war bekannt. Leopold hat diesen Gegenstand neuerdings in ausführlicher Weise erörtert [8]) und ist auf Grundlage einer umfangreichen und gründlichen Zusammenstellung fremder und eigener Beobachtungen zu dem Schlusse gelangt, dass diese Fälle, soweit sie alle wahrheitsgetreu berichtet sind, — und dies muss vorausgesetzt werden — gerade zu der bestimmten Annahme berechtigen, **dass die Menstruation mit der Ovulation, der periodischen Reifung von Eiern, nicht im Zusammenhange**

---

[1]) Dewees, Krankheiten des Weibes. Deutsch von Moser, mit Zusätzen von Busch. Berlin 1837, S. 34.
[2]) Krankheiten des weibl. Geschl. Bd. I, S. 324.
[3]) Signs and Symptom of Pregnancy. London 1856, p. 77 ff. — [4]) Ibid.
[5]) Novum lumen Art. Obstetr. Cap. XV.
[6]) Art. d'accouchement 1822. Vol. I, p. 197. — [7]) A. a. O.
[8]) Archiv für Gynäkologie. 1874. Bd. VI, S. 189.

steht, ein Ausspruch, der ganz jüngst erst auch von Williams bestätigt worden ist [1].

In unserm Werke über die Krankheiten des weiblichen Geschlechtes haben wir eine nicht unbeträchtliche Anzahl von Fällen zusammengestellt [2], in denen die Extirpation beider Ovarien durch Atlee, Peaslee, Reeves Jackson, Stohrer, Charles Clay und Spencer Wells ausgeführt worden ist, ohne das Aufhören der Menstruation nach sich zu ziehen. Zu diesen Fällen sind zwei neue von Lawson Tait hinzugekommen. Beide Mal wurden beide Ovarien extirpirt, ohne dadurch die Menstruation zu beeinträchtigen [3]. Dass manche dieser Operateure die der Operation allmonatlich nachfolgende Blutung nicht als Menstruation anerkennen wollen, ändert in der Sache ebensowenig, als die Behauptung der Ovulisten, dass in solchen Fällen die Extirpation keine radicale war, dass vielmehr Stücke der Ovarien zurückgelassen wurden, und diese Stücke den Impuls für die Menstruationsvorgänge gegeben hätten. Es ist sonderbar, dass man sich lieber an blosse Vermuthungen anklammert, als dass man sich entschliesst, den alten Glauben und nicht, wie Gusserow meint, „das sonst durch gute Beobachtungen gefundene physikalische Gesetz, dass die Menstruation an die Function der Ovarien gebunden ist" [4], aufzugeben und die klaren Thatsachen zu adoptiren. Wenn nämlich die oben erwähnten Fälle noch nicht beweiskräftig genug erscheinen, dann verweisen wir auf die von Professor Trenholme in Montreal ausgeführte Extirpation beider gesunder Ovarien, in der Hoffnung, dass die Menstruation nicht wiederkehren, die damit verbundenen Beschwerden aufhören und dem Wachsthume vorhandener Fibroide Einhalt geschehen werde. Die Menstruation kehrte aber wieder, während die Schmerzen ausblieben. Bei dieser Gelegenheit erfahren wir, dass Fordyce Baker acht Mal die Excision gesunder Ovarien vorgenommen hat, und dass die Menstruation darauf in allen diesen Fällen monatlich wiedergekehrt ist [5].

Auch Robert Battey [6] hat die Extirpation normal functionirender Ovarien zum Zweck der Heilung anderer, für incurabel gehaltener

---

[1] Lectures on Dismenorrhoea. Lancet 1877. Vol. I, p. 635.

[2] Bd. I, p. 310.

[3] Medical Times and Gazette 1873. Vol. I, p. 561.

[4] Ueber Menstruation und Dysmenorrhoe. Volkmann's Sammlung klinischer Vorträge.

[5] Obstetrical Journal of Great Britain and Ireland. London 1876. Nr. XLIII, S. 425. — [6] Transactions of the American Gynaekological Society. Vol. I. Boston 1877, p. 101.

Krankheiten zehn Mal ausgeführt, ohne die Menstruation dadurch in allen Fällen zum Verschwinden zu bringen. Es ist jedoch einleuchtend, dass die, auch von Hegar berichteten, negativen Beweise auf keine Beweiskraft Anspruch machen können, welche der positiven zukommt. Die Extirpation der Ovarien bildet einen schweren chirurgischen Eingriff, durch welchen zahlreiche Nervenverbindungen gelöst und Gefässe zur Obliteration gebracht werden, Vorgänge, welche das Aufhören der Menstruation ungezwungen erklären.

Endlich haben wir noch auf die Structur und die Vorgänge im Ovarium selbst zu verweisen, deren Würdigung die Annahme eines

Fig. 28.

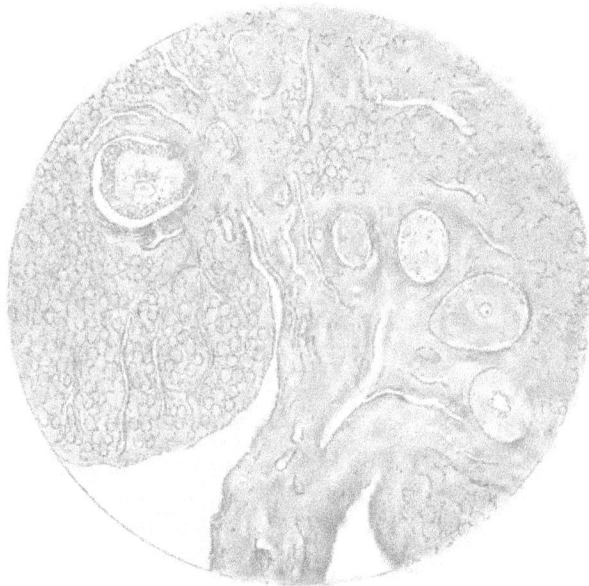

Hylus Ovarii eines neugeborenen Kindes, zahlreiche reife Follikel enthaltend. (Hartnack II, Syst. 4.)

Zusammenhanges zwischen Ovulation und Menstruation unmöglich macht.

Durch Waldeyer's ausgezeichnete Untersuchungen[1] ist festgestellt worden, dass sich die Zahl der Eier in den kindlichen Ovarien auf Hunderttausende beläuft, und dass die Production derselben unter normalen Verhältnissen zwischen dem zweiten und dritten Lebensjahre aufhört. Ferner lehrt ein Blick in das Mikroskop, unter welchem sich

---

[1] Eierstock und Ei. Leipzig 1870.

ein Schnitt durch das Ovarium einer Erwachsenen befindet, dass die
Zahl der darin vorhandenen Follikel noch eine ausserordentlich grosse
ist, somit mit der grössten Anzahl von Kindern, welche eine Frau zu
gebären vermag, im grellsten Widerspruche steht. Was wird denn aus
all diesen Eiern? wozu dieser Ueberfluss, für welchen wir im ganzen
Bereiche der Oeckonomie des Körpers vergeblich ein Analogon suchen?

Diese Einrichtung hat offenbar den Zweck, um beim menschlichen
Weibchen zu jeder Zeit die Empfängniss zu ermöglichen. Ein Blick
auf die in Fig. 28 gegebene Abbildung lehrt, dass die Annahme, die
Follikel des Kindes ruhen oder reifen, bis sie nach erreichter Pubertät
zur Verwendung kommen, d. h., merkwürdigerweise, dass während jeder
Menstruationsperiode eins platzt und nach aussen befördert wird, in
das Reich der Fabel gehört. Vielmehr entwickeln sich die Follikel der
Neugeborenen so gut wie diejenigen der Erwachsenen; unter dem
Mikroskope ist, wie Grohe bereits constatirt hat[1]), ein Unterschied
nicht nachweisbar und wir haben sehr häufig in den Ovarien Neu-
geborener sowohl als ganz junger, wenige Jahre alter, Kinder *Corpora
lutea* gefunden, welche wir in unserer Sammlung aufbewahren, und die
sich unter dem Mikroskope von denen Erwachsener in Nichts unterscheiden; ein Beweis also, **dass die Ovulation beim Kinde in normaler Weise vor sich geht, während die Menstruation ruht.**

Klebs macht zu der erwähnten Beobachtung Grohé's die für
uns wichtige Bemerkung[2]): „Es ergiebt sich hieraus der wichtige
Schluss, dass die Reifung der Eier an sich und die Entwicklung der
Graaf'schen Bläschen die Geschlechtsreife und die Ovulation nicht
nothwendig bedingt, sondern dass zu deren Hervorbringung eine Reihe
anderer Entwicklungsprocesse gehören, die nicht von den Ovarien ausgehen, vielmehr in der Entwicklung des ganzen Organismus begründet sind.“

Fig. 28 zeigt, dass die Zahl reifer, nicht aber wie Klebs meint[3]),
vorzeitig entwickelter, Follikel bei Neugeborenen sogar grösser sein
kann, als sie bei Erwachsenen angetroffen wird. Der ganze Vorgang
ist bei beiden, abgesehen von dem Falle der Befruchtung, vollkommen
derselbe, d. h. ein Theil der Follikel geht bereits im Ovarium zu
Grunde, ein anderer Theil entwickelt sich, platzt unter günstigen

---

[1]) Virchow's Archiv. Bd. 26.
[2]) Handbuch der pathologischen Anatomie. Berlin 1873. Vierte Lieferung,
S. 793.
[3]) Ibid.

Bedingungen und fällt entweder in die Bauchhöhle oder gelangt in die Tuben und den Uterus, um hier entweder absorbirt oder per Vaginum nach aussen befördert zu werden. Es ist nicht uninteressant zu bemerken, dass die Bedingungen für die Annahme einer Ueberwanderung des Eies aus dem Ovarium in die Tuba der andern Seite beim Kinde viel günstiger als bei Erwachsenen wären. Wir aber können uns zu der gewagten Annahme der Ueberwanderung überhaupt nicht entschliessen.

Der geplatzte Follikel lässt zuweilen eine Narbe zurück, zuweilen auch nicht. Jedenfalls muss die Zahl der Narben, welche in der Regel an Ovarien geschlechtsreifer Frauen gefunden werden, im Verhältnisse der von ihnen entleerten Eier, und sogar im Verhältniss der von ihnen durchgemachten Menstruationsperioden als äusserst gering angesehen werden. Festgestellt ist jedenfalls, dass derartige Narben auch an den Ovarien ganz junger Kinder beobachtet worden sind. Wir haben sie selber zu beobachten Gelegenheit gehabt und Sintley[1]) hat solche ebenfalls, wie auch reife Graaf'sche Follikel, gesehen.

So geht die Ovulation, nicht aber die Menstruation, von der Wiege bis zum Grabe vor sich; denn wir können die Beobachtung Lawson Tait's[2]) nur bestätigen, dass die Ovulation auch nach dem Eintritt der Menopausis vor sich geht, d. h. so lange als eben Follikel im Ovarium vorhanden sind.

Unserer Anschauung gemäss befinden sich von der Kindheit an und so lange die Ovarien mit einer hinreichenden Anzahl von Follikeln ausgestattet sind, ununterbrochen Ovula auf der Wanderung und werden, wenn sie mit Sperma in Berührung kommen, befruchtet. Nur so ist für das menschliche Weibchen die Möglichkeit gegeben, zu jeder Zeit zu concipiren. Schon Oldham hat sich dahin geäussert, dass er die Disposition für die Empfängniss zwar unmittelbar nach der Menstruation für grösser halte, dass er jedoch keine Thatsache kenne, welche im Stande wäre, die Ansicht zu widerlegen, dass das Weib zu jeder Zeit während der Intervalle der Menstruation empfangen könne, da Fälle, welche er genau untersucht hatte, dargethan, dass die Empfängniss zehn, zwölf, ja einundzwanzig Tage nach der Menstruation stattgefunden habe. — Diesen Ausspruch möchten wir dahin erweitern, dass die Conception bei jedem weiblichen Individium und zu jeder Zeit möglich, wenn die Generationsorgane eine hinlängliche Entwicklung

---

[1]) Reeves Jackson. The ovulation Theory of Menstruation. New-York 1876, p. 16.
[2]) Harting's Prize Essay. London 1874, p. 4.

erfahren haben, um für den Coitus tauglich zu sein. Beweis hierfür sind die zahlreichen Fälle von Schwangerschaft und Geburt seitens ganz junger, neun bis zehn Jahre alter Mädchen [1]. Ja wir stehen durchaus nicht an, die Vermuthung auszusprechen, dass das Aufhören der continuirlichen Eiwanderung als die Ursache dafür anzusehen sei, dass nach dem Eintritt der Menopausis, selbst wenn noch Ovula vorhanden sind, keine Conception eintritt.

Der Coitus findet in diesem Alter selten statt, und das Sperma findet eben selten ein Ovulum; wenn aber der Contact erfolgt, dann tritt Conception ein, wie dies die wohlverbürgten Fälle von stattgehabter Conception im sehr vorgerückten Alter klar beweisen. Es darf jedoch nicht vergessen werden, dass die meisten für die Sterilität, in einem spätern Abschnitte aufzuführenden, Veranlassungen im Alter im erhöhten Maasse bestehen, eine Conception also zu den allergrössten Seltenheiten gehören muss.

Nachdem wir den Beweis geliefert zu haben glauben, dass die Ovulation unabhängig von der Menstruation vor sich geht, dass sie zu einer Zeit beginnt, wo diese noch gar nicht eingetreten ist und sich noch, wenn auch langsamer, in eine Periode fortsetzt, wo die Menses längst zu erscheinen aufgehört haben, bleibt uns nur noch übrig, auf die Art und Weise hinzudeuten, wie die Ovulation gerade umgekehrt durch die Menstruation gefördert wird.

Die von uns als ein in regelmässigen Intervallen auftretender Geschlechtsimpuls bezeichnete Menstruation kann bekanntlich schon in einer sehr frühen Lebensperiode auftreten. Haller hat bereits derartige Fälle aus älteren Schriften citirt, in denen die Menstruation in gemässigten Himmelsstrichen vom achten, siebenten, sechsten bis abwärts zum ersten Lebensjahre, ja selbst von der Geburt an, bestanden hat [2]. Wir selber haben eine Reihe derartiger Fälle eigener und fremder Beobachtungen zusammengestellt [3] und jedem beschäftigten Gynäkologen sind sie vorgekommen. Immerhin bilden sie die Ausnahme, während der Eintritt des Weibes in das Pubertätsalter, insofern dieses an der Menstruation seinen Markstein findet, in der Regel, um die weitesten Grenzen zu ziehen, zwischen dem zehnten und zwanzigsten Jahre erfolgt. Wir sagen absichtlich nicht, dass dies „bei uns" so der Fall sei, weil durchaus nicht festgestellt ist, dass das Klima

---

[1] Beigel, Krankheiten des weiblichen Geschlechts. Bd. I, S. 316.
[2] Element. Phys. Lib. XXVIII. §. 2.
[3] Krankheiten des weiblichen Geschlechts. Bd. I, S. 297.

einen Einfluss auf das erste Erscheinen der Menstruation auszuüben
vermag; die statistischen Zusammenstellungen scheinen vielmehr darauf hinzudeuten, dass dies nicht der Fall sei.

Beim gesunden geschlechtsreifen Weibe tritt demnach in etwa
vierwöchentlichen Intervallen ein Congestionszustand auf, der sich in
besonders intensiver Weise im Bereiche der Generationsorgane geltend
macht und in einem von dem Uterus herrührenden Blutabgange per
Vaginam culminirt, welcher einige Tage anhält, sodann verschwindet.
Im gesunden Zustande der Frau müssen diese Phänomene, welche ja
als physiologisch zu erachten sind, ohne merklich störende Symptome
vor sich gehen. Warum diese Vorgänge etwa um das vierzigste Lebens-
jahr aufhören, ist nicht bekannt. Während der Menstruation stellen
sich die Zeichen allgemeiner und localer Congestion ein, und bei vielen
Frauen ist auch die geschlechtliche Erregung grösser und anhaltender
als sonst.

Diese Vorgänge können auf die Entwicklung der Follikel im Eierstocke unmöglich ohne Einfluss bleiben, vielmehr wird die Ausbildung
derselben dadurch wesentlich gefördert; die kleineren vergrössern sich,
die grösseren aber platzen, unter dem Einflusse der fortgesetzten Congestion und entleeren ihren Inhalt. Liegt ein solcher Follikel nun in
unmittelbarer Nähe der Albuginea, dann geschieht die Entleerung in die
Abdominalhöhle, das Ei kann von der Tuba empfangen, in den Uterus
geleitet und auf dem Wege dahin oder erst in der Gebärmutter befruchtet werden, oder, wenn ein Contact mit Spermafäden nicht erfolgt,
unbefruchtet abgehen. Die nicht in der Nähe der Serosa befindlichen
Follikel gehen andere Veränderungen ein, deren Erörterung wir uns
für eine andere Gelegenheit aufsparen.

Da nun ein Follikel in der Nähe der Serosa einen ziemlich beträchtlichen Umfang anzunehmen vermag, kann auch die bei der Berstung er-
folgende, die zurückbleibende Follikelmembran ausfüllende Blutung eine
verhältnissmässig ergiebige sein. Das Blutcoagulum geht gewisse Veränderungen ein, deren Erörterung nicht hierher gehört. Eine so ausgefüllte Follikelmembran ist unter dem Namen des *Corpus luteum*
bekannt. Die Unterscheidung in wahre und falsche *Corpora lutea* ist
von Montgomery gemacht worden[1]. Als *Corpus luteum verum* wird das
grössere angesehen, es soll mit Schwangerschaft in Nexus stehen. Als
seine wahren Charaktere giebt Rokitansky[2] an, dass sie nebst seinem

[1] Loc. cit.
[2] Ueber Abnormitäten des *Corpus luteums*. Allgem. Wiener medicinische
Zeitung 1859. Nr. 34, S. 253.

langen, über die Schwangerschaft hinausreichenden Bestand, in der Massenhaftigkeit des gelben Stratums, d. i. in der Dicke und Tiefe seiner Einbuchtungen bestehen, in geringer Saturation der Färbung und dem baldigen Zurückweichen der gelben Farbe dieses Stratums, indem es eine gelbröthliche, eine röthliche Farbe annimmt, in der baldigen Entfärbung der aus Extravasat bestehenden Kernmasse und Umgestaltung derselben zu Bindegewebe.

Da nach dem Standpunkte der heutigen Wissenschaft nicht angenommen werden kann, dass die Befruchtung des Ovulum im Ovarium erfolgt, mithin der Einfluss, welchen das Sperma allenfalls auf den Follikel ausüben könnte, entfällt, überdies bei den Ovarien solcher Frauen, welche kurz nach einer Conception oder während der Schwangerschaft gestorben sind, das Vorkommen eines sogenannten wahren *Corpus luteum* durchaus nicht constant ist, können wir die Unterscheidung der gelben Körper in wahre und falsche nicht billigen, sondern schliessen uns Bischoff, Raciborski, Touchet u. A. an, welche die Identität aller *Corpora lutea* behaupten. Hierzu veranlasst uns namentlich ein Befund, der, wie es scheint, bisher übersehen worden ist, nämlich das Vorhandensein ganz frischer oder älterer sogenannter *Corpora lutea vera* in Ovarien, welche Jahre lang in pseudomembranösen Kapseln vergraben lagen und in denen von einer Conception gar keine Rede sein konnte. Wir besitzen in unserer Sammlung zwei exquisite derartiger Präparate. Auf diese Fälle kann also nicht einmal die eigenthümliche, von Dalton aufgestellte Theorie [1] Anwendung finden, welcher zufolge das wahre, mit Schwangerschaft zusammenhängende *Corpus luteum* in seiner Ausbildung von der Anwesenheit des Fötus im Uterus bestimmt werde, in Folge dessen also die Entwicklung so vor sich geht, dass sich das Resultat von dem mit der Menstruation zusammenhängenden *Corpus luteum* unterscheidet.

Was wir oben von der menstrualen Congestion und deren Einfluss auf die Entwicklung der Follikel resp. auf die Dehiscenz der Ovula behauptet, ist selbstverständlich nicht so aufzufassen, als käme dieser Congestion eine Art von Specifität zu; es kann vielmehr derselbe Erfolg durch jede andere Congestion der Beckenorgane erzielt werden, durch den Coitus sowohl wie durch andere mechanische Reizungen, drastische Abführmittel, Geschwülste, Schwangerschaft, Onanie und dergleichen. Dabei ist es selbstverständlich, dass es nicht immer zum

---

[1] Price Essay on the corpus luteum of menstruation and pregnancy. London 1851.

Platzen eines Follikels zu kommen braucht; denn wenn der Reiz ein vorübergehender, und kein in der Entwicklung weit fortgeschrittener Follikel vorhanden ist, erfolgt auch keine Berstung, sondern nur eine Vergrösserung des Follikels. Oder es findet sich ein solcher Follikel vor, allein die *Tunica albuginea* ist so fest, oder es bestehen andere Verhältnisse, welche geeignet sind, die Ruptur zu verhindern. Damit stimmt die Beobachtung Bischoff's[1]) überein, welcher unmittelbar nach der Begattung einer Hündin bereits fünf Eier in der Tuba, davon fünf Oeffnungen im Eierstocke und weit fortgeschrittene *Corpora lutea* fand. Die Eier müssen offenbar bereits vor der Begattung in die Tuba angelangt sein. Bei anderen Hunden fand er selbst nach der Begattung die Follikel noch nicht geplatzt. Ganz so verhält es sich bei der Menstruation, denn in den bisher beobachteten Fällen sind Follikelrupturen gefunden worden unmittelbar vor dem Eintritte der Menstruation, während und nach derselben und während der ganzen Zeit des Intervalles, unleugbare Beweise, dass von einer Abhängigkeit der Menstruation von der Ovulation, ja dass von einem Zusammenhange beider gar nicht die Rede sein kann.

Aus den vorgebrachten Thatsachen scheint hervorzugehen, dass die Ovulation auch während der Schwangerschaft nicht ruht, ja dass sie während derselben vielleicht lebhafter als im nichtschwangern Zustande vor sich geht. Diese Vermuthung streitet gegen die allgemeine Annahme, welcher gemäss die Ovulation während der Schwangerschaftszeit eingestellt ist. Allein auch für diese Annahme sind keine Beweise geliefert worden.

Aus den hier vorgetragenen Sätzen geht demnach hervor, dass die beiden Functionen, Menstruation und Ovulation neben einander einhergehen, so zwar, dass der letztern von der erstern Vorschub geleistet wird, während die menstrualen Vorgänge von der Ovulation in directer Weise völlig unbeeinflusst bleiben.

---

[1]) Beweis der von der Begattung unabhängigen periodischen Reifung und Loslösung der Eier der Säugethiere und der Menschen. Giessen 1844, S. 20.

PATHOLOGIE UND PATHOLOGISCHE ANATOMIE.

Es unterliegt keinem Zweifel, dass fast alle krankhaften Vorgänge im Bereiche der weiblichen Generationsorgane entweder von vorn herein oder im Laufe ihrer Entwicklung zur Sterilität führen können. Die Pathologie der Sterilität würde demnach mit derjenigen des weiblichen Geschlechtsapparates überhaupt zusammenfallen. Eine solche zu schreiben kann hier offenbar unsere Absicht nicht sein; vielmehr erachten wir es für unsere Aufgabe, diejenigen Processe unserer besondern Betrachtung zu unterziehen, welche in einem unmittelbaren Verhältnisse zur Sterilität stehen und die pathologisch-anatomischen Sätze vom Standpunkte unseres Themas aus zu erörtern, um sie später bei der Discussion der bei der Sterilität obwaltenden mechanischen Momente um so erfolgreicher verwerthen zu können. Dass die im Generationsbereiche auftretenden acuten Erkrankungen in den Kreis unserer Erörterungen nicht gezogen werden können, ist selbstverständlich.

Ausserdem leitet uns ein in der Einleitung bereits erwähntes, äusserst wichtiges Moment. Die weiblichen Generationsorgane bieten pathologische Veränderungen dar, welche so geringfügig erscheinen, dass man sie bisher kaum einer Beachtung für werth gefunden oder ihrer nur beiläufig Erwähnung gethan hat, Veränderungen, welche für das von uns zu behandelnde Thema aber eine geradezu vitale Bedeutung gewinnen und dasselbe auf ein ganz neues Gebiet hinüber führen. Ganz so verhält es sich mit einer andern Reihe von Phänomenen, welche in mikroskopischen Texturveränderungen ihren Grund haben, die Aufmerksamkeit der Forscher aber auch nicht in hinreichender Weise auf sich zu ziehen vermochten, ein Umstand, der um so auffallender ist, als diese krankhaften Vorgänge mitunter die wichtigsten Organe, wie die Eierstöcke, zu ihrem Sitze wählen.

Aus diesen Andeutungen geht zugleich hervor, dass wir im Laufe unserer Darstellung veranlasst sein werden, Zustände in den Kreis unserer Untersuchung zu ziehen, welchen eine strenge Kritik vielleicht die Eigenschaft des Pathologischen nicht wird zusprechen wollen. Abgesehen aber davon, dass sich über die etwaigen Einwürfe streiten lässt, haben die Zustände, welche wir im Sinne haben, für uns insofern eine eminent pathologische Bedeutung, als sie die directe Ursache für die Sterilität abgeben oder die Möglichkeit der Conception wesentlich erschweren. Ein Beispiel wird das klar machen.

Die Anheftung der Ovarien ist im Allgemeinen eine solche, dass durch dieselbe ein Verhältniss zwischen diesen Organen und den entsprechenden Tuben geschaffen wird, welches es den letztern ermöglicht, die beim Platzen der Graaf'schen Follikel austretenden Eier in Empfang zu nehmen und dem Uterus zuzuführen. Dieses Verhältniss kann sich aber durch die Art und Weise der Ovarialbefestigung derart gestalten, dass die Empfangnahme des Ovulum seitens der Tuba erschwert oder völlig unmöglich wird. Eine solche Anheftung muss unserm Thema gegenüber offenbar als pathologisch angesehen werden; dass sie sich leider, wie manche andere Verhältnisse, auf welche wir im Verlaufe dieser Darstellung stossen werden, der Diagnose während des Lebens entzieht, ändert weder an der Sache Etwas, noch erleidet ihre Bedeutung dadurch einen Eintrag. Sie tragen vielmehr dazu bei, unsere Kenntniss von der Sterilität auf die richtige Basis zu stellen, die prognostische Thätigkeit in den Grenzen weiser Mässigung zu halten und viele therapeutische Erfolge oder Misserfolge richtiger als bisher geschehen, zu beurtheilen.

I. Aeussere Geschlechtstheile.

1. Anomalien der Entwicklung.

Ohne uns auf eine Darstellung der Entwicklung der weiblichen Generationsorgane einlassen zu wollen, möchten wir hier nur daran erinnern, dass sie, der allgemeinen Annahme nach, aus jenen von Müller entdeckten Gängen entstehen, deren oberer Theil die Uterushörner und Tuben, deren mittlerer Theil den Uterus liefert, während aus dem untern die Scheide entsteht.

Das Verhältniss der Müller'schen zu den Wolff'schen Gängen, aus welchen letzteren die männlichen Zeugungsorgane hervorgehen, die Art und Weise ihrer Bildung [1]), sowie die Rückbildung der Wolff'schen Gänge, wenn der Fötus das weibliche Geschlecht annehmen und der Müller'schen, wenn er männlich werden soll, ist durchaus noch nicht ganz klargestellt.

Wolff'sche sowohl als Müller'sche Gänge enden in die Kloake, und je nachdem sich dieser untere Abschnitt des fötalen Körpers normal schliesst, resp. entwickelt oder nicht, geht er mit der Bildung normaler oder anomal geformter äusserer Geschlechtstheile des Individuums einher. Manche dieser Anomalien machen die Frucht lebensunfähig, entziehen sich somit dem Kreise unserer gegenwärtigen Betrachtung.

Andere wieder bilden nur einen Theil jener allgemeinen Verbildungen im Bereiche des Genitalcanals, welche auf particller Entwicklung sowohl der Wolff'schen als Müller'schen Gänge beruhen und zur Production männlicher und weiblicher Organe führen, ein Zustand, welcher unter dem Namen des **Hermaphroditismus** oder der Zwitterbildung bekannt ist. Sind Ovarien und Hoden, nebst Vagina und Vas deferens vorhanden, so ist die Zwitterbildung eine **wahre**, *Hermaphroditismus verus*; sind die inneren Organe, z. B. Uterus, Ovarium, Vagina mehr oder minder normal gebildet, und sehen nur die äusseren dem des andern Geschlechtes ähnlich, sind also in unserm Falle die vereinigten Schamlefzen einem Hoden, die vergrösserte Clitoris einem Penis ähnlich, dann wird diese Bildung **Pseudo-Hermaphroditismus** genannt. Auch diese Fälle bieten für unser Thema nur ein secundäres Interesse dar.

Es bleibt uns somit nur die dritte Reihe übrig, welche sich aus jenen Fällen zusammensetzt, die aus der letzten Periode des fötalen, oder dem Beginne des extrauterinen Lebens herrühren, der weitern Entwicklung des Körpers keinen Eintrag thun und erst zur Zeit der Geschlechtsreife zur Beobachtung gelangen, weil sie entweder Anomalien der Menstruation bedingen, die Cohabitation erschweren oder gänzlich verhindern oder aber, wenn Schwangerschaft eingetreten ist, für die Geburt des Kindes sich als störend erweisen. Hierher gehört:

[1]) Balfour, On the origin and history of the urino-genital Organs of Vertebrates im Journal of Anatomy and Physiology. Cambridge and London 1875. Vol. X. Part. I, p. 17.

a. **Die Atresia vulvae.** Dieselbe besteht in einer mehr oder minder innigen Verklebung der grossen Schamlefzen und soll, nach Hildebrandt[1]), einer mangelhaften Verhornung der obersten Hautschichten auf der Innenseite der grossen Labien ihre Entstehung verdanken, auf Grund derer es bei der andauernden Aneinanderlage dieser Theile zu einer mehr oder weniger ausgedehnten Verklebung und schliesslich zu einer bald mehr bald weniger breiten und festen Verwachsung derselben kommt, welche dann den Eindruck eines stark nach oben verlängerten Dammes macht.

In den meisten Fällen beschränkt sich die Verwachsung oder Verklebung auf den hintern oder untern Theil der Schamspalte, kann jedoch eine grössere Ausdehnung gewinnen und sogar so complet sein, dass sie der Urinentleerung äusserst hinderlich wird. Der Harn sammelt sich in der ausgedehnten Vulva an, sickert langsam ab, zersetzt sich und veranlasst Geschwürsbildung und Entzündung in der Vulva und der vom Urin benetzten Theile.

Die *Atresia vulvae* kann übrigens auch eine acquirirte sein und sich in Folge von Geschwüren, Traumen und acuter Entzündung oder Diphtheritis ausbilden. In diesem Falle handelt es sich um eine factische Verwachsung der *Labia majora*, welche operative Eingriffe erheischt, während die angeborene grösstentheils in einer mehr oder minder innigen Verklebung besteht, welche sich nicht selten schon bei dem einfachen, etwas kräftigen Auseinanderziehen der betreffenden Theile löst.

b. Die **abnorme Grösse der kleinen Schamlefzen**, die sogenannte „Hottentottenschürze" kommt in unseren Gegenden äusserst selten vor. Bei den Hottentottenweibern, wo die Nymphen in der That eine Dimension annehmen, welche bis zu den Knien und noch weiter hinab reicht, ist nicht eruirt, welchen Antheil die Natur und welchen das mechanische Zerren an dieser Deformation nimmt. Wir haben den Zustand nur einmal bei einer Irländerin in einem so hohen Grade entwickelt gesehen, dass er den Coitus erschwerte und Abhilfe auf operativem Wege erheischte. Die krankhafte Hypertrophie und Degeneration der Labia minora kommt hingegen nicht selten vor.

c. Die **abnorm** grosse Clitoris wird ziemlich häufig angetroffen, doch erreicht sie selten die Grösse eines mässigen männlichen Gliedes und übt noch seltener einen störenden Einfluss auf den Beischlaf. In der Regel besteht neben dieser Abnormität noch irgend welche andere

---

[1]) Die Krankheiten der äusseren weiblichen Genitalien. Stuttgart 1877. S. 12.

Anomalie. Es sind dies ja die Fälle, welche das Contingent für den Pseudo-Hermaphroditismus stellen. Auch bei der Clitoris sind die krankhaften Vergrösserungen, von welchen wir noch sprechen werden, von der angeborenen excessiven Bildung zu unterscheiden.

d. **Die allgemeine angeborene Kleinheit der Vulva — Vulva infantilis** — besteht in der abnormen Kleinheit aller die Vulva zusammensetzenden Theile. Dieselbe ist eigentlich keine Bildungsanomalie, da sie erst im postfötalen Leben derart entsteht, dass sie mit der Entwicklung des Körpers nicht gleichen Schritt hält, sondern hinter derselben zurückbleibt, also geringere Dimensionen behält. Ihr Vorkommen ist indess selten, und wo sie selbständig auftritt, übt sie weder auf die Entwicklung noch auf die Functionen des übrigen Abschnittes des Generationsbezirkes einen Einfluss aus. In einem Falle jedoch, welchen wir bei einem sechszehnjährigen, sonst gut entwickelten Mädchen zu beobachten Gelegenheit hatten, waren auch die Brüste so mangelhaft gebildet, dass sie ein gänzlich rudimentäres Ansehen hatten.

Diese Anomalie hätte übrigens für uns hier nur dann ein wesentliches Interesse, wenn wir den *Introitus vaginae* an dieser Stelle abhandeln wollten. Wir ziehen es jedoch vor, denselben in Verbindung mit der Vagina in Betracht zu ziehen.

2. Entzündung der äusseren Geschlechtstheile. *Vulvitis.*

Die Vulva ist bekanntlich in einem sehr reichen Maasse mit Talg- und Schweissdrüsen ausgestattet, welche ergiebige Secrete produciren, die, wenn sie nicht fortgeschafft werden, im Stande sind, das Terrain, auf welchem sie liegen, zu reizen und zu entzünden.

Die *Vulvitis* wird daher bei Frauen, welche auf Reinlichkeit bedacht sind, nur ausnahmsweise angetroffen. In diesem Falle ändert die Schleimhaut ihre Beschaffenheit, schwillt an und kann so empfindlich werden, dass schon die Berührung der Kleider Schmerzen verursacht, das Gehen aber, sowie das Sitzen äusserst unangenehm wird. Die Secretion kann schon im acuten Stadium copiös sein, eine eitrige oder schleimig-eitrige Beschaffenheit annehmen oder dickem Rahm ähnlich sehen. Geht der Zustand in das chronische Stadium über, dann wird die Absonderung dünnflüssig und ist fast immer profus.

Allgemeine Erkrankungen, wie Typhus, Exantheme, Cholera, können, namentlich im Stadium der Reconvalescenz, mit Vulvitis einhergehen. Die Entzündung hat in diesen Fällen in der Regel einen crupösen und selbst einen diphtheritischen Charakter. Einmal sahen wir jedoch die diphtheritische Vulvitis bei einem jungen Mädchen, der Tochter einer wohlhabenden englischen Familie, in welcher auf die grösstmögliche Reinlichkeit gehalten wurde, selbständig auftreten. Die junge, kräftige, sonst gesunde Patientin war niemals krank gewesen und ein Grund für die Erkrankung war nicht aufzufinden.

Am acutesten tritt die Vulvitis in Folge gonorrhoischer Ansteckung auf. Der Process nimmt den Verlauf des acuten Trippers, bleibt jedoch selten auf die Vulva beschränkt, sondern setzt sich rasch auf die Urethra und die Vagina fort.

Die häufigste Veranlassung der Vulvitis bleibt die mechanische oder traumatische Reizung. Frauenzimmer, welche dem Laster der Masturbation ergeben sind, erhalten ihre äusseren Genitalien in einem entzündeten Zustande; sodann leiden namentlich fettleibige Damen, welche viel reiten, häufig am *Catarrhus vulvae*; dasselbe ist bei flotten Tänzerinnen, welche sich diesem Vergnügen oft hingeben, der Fall.

Ungleich häufiger als die primäre Vulvitis ist die secundäre. Sie stellt sich stets in Folge von Erkrankung höher gelegener Abschnitte des Genitalcanales, der Vagina, des Uterus, der Tuben, ein, wenn sie mit abnormer Secretion einhergehen, welche nach aussen abfliesst, das Gebiet der Vulva bespült, wodurch dieselbe in den entzündlichen Zustand versetzt wird. Gonorrhoische und andere Katarrhe der Scheide, Krebs der Scheide oder der Gebärmutter, katarrhalische Entzündung der Tuben werden, namentlich wenn den Secreten gestattet wird, lange in der Scheide zu verbleiben, sich daselbst zu zersetzen und ätzende Qualitäten anzunehmen, selten ohne Vulvitis verlaufen.

Welchen Ursachen diese Affection auch ihre Entstehung verdanken mag, sei es dass sie primär oder secundär auftritt, immerhin kann sie ihr ursprüngliches Gebiet der Schleimhaut verlassen, in das hier so reichlich vorhandene lockere submucöse Bindegewebe dringen, zu Exudationen, umfangreichen ödematösen Anschwellungen, Abscessbildungen und zum brandigen Zufall führen und weithin reichende Zerstörungen nach sich ziehen.

Die Entzündung kann aber auch die cutisartige Decke der grossen Schamlefzen und die Haut des Mons veneris betreffen. Werden von der Entzündung hauptsächlich die Follikel der Haare und die Talgdrüsen betroffen, so dass das Secret der letzteren sich eindickt, die Ausführungsgänge verstopft und die Entzündung der Drüsen selber und deren Umgebung nach sich zieht, dann haben wir es mit jener Form von Vulvitis zu thun, welche Huguier[1]) als „Vulvite folliculaire" beschrieben hat. Sie bildet einzeln stehende Knoten, deren Umfang von demjenigen einer stark ausgebildeten Acne bis zu dem einer Kirsche und darüber variiren kann. Anfangs hart, wandeln sie sich schliesslich in Abscesse um, entleeren sich nach aussen, können confluiren und umfangreiche, lange eiternde Geschwürsbildung veranlassen.

Die Entzündung des Hymen dürfte zweckmässigerweise selbstständig abgehandelt werden. Hingegen muss die **Entzündung der Carunculae myrtiformes** hier einen Platz finden. Die Reste des Hymen, welche nach erfolgter Sprengung desselben zurückbleiben, werden bekanntlich in der Gegend der hintern Commissur als warzenförmige Fleischklümpchen angetroffen. Dieselben sind von rother Farbe, variiren in ihrer Grösse von der eines Stecknadelkopfes bis zu der einer Erbse und sind gewöhnlich wenig empfindlich. Jede dieser Caruncel kann sich aber entzünden, und in diesem Zustande gewinnt sie für uns eine grosse Bedeutung. Sie schwillt an und kann sodann eine Empfindlichkeit annehmen, welche auf die allerleichteste Berührung schon mit einem ausserordentlichen Schmerze antwortet und die Ausübung des Coitus absolut unmöglich macht. Demgemäss bildet dieser Zustand eine der vielen Veranlassungen für jene Affection, welche gemeinhin unter dem Sammelnamen „Vaginismus" beschrieben wird.

Schliesslich müssen wir an dieser Stelle noch der **Entzündung der Bartholini'schen Drüsen** Erwähnung thun. Die Entzündung kann den Ausführungsgang, die Drüse oder beide befallen. Der erstere wird bei inflammatorischen Vorgängen der Vulva in der Regel in Mitleidenschaft gezogen. Dickt sich das Secret der Drüse nun ein, oder gelangt ein Schleimpfropf aus der Vulva in den Ausführungsgang und verstopft diesen, dann findet eine Retention des Drüsensecrets statt, das Drüsenparenchym wird entzündlich erregt, es bildet sich eine Geschwulst, welche bis zur Faustgrösse anwachsen, das Lumen der Vagina verlegen und als Abscess Monate, ja Jahre lang bestehen kann, bis er entweder spontan nach aussen durchbricht oder künstlich eröffnet wird. In diesem Falle ist die Drüse völlig geschwunden, sie hat sich in eine Retentionscyste umgewandelt und mit einem secernirenden Sacke

[1]) Mémoires de l'academie de médécine de Paris. Tome XV, pag. 527 und Journal des connaiss. méd. chir. 1852. Nr. 6 — 8.

ausgekleidet, dessen totale oder partielle Extirpation zur unerlässlichen Bedingung für die radicale Heilung wird.

Die primäre Entzündung der Drüsen hat fast immer eine traumatische Veranlassung; sie verläuft unter viel schmerzhafteren Symptomen, als die secundäre Affection es zu thun pflegt.

Endlich sei noch der **Entzündung der Clitoris und deren Vorhaut** erwähnt, welche wir einmal zu beobachten Gelegenheit hatten. Die Patientin war 20 Jahre alt und nicht verheirathet. Die ganze Vulva war gesund, nur die Clitoris war roth, stark angeschwollen und in einem so hohen Grade schmerzhaft, dass die Kranke das Bett hüten musste, weil schon die geringste Reibung durch die Kleider mit den heftigsten, unerträglichsten Schmerzen verbunden war. Selbst im Bette musste eine Schutzwehr aus Draht gegen die Bettdecke geschaffen werden. Auch das Präputium war stark angeschwollen und secernirte an seiner innern Fläche beträchtliche Quantitäten einer rahmartigen Masse. Eine Veranlassung für diese Erkrankung wusste die Kranke nicht anzugeben. Der Schutz gegen Reibung in Verbindung mit Bleiwasserumschlägen genügte zur Heilung, nach welcher wir uns erst eine Vorstellung von der vorhanden gewesenen bedeutenden Vergrösserung des Organes machen konnten.

3. Neubildungen an der Vulva.

Unter den Neubildungen, welche an der Vulva vorkommen, gebührt
a. der **Elephantiasis** der erste Platz. Sie besteht in einer Hyperplasie der Gewebe, wodurch eine so enorme Massenzunahme derselben oder einzelner Theile entsteht, dass sie ein ganz monströses Aussehen gewinnen und die befallenen Theile gänzlich unkenntlich werden.

Es scheint, dass der Papillarkörper der Cutis den constanten Ausgangspunkt für diese Erkrankung bildet. Die Geschwülste behalten daher auch während ihres ganzen Bestandes den papillösen Charakter bei, sind uneben, zerklüftet und mit mächtigen Schichten Epithels belegt. Die Gewebe sind in vielen Fällen so sehr mit Lymphe durchtränkt, dass nicht nur sie selbst, sondern auch ihre Umgebung eine ungeheure Rigidität gewinnen, welche sich bis zur Elfenbeinhärte steigern kann.

In einem von uns beobachteten Falle war der Introitus vaginae steinhart; das Einführen des Fingers war geradezu unmöglich; es konnte daher auch nicht eruirt werden, in welcher Ausdehnung die Scheide in dieser Weise eine Veränderung erfahren hatte.

Die profuse Production der Lymphe hat einige Beobachter zu der Annahme veranlasst, die papillären Lymphgefässe für den Ausgangspunkt der Erkrankung anzusprechen. Diese Annahme scheint jedoch nicht begründet, da überall dort, wo man Gelegenheit hat, die Anfangsstadien zu untersuchen, der Papillarkörper zuerst erkrankt angetroffen wird. Erst in zweiter Reihe stehen die tiefer liegenden Gewebsschichten, welche ebenfalls als Ausgangspunkte der Erkrankung angesehen worden sind.

In fortgeschritteneren Fällen treffen wir bei der mikroskopischen Untersuchung alle Stadien zugleich an, Hypertrophie der Papillen, Durchtränkung der Gewebe mit plastischer Lymphe und Zerfall der Gewebe.

Die ganze Vulva ist selten gleichmässig von der Krankheit befallen, in der Regel sind gewisse Theile mehr in den Process einbegriffen als andere; in hervorragender Weise sind es die Schamlefzen und die Clitoris, welche zuerst und am intensivsten befallen werden oder den alleinigen Sitz der Krankheit bilden. Diese Organe können ganz enorme Dimensionen annehmen, die Clitoris vermag sich bis zum Umfange eines Kindeskopfes zu vergrössern.

Dabei bleiben die benachbarten Drüsen nicht unbetheiligt, sondern erleiden gleichfalls Veränderungen und können ihrerseits wiederum mehr oder minder umfangreiche Elephantiasis-Knoten bilden [1]).

Beschränkt sich der Process auf die Clitoris allein [2]) oder auf diese und die Nymphen [3]), dann können diese Organe in mehr oder minder platte, gestielte Geschwülste umgewandelt werden, welche mächtigen Polypen gleich, mit längeren oder kürzeren Stielen klappenartig über Urethra und Vagina herabhängen und jedesmal zurückgeklappt werden müssen, wenn eine Urinentleerung stattfinden oder die Cohabitation möglich gemacht werden soll.

Bestehen nur einzelne kleinere Erkrankungsherde, dann sind einzelne, lange, polypenartige, platte, als „*Molloscum simplex*" bezeichnete Geschwülste (Kleb's bindegewebige Form der *Elephan-*

---

[1]) Beigel, Krankheiten des weiblichen Geschlechts. Bd. II, S. 716.
[2]) Meyer, Die *Elephantiasis vulvae*. Beiträge zur Geburtshilfe und Gynäkologie. Berlin 1872. Bd. I, S. 262 und Roger, Transactions of the obstetrical society of London. Vol. XI, p. 84.
[3]) Ueber die Hypertrophien der äusseren weiblichen Genitalien. Erlangen 1842.

tiasis vulvae[1]) das Resultat, wie Hildebrandt[2]) eine solche beobachtet und abgebildet hat. Sie bieten für unser Thema kein besonderes Interesse dar.

Von anderen Geschwulstarten der Vulva verdienen erwähnt zu werden: Die Fibro-Myome, das Sarcom, das Lipom, das Carcinom, die Varicen und das Haematom oder der Thrombus Vulvae.

b. **Fibro-Myome** wollen manche Gynäkologen und Chirurgen aus den grossen Labien extirpirt haben, allein die Beschreibungen sind entweder nicht genügend, um zur Annahme zu führen, dass wirklich Geschwülste der bezeichneten Art vorlagen, oder die Tumoren sind, wie Klebs bemerkt, zu wenig untersucht worden, um die Diagnose zu sichern.

c. Als **Sarcom** ist, nach Klebs, vielleicht eine hühnereigrosse Geschwulst zu betrachten, welche G. Simon[3]) aus der grossen Schamlippe eines vierzehnjährigen Mädchens, extirpirte, mit mehrmaligen Recidiven. Ueber das Vorkommen des Sarcoms in der Vulva, obgleich es allerdings zu den Seltenheiten gehört, besteht für uns kein Zweifel, da wir eine derartige, etwa wallnussgrosse Geschwulst von der linken grossen Schamlefze einer sechsundzwanzigjährigen Frau extirpirt haben. Bemerkt wurde der Tumor, als er bereits die Grösse einer kleinen Kirsche hatte, und es vergingen mehrere Jahre, bevor er so gross geworden, wie eben angegeben. Schmerzen bestanden keine, allein der Mann der Patientin bestand auf die Entfernung der dem Labium aufsitzenden, für ihn daher unbequemen Geschwulst. Die Abtragung geschah im August 1863, die Heilung erfolgte rasch, allein schon im December desselben Jahres stellte sich ein Recidiv ein; das Wachsthum ging dieses Mal rascher vor sich, so dass bereits im Mai 1864 die frühere Grösse erreicht war und an eine Abtragung geschritten werden musste. Derselben folgte die Cauterisation mit dem Glüheisen, ohne dass sich bis zum Juni 1877, wo wir die Patientin zufällig wiedersahen, ein Recidiv eingestellt hätte. Die beiden Geschwülste wurden einer genauen mikroskopischen Untersuchung unterworfen und erwiesen sich als ausgesprochene Sarcome.

d. Das **Lipom** ist eine häufigere Erscheinung in der Vulva und zeichnet sich in auffallender Weise durch seine weiche Consistenz aus. Es kann seinen Standort in allen Gegenden der Vulva wählen, tritt

---

[1]) Handbuch der pathologischen Anatomie. Berlin 1876. S. 984.
[2]) Hildebrandt, Die Krankheiten der äusseren weiblichen Genitalien. Stuttgart 1877. S. 31.
[3]) Monatsschrift für Geburtskunde 1859. XIII, XIV.

jedoch am häufigsten in den grossen Schamlippen und am Mons veneris auf. Die grösste derartige Geschwulst ist von Stiegele[1]) extirpirt worden. Dieselbe hatte das linke Labium majus zum Sitze gewählt, war 55 Cm. lang, 15 Cm. breit und 13 Cm. dick, sass breit auf und hatte eine stark hypertrophische Epidermis.

Wir hatten zweimal Gelegenheit, Fettgeschwülste zu extirpiren, welche beidemale im *Mons veneris* ihren Sitz hatten. Die eine hatte die Grösse eines Hühnereies gewonnen, die andere war etwas kleiner. Beschwerden machten sie keine; auch hier waren es die Männer, welche auf die Entfernung bestanden, die leicht bewirkt werden konnte.

e. **Der Krebs der Vulva** tritt in der Form des Scirrhus, Medullacarcinoms und des Cancroids auf. Die zuerst genannten beiden Formen sind so selten, dass sie für unsere Zwecke von keinerlei Bedeutung sind. Auch die Form des epidermoidalen Cancroides kommt nicht zu häufig vor. Die Vulva erfreut sich, gegenüber dem Uterus, einer gewissen Immunität, denn „aus den Statistiken von Virchow, Louis Mayer, Marc d'Espine und Tauchon geht hervor, dass auf circa 35 bis 40 Fälle von Uterus-Krebs nur ein Fall von Carcinom der äusseren Genitalien kommt" [2]).

Nach Klebs entwickelt sich das Cancroid gewöhnlich erst im höhern Alter in Form warziger Bildungen oder auch als flache Ulceration, in deren Rändern oftmals nur mit Mühe die epitheliale Neubildung nachzuweisen ist. Gewöhnlich geht das Cancroid vom Präputium clitoridis aus, greift aber rasch um sich und kann seine Zerstörungen in kurzer Zeit in der Nachbarschaft und selbst weithin in den Bauchdecken und dem Perinaeum ausüben.

Den Beginn der Affection bilden gewöhnlich kleinere oder grössere, in der Regel schmerzhafte Knötchen, welche ulceriren und Geschwüre bilden, sich ausbreiten und die Nachbardrüsen in Mitleidenschaft ziehen. Wir können dem Rathe Klebs' nur beistimmen, jedes in der Vulva auftretende, langsam um sich greifende Geschwür mit geringer Eiter- und Granulationsbildung und verdickten Bändern mit verdächtigen Blicken zu betrachten.

Wir haben jedoch einen Fall zu beobachten Gelegenheit gehabt, welcher mit mässigen Schmerzen, aber mit so profuser Eiterbildung einherging, dass die fünfunddreissigjährige Patientin zu uns kam, um

---

[1]) Stiegele: Monströse Fettgeschwulst der linken grossen Schamlippe. Zeitschrift für Chirurgie und Geburtshilfe. Bd. IX, S. 243. 1856.

[2]) Hildebrandt a. a. O., S. 58.

sich wegen des sehr starken „weissen Flusses" Rath zu erholen. Die Geschwüre, welche nach stattgehabter Reinigung der Vulva sich zeigten, imponirten anfangs als Schanker, allein das Mikroskop gab die unzweifelhafte Auskunft, dass wir es mit einem Cancroide zu thun hatten.

Aehnliches ist Arnott[1]) passirt. Die Patientin war ein einundzwanzigjähriges Mädchen, bei welchem man ein Geschwür in der Vulva bemerkte. Da man Syphilis annahm, wurde eine antisyphilitische Cur eingeleitet. Der Zustand verschlimmerte sich jedoch rasch und wurde schliesslich als bösartig erkannt. Die Geschwulst war hart, von papillöser Beschaffenheit und schmerzhaft und erwies sich bei der mikroskopischen Untersuchung als ein typischer Fall von Epitheliom. Arnott hat unter 130 Fällen von Epithelialkrebs der weiblichen Geschlechtstheile nur vier gefunden, in welchen die Vulva erkrankt war.

f. **Varicen.** Die Erweiterung der Venen ist fast immer die Folge eines auf die grossen Beckengefässe ausgeübten Druckes und tritt daher im ganzen Abschnitte unterhalb der dem Drucke ausgesetzten Region aus. Ein derartiger Druck wird durch den schwangeren Uterus stets geübt, daher wir bei Mehrgebärenden häufig Gelegenheit haben, Varicen an den Genitalorganen und den unteren Extremitäten zu beobachten. Was der schwangere Uterus vermag, das kann jede Geschwulst, wenn sie grössere Dimensionen gewinnt. Wir treffen die Varicen daher auch bei Frauen an, welche mit Ovarialcysten behaftet sind, grosse Uterus-Fibroide im Becken tragen und dergleichen mehr. Die Vagina und die Labia majora werden wegen ihres grossen Venenreichthums von der Varicenbildung besonders betroffen, und die Labien ihrer anatomischen Lage und Structur wegen, welche der Erweiterung fast gar keinen Widerstand entgegensetzt, mehr als die Vagina. In der That können die Erweiterungen hier einen enormen Umfang, ja selbst die Grösse eines Kindeskopfes gewinnen und durch die Möglichkeit, schon bei geringer Anstrengung der Patientin zu bersten, äusserst gefährlich werden, da die Blutungen ungemein profus sein können und rasch den Verblutungstod herbeizuführen vermögen.

Wir hatten eine Patientin zu beobachten Gelegenheit, welche mit Varicen der Labien in Folge mehrfacher Fibroide des Uterus behaftet war. Während des Copulationsactes borst ein Varix und hatte eine so starke Blutung zur Folge, dass die sonst kräftige, 47 Jahre alte Patientin in Folge des grossen Blutverlustes mehrere Male ohn-

---

[1]) Transactions of the pathological Society of London 1873. Vol. 24, p. 157 u. British medical Journal 1872. Vol. II, p. 464.

mächtig wurde, bis es uns gelang, der weitern Blutung ein Ende zu machen.

Aus diesem Grunde bieten diese Geschwülste für uns ein besonderes Interesse dar. Sie gewinnen aber auch noch dadurch eine Bedeutung, dass sie so platzen können, dass sie ihr Blut in das lockere Unterhautzellgewebe entleeren und den *Thrombus vulvae* bilden, welcher in Eiterung übergehen und zur Phlegmone der betreffenden Schamlippe führen kann, verbunden mit mehr oder minder profusen, langwierigen Eiterungen, welche sowohl die Cohabitation als das Leben der Spermatozoen in der später zu besprechenden Weise nachtheilig beeinflussen können.

g. **Das Haematom oder der Thrombus vulvae** entsteht zumeist in der eben beschriebenen Weise und kann, wenn der Bluterguss sich nicht auf das lockere Zellgewebe der Labien beschränkt, sondern sich auch in das der Vagina und das Peritoneum fortsetzt, erhebliche Schwierigkeiten in der Diagnose darbieten. Obgleich festgestellt ist, dass die Zerreissung der erweiterten Venen auch durch andere Traumen erfolgen und so den Thrombus vulvae veranlassen kann, ist doch nicht in Abrede zu stellen, dass der Geburtsact sich als die häufigste Veranlassung dafür bei Schwangern erweist. Diese Fälle nehmen unsere Aufmerksamkeit nur durch den Verlauf in Anspruch, welchen der Thrombus einschlagen kann und durch die Folgezustände, welche noch nach geraumer Zeit ihren Einfluss auf die Geschlechtsfunctionen der Patientin auszuüben vermögen.

Zu den Geschwülsten im Bereiche der Vulva, welche für uns besonders wichtig sind, müssen wir noch rechnen:

h. Die sogenannten **Carunculae urethrae.** Unter dieser Benennung hat Charles Clarke[1] eine Anzahl verschieden construirter Tumoren und Auswüchse an der Mündung der weiblichen Urethra beschrieben, die sich in der Regel durch eine auffallend rothe Farbe auszeichnen und selten einen bedeutenden Umfang gewinnen. Diejenigen unter ihnen, welche als selbständige Geschwülste auftreten, variiren von der Grösse eines Stecknadelkopfes bis zu derjenigen einer Wallnuss. Diesen Umfang hatte eine Geschwulst, welche wir von der Harnröhrenmündung einer fünfzigjährigen Patientin abzutragen Gelegenheit hatten. Bei der Untersuchung erwies sich der Tumor als Sarcom und dürfte wohl der grösste sein, welcher an dieser Stelle beobachtet worden ist[2].

[1] Observations on the diseases of females. London 1821. Vol. I, p. 283.
[2] Siehe: Beigel, Krankheiten des weiblichen Geschlechts. Bd. II, S. 653.

Nachdem es sich herausgestellt, dass die weibliche Urethra nicht nur den Sitz von Cysten[1]), sondern auch von soliden Tumoren der verschiedensten Structur, Fibromen, Sarcomen, Myxadenomen, Angiomen etc. bilden kann, sollte die Bezeichnung „*Caruncula urethra*", welche ein Sammelname für alle diese verschiedenen Neu-bildungen ist, aufgegeben werden, da sie zur Verwirrung führt.

Am allerhäufigsten kommt die Hypertrophie des untern Abschnit-tes der die weibliche Urethra auskleidenden Schleimhaut nebst Eversion derselben durch den *Meatus urinarius* vor, so dass sie sich bei der Untersuchung als hochrothe, lockere, unebene Geschwulst darstellt, welche oft schmerzhaft ist und bei der Berührung leicht blutet. Dieser Zustand kommt namentlich bei jüngeren Frauen vor, während die zuerst erwähnten Geschwülste in der Regel bei Frauen des vorgerücktern Alters angetroffen werden. Jene betreffen den ganzen Umfang der Urethramündung, diese nur einzelne Abschnitte derselben, an welche sie sich zuweilen mit einem Stiele ansetzen. Zuweilen präsentirt sich an der Mündung der Urethra nur ein kleines Stück der hypertrophirten Schleimhaut; setzt man aber ein feines Häkchen in dieselbe ein und übt einen leichten Zug aus, dann erweist es sich, dass die Erkrankung einen grössern Abschnitt befallen, als es auf den ersten Blick den An-schein hat.

Unser Interesse, welches sich an diese, oft ganz unscheinbaren Auswüchse knüpft, hängt nicht mit deren Grösse zusammen, auch nicht mit der Schmerzhaftigkeit, mit welcher durch sie die Urinentleerung vor sich geht. Vielmehr sind sie im Stande, zum Sitze ganz ausser-ordentlicher Schmerzen zu werden und Reflexkrämpfe in benachbarten Muskeln auszulösen, welche den Beischlaf und somit die Conception ausserordentlich erschweren, ja gänzlich unmöglich machen. Der-gleichen Fälle haben wir wiederholt beobachtet, und ein von Winkel[2]) beobachteter Fall ist im hohen Grade instructiv und interessant. Der Tumor war durch ein Myom der hintern Uteruswand veranlasst, wel-ches den Uterus so dislocirte, dass er einen Druck auf den Blasenhals ausübte und immer wieder wuchs, trotzdem er mit der Scheere ab-geschnitten worden und die Basis desselben energisch mit *Argat. nitr.* geätzt worden war. Die Kranke war nicht im Stande, sich wie andere Gesunde, auf einen Stuhl zu setzen; sie setzte sich nur mit einem *Tuber ischii* auf und hatte Jahre hindurch alle möglichen Versuche

---

[1]) Englisch: Wiener medic. Jahrb. 1873, S. 441.
[2]) Winkel: Die Krankheiten der weibl. Harnröhre u. Blase. Stuttgart 1877.

gemacht, sich einen brauchbaren Stuhl zu construiren; sie hatte sogar
das eigentliche Sitzstück des Stuhles ganz herausnehmen lassen, blos
um gar keinen Druck an der Vulva zu erfahren, jedoch Alles ohne Erfolg. Schliesslich brachte sie fast den ganzen Tag stehend zu oder
flach auf dem Sopha liegend. Gesellschaften konnte sie nicht be-
suchen, weil sie es höchstens einige Minuten auf der Stuhlkante sitzend
aushalten konnte, und ihr Essen nahm sie immer im Stehen zu sich.
Der Coitus war absolut unmöglich, sie war den sechziger Jahren nahe
und, obwohl über 30 Jahre verheirathet, noch Virgo.

Die hier in Rede stehenden Tumoren und Excrescenzen kommen
in allen Lebensaltern vor. Englisch, Hennig und Winkel[1] fanden sie angeboren und bei kleinen Kindern. Wo sie im spätern
Lebensalter auftreten und, wie häufig geschieht, mit Sterilität einhergehen, ist diese niemals die Folge des Vorhandenseins der Geschwulst,
sondern stets der Symptome, welche diese hervorruft oder anderer
pathologischer Processe, welche im Bereiche des Genitalapparats im
Zusammenhange mit der Geschwulst oder unabhängig von derselben
verlaufen.

Schliesslich müssen wir hier noch

i. die Neurome erwähnen. Simpson[2] beschreibt sie als
„empfindliche Punkte" ausserhalb der Urethramündung und hält sie
als nahe verwandt oder gar identisch mit den Carunculis derselben.
Da andere Autoren sie für wahre Neuromata halten, glaubt Simpson,
dass möglicherweise zwei Arten vorkommen, deren eine einen mehr
vasculären und glandulären Charakter haben, während die anderen sich
durch eine mehr nervenartige und papilläre Beschaffenheit auszeichnen. Wie dem auch sein mag, fährt dieser Autor fort, er hat wirkliche kleine noduläre Neurome beobachtet, welche unter und in der
Schleimhaut in derselben Weise vorkommen, wie sie an anderen Körperstellen unterhalb der Haut angetroffen und, wie bei den Carunkeln,
nur durch die radicalste Extirpation zur Heilung gebracht werden
können. Offenbar würfelt Simpson in seiner Beschreibung die kleinen Neurome, wie sie in der Vulva in der That auftreten, mit Carunkeln anderer Art und geringern Umfangs zusammen.

Wir hatten zweimal Gelegenheit, dergleichen kleine Neuromata zu
beobachten, das eine sass in dem rechten kleinen Labium und war von
der Grösse einer Linse, das andere, von Stecknadelkopfgrösse, hatte

[1] A. a. O. S. 59. — [2] Clinical Lectures on the diseases of women. Edinburgh 1872, p. 283.

seinen Sitz im *Präputium clitoridis.* Die Trägerin des ersten, grössern war eine zarte Dame von 26 Jahren, welche an jenem Symptomencomplex litt, der in der Regel als Hysterie beschrieben wird. Sie war acht Jahre verheirathet aber kinderlos, weil der Coitus durch die unerträglichen Schmerzen, welche sich bei der leisesten Berührung einstellten, absolut unmöglich war. Die Extirpation der kleinen Geschwulst, welche sich bei der mikroskopischen Untersuchung als Neurom erwiesen hat, machte dem Zustande ein Ende. Die Cohabitation ging normal von Statten, die Dame hat seitdem wiederholt geboren und auch die hysterischen Phänomene sind gänzlich verschwunden.

Die zweite Patientin war bereits 50 Jahre alt und sehr bedeutenden Schmerzen ausgesetzt, welche zuweilen paroxysmenweise auftraten. Auch ihr brachte die Entfernung der winzigen Geschwulst die ersehnte Ruhe.

Die von Kennedy[1]) beschriebenen, sehr kleinen, oft nur mittelst der Lupe aufzufindenden Neubildungen, welche er als „sensitive Papillen und Warzen" aufführt, haben wir nicht gesehen. Dieselben scheinen zwar grosse Aehnlichkeit mit den Neuromen zu haben, sind jedoch ganz andern Ursprungs. Sie sollen nach Entbindungen in Folge mangelhaft verheilter Ulcerationen an den kleinen Schamlippen und im Vestibulum auftreten, gefährlich sein und sich durch grosse Schmerzhaftigkeit auszeichnen.

4. *Pruritus vulvae.*

Heftiges Jucken der äusseren Genitalien oder einzelner Stellen derselben, z. B. der Clitorisgegend, der kleinen Schamlippen, bildet ein häufiges und nicht selten ein aufs Aeusserste quälendes Leiden der Frauen. Die ursächlichen Momente dieses Leidens können sehr mannigfaltig sein, ja man darf dreist behaupten, dass die meisten Erkrankungen im Bereiche des Genitalapparates mit Juckempfindungen an der Vulva einhergehen können; das gilt vom einfachen Katarrh der Vagina bis zu den grossen Ovarialgeschwülsten und von der feinsten, geringfügigen Erosion am Muttermunde bis zu der fürchterlichsten und fast immer zum Tode führenden Krankheit des weiblichen Geschlechtes, dem Krebs der Gebärmutter.

[1]) Kennedy, Specific inflammation of the uterus. Medical Press. and Circular 1874. June 7.

Bei denjenigen Affectionen, bei denen auch, wenn sie an anderen Körperstellen auftreten, das Jucken nicht fehlt, wie Eczema, Herpes etc., desgleichen bei denjenigen Zuständen, welche in mechanischer Weise Jucken erregen, wie Scabies, Pediculi, Entwicklung von Organismen in Folge von Unreinlichkeit, die Einwirkung zersetzter, aus der Scheide oder den höher gelegenen Abschnitten des Genitalrohres herrührenden Sekreten, versteht sich das Jucken ebenso von selbst, wie es bekannt ist, dass dasselbe eine häufige begleitende Erscheinung gewisser Allgemeinerkrankungen bildet, wie z. B. beim Diabetes, bei der Gicht, bei der Bright'schen Krankheit. Vielleicht gehört hierher auch das Jucken, welches bei manchen Frauen zum Beginne und gegen Ende der Schwangerschaft auftritt.

Die Erkrankungen, welche Jucken in der Vulva hervorrufen, haben bekanntlich noch eine Reihe anderer Symptome, welche als mehr oder minder wesentliche zu dem betreffenden Krankheitsbilde gehören, so z. B. ödematöse Erscheinungen beim *Morbus Brightii*, gewisse Veränderungen im Augenhintergrunde beim Diabetes, ohne dass es jemals einem Autor eingefallen wäre, diese Symptome als selbstständige Affectionen neben der eigentlichen Krankheit zu beschreiben. Nur beim *Pruritus vulvae* scheut man diese Confusion nicht, sondern greift ein Symptom, welches den mannigfachsten pathologischen Zuständen angehört, heraus und erhebt dasselbe zu einem *Morbus sui generis*, ein Vorgehen, gegen welches wir bereits früher unsere Stimme erhoben haben [1]), und gegen welches wir hiermit wiederum aufs Energischste protestiren.

Ausser dem Jucken in der Vulva, welches als nachweisliche Ursache eines bestimmten krankhaften Zustandes auftritt, kommt ein Jucken anderer Art vor, nicht als Symptom einer Krankheit, sondern als idiopathisches Phänomen, das als eine reine Neurose, als Hyperästhesie aufgefasst werden muss, und nur dieses kann auf die Bezeichnung „*Pruritus vulvae*" Anspruch machen.

Wir freuen uns, für diese Auffassung die Zustimmung wichtiger Autoritäten, wie diejenige Hildebrandt's [2]) gewonnen zu haben, obgleich dieser hinzusetzt „vorausgesetzt, dass es wirklich einen idiopathischen Pruritus giebt. Ob derselbe aber in der That existirt, muss sehr fraglich erscheinen." Wir wollen diese Frage hier nicht zur Entscheidung bringen, da die Polemik aus diesem Werke möglichst fern

---

[1]) Krankheiten des weiblichen Geschlechts. Bd. II, S. 731.
[2]) A. a. O. S. 124.

gehalten werden soll, allein unterlassen können wir es nicht, darauf hinzuweisen, dass der von Hildebrandt ausgesprochene Zweifel der Hyperästhesie überhaupt entgegengehalten werden sollte, nicht aber der einzigen, die *Vulva* betreffenden Form. Wenn derselbe vortreffliche Autor sich aber der Hoffnung hingiebt, „dass es früher oder später gelingen wird, für jeden Pruritus die materielle, locale Ursache nachzuweisen", so stehen wir unsererseits nicht an, zu erklären, dass wir mit dem Eintritte dieser Zeit unsere Ansichten über den *Pruritus vulvae* ändern, bis dahin aber daran festhalten werden, was mit der Pathologie und der klinischen Beobachtung der in Rede stehenden Affection übereinzustimmen scheint.

In den ausgebildeteren Graden muss die Krankheit geradezu als fürchterlich bezeichnet werden, denn nur der durch das heftigste Kratzen erzeugte Schmerz ist im Stande, die aller Beschreibung spottende Qual des Juckens auf einige Momente zu beschwichtigen. Die Patientinnen werden zur Verzweiflung getrieben und fliehen jeglicher Gesellschaft, um sich ungestört dem Kratzgeschäfte hingeben zu können. Diejenigen, welche den *Pruritus vulvae* mit der Nymphomanie zusammenwürfeln, machen sich daher eines grossen Irrthums schuldig.

Vielleicht kommt es zu Beginn der Krankheit oder in sehr leichten Fällen vor, dass sich in Folge der zur Beruhigung der Juckempfindungen nöthigen Manipulation Wollustgefühle einstellen, deren Befriedigung zur Masturbation oder Nymphomanie führt. Derlei Fälle dürften aber äusserst selten zur Beobachtung des Arztes kommen. Sind die Fälle aber fortgeschritten, dann giebt es für die Kranken nur ein Gefühl, welches befriedigt sein will, und das ist das des Juckens, eine Empfindung, welche so weit entfernt ist von derjenigen der Wollust, dass die Unglücklichen sich eher mit Selbstmordgedanken und mit den Gedanken der Selbstverstümmlung vertraut machen, als sie an Befriedigung einer krankhaften Geschlechtslust denken.

Zu dieser Ueberzeugung gelangt man übrigens auch bald, wenn sich die Gelegenheit darbietet, nymphomaniakalische Frauen und solche, welche an *Pruritus vulvae* leiden, zu untersuchen. Die befallenen Theile der ersteren bieten verhältnissmässig selten jenes verdickte, mit Excoriationen versehene Aussehen der mitunter durch Kratzen völlig zerfleischten, ödematös angeschwollenen Labien an sich, wie wir sie in ausgebildeten Pruritus-Fällen antreffen.

Die reine, idiopathische Form des *Pruritus vulvae* scheint vorwiegend bei Frauen, welche nicht mehr im jugendlichen Alter stehen, vorzukommen, hingegen tritt die symptomatische Form auch bei Kindern, Mädchen und jungen Frauen auf und hängt, wie bereits bemerkt, von Irritationen ab, welche von pathologischen Processen im Bereiche des Generationstractes stattfinden. Hildebrandt hält die Gefässerweiterung der Vulva für eine recht häufige Ursache der Erkrankung, eine Beobachtung, welche natürlich nur für den symptomatischen Pruritus passt und in die Kategorie der varicösen Gefässerweiterung fällt, deren häufiges Vorkommen an den äusseren Geschlechtstheilen wir bereits kennen gelernt haben, und von denen bekannt ist, dass sie mit Jucken einhergeht.

5. Coccygodynie.

Als Coccygodynie wird ein Schmerz beschrieben, welcher sich in der Regel auf die Steissbeingegend beschränkt, sich aber auch auf benachbarte Regionen fortpflanzen kann, und in Erkrankungen des Steissbeins seine Ursache hat. Simpson[1]), welcher die Krankheit zuerst beschrieben hat, giebt an, dass der Schmerz von den Patientinnen besonders dann empfunden wird, wenn sie sich setzen oder vom Sitze erheben wollen. Im Allgemeinen ist diese Beobachtung richtig, allein sie ist nicht erschöpfend. Allgemeiner ausgedrückt tritt der Schmerz dann am heftigsten auf, wenn die Patientin Bewegungen ausführt, bei denen jene Muskeln in hervorragender Weise betheiligt sind, welche am Steissbein ihren Ansatz finden. Diese Muskeln sind bekanntlich: der *Sphincter ani*, der *Coccygeus* und der *Levator ani*; da der erstere bei der Stuhlentleerung, der letztere bei der Begattung eine wichtige Rolle spielt, ist es selbstverständlich, dass diese Vorgänge unter Schmerzen vor sich gehen werden, wenn die Coccyx erkrankt ist. Dabei steht die Intensität des Schmerzes nicht immer im Verhältnisse zur Intensität der Erkrankung, so dass schon eine Luxation oder eine Entzündung leichtern Grades des Knochens beim Versuche zur Cohabitation krampfartige Schmerzen hervorrufen kann, welche denen des Vaginismus vollkommen gleich sind. Wir haben in der That Fälle zu beobachten Gelegenheit gehabt, in denen von einem Beischlaf durch längere Zeit gar nicht die Rede sein konnte.

Die veranlassenden Momente der Krankheit sind fast ausnahmslos traumatischer Natur, wie schwere Zangengeburten, plötzliches Nieder-

---

[1]) Medical Times 1859, 2. Juli und Clinical Lectures on diseases of women. Edinburgh 1872, p. 202.

setzen auf einen harten Körper, Fall, Stoss etc., in Folge welcher entweder eine Luxation des Steissbeins oder eine Entzündung desselben
auftritt. Hyrtl[1]) hält die Verrenkung für ein äusserst häufiges Vorkommen, da er allein unter 180 Steissbeinen die Verrenkung mit darauffolgender Synostose 32 Mal constatiren konnte; dieselben betrafen
19 Mal den letzten Steisswirbel, achtmal die zwei letzten, dreimal
den ersten, einmal den zweiten und ersten und einmal den ersten und
letzten, zu verschiedenen Zeiten entstanden.

Das Trauma ist nicht immer wirksam genug, um das Steissbein
zu luxiren oder eine Entzündung desselben herbeizuführen, hingegen
mag es hinlänglich kräftig sein, um die Nerven, welche die Steissbeingegend versorgen, zu verletzen, in welchem Falle die Schmerzen mit
derselben Intensität aufzutreten vermögen, als wenn sie die Folge
pathologischer Vorgänge im Knochen selber wären. Diejenigen Fälle,
in welchen sich ein heftiger Schmerz in der Steissbeingegend auf
reflectorischem Wege durch Erkrankungen im Bereiche des Genitalapparates geltend machen, können als Coccygodynie füglich nicht angesprochen werden. Es findet hier dasselbe Anwendung, was wir beim
symptomatischen *Pruritus vulvae* besprochen haben.

Die entzündlichen Processe können sowohl in der Hautdecke, als
auch im *Os sacrum* beginnen und auf das *Os coccygis* fortschreiten, oder
der Process beginnt in dem letztern und zieht die Hautdecken oder
seine sonstige Umgebung in Mitleidenschaft. So ist es in den von
Dangerville[2]) beobachteten Fällen zur Vereiterung des Knochens
und zur Ausstossung desselben durch den Mastdarm gekommen.

6. *Fissura ani.*

Der kleinen, oft ganz unscheinbaren Einrisse in den Anusrand
muss hier Erwähnung geschehen, weil sie so heftige Schmerzen
hervorrufen und so intensive Reflexkrämpfe gewisser Muskeln des
Beckengrundes, namentlich des *Levator ani*, veranlassen können,
dass der geschlechtliche Verkehr zur Unmöglichkeit wird. Die
Fissuren sind so unscheinbar, dass eine genaue Inspection erforderlich ist, um sie entdecken zu können, ja dass sie von Autoren wie

[1]) Handbuch der topographischen Anatomie. II. Bd., Wien 1871, S. 22.
[2]) De coccygis luxatione. Paris 1770.

Dolbeau[1]) und Esmarch[2]) gänzlich geleugnet und die Symptome, welche als von ihnen abhängig beschrieben wurden, in das Bereich der reinen Neurosen verwiesen worden sind. Diese Anschauung ist jedoch eine irrthümliche. Wenn die genannten Autoren Fälle beobachtet haben, in welchen Schmerz- und Reflexkrämpfe auf keine bestehenden Fissuren zurückgeführt werden konnten, so haben wir doch eine grosse Reihe von Fällen in unserer eigenen Praxis sowohl, wie unter der Behandlung Baker Brown's gesehen, in denen die Einrisse zweifellos bestanden haben.

Die veranlassenden Momente sind stets traumatischer Natur; angesammelte Kothmassen, welche unter Anstrengung entleert werden, die Spannung der Afteröffnung in der letzten Geburtsperiode, Verletzungen des Analrandes durch fremde Körper, welche sich in den Faeces befinden, können Fissuren schaffen, welche entweder gleich nachdem sie etablirt worden sind, äusserst schmerzhaft auftreten, oder es erst nach Verlauf einer längern oder kürzern Zeit und nachdem sie noch weiteren Insulten, durch Koth, Lochien etc. ausgesetzt waren, thun.

In diesem Falle sind die Patientinnen oft so fürchterlichen Leiden unterworfen, wie sie keine sonstige, weit ernstere Erkrankung mit sich führt. Die Stuhlentleerung geht unter den fürchterlichsten Qualen vor sich; um diesen zu entrinnen, verhalten die Kranken Tage, ja Wochen lang ihren Stuhl, häufen dermaassen kolossale Kothmassen im Mastdarm an und geben so selber die Veranlassung für die Erhöhung ihrer Schmerzen, wenn sie doch einmal die Entleerung besorgen müssen. Während derselben bedeckt sich der Körper der Patientin mit Schweiss, es können Convulsionen auftreten und das Schlimmste ist, dass alle diese Symptome nach erfolgter Stuhlentleerung nicht schwinden, sondern Stunden lang anzuhalten pflegen. Die Berührung der Fissur mit dem Finger oder einem Instrumente während der Untersuchung, kann das ganze Heer der Symptome entfesseln, daher es rathsam ist, eine Patientin, welche an schmerzhafter *Fissura ani* leidet, in der Chloroformnarkose zu untersuchen.

Die ursprünglich localen Schmerzen können mit gesteigerter Intensität in benachbarte oder entferntere Gegenden ausstrahlen, das Harnen erschweren, die heftigsten Spasmen im Schliessmuskel der Scheide hervorrufen und die Cohabitation gänzlich unmöglich machen, so dass der

---

[1]) Ueber *Fissura ani*. Medical Times 1872. Vol. I, p. 651.
[2]) Krankheiten des Mastdarms und des Afters. S. 140.

Patientin, wie in allen anderen Formen des Vaginismus, schon der Gedanke der Annäherung Seitens des Mannes unerträglich wird.

Wird die Fissur nicht im frischen Zustande zur Heilung gebracht, dann induriren sich ihre Ränder, welche wie im Gewebe eingebettet erscheinen, und sind mehrere Fissuren vorhanden, so bilden sie durch die in ihren Rändern stattgehabte Induration einen festen Ring und können die Analöffnung in einem sehr hohen Grade verengern.

7. Der Dammriss.

Jeder traumatische Einfluss, welcher sich von aussen oder innen her in genügender Weise geltend macht, ist im Stande, die den Damm constituirenden Gewebe in ihrer Continuität zu stören, jedoch treten derlei Einflüsse so selten auf, dass sie denjenigen gegenüber, welche die Geburt bedingt, gänzlich ausser Acht gelassen werden können, so dass die Annahme, die Zerreissung des Dammes komme fast ausschliesslich während der Geburt vor, wohlbegründet erscheint.

Befindet sich das Becken im normalen Zustande, sind die zu demselben gehörigen Weichtheile gesund, besteht kein räumliches Missverhältniss zwischen dem Kindeskopfe und dem Canale, welchen er passiren muss, um unverletzt geboren zu werden, wird endlich dem Damme während des Durchtrittes des Kindeskopfes durch die Schamspalte jener kunstgerechte Schutz gewährt, dessen er bedarf, dann wird die Perinealruptur nur selten eintreten. Wo aber eine dieser Bedingungen fehlt, ist der Damm in Gefahr, einen Riss zu erleiden.

Im normalen Verlaufe des Geburtsactes ist den Weichtheilen hinlänglich Zeit gewährt, sich zu lockern, die Vagina ist im Stande sich zu erweitern, die Schamspalte vermag grössere Dimensionen anzunehmen und der Damm jene elastischen Eigenschaften zu gewinnen, welche es ihm gestatten, den allmälig herandrängenden Kindeskopf in die natürliche Bahn zum Austritte zu leiten. Wird den betheiligten Organen diese Zeit zur Vorbereitung nicht gewährt, geht die Geburt ungewöhnlich rasch vor sich, so führt sie die Gefahr des Dammrisses mit sich.

Aber auch bei normal verlaufenden Geburten ist der Damm vor Verletzungen nicht sicher, wenn die Schamspalte so kurz ist, dass sie selbst bei der grösstmöglichen Erweiterung den Kindeskopf nicht durchzulassen vermag, ohne ihre Dimensionen durch einen Einriss noch weiter zu vergrössern. Umgekehrt ist selbst eine übernormal grosse *Rima pudenda* nicht im Stande, einen Kindeskopf, wenn er an und für sich oder durch krankhafte Processe, z. B. Hydrocephalus, eine ungewöhnliche Grösse besitzt, hindurchtreten zu lassen, ohne einen Einriss zu erleiden. Die Prädisposition des Dammes für die Ruptur, wenn seine Gewebe entzündet oder anderweitig erkrankt sind, leuchtet ein; von nicht geringerer Bedeutung ist seine Ausdehnung, da er bei zu grosser Kürze der allgemeinen Erweiterung nicht folgen kann und leicht reisst, bei zu grosser Länge aber sich vor den Kindeskopf schiebt, den letztern sackartig fängt und von demselben leicht gesprengt werden kann. Dass endlich die Art und Weise, in welcher der Dammschutz während des Durchtrittes des Kindeskopfes ausgeführt wird, eine wichtige Rolle in der Aetiologie der Perinealrupturen spielt, wird sowohl durch die Statistik der Entbindungsanstalten, wie durch die Berichte der Aerzte bestätigt.

Die Art und Weise der Ruptur hängt von den obwaltenden Umständen, vom Zustande der betheiligten Gewebe, von der Beschaffenheit der Frucht, von der Dauer der Geburt etc. ab. Das Frenulum reisst während der meisten Geburten ein, doch wird von einem Dammrisse erst dann gesprochen, wenn der Riss auch die dahinter liegende Parthie betrifft; geschieht dies nur in geringer Ausdehnung, so wird die Ruptur bekanntlich eine unvollständige genannt — *Ruptura perinei incompleta* —, die sich erst zur vollständigen gestaltet — *Ruptura perinei completa* — wenn der Riss bis in das Rectum reicht.

Auch der Tiefe nach werden die Dammrisse unterschieden, und zwar heissen sie oberflächliche — *Ruptura perinei superficialis* — wenn es sich nur um das Platzen der Haut längs der Raphe handelt, tiefe aber — *Ruptura perinei profunda* — wenn die Trennung die unter der Hautdecke gelegenen Theile getroffen hat, so dass bei einem tiefen, completen Dammriss, ausser dem subcutanen Bindegewebe, auch die Fascia superficialis, der Schliessmuskel der Scheide und des Rectums, sowie der Musculi transversi perinei getrennt worden sind. Mastdarm und Scheide können gleichfalls grössere oder geringere Einrisse erlitten haben. Das Vorkommen von centralen Dammrissen, welche darin bestehen, dass die Ruptur in der Mitte des Dammes erfolgt, während Scheide und Rectum intact bleiben, gehört zu den Seltenheiten.

Nach erfolgter completer Zerreissung des Dammes nehmen die davon betroffenen Theile allmälig eine vollkommen veränderte Gestalt an und ihre Functionen können gleichfalls Alterationen erleiden, welche uns im hohen Grade interessiren, in deren Besprechung wir jedoch erst in einem spätern Abschnitte eintreten können.

Was aber die anatomischen Veränderungen betrifft, so verliert das Perineum seine frühere Gestalt, und anstatt seiner glatten Beschaffenheit, finden wir eine von entzündeten Wülsten und Fleischklumpen begrenzte Rinne oder Grube, deren Grund, mit Harn und Fäcalmasse bedeckt, einen höchst unerquicklichen Anblick darbieten und das Leben der Patientin im hohen Grade verbittern kann. Ist die Ruptur ältern Datums, dann ist die Reinhaltung leichter, weil sich die ganze Fläche in ein unempfindliches Narbengewebe verwandelt hat, welches die Theile in unnatürlicher Weise auseinander zerrt.

II. Der Hymen.

1. Anomalien der Entwicklung.

Jene Membran, welche die Vulva diaphragmaartig von der Scheide abgrenzt und Hymen genannt wird, spielt eine für unser Thema hinlänglich wichtige Rolle, um einer selbständigen kurzen Betrachtung unterzogen zu werden.

In früheren Zeiten gewann diese Rolle in den Augen des Publicums wie der Aerzte dadurch noch eine ganz besondere Bedeutung, dass der unverletzte Hymen für das untrügliche Zeichen der intacten Virginität gehalten wurde, daher auch auf forensischem Gebiete seinen Einfluss geltend machen konnte. Heutigen Tages besteht dieser Einfluss nicht mehr, weil wir einerseits wissen, dass die Membran von Geburt an fehlen kann, und es andererseits bekannt ist, dass ihre Ruptur auch in Folge eines Sprunges oder Falles einzutreten vermag. Nicht minder erwiesen ist das Vorhandensein des Hymen nach längst verloren gegangener Jungfernschaft, ja selbst nach erfolgten Geburten, so dass das Fehlen dieser Membran so wenig für die Einbusse der Virginität spricht, wie das Vorhandensein derselben die Integrität der letzteren zu bezeugen im Stande ist.

Im normalen Zustande stellt der Hymen eine Art Klappe dar, welche sich vom Frenulum der grossen Schamlefzen gegen die Urethra zu vorschiebt, in der Nähe der Urethra halbmondförmig endigt und so die Begrenzung des *Introitus vaginae* bilden hilft, resp. ihn verschliesst. Die Oeffnung kann so gering sein, dass ihre Auffindung Mühe macht und nach der Auffindung es nur gelingt, die feinste Sonde durch dieselbe zu schieben. Sie kann aber auch ganz fehlen, ein Zustand, welcher als **Atresia hymenalis** beschrieben wird. Ja die Vorschiebung der Membran kann so weit gehen, dass sie nicht nur die Vagina, sondern auch die Urethramündung verschliesst. Eggel, welcher einen derartigen Fall beschrieben hat, nannte ihn **Atresia vestibularis** [1]). Derartige Fälle haben für uns kein Interesse, da sie wegen der Unmöglichkeit der Harnentleerung, welche durch den Verschluss bedingt wird, die Beseitigung des letztern unmittelbar nach der Geburt gebieterisch fordern.

Dohrn ist der Ansicht, dass das Vorkommen der Hymenalatresien viel seltener ist, als man gewöhnlich annimmt, weil die Auskleidung des Vestibulums, welche an der Bildung der untern Lamelle des Hymens wesentlichen Antheil nimmt zur Ausbildung von Verwachsungen, wie die Seltenheit des Vorkommens von Verschlüssen der Schamspalten beweist, sehr wenig geeignet sei, dass sich die Atresien viel eher weiter oben bilden, wo die Innenwand des Genitalschlauches schleimhäutige Auskleidung zeigt. „Wenn man die Entwicklung des Genitalschlauches von der Verschmelzung der Müller'schen Gänge bis zu der Abgrenzung von Vagina und Uterus hin verfolgt, so gewahrt man, dass die Wand des Genitalrohres ihre Entwicklungsphasen nicht an allen Stellen gleichmässig durchläuft. Die Verschmelzung der Müller'schen Canäle beginnt zwischen den mittleren und unteren Drittheilen des Genitalstranges. Für die spätere Zeit entspricht diese Stelle dem obern Drittheile der Vagina. Hier ist es, dass das Genitalrohr bald eine beträchtliche Weite gewinnt, und hier kommen Verschlussbildungen am wenigsten häufig vor. Anders steht es mit dem Scheitel des Vaginalgewölbes, sowie auch mit dem untern Drittheile der Vagina. An der erstern Stelle erfährt der Genitalschlauch seine stärkste Krümmung, und es treten hier seine Wände näher zusammen, indem zunächst die vordere Muttermundslippe (15. bis 16. Woche) in Gestalt einer halbkugeligen Wölbung hervorwächst. Die später entstehende Faltung der Innenwand, bei der sich die gegenüberliegenden Stellen niemals anschmiegen, begünstigt hier das Zustandekommen von Verwachsungen. An der letztern Stelle rücken die Wände des Genitalschlauches — ein Vorstadium der Hymenalbildung — in grösserer Ausdehnung zusammen (17. bis 18. Woche), und die flächen-

[1]) Monatsschrift für Geburtskunde und Frauenkrankheiten. Berlin 1868. Bd. XXXI, p. 113.

haften Verschliessungen, welche hier beobachtet worden sind, erklären sich aus diesem Entwicklungsgange"[1]).

Dohrn hat sich bekanntlich mit der Entwicklung des Hymen eingehend beschäftigt[2]) und die Resultate, zu denen er gelangt ist, sind ebenso interessant als lehrreich. Allein die Erfahrung stimmt, wenigstens so weit die unsere und diejenige anderer Autoren über diesen Gegenstand reicht, nicht mit der grössern Häufigkeit der höher gelegenen Atresien überein. Die überwiegend grössere Zahl der Fälle sind entschieden jene, in denen es sich um den Verschluss des Scheideneinganges handelt, und die Atresien in den höher gelegenen Parthien der Vagina werden zu den selteneren Vorkommnissen gezählt werden müssen. Dass die letztern durch Blutansammlungen in Folge von *Retentio mensium* eine solche Dehnung erleiden können, dass sie nicht nur bis in die Vulva reichen, sondern sich als elastische, pralle Hervorwölbungen vor dem *Introitus vaginae* zu präsentiren vermögen, ist bekannt.

Der Hymen kann sich, ausser der Abnormität seiner Ausdehnung, auch noch durch eine ungewöhnliche Derbheit auszeichnen, die so weit gehen kann, dass ihr Zusammenhang selbst mit dem Messer oder der Scheere nicht leicht zu trennen ist. Diese Beschaffenheit kann jedoch nicht als fötale Entwicklungsanomalie, sondern als extrauterine Bildung angesehen werden. Dasselbe gilt von der knorpelartigen Verdickung des Hymen, wie sie von Schaible beschrieben worden ist[3]).

2. Entzündung.

Im Allgemeinen verhält sich der Hymen Irritationen und traumatischen Einflüssen gegenüber ziemlich indolent. Das beweisen die häufig vorkommenden Fälle von Masturbation, von rohen Manipulationen und von Zerfetzung, um die Cohabitation zu ermöglichen. Es tritt dabei kein intensiverer Schmerz auf, als er sich bei ähnlichen Verletzungen an anderen Körperstellen geltend macht. Die Risse heilen, aus den Fetzen werden die bekannten *Carunculae myrthiformes*, der

[1]) Dohrn, Ein Fall von *Atresia vaginalis*. Archiv für Gynäkologie. Berlin 1876. Bd. X, S. 544.
[2]) Dohrn, Ueber Entwicklung des Hymen. Cassel 1875.
[3]) Heidelberger medicinische Annalen, Bd. II, Heft 4 und Schmidt's Jahrbücher, Bd. XVII, p. 312.

Schmerz hört auf und weitere Insulten werden ohne Schmerzempfindungen ertragen.

Hin und wieder kommen aber Fälle vor, in denen die beschriebenen Einflüsse nicht ungestraft bleiben; vielmehr führen sie zu inflammatorischen Phänomenen, denen entweder der ganze Hymen oder nur ein mehr oder minder circumscripter Abschnitt desselben unterworfen ist. Die Stelle erscheint geröthet, zuweilen verdickt und zeichnet sich besonders durch eine ganz aussergewöhnliche Schmerzhaftigkeit aus, welche sich nicht nur auf die allerleiseste Berührung, sondern sogar beim Gedanken an eine solche einstellt. Der *Constrictor cunni* ist dabei den energischsten Spasmen unterworfen, so dass von einem Eindringen eines festen Körpers in die Vagina gar nicht die Rede sein kann, die Patientin zittert am ganzen Körper, bedeckt sich mit Schweiss und verfällt nicht selten in einen epilepsieartigen Zustand.

Es ist richtig, dass ungeschickte Manipulationen zur Vollführung des Coitus im Stande sind, den Hymen zur Entzündung mit den eben beschriebenen Symptomen zu führen, allein uns stehen Fälle zu Gebote, aus denen zur Genüge hervorgeht, dass jeder andere locale Reiz dieselben Folgen nach sich ziehen kann. Wir haben jüngst erst einen Fall zu beobachten Gelegenheit gehabt, welcher ein sechzehnjähriges Mädchen betraf. Dasselbe war der unnatürlichen Befriedigung des Geschlechtstriebes ergeben und bediente sich zu diesem Zwecke eines zugespitzten runden Holzstückes. Nach mehreren Monaten trat eine schmerzhafte Empfindlichkeit auf, welche sich schon auf die leiseste Berührung des Unterkleides geltend machte. Natürlich musste unter diesen Umständen die unnatürliche Befriedigung eingestellt werden. Das änderte jedoch in dem Zustande Nichts, und als die Patientin zu unserer Untersuchung kam, vermochten wir Nichts als eine leichte Röthung und Schwellung des Hymen zu constatiren, welche, sammt den äusserst intensiven Symptomen der Anwendung eines antiphlogistischen Verfahrens sehr bald wichen.

Andere Fälle hatten wir bei jungen verheiratheten Frauen zu beobachten Gelegenheit; in einem derselben bestand das Uebel bereits zur Zeit, als die Patientin in die Ehe treten sollte. Hier schien ein heftiger Stoss auf die Vulva ausgeübt worden zu sein, als die achtzehnjährige, gesunde, kräftige Patientin vom Pferde abgeworfen wurde und die Entzündung betraf nicht allein den hintern Abschnitt des sonst unverletzten Hymens, sondern auch die kleinen Schamlippen, welche ödematös angeschwollen waren. In allen diesen Fällen muss angenommen werden, dass die den Hymen versorgenden Nerven entweder in directer Weise durch das Trauma oder erst durch die darauf folgende Entzündung besonderen Insulten ausgesetzt waren.

3. Hyperästhesie.

Die oben beschriebenen Symptome können sich aber auch in ihrer ganzen Heftigkeit geltend machen, ohne dass selbst die sorgfältigste Untersuchung im Stande wäre, auch nur die Spur einer Entzündung nachzuweisen. In diesem Falle handelt es sich um eine reine Neurose, eine Hyperästhesie, auf welche bereits Burns aufmerksam gemacht hat [1]), deren richtige Würdigung wir jedoch erst Marion Sims verdanken [2]). Dieser vortreffliche Autor hat den durch die Schmerzhaftigkeit herbeigeführten Krampf des *Constrictor cunni* als eine eigene Krankheit aufgefasst und sie als „Vaginismus" beschrieben. Wir haben an anderer Stelle den Beweis zu liefern versucht, dass die verschiedensten pathologischen Zustände im Bereiche der Generationsorgane dieselben Symptome hervorzurufen im Stande sind [3]).

In manchen Fällen von Hyperästhesie des Hymens finden wir, wie gesagt, bei der Untersuchung Nichts als eine, in der Regel genau abgegrenzte Stelle, welche auf jegliche Berührung, ja, wie Sims bereits bemerkt hat, auf leises Anblasen mit Muskelkrampf und damit verbundene intensive Schmerzen antwortet. In anderen, selteneren Fällen erweisen sich kleine, knötchenartige Punkte als den Sitz, dessen Berührung diese Symptome auslösen und deren Zerstörung oder Entfernung das Verschwinden der letzteren nach sich zieht.

III. Die Vagina.

1. Anomalien der Entwicklung.

Das Zustandekommen der normalen Beschaffenheit der Vagina hängt bekanntlich davon ab, dass die unteren Abschnitte der Müller'schen Gänge sich aneinander legen und sich so entwickeln, dass die

---

[1]) Principles of Midwifery. London 1824.
[2]) Gebärmutter-Chirurgie. Deutsch herausgegeben von Dr. Hermann Beigel. Erlangen 1873. III. Aufl., S. 263.
[3]) Die Krankheiten des weiblichen Geschlechts. Bd. II, S. 686.

Scheidewände der beiden Gänge schwinden und einen einzigen Schlauch zurücklassen. Bleiben die Scheidewände aber bestehen, d. h. geht die selbständige Entwicklung der beiden Gänge vor sich, dann ist auch die Bildung zweier selbständiger Schläuche das Resultat und wir haben es mit der **Vagina duplex** zu thun. Hat ein theilweiser Schwund der Scheidewände stattgefunden, so entsteht hierdurch die **Vagina subsepta**. Ist es hingegen zu einer Ausbildung der unteren Abschnitte der Müller'schen Gänge gar nicht gekommen, dann tritt naturgemäss der **Defectus vaginae** ein, in welchem Falle die Scheide entweder gänzlich mangelt oder durch eine mehr oder minder seichte Grube repräsentirt wird. Diese ist von der *Atresia hymenalis*, welche ihr ähnlich sehen kann, wohl zu unterscheiden, da es sich in letzterm Falle nur um den Verschluss des Scheideneinganges handelt. Der Mangel der Scheide kommt häufig zur Beobachtung und die Symptome, welche durch diesen Defect bedingt werden, sind verschiedener Natur. Erst jüngst hat Le Fort[1]) eine solche bei einer sechsundzwanzigjährigen Frau beobachtet, bei welcher seit 15 Jahren *Molimina menstruationis* mit vicarirenden Blutungen aus der Lunge, der Nase, der Haut und den Extremitäten bestanden haben, und bei der die Bildung einer neuen Scheide mittelst der *Galvanocaustic* gelungen ist.

Einen andern Fall hat Dr. Nicaise[2]) neulich beschrieben. Derselbe betraf eine achtzehnjährige Person, bei welcher sowohl der Uterus als auch die Vagina fehlte. Die Patientin, welche wegen Syphilis in das Hospital aufgenommen wurde und an acutem Gelenkrheumatismus gestorben ist, hatte natürlich niemals menstruirt, aber auch an keinen Moliminis gelitten, obgleich sie im Besitze von normal grossen Ovarien gefunden wurde. Aehnliche Fälle sind von Fürst[3]), Hicks[4]), Grön[5]), Voss[6]), Netzel[7]), Anderson[8]), Bidder[9]) und Anderen veröffentlicht. Bezüglich der älteren Beobachtungen verweisen wir auf die von Meissner[10]) zusammengestellte Literatur.

Zu denjenigen abnormen Zuständen der Scheide, welche uns besonders interessiren, gehören die **Stenosen** derselben. Sie können

[1]) L'Union 1876. Vol. 91, p. 187. — [2]) Gaz. de Paris. Vol. 47, p. 385.
[3]) Verhandlungen der Gesellschaft für Geburtshilfe zu Leipzig. Separatabdruck aus der Monatsschr. f. Geburtsk. u. Frauenkr. 1867. Bd. 20, Heft 2 u. 3, S. 65. — [4]) Transactions of the obstetr. soc. of London. Vol. IV, p. 21 u. 228.
[5]) Schmidt's Jahrb. Bd. 164, S. 260. — [6]) Ibid. S. 260. — [7]) Ibid. — [8]) Ibid.
[9]) Berl. Klin. Wochenschr. Bd. XI, S. 46. — [10]) Frauenzimmerkrankheiten Bd. I, S. 343.

nen sich an allen Abschnitten der Vagina, vom Eingange derselben bis unmittelbar vor der Vaginalportion bilden. Ihre Entstehung dürfte wohl grösstentheils aus der Zeit des extrauterinen Lebens datiren; bei denjenigen, welche pathologischen Processen ihre Existenz verdanken, versteht sich das von selbst. Derartige Processe können sowohl in localen Entzündungen oder traumatischen Einflüssen, als auch in Allgemeinerkrankungen, wie Diphtheritis, Typhus, Cholera, exanthematischen Eruptionen bestehen. In diesen Fällen handelt es sich eigentlich um eine locale, durch Substanzverlust und Narbenbildung herbeigeführte Verengerung der Scheide.

Wir haben jedoch einen Fall zu beobachten Gelegenheit gehabt, in welchem die Vagina in ihrem obern Drittheile in der Weise eine stenotische Verengerung erlitten hatte, dass die Wände ringsherum mächtig verdickt waren, das Ansehen eines Scheidengewölbes mit einer centralen Oeffnung hatten, welche letztere als Muttermund bei mangelnder Vaginalportion imponirte. Bei der Untersuchung mittelst der Sonde ergab es sich jedoch, dass diese in einen weiten Sack gelangte, von dem es sich herausstellte, dass er die Fortsetzung der Vagina bildete und eine normale Vaginalportion enthielt. Das vermeintliche Scheidengewölbe war also nichts weiter als ein mächtiger, symmetrischer Ring, welcher eine Stenose bildete [1]).

Seit jener Beobachtung ist ein zweiter Fall in unsere Behandlung gekommen, in welchem die Verengerung an derselben Stelle stattfand, aber nicht jenes symmetrische Aussehen wie in dem ersten Falle hatte. Die Oeffnung stand excentrisch im Scheidengewölbe, nahe der rechten Vaginalwand und die verengenden Gewebe waren membranartig und schlaff, so dass die dahinter befindliche Vaginalportion durch dieselben hindurch gefühlt werden konnte.

In beiden Fällen konnte eine Erkrankung im Genitalbereiche so wenig nachgewiesen werden, als sich die betreffenden Patientinnen zu erinnern vermochten, je einer Allgemeinerkrankung ausgesetzt gewesen zu sein, so dass diese Vaginalstenosen als angeborene angesehen werden müssen.

Von nicht minder grossem Interesse ist das Vorkommen einer Verengerung des Vaginalcanales seiner ganzen Länge nach. Wir haben dieselbe einmal beobachtet. Die Patientin war 23 Jahre alt und verheirathet. Die Menstruation hatte sich im 18. Jahre ein-

---

[1]) Siehe Beigel, Krankheiten des weiblichen Geschlechts. Bd. II, Fig. 197, S. 562.

gestellt und war regelmässig. Als die Patientin uns wegen Sterilität consultirte, ergab es sich bei der Untersuchung, dass die Vagina zwar vorhanden, ihre Wandungen aber so sehr verdickt und ihr Lumen von einer solchen engen Beschaffenheit war, dass nur eine Sonde hindurch passiren konnte, die übrigens 6 Cm. vordrang und daselbst, wie per Rectum zu constatiren war, auf die Vaginalportion des zwar kleinen, sonst aber regelmässig gebauten Uterus stiess.

Wahrscheinlich liegen auch diesem Zustande Entzündungsvorgänge während des intrauterinen Lebens zu Grunde. Dasselbe gilt von dem häufigen Vorkommen bandartiger Stränge, welche die Vagina nach den verschiedensten Richtungen hin durchziehen. Zuweilen sind deren nur einige wenige vorhanden; zuweilen ist ihre Zahl aber so gross, dass sie dichte netzartige Verbindungen darstellen und die Vagina so ausfüllen oder unwegsam machen, dass es nothwendig ist, sie auf operativem Wege zu entfernen, um die Cohabitation oder, wenn Schwangerschaft eingetreten ist, die Geburt zu ermöglichen.

2. Entzündung.

Die Vagina bildet einen Schlauch, welcher von einer sehr mächtigen Gefässhülle umgeben ist und von dieser die Fähigkeit erhält, sich leicht zu entzünden und flüssige Producte auszuscheiden. Die Gefässhülle steht in häufiger Communication mit derjenigen, welche das Rectum umgiebt und erklärt die Leichtigkeit, mit welcher sich inflammatorische Processe des einen Körpertheils auf den andern fortpflanzen.

In einem frühern Abschnitte haben wir nachgewiesen [1]), dass die Scheide äusserst reichlich mit Pflasterepithel belegt ist. Dieses ist in beständiger Ablösung und Neubildung begriffen, und es ist einleuchtend, dass die Menge, in welcher es einem aus der Vagina abfliessenden Secrete beigemischt ist, die physikalische und mikroskopische Beschaffenheit desselben wesentlich beeinflussen muss.

Eigentlich kann von einem von der Scheide herrührenden Secrete nicht recht gesprochen werden, da es eine festgestellte Thatsache ist, dass dieses Organ mit secernirenden Apparaten nicht ausgerüstet ist, seine sogenannte Schleimfläche vielmehr durch Transsudate, welche

[1]) Siehe S. 23.

aus dem Gefässlager herrühren, feucht erhalten wird. Diese Feuchtigkeit ist unter normalen Verhältnissen eine sehr mässige, kann sich in
krankhafter Weise zu einer äusserst copiösen steigern und Qualitäten
annehmen, welche ihren Einfluss auf die Vorgänge des Geschlechtslebens in einem sehr hohen und bestimmenden Maasse geltend machen
können.

Als einfachste und mildeste Form der Scheidenentzündung (*Vaginitis*) muss der Katarrh, wegen seines auffallendsten Symptomes,
welches in dem Ausflusse einer mehr oder minder hellen Flüssigkeit
auch **Fluor** albus oder Leucorrhoe genannt, angesehen werden.

Dieselbe besteht zunächst in einer Röthung und Schwellung der
Schleimhaut, verbunden mit der Absonderung einer im Beginne zähen,
rahmartigen Flüssigkeit, welche später eine dünnere, wässerige Beschaffenheit annimmt und in der Regel gleich Anfangs in grossen
Quantitäten abfliesst. Dieselben können jedoch auch so gering sein,
dass ihr Abfluss in einer für die Patientin kaum merklichen Weise
vor sich geht. Dasselbe kann auch bei einer ergiebigeren Production
der Fall sein, wenn die Temperatur der Scheide eine hohe ist und
für rasche Verdunstung der flüssigen Bestandtheile günstige Bedingungen vorhanden sind. In diesen Fällen hören wir von den Patientinnen, dass sie sich über abnormen Ausfluss nicht zu beklagen haben,
obgleich die Vaginalwände bei der Untersuchung mittelst des Speculums
mit einer dicken, zähen Masse belegt, vorgefunden werden, welche
ihrerseits wiederum im Stande ist, die entzündlichen Zustände auf
dem Wege des mechanischen Reizes zu erhöhen oder zu erhalten.

Dieser Befund wird nicht mehr angetroffen, nachdem der Katarrh
aus dem acuten in das chronische Stadium getreten ist. Dann ist
der Ausfluss stets dünnflüssig, es sei denn, dass zugleich eine Cervicitis
besteht und ihm grössere Quantitäten des mit letzterm verbundenen
eiweissartigen Schleimes beigemischt werden. Uebrigens kann der
chronische Katarrh unter dem Einflusse schädlicher Momente zu jeder
Zeit wiederum den acuten Charakter annehmen.

Die abfliessenden Schleimmassen sind im acuten Stadium, nach
Hennig[1]), hauptsächlich moleculares Eiweiss, welches sich auf Zusatz
von verdünnter Essigsäure stark weiss trübt und zahlreiche glatte Zellen von geringem Längs- und Breitendurchmesser hervortreten lässt,
deren jede einen ovalen oder elliptischen grossen Kern mit je einem

---

[1]) Der Katarrh der inneren weiblichen Geschlechtstheile.   Leipzig 1870.
S. 76.

Kernkörperchen besitzt; im chronischen Stadium hingegen werden die Epithelien in zusammenhängenden Fetzen ausgestossen, der Ausfluss gewinnt ein emulsionartiges Aussehen und enthält Fettkugeln nebst Eiter.

In manchen Fällen chronischen Vaginalkatarrhs löst sich der Epithelbelag der Scheidenschleimhaut in grossen zusammenhängenden Fetzen oder ganz und gar so ab, dass er in gleicher Weise einen Abdruck der Vagina bildet — **Vaginitis exfoliativa** —, wie die als *Decidua menstrualis* ausgestossene Uterinschleimhaut einen Abdruck der Gebärmutterhöhle — **Endometritis exfoliativa** — darstellt. In solchen Fällen ist Vorsicht nötbig um feststellen zu können, von welcher Localität die ausgestossene Membran herstammt, umsomehr als das Mikroskop, wie später noch gezeigt werden soll, nicht in allen Fällen im Stande ist, diese Frage zu entscheiden [1]).

Am intensivsten tritt der durch Tripperansteckung erzeugte Vaginalkatarrh auf. Hier machen sich sämmtliche Symptome in einer äusserst acuten Weise geltend, die Entzündung ist nicht nur heftig, sondern auch schmerzhaft, der Ausfluss wird sehr bald copiös und enthält viel Eiter, sodann werden die Nachbarorgane rasch in Mitleidenschaft gezogen, der Process steigt einerseits in den Uterus hinauf und ergreift schon in kurzer Zeit auch die Tuben, andererseits zieht er die Urethra, ja selbst die Harnblase in sein Bereich und giebt auch hier zu sehr schmerzhaften Symptomen Anlass.

Im weitern Verlaufe der Vaginitis kann es zu ergiebigen Geschwürsbildungen und zur Production jener Auswüchse kommen, welche als Condylome bekannt sind. Verlässt der entzündliche Process die Schleimhaut und dringt in die Tiefe, dann kann er nicht nur die die Vaginalwände zusammensetzenden Schichten in Mitleidenschaft ziehen, sondern auch in die Gewebe eingreifen, welche das Vaginalrohr umgeben, somit perivaginale Entzündungen hervorrufen und zur Bildung ausgedehnter Abscesse führen.

Die diphtheritischen und gangränösen Processe der Vagina kommen verhältnissmässig selten vor und haben für unser Thema ein geringeres Interesse als die Folgen, welche sie zurücklassen und in beträchtlichen Narbenbildungen, Atresien u. s. w. bestehen.

---

[1]) Siehe Farre: On the nature of various substances formed in or discharges from the uterus and vagina. Beale's Archives of Medicine. London 1858. Nr. II, p. 71 und Beigel: Zur Pathologie der Dysmenorrhoea membranacea. Archiv für Gynäkologie. Bd. IX, Heft 1.

Hingegen verdient hier noch die von Hildebrandt[1] beschriebene Entzündungsform der Scheide erwähnt zu werden, welche er **Vaginitis ulcerosa adhaesiva** genannt hat. Dieselbe hat im obern Scheidenabschnitte ihren Sitz, welcher seines Epithels verlustig geht, wodurch eine Verwachsung seiner Wände mit der Vaginalportion zu Stande kommt, so dass das Scheidengewölbe ganz und gar schwindet und die Muttermundsöffnung in dem obern Theile der trichterförmig endenden Scheide fühlbar ist.

Diese Entzündungsform soll jedoch vorwiegend bei Frauen vorkommen, welche das zeugungsfähige Alter überschritten und Neigung zu Leberkrankheiten und Arthritis haben. Scanzoni[2] will diese Krankheit weniger den katarrhalischen als den croupösen und diphtheritischen Processen zugezählt wissen. Wir selber hatten nur zweimal Gelegenheit, diese ulceröse adhäsive Vaginitis zu beobachten; beide Patientinnen standen im zeugungsfähigen Alter, denn die eine war 30, die andere 28 Jahre alt. Bei der erstern war der Zustand Folge puerperaler Entzündungen, bei der andern einer gonorrhoischen Ansteckung.

3. Neubildungen.

a. **Fibrome.** — Das Vorkommen reiner Vaginaltumoren, d. h. solcher, welche nicht intraparietal wachsen, ist selten; ganz besonders gilt dies von den Fibromen, welche hier überhaupt nur einen geringen Umfang erreichen. Der grösste derartige Tumor, welcher bisher beschrieben wurde, dürfte der von Scanzoni[3] extirpirte sein, welcher die Grösse eines Hühnereies erreicht und sich bei der mikroskopischen Untersuchung als aus Bindegewebs- und Muskelfasern bestehend, überhaupt als alle Charaktere eines fibrösen Polypen an sich tragend, erwiesen hatte.

Wir hatten mehrere Male Gelegenheit, derartige Geschwülste zu extirpiren; zwei derselben hatten an der vordern Scheidenwand ihren Sitz, die eine von Haselnussgrösse wuchs im untern Drittheile, die andere kleinere, etwa von dem Umfange einer kleinen Kirsche, sass am Scheidengewölbe in der Gegend des äussern Muttermundes und bildete

---

[1] Monatsschrift für Geburtskunde. Bd. 32, S. 128.
[2] Lehrbuch der Krankheiten der weiblichen Sexualorgane. Wien 1875, S. 692.
[3] Lehrbuch der Krankheiten der weiblichen Sexualorgane. Wien 1875, S. 700.

die Quelle häufiger Blutungen. Die Extirpation bot keinerlei Schwierigkeiten und die mikroskopische Untersuchung wies nach, dass beide Geschwülste fast ausschliesslich aus Bindegewebe bestanden.

Soweit es gestattet ist, aus dem geringen in der Literatur bekannten Materiale einen Schluss zu ziehen, scheint es, dass die Entwicklung der Scheidenfibrome nur langsam von Statten geht und mit keinerlei schmerzhaften Symptomen verbunden ist. In der Regel kennen die Patientinnen die Existenz der Tumoren gar nicht und ihre Entdeckung geschieht erst bei der Untersuchung, wenn sie bei der Cohabitation Blutungen veranlassen oder der Conception hinderlich werden.

Wenngleich derartige Geschwülste schon bei Mädchen von 8 bis 15 Jahren angetroffen worden sind[1]), möchten wir dennoch die Richtigkeit der Annahme jener Autoren bezweifeln, welcher gemäss die Entwicklung der Tumoren den mechanischen Reizen der Masturbation folgen soll. Ebensowenig sind wir im Stande, dem Ausspruche Kiwisch's[2]) zuzustimmen, dass die meisten fibrösen Geschwülste der Scheide ursprünglich von der Gebärmutter ausgegangen sind und sich erst nachträglich in die Vaginalwand ausgebreitet haben. Wenigstens vermögen wir in den von uns beobachteten Fällen auf das Bestimmteste zu behaupten, dass Geschwülste im Uterus, soweit diese durch eine genaue objective Untersuchung nachgewiesen werden können, nicht vorhanden waren.

b. **Fibromyome** kommen nicht nur weit häufiger, sondern auch in den verschiedenen Grössen, bis zum Umfange eines Kindeskopfes, zur Beobachtung. Allerdings wird die Diagnose bezüglich der mikroskopischen Structur nicht immer mit der wünschenswerthen Genauigkeit gestellt, und Virchow[3]) hat gewiss recht, wenn er behauptet, dass sich aus der Literatur leider selten mit Sicherheit erkennen lässt, ob ein wahres Myom oder Fibromyom vorlag oder nur ein Fibrom und dass dies sowohl für gewisse grössere Vaginal-Polypen als auch für intraparietale Geschwülste Geltung hat.

Die Entwicklung dieser Tumoren geht von der Muskelschicht der Vaginalwand aus; erst nach und nach wachsen sie in die Vagina hinein, erheben sich über deren Schleimhautfläche und gewinnen eine Grösse, welche nicht nur die Conception hindern, sondern, wenn

[1]) Safford Lee. On Tumors of the Uterus and its appendages. London 1847, p. 245.
[2]) Klinische Vorträge. Prag 1852. II. Abtheilung, S. 558.
[3]) Die krankhaften Geschwülste. Berlin 1867. III. Bd., I. Hälfte, S. 220.

eine solche erfolgt, zu einem bedeutenden Geburtshindernisse werden können.

Die Entwicklung kann aber auch nach der entgegengesetzten Richtung hin oder nach beiden Richtungen zugleich erfolgen, so dass neben der Ausfüllung der Vagina noch Functionsstörungen der verschiedensten Art aufzutreten vermögen.

Die von Gressler[1]), Dupuytren[2]), Dupultron[3]), Mc. Clintock[4]), Curling[5]), Demarquay[6]), Barnes[7]), Jacobs[8]) und Anderen entfernten und beschriebenen Fälle zeigen, dass der Umfang der hier in Rede stehenden Geschwülste e n o r m sein kann, dass sie sowohl gestielt als ungestielt vorkommen und ihren Ausgangspunkt in den verschiedensten Regionen der Scheide zu nehmen vermögen.

Wird bei der Untersuchung einer Patientin eine Geschwulst in deren Scheide angetroffen, so muss man sich davor hüten, diese ohne Weiteres für einen Vaginaltumor zu halten, d. h. für einen solchen, welcher nicht nur in der Vagina befindlich ist, sondern auch von ihr ausgeht. Es ist bekannt, dass sich umfangreiche, langgestielte Polypen in der Uterushöhle bilden, den Cervix erweitern, den Muttermund, wie während einer Geburt, eröffnen und durch denselben in die Vagina eintreten können. Dieser Vorgang ist in der That als „Geburt der Polypen" bezeichnet worden. Letzterer kann sich sogar vom Stiele trennen und ohne weitere Verbindung in der Scheide verharren, um schliesslich entweder spontan oder durch Kunsthülfe, selbst durch Anwendung der Geburtszange, nach aussen befördert zu werden.

Dasselbe Schicksal können grössere Geschwülste erfahren, deren Entwicklung vom Cervix, der einen oder andern Muttermundslippe ausgeht, ohne dass sie darauf Anspruch hätten, für Vaginaltumoren gehalten zu werden.

c. **Cysten der Vagina** — kommen verhältnissmässig selten vor. Als man sich die Vagina noch mit Schleimfollikel ausgerüstet dachte, lag die Annahme einer Verstopfung deren Ausgänge und

---

[1]) Preussische Vereinszeitung 1873, Nr. 33.
[2]) Bulletin de la Faculté de Médécine de Paris 1820.
[3]) Safford Lee, a. a. O. p. 246.
[4]) Clinical Memoirs on the diseases of Women. Dublin 1863, p. 196.
[5]) Transactions of the Pathological Society of London. Vol. I, p. 301.
[6]) Parmentier Bullet. de la Soc. anat. 1860, p. 245.
[7]) Obstetr. Transactions. Vol. XIV, p. 309.
[8]) Klebs, a. a. O. S. 961.

Cystenbildung als Folge derselben ziemlich nahe [1]). Nachdem festgestellt worden, dass sich Schleimdrüsen in der Mucosa der Scheide
nicht vorfinden, musste man sich nach einer andern Erklärung um-
sehen. Rokitansky [2]) hatte früher bereits gelehrt, dass die Cysten
der Scheide als Neubildungen in der Faserhaut derselben und in dem
anstossenden Bindegewebe anzusehen seien. Virchow [3]) hingegen lässt
sie aus Drüsen hervorgehen. Winkel [4]), welcher dem Gegenstande
grosse Aufmerksamkeit geschenkt hat, lässt sie durch Verklebung der
Wandungen von Schleimbuchten oder papillärer Gebilde entstehen,
welche Annahme sich jedoch, wie Klebs [5]) behauptet, anatomisch nicht
bestätigt hat.

Neuerdings hat es Dr. v. Preuschen [6]) unternommen, die Aetiologie der Vaginalcysten auf Grundlage des überwundenen Standpunktes
des Vorkommens von Drüsen in der Scheide wieder aufzubauen, hat
jedoch mit seiner Theorie nicht durchdringen können. Es ist, wie
Klebs richtig bemerkt, nicht schwer, sich durch die chemische
Reaction von der Abwesenheit des Schleimgehaltes in den Flüssigkeiten der Vaginalcysten zu überzeugen, welche durch Essigsäure im
Ueberschuss aufgehellt werden, wodurch somit auch von dieser Seite
jede Berechtigung wegfällt, etwa an disseminirte, nur spärlich hier
und da vorkommende Schleimdrüsen zu denken.

Bezüglich der Localität, welche die Vaginalcysten gern zu ihrem
Standorte wählen, scheinen die Autoren darin übereinzustimmen, dass
es vorzüglich die hintere Wand sei; das gilt auch von den Anhäufungen
mehrerer kleiner Cysten, welche Winkel als Colpohyperplasia
cystica beschrieben hat. Dieselbe tritt am hintern Scheidengewölbe
um das *Ostium uteri externum* auf und nimmt nach unten zu ab.
Kiwisch [7]) fand in einer Leiche fünf kleine zarte Cysten unter der
Schleimhaut der Vagina, von denen die kleinste die Grösse einer Erbse,
die grösste die einer Kirsche hatte, während in den von Charrière [8])

---

[1]) Hemming. Edinburgh medical and surgical Journal. Januar 1831 und
Safford Lee, a. a. O. p. 247.

[2]) Lehrbuch der patholog. Anatomie. Wien 1861. Bd. III, S. 518.

[3]) Die krankhaften Geschwülste. Bd. I, S. 247.

[4]) Ueber die Cysten der Scheide, insbesondere einer bei Schwangeren vorkommenden *Colpohyperplasia cystica*. Archiv für Gynäkologie 1867, p. 544.

[5]) A. a. O. S. 965.

[6]) Die Cysten der Vagina. Centralblatt 1874, Nr. 40.

[7]) Klinische Vorträge. Prag 1852. II. Abthl., S. 562.

[8]) Schmidt's Jahrbücher. Bd. C., p. 307.

beobachteten fünf Fällen in einigen die Cysten Hühnereigrösse gewonnen hatten. Den grössten Umfang dürfte die von Hall Davis[1] beschriebene Cyste gehabt haben; sie hatte die Grösse einer mässigen Birne, war von langer, polypenartiger Gestalt, sass am *Septum vesicovaginale* und hatte neun Jahre gebraucht, um sich zu dem Umfange zu entwickeln, wie ihn Davis bei der Untersuchung vorfand. Nicht nur die Cyste, sondern auch der dicke Stiel, woran sie hing, war mit Flüssigkeit gefüllt.

Die meisten dieser Cysten entwickeln sich im submucösen Bindegewebe der Vagina und stellen einen bald mit heller, bald mit limpider Flüssigkeit gefüllten Sack dar, dessen Wände sehr dick sein und, gleich anderen Cysten, zu Recidiven Veranlassung geben können, wenn ihre Extirpation nicht in radicaler Weise geschieht, weshalb schon Dieffenbach widerrathen hat, Theile des Cystensackes zurückzulassen.

Sie können sehr bald nach dem Beginne der Entwicklung aufhören sich zu vergrössern, lange stabil bleiben und die Vaginalschleimhaut so wenig verändern, dass sie nur durch diese hindurch als elastische oder feste Körper hindurchgefühlt zu werden vermögen. Das Auswachsen nach Art der Polypen, mit einem Stiele versehen, kommt selten vor.

Diejenigen Cysten, welche entweder von der Schleimhaut der Vagina aus wachsen oder in tieferen Gewebsschichten entstehen, die Schleimhaut aber sehr bald und rasch vor sich herdrängen, sind in der Regel dünnwandig und erscheinen so transparent, dass sie schon auf einen sanften Druck zu bersten drohen. Das Gewebe hat jedoch eine derbere Beschaffenheit als es scheint, welche es befähigt, selbst dem Durchtritte eines Kindeskopfes durch die Scheide zu widerstehen, ohne zu bersten.

Ueber die Aetiologie der Vaginalcysten ist Nichts bekannt. Manche Autoren wollen einen Zusammenhang der multiplen Cysten mit der Schwangerschaft bemerkt haben. Doch liegen auch hierüber noch keine hinlänglichen Beobachtungen vor. Es verdient bemerkt zu werden, dass in manchen der beschriebenen multiplen Cysten der Inhalt nicht nur aus einer Flüssigkeit, sondern auch aus Gas bestanden hat, welches beim Anstechen entwichen ist und das Collabiren der Wände veranlasste. In einem Falle wurde das Gas sogar über Wasser aufgefangen und von Prof. Lerch untersucht; die Zusammensetzung ergab sich der der atmosphärischen Luft gleich.

---

[1] Transactions of the obstetrical Society of London. Vol. IX, p. 32.

d. **Krebs der Scheide.** — Eine reichhaltige Untersuchung erkrankter weiblicher Generationsorgane hat uns zu der Ueberzeugung geführt, dass der Uterus die Häufigkeit, mit welcher er vom Krebse befallen wird, seinem reichen Gehalte drüsiger Elemente zu verdanken hat, und dass die Seltenheit, mit welcher die Scheide dieser Krankheit ausgesetzt ist, mit deren Mangel an Drüsen im unmittelbaren Zusammenhange steht.

Die umfangreichste Statistik verdanken wir Eppinger[1]); die Zahl der im Prager pathologisch-anatomischen Institute vom 1. Januar 1868 bis Ende Juni 1871 zur Obduction gekommenen Leichen betrug 3149; darunter befanden sich 308 Fälle von Krebs, und zwar 106 Männer und 202 Weiber. Im Ganzen war die Vagina 38 Male befallen, primär aber nur dreimal. Damit stimmt die Erfahrung von Rokitansky[2]), Foerster[3]), Kiwisch[4]) u. A., sowie unsere eigene überein; nur West hält die Seltenheit des Vorkommens des primären Scheidenkrebses für übertrieben, ohne diesen Ausspruch jedoch durch statistische Thatsachen zu begründen. Es muss daher angenommen werden, dass sich der Vaginalkrebs in der Praxis von West zufällig häufiger präsentirt hat, denn ein so vielbeschäftigter Gynäkologe wie Mc. Clintock[5]) gesteht, keinen ausgesprochenen Fall primären Scheidenkrebses beobachtet zu haben. Ein unzweifelhafter Fall, welcher zu unserer Beobachtung und genauen Untersuchung bei einer 39 Jahre alten Köchin gelangt ist, befindet sich in unserm Werke über Frauenkrankheiten[6]) ausführlich beschrieben und abgebildet. Derselbe gewinnt noch dadurch ein besonderes Interesse, dass die Vaginalportion, welche bis zur Zeit, in welcher die Patientin in unsere Behandlung gelangte, im beständigen Contacte mit dem Krebsgeschwüre lag, dennoch bis zum Tode der Patientin intact verblieben war.

Hat der carcinomatöse Process einmal seinen Anfang genommen, dann geht die Entwicklung in derselben Weise vor sich, wie es bei anderen Körperorganen der Fall zu sein pflegt. Es bilden sich Geschwüre mit infiltrirten Rändern aus, in deren Umgegend bereits weithin zahlreiche Krebselemente aufzufinden sind, welche die Gewebe sowohl der

[1]) Sectionsergebnisse an der Prager pathologisch-anatomischen Anstalt vom 1. Januar 1868 bis zum letzten Juni 1871. Prager Vierteljahrsschrift 1872. 49. Jahrg., S. 1.
[2]) Lehrbuch der pathologischen Anatomie, S. 519.
[3]) Handbuch der speciellen pathologischen Anatomie. Leipzig 1863, S. 459.
[4]) Klinische Vorträge. Prag 1852. 2. Abtheilung, S. 567.
[5]) Clinical Memoirs on diseases of Women. Dublin 1863.
[6]) Beigel, Krankheiten des weiblichen Geschlechts. Bd. II. S. 601.

Breite als Tiefe nach rasch zerstören, d. h. zu neuen Verschwürungen und zu Perforationen führen, welche dem Leben ein Ende machen können. Ob das primäre Geschwür, wie Klebs behauptet, gewöhnlich blumenkohl- oder doldenähnliche, an der Oberfläche feiner oder gröber gelappte, halbkugelige, auf breiter Basis aufsitzende Geschwülste bildet, welche es später durch centrale Ulceration in ein *Ulcus elevatum* umgestalten, lässt sich bei der Spärlichkeit des beobachteten Materials nicht entscheiden.

Ist das primäre Carcinom der Scheide an und für sich schon selten, so sind es jene Fälle, wie die von Roulston[1]) beobachteten, ganz besonders, in welchen es sich um eine carcinomatöse Infiltration der ganzen Scheide, also um ein diffuses Carcinom, bei einer Schwangern gehandelt hat.

Der secundäre Krebs der Scheide, welcher sich entweder vom Uterus oder der Vulva auf die Vagina fortsetzt, ist im Gegensatze zum primären leider ein viel zu häufiger Gast und trägt nur dazu bei, die Zerstörungen im Bereiche des Genitalapparates auf die von ihm befallenen Abschnitte fortzusetzen, die Existenz der armen Patientin unerträglicher zu machen und die Lebensgefahr zu erhöhen. Seine Entwicklung und sein Verlauf bieten nichts Besonderes dar.

e. **Lageveränderungen.** — Die Scheide befindet sich in einem üppigen Bette von Gefässen und Bindegeweben und erhält durch diese anatomische Anordnung eine hinlängliche Festigkeit, um sich in ihrer Lage zu erhalten. Nur pathologische Verhältnisse sind im Stande, sie aus derselben zu verdrängen. Namentlich sind es vaginale oder perivaginale Entzündungsvorgänge, welche das bewirken können, und in einem noch höhern Grade ein langandauernder Druck von oben oder von den Seiten her, sowie ein von unten her ausgeübter Zug.

Zu den Veranlassungen der erstern Art gehören die chronischen Katarrhe mit Betheiligung der perivaginalen Gewebe, eben so häufig stattgehabte, namentlich schwere Geburten. Unter den Veranlassungen letzterer Art spielen chronische Metritis mit bedeutender Vergrösserung des Uterus, wodurch dieser auf seine Unterlage, d. h. die Scheide drückt, eine Hauptrolle. In derselben Weise bewirken Geschwülste der Gebärmutter oder in der Umgebung derselben Lageveränderungen, namentlich Prolapsus und Inversion des Uterus, Tumoren des Rectums und der Blase; dieselbe Wirkung können aber auch die Abdominal-Eingeweide auf die nicht mehr intacten Scheidewände der Vagina haben.

[1]) Schmidt's Jahrbücher. Bd. 93, S. 70.

Da nun die hintere Vaginalwand merklich länger als die vordere ist, kann bei vorhandener Veranlassung die Lockerung des obern Abschnittes der hintern Wand der Scheide schon um eine solche Strecke ohne Betheiligung der vordern stattgefunden haben, als sie diese an Länge übertrifft, ohne dass äusserlich ein *Prolapsus vaginae* sichtbar wäre. Dennoch hat dieser bereits begonnen, nur betrifft er eben noch den obern Abschnitt der hintern Vaginalwand.

Fährt das veranlassende Moment zu wirken fort, dann werden beide Wände von der Lockerung betroffen; die vordere aber wird, wiederum ihrer geringern Länge und gradern Richtung wegen, zuerst nach aussen treten und die hintere veranlassen, ihr zu folgen. Wie weit sich der Prolapsus vaginae ausbildet, hängt von der Art und Weise, sowie von der Intensität der ihn veranlassenden Gewalt ab. Hieraus geht zugleich hervor, dass von einem Vorfall der Gebärmutter bei intacter Vagina gar nicht die Rede sein kann. Der Vorfall der Scheide bildet vielmehr den vorbereitenden Act für denjenigen des Uterus. Ohne diese Vorbereitung könnte es höchstens zu einer Senkung des Uterus um etwa so viel kommen, als die Wölbung des Fornix vaginae nebst Dehnung der das Gewölbe bildenden Gewebe beträgt.

Umgekehrt aber kann sich ein Prolapsus der Scheide nicht ausbilden, ohne den Uterus nach sich zu ziehen, ihn also entweder zu senken oder gleichfalls zum Prolapsus zu zwingen oder aber, wenn er zu folgen nicht vermag, eine Verlängerung desselben zu bewirken. Diese Verlängerung betrifft in der Regel den untern Abschnitt der Gebärmutter, d. h. den Cervix. Grössere Geschwülste, welche sich an der Vaginalportion entwickeln, thun das gewöhnlich. Aber auch Hernien, welche sich durch das hintere Scheidengewölbe in die Scheide hineindrängen, — **Enterocele vaginalis** — vermögen dies zu bewirken. In unserer Sammlung befindet sich ein derartiges Präparat, an welchem der untere Gebärmutterabschnitt durch eine über faustgrosse Hernie um das dreifache seines normalen Maasses verlängert worden ist.

Die complete Ausbildung eines Scheidenvorfalles kann unmöglich statthaben, ohne Blase und Rectum mit nach aussen zu ziehen. Es bilden sich die bekannten D i v e r t i k e l, welche so weit gehen können, dass sich die ganze Blase oder das ganze Rectum in der ausgestülpten Scheide befinden, dass wir es also noch mit einer *Cystocele* oder *Rectocele vaginalis* zu thun haben.

Die Vaginalschleimhaut befindet sich im Falle eines Prolapsus unter ganz anderen Verhältnissen, als sie sich früher, d. h. unter normalen Verhältnissen, befunden hatte. In beständiger Berührung mit

der atmosphärischen Luft wird sie ganz trocken, bedeckt sich mit
mächtigen Epithellagen, die in grossen Fetzen abgestossen werden;
die Wände werden verdickt und entzündet, und es bilden sich, wenn
nicht die grösste Reinlichkeit beobachtet wird, Geschwüre, welche sich
unter Begünstigung der durch die Kleider stattfindenden Reibung vergrössern, stark eitern und die Existenz der Patientin um so unangenehmer gestalten, als die an und für sich schon bestehende Bein-
trächtigung der Locomobilität durch Excoriationen in der Scham- und
Schenkelgegend noch wesentlich erhöht wird. Dass der Zustand den
geschlechtlichen Verkehr erschwert oder gänzlich aufzuheben vermag,
braucht kaum noch besonders hervorgehoben zu werden.

f. **Verletzungen der Scheide.** — Die anatomischen Verhältnisse, welche zwischen dem untern Blasenabschnitte, einschliesslich der
Urethra und der Scheide obwalten, sind derart, dass eine gemein-
schaftliche Wand besteht, deren Durchbrechung eine Communication
zwischen Vagina und Blase, resp. Urethra, herstellt.

Eine ähnliche Anordnung besteht zwischen Scheide und Rectum,
woselbst die Wand durch das *Septum recto-vaginale* gebildet wird,
durch deren Durchbrechung eine Communication zwischen Scheide und
Mastdarm geschaffen wird.

Je nach den Stellen und den Organen, welche von einem derartigen Durchbruch betroffen werden, erhalten die dadurch entstehen-
den Communicationen oder Fisteln ihren Namen. Wir haben die
hauptsächlichsten dieser Fisteln schematisch in einen Beckendurch-
schnitt eingetragen und so die Fig. 29 erhalten. Der Durchbruch, welcher eine Communication zwischen Blase und Gebärmutter schafft,
heisst Blasenmutterfistel, *Fistula vesico-uterina*, (1 in Fig. 29).
Die Communication zwischen Blase und Scheide (2 in Fig. 29) wird
Blasenscheidenfistel, *Fistula vesico-vaginalis* genannt. Findet der Durchbruch zwischen Urethra und Scheide statt (3 in Fig. 29),
dann führt er den Namen Harnröhrenscheidenfistel, *Fistula
Urethro-vaginalis*.

Mit der Bezeichnung Mastdarm-Scheidenfistel, *Fistula
recto-vaginalis*, wird der Durchbruch zwischen Blase und Rectum
(4 in Fig. 29) belegt. Findet die Trennung des Zusammenhanges in
einer solchen Weise statt, dass sowohl das *Septum recto-vaginale* als das
Septum vesico-vaginale durchbrochen wird, dass somit eine freie Communication zwischen Rectum durch die Vagina in die Blase hergestellt
ist (5 und 6 in Fig. 29), dann erhält dieselbe die Bezeichnung des Mastdarm-Blasen-Scheidenfistel, *Fistula recto-vesico-vaginalis*.

Die Folgen einer derartigen Verletzung sind leicht ersichtlich. Es wird der Harn auf directem Wege oder durch den Uterus in die Scheide gelangen und sich, wenn es sich um eine Mastdarm-Blasen-Scheiden-

Fig. 29.

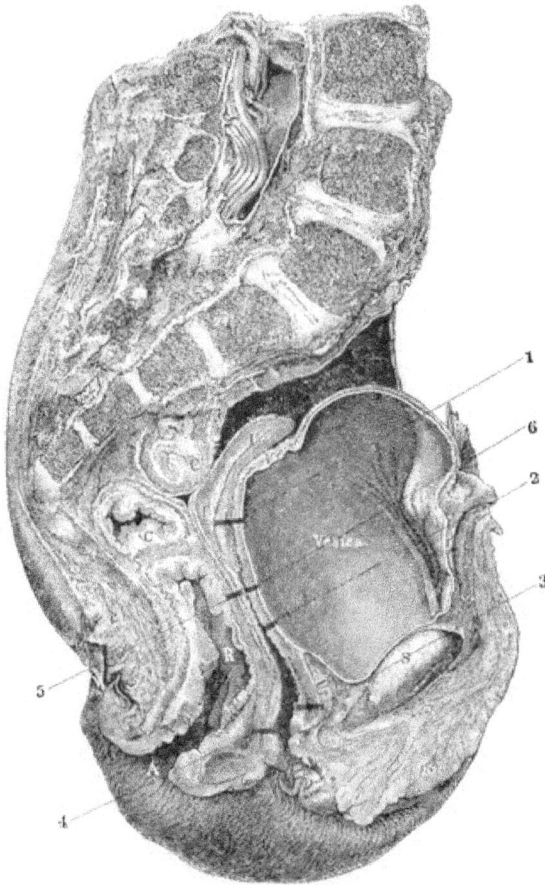

Die hauptsächlichsten Blasenscheiden- und Mastdarmscheiden-Fisteln schematisch eingetragen.
1 Blasen-Gebärmutter-Scheidenfistel.   2 Blasenscheidenfistel.   3 Harnröhren-Scheidenfistel.
4 Mastdarm-Scheidenfistel.   5 und 6 Mastdarm-Blasen-Scheidenfistel.
(Sonstige Bezeichnungen wie in Fig. 24.)

fistel handelt, noch mit den aus dem Rectum in die Scheide gelangenden Fäcalmassen mischen, sich zersetzen, beim Abflusse nach aussen Scham- und Schenkelgegend erreichen und die Patientin in einen Zustand versetzen, welcher sie von jedem gesellschaftlichen Verkehr ausschliesst.

Die Lage einer, selbst mit einer kleinen Fistel behafteten, Patientin war in der That bis vor verhältnissmässig kurzer Zeit, da man gelernt hat, das hier in Rede stehende Uebel mit Sicherheit auf operativem Wege zu beseitigen, eine trostlose.

Die Veranlassungen für die Scheidenfisteln können mannigfacher Art sein. Zunächst kann die Verletzung eine rein traumatische sein und in Folge ungeschickter Handhabung von Instrumenten bei der Untersuchung oder bei Operationen in der Blase oder Scheide oder durch fremde Körper geschehen, welche in diese Organe eingebracht werden. Die Amputatio colli uteri, die Abtragung alter prolabirter Uteri hat nicht selten die dabei vorhandenen Divertikel der Blase nicht berücksichtigt und zur Blasenscheidenfistel oder zu Blasendefecten, mit welcher Bezeichnung grosse Zerstörungen der Blasenwand belegt werden, geführt. Dieselbe Verletzung hat gelegentlich der Ausführung von Ovariotomien, sowie bei Versuchen, eine verschlossene Scheide wegsam zu machen, stattgefunden. Dass krebsige Neubildungen mit ihren Zerstörungen auch Blase und Scheide nicht verschonen, versteht sich von selbst. Dass diese Veranlassung aber als die häufigste für die Fisteln der Scheide angesehen werden müsse, möchten wir jedoch sehr bezweifeln.

Die vornehmlichsten ätiologischen Momente sind vielmehr, nach den übereinstimmenden Erfahrungen fast aller Beobachter, in puerperalen Verhältnissen gelegen; namentlich sind es die protrahirten Geburten, in denen der Kopf die Weichtheile eine lange Zeit hindurch an die Beckenwände drückt und so zu tiefgreifenden Quetschungen, zu Entzündungen und zum Brande führt. Quetschungen, welche nur kurze Zeit währen, vermögen derartige Zerstörungen nur selten nach sich zu ziehen; daher ist den instrumentellen Eingriffen mit Unrecht die Eigenschaft zugesprochen worden, in hervorragender Weise bei der Schaffung der Scheidenfisteln thätig sein zu können. Als Beweis dafür kann die Thatsache gelten, dass unter mehreren hundert Fällen, welche Emmet im Frauenhospitale zu New-York behandelt hat, nur drei vorhanden waren, in denen die Fisteln durch Anwendung von Instrumenten entstanden waren.

Nachdem eine Fistel einmal etablirt worden ist, zieht sie Veränderungen der eingreifendsten Art in den zunächst betroffenen Theilen und in der Umgebung derselben nach sich. Durch die ununterbrochene Bespülung der Fistelränder mit Urin verbleiben dieselben in permanenter Entzündung, erhalten einen schmutzigen, diphtheritisartigen Belag, der sich in Fetzen ablöst und zu Blutungen aus der rohen Fläche

so lange Anlass giebt, bis sich ein festes, oft knorpelartiges Narbengewebe herstellt, welches die hochgradigsten Atresien der Scheide mit
Verzerrung der Form der letztern nach sich zieht. In der Umgebung
geht eine lebhafte Bindegewebswucherung vor sich, welche ihrerseits
wiederum zu einer ganzen Reihe von Degenerationen der Scheide und
der Blase führen kann. Ausser diesen Vorgängen befinden sich diejenigen Theile, welche der Wirkung des continuirlich fliessenden Harn-
stromes ausgesetzt sind, beständig in einem Zustande der Entzündung;
durch Verdampfung des Urins und Zurücklassung der festen Bestandtheile findet eine Incrustation der Scheide und auch des Uterus, wenn
er den Sitz der Fistel bildet, statt, welche die Organe in einer
Weise verändern kann, dass sie mit ihrem normalen Zustande kaum
noch eine Aehnlichkeit darbieten.

g. **Hyperästhesie der Scheide.** — Die Affection, welche wir
als Hyperästhesie der Scheide — *Hyperaesthesia vaginalis* —
beschreiben wollen, unterscheidet sich von jener, welche Marion Sims
zuerst beobachtet und mit dem Namen „Vaginismus" belegt hat.
Unter diesem Ausdrucke wollte er eine excessive Hyperästhesie des
Hymen und des Scheideneinganges verstanden wissen [1], verbunden mit
so heftigen, unwillkürlichen, spasmodischen Contractionen des *Sphincter
vaginae*, dass der Coitus nicht ausgeübt werden kann. Sims hat dieser Krankheit eine rein nervöse oder entzündliche ätiologische Grundlage gegeben und wir haben den Nachweis zu liefern versucht, dass
der Ausdruck „Vaginismus" einen Sammelnamen für eine Symptomen-
gruppe bildet, welcher die verschiedenartigsten Affectionen zu Grunde
liegen können. Dabei bleibt jedoch die von Sims ursprüngliche Thatsache unverändert, dass die Affection im Spasmus des Scheiden-Schliess-
muskels ihren Abschluss findet, dass eine weitere Betheiligung der
Scheide nicht erfolgt.

Die *Hyperaesthesia vaginalis* hingegen lässt Hymen und Scheiden-
eingang fast ganz unbetheiligt und macht sich als äusserst heftige,
hyperästhetische Schmerzempfindung innerhalb der Vagina geltend.
Die Untersuchung der äusseren Genitalien kann daher ohne Schwierig-
keiten vorgenommen werden, der untersuchende Finger passirt den
Scheideneingang leicht, ein Vorgang, welcher im Vaginismus die
Hauptschwierigkeit bildet, und erst wenn er in die höher gelegenen
Regionen der Vagina gelangt, erregt er unerträgliche Schmerzen, fühlt

[1] Dr. Marion Sims' Klinik der Gebärmutter-Chirurgie. Deutsch herausgegeben von Dr. Herm. Beigel. Dritte Auflage. Erlangen 1873, S. 263.

als wenn sich die Scheide verengere und muss schleunigst entfernt werden. Die Schmerzen dauern noch eine Zeit lang an und verschwinden endlich, können aber — und das ist ein anderes wesentliches Unterscheidungszeichen vom Vaginismus — spontan entstehen und mitunter lange, selbst bis zu einer Viertelstunde fortdauern.

Das Gefühl, als wenn sich die Scheide während der Untersuchung enger um den Finger zusammenziehe, erinnert lebhaft an Marion Sims' Vermuthung eines im obern Scheidenabschnitte vorhandenen Sphincter, welcher bisher anatomisch noch nicht nachgewiesen sei. Wir müssen jedoch bemerken, dass die Zusammenziehung in keinen der von uns beobachteten Fällen eine so energische war, dass sie im Stande gewesen wäre, das weitere Vordringen des Fingers zu hindern. Der Scheiden-Schliessmuskel schien, wie bemerkt, vollkommen unbetheiligt.

In manchen dieser Fälle weist die objective Untersuchung in der Chloroformnareose eine auffallende Schwellung des Papillarkörpers nach, welche eine circumscripte Zone betrifft, diejenige nämlich, deren Berührung die Schmerzen hervorruft. In anderen Fällen haben wir nur eine leichte, gleichfalls circumscripte Entzündung auffinden können.

Wir haben die Affection sechs Mal zu beobachten Gelegenheit gehabt; alle sechs Patientinnen waren zwar von nervösem Temperamente, haben jedoch weder an anderen ausgesprochenen Nervenkrankheiten noch an Hysterie gelitten. Von einer Cohabitation während der Dauer der Krankheit konnte selbstverständlich keine Rede sein.

IV. Der Uterus.

1. Anomalien der Entwicklung.

Die Entwicklung der Müller'schen Gänge kann in so mangelhafter Weise erfolgen, dass nur rudimentäre Andeutungen des Uterus aufgefunden werden. Je nachdem diese Rudimente grösser oder kleiner sind, vermag man ihr Wesen schon bei der Lebenden oder erst am Leichentische zu erkennen und richtig zu würdigen. In manchen Fällen existirt nur eine knötchenartige, aus Muskelgewebe bestehende Anschwellung, in anderen ein bandartiger Streifen, welche beide per Rectum gefühlt werden können, und an welche sich nach beiden Seiten hin die Ovarien anschliessen, während die Tuben gleichfalls zu fehlen scheinen.

In der Regel besteht der Mangel der Gebärmutter, *Defectus uteri*, nicht allein, sondern neben anderen Bildungsanomalien im Bereiche der Genitalsphäre. Es sind entweder auch die äusseren Geschlechtstheile verkümmert, oder die Scheide befindet sich im rudimentären Zustande oder die Mitbetheiligung betrifft auch die Ovarien. Die von Rokitansky [1]) und Kussmaul [2]) veröffentlichten Fälle thun jedoch dar, dass der Mangel des Gebärorganes bei sonst gut entwickelten Individuen vorkommen kann und aus der Beobachtung Squary's [3]) geht hervor, dass die Anomalie sogar erblich aufzutreten vermag, denn er hat den Defect bei drei Schwestern constatirt, welche im sechsundzwanzigsten, achtzehnten und sechszehnten Lebensjahre gestanden haben.

Gehen die Müller'schen Gänge aber nicht von vorn herein oder im Laufe ihrer Entwicklung einer Verkümmerung entgegen, geht ihre Entwicklung vielmehr von Statten, dann können folgende Ereignisse Platz greifen:

a. Es können sich die Gänge ihrer ganzen Länge nach selbstständig entwickeln, so dass der ganze Generationscanal von dem Scheideneingange bis zum Gebärmuttergrunde doppelt erscheint — *Uterus duplex*, in dem Sinne also, dass die Scheidenwände der Gänge nicht schwinden und jede Hälfte selbständig, aber nur mit einer Tuba und einem Ovarium auftritt, wobei es vorkommen kann und vorzukommen pflegt, dass die Ausbildung an der einen Seite der ganzen Länge nach oder theilweise eine vollkommenere als an der andern Seite ist.

b. Es kann die Entwicklung in der soeben geschilderten Weise bis über die Mutterhöhle reichen, von welcher Stelle die folgenden Uterinabschnitte in weite Bogen auseinanderweichen, um mehr oder minder ausgebildete selbständige Hörner darzustellen — *Uterus bilocularis*.

c. Es können die selbständig entwickelten Gänge bis nahe an den Fundus neben einander in gerader Richtung verlaufen, allein die Endstücke gehen als langgestreckte oder kugelig geformte Hörner auseinander, eine Form, welche als zweihörnige Gebärmutter — *Uterus bicornis* — bekannt ist. Dabei kann die Scheidenwand ganz stehen

---

[1]) Medicinische Jahrbücher des Oesterreichischen Staates. Wien 1838. Bd. 26, S. 40.
[2]) Von dem Mangel, der Verkümmerung und Verdoppelung der Gebärmutter. Würzburg 1859.
[3]) Transactions of the obstetrical Society of London. Vol. XIV, p. 212.

geblieben sein — *Uterus bicornis septus* — oder nur theilweise existiren — *Uterus bicornis subseptus.* — Fehlt das Septum im Cervix, dann besteht nur ein einziger äusserer Muttermund bei einem gedoppelten Uterus. Sonst sind auch zwei äussere Muttermunds-öffnungen vorhanden, durch welche man mittelst der Sonde in die betreffenden Uterinhöhlen dringen kann. Die Scheide kann dabei gleichfalls eine einfache oder doppelte sein, ein Umstand, dessen Fest-stellung Schwierigkeiten darzubieten vermag, weil das Septum, wenn das betreffende Individuum verheirathet ist, durch den Copulationsact zerrissen oder so beiseite gedrängt ist, dass es nur bei genauer Auf-merksamkeit und Erwägung aller obwaltenden Umstände gelingt, es aufzufinden und seine wahre Natur zu erkennen.

d. Es entwickelt sich nur **ein** Müller'scher Gang, oder die Ent-wicklung beider Gänge geht vor sich, jedoch so, dass der eine nur Rudimente zurücklässt, während der andere zur vollen Geltung kommt. Hierdurch entsteht die einhörnige Gebärmutter — *Uterus uni-cornis* —, welcher ein dexter oder dinister sein kann[1]. Ein aus-gebildeter *Uterus unicornis* vermag seine Function ganz so regelmässig und ungehindert auszuüben, als wäre er eine normal gebaute Gebär-mutter.

e. Die Entwicklung beider Müller'schen Gänge erfolgt zwar der ganzen Länge nach, jedoch so, dass entweder der ganze Generations-apparat oder nur einzelne Abschnitte desselben von geringerem als normalem Umfange sind.

Es ist übrigens sehr zweifelhaft, ob dieser Zustand auf fötale Entwicklungsvorgänge zurückgeführt werden kann. Vielmehr scheint er sich erst nach der Geburt so auszubilden, dass der Körper in nor-maler Weise wächst, der Uterus aber zurückbleibt, so dass wir bei einem erwachsenen und sonst vollkommen wohlentwickelten Weibe einen Uterus von so geringem Umfange, wie bei einem Kinde, antreffen; daher mit Recht die Bezeichnung „kindliche" Gebärmutter — *Uterus infantilis.*

Das Charakteristische des infantilen Uterus besteht demnach darin, dass seine Architektur eine vollkommen symmetrische ist, alle seine Maasse aber zu klein, seine Wandungen zu dünn sind. Das in Fig. 30 abgebildete Präparat dürfte als Typus dieser Form gelten.

---

[1] Siehe Kussmaul a. a. O. Matthews Duncan, Obstetrical Journal. Vol. I, p. 784. Klebs, Handbuch der pathologischen Anatomie. Berlin 1873, S. 761. Beigel, Archiv für Gynäkologie. Bd. XI, Heft 2.

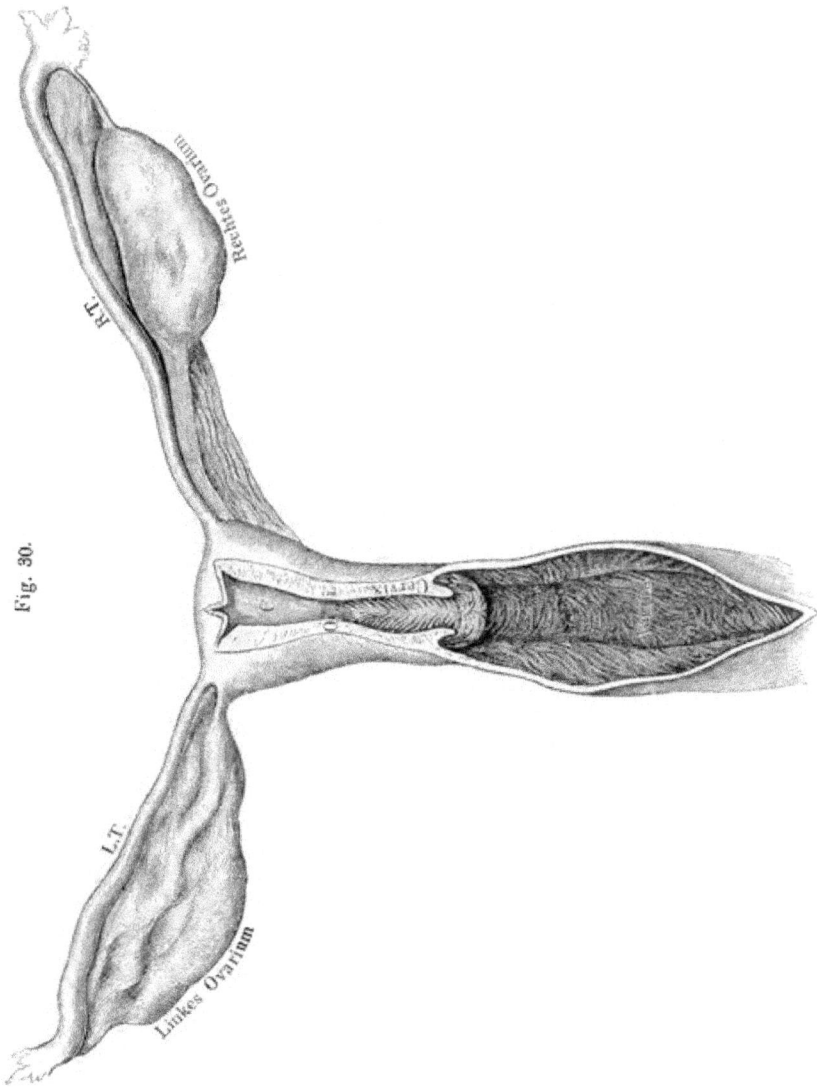

Fig. 30.

Seine Maasse verhielten sich wie folgt:

	Millimeter
1. Gesammtlänge des Uterus . . .	40
2. Länge des Körpers	14
3. „ „ Halses	19
4. Breite des Fundus	23
5. Breite der Uterinhöhle	9
6. „ des Os intern.	2
7. „ der Cervicalhöhle	6
8. „ des Os extern.	7
9. Dicke des Fundus (aussen) . . .	3
10. „ des Körpers (aussen) . . .	5
11. „ der vordern Wandung:	
a) am Fundus	2
b) „ Corpus	4
c) „ Cervix	4
12. Dicke der hintern Wandung:	) Nicht ge-
a) am Fundus	messen, um
b) „ Corpus	) das Präpa- rat zu er-
c) „ Cervix	halten
13. Dicke des Fundusdaches	3
14. Länge der vordern Lippe	3
15. Dicke „ „ „	3
16. Länge der hintern Lippe	2
17. Dicke „ „ „	$2^1/_2$
18. Capacität der Uterushöhle . . .	2—3 Tropfen
19. Rechter Eierstock:	
a) Länge	37
b) Breite	10
c) Dicke	4
20. Linker Eierstock:	
a) Länge	37
b) Breite	12
c) Dicke	6
21. Länge der rechten Tuba	74
22. „ „ linken „	86
23. Entfernung der beiden Ost. Tub. abdom.	184
24. Länge der Vagina vom Introitus bis zur Höhe d. hintern Laquear	55
25. Breite der Vagina, in der Mitte gemessen	24

Das Präparat rührt von einem zwanzigjährigen Mädchen her, welches kräftig und wohlgebildet war. Der Hymen war völlig intact, die Rugae sowohl in der Scheide als im Cervix reich verzweigt und regelmässig. Wie aus der Abbildung und den Maassverhältnissen ersichtlich ist, waren Tuben wie Ovarien von normaler Grösse, die Scheide etwas klein, jedoch nicht auffallend unter der Norm, der Uterus aber von Dimensionen, wie wir sie etwa bei einem zwölf- oder dreizehnjährigen Kinde anzutreffen pflegen.

Der hier abgebildete Fall gehört übrigens nicht zu den extremsten Fällen dieser Reihe. Bei manchen derselben ist die Vaginalportion zu einem erbsengrossen Höckerchen zusammengeschrumpft und der Uterus selbst ist viel kleiner als der hier abgebildete. Die hier in Rede stehende Beschaffenheit des Organs darf mit derjenigen nicht verwechselt werden, welche sich in Folge von Operationen an den Beckenorganen ausbilden kann und auch bei alten Frauen in Folge der retrograden Entwicklung als *Atrophia serilis* angetroffen wird. Einen interessanten Fall der ersteren Art hat Battey berichtet [1].

In einem der Fälle, in denen er nämlich die jüngst Mode gewordene, oft auf Grund falscher Voraussetzungen unternommene, Extirpation gesunder Ovarien zu therapeutischen Zwecken ausgeführt hatte, verkleinerte sich der Uterus, welcher bei der Operation die normale Grösse hatte, nach Verlauf eines Jahres so sehr, dass er nicht grösser als der eines sechsjährigen Mädchens war. Die Patientin war 32 Jahre alt und Mutter eines fünfjährigen Kindes.

Zu den Anomalien der Entwicklung gehört offenbar auch der gänzliche Mangel des Scheidentheils der Gebärmutter — Defectus portionis vaginalis uteri —, dessen in den Lehrbüchern nicht erwähnt wird. Der Uterus sitzt dem *Fornix vaginae* unmittelbar auf, und in der Mitte des letztern oder excentrisch in demselben ist eine kleine Oeffnung auffindbar, welche sich als der äussere Muttermund erweist. Die Umgebung desselben ist weder verhärtet noch sonst in irgend einer Weise verändert. Die blosse Inspection macht den Eindruck, als hätte man es mit einem Defectus uteri zu thun, allein die combinirte Exploration lässt bald die Gebärmutter wahrnehmen und veranlasst, auch den Muttermund zu entdecken, welcher in Form der beschriebenen Oeffnung, und in der in der Abbildung wiedergegebenen Weise, gefunden wird.

---

[1] Transactions of the american gynaecological Society. Boston 1877. Vol. I, p. 101.

Mit Hilfe der Sonde und der combinirten Untersuchungsmethode werden die Verhältnisse des Uterus leicht festgestellt.

In dem von uns untersuchten und in der Abbildung wiedergegebenen Präparate war der Uterus etwas grösser als normal, seine Adnexa

Fig. 31.

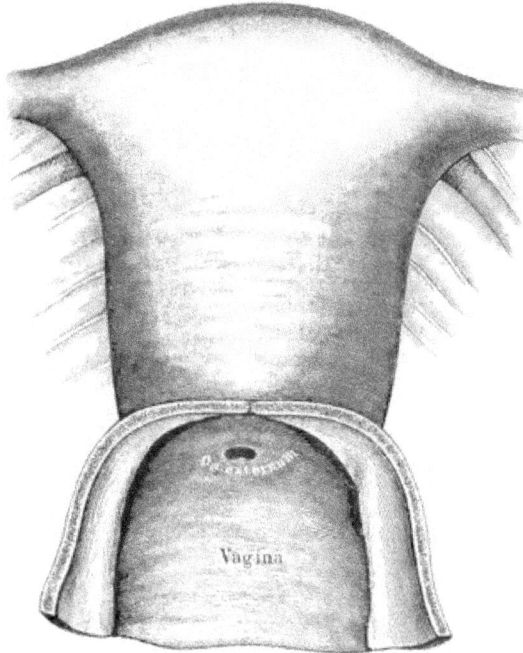

Defect der Vaginalportion.   (Natürliche Grösse.)

sowohl als die Scheide boten nichts von der Norm Abweichendes dar. Interessant war das Verhalten des Cervix, indem derselbe fast dieselben Verhältnisse darbot, wie wir sie bei vorhandener Vaginalportion antreffen; einige Linien weit blieb die Cervicalschleimhaut glatt, dann erhob sie sich zum reichentfalteten *Arbor vitae*, dann folgte die Uterinhöhle ganz in der gewöhnlichen Weise. Das *Cavum uteri* war gleichfalls von normaler Beschaffenheit, die Wände der Gebärmutter waren verdickt. Die Person, von welcher das Präparat herrührte, war 32 Jahre alt, verheirathet, aber kinderlos.

Wir hatten Gelegenheit, den *Defectus portionis vaginalis* mehrere Male an Lebenden zu beobachten, in allen Fällen waren die betreffenden Individuen steril. Die Verhältnisse schienen den hier geschilderten ganz analog. Die Gründe für die in diesen Fällen vorhandene Sterilität werden wir in dem Abschnitte über die Mechanik der Unfruchtbarkeit zu erörtern haben.

Schliesslich wollen wir noch eine Anomalie erwähnen, welche sowohl angeboren als erworben angetroffen werden kann. Es ist das die von uns als „**schürzenförmige Vaginalportion**" bezeichnete [1]) Form des Scheidentheiles. Im angeborenen Zustande dürfte sie auf excessive Bildungsvorgänge oder auf fötale Entzündungen zurückzuführen sein. Der aequirirten Form dürften stets inflammatorische Phänomene zu Grunde liegen. Das Charakteristische der hier in Rede stehenden Anomalie besteht darin, dass die vordere Muttermundslippe die hintere bei weitem, ja oft um das Mehrfache der Länge übertrifft, also schürzenförmig über das *Os externum* in die Vagina hineinhängt. Der untersuchende Finger empfängt den Eindruck eines aus dem Muttermunde in die Scheide hineinwachsenden Polypen. Die vergrösserte Lippe legt sich mit ihrer hintern Fläche der hintern Scheidewand an und hebt dadurch den von uns *Receptaculum seminis* benannten Raum auf.

Diese Anomalie ist keineswegs selten, hingegen bietet sich die Gelegenheit zur Untersuchung derselben post mortem durchaus nicht häufig dar. Wir halten es daher für zweckmässig, die Maasse des einzigen Präparates, welches zu unserer Untersuchung gelangte, und welches wir in Fig. 32 abgebildet haben, mitzutheilen:

Fig. 32.

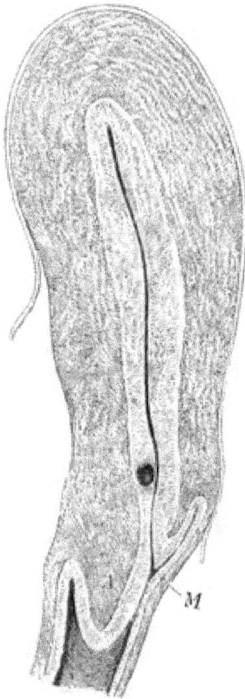

Schürzenförmige Vaginalportion. *A* Vordere, *P* Hintere Muttermundslippe. *M Receptaculum seminis* — fast ganz verschwunden. (Natürl. Grösse.)

---

[1]) Beigel, Eigenthümliche Formen der Vaginalportion. Berliner Klinische Wochenschrift 1867. S. 493.

	Mm.
1. Gesammtlänge des Uterus . . .	60
2. Länge des Körpers	24
3. „ „ Halses	40
4. Breite des Fundus	52
5. Breite der Uterinhöhle	17
6. „ des Os intern.	6
7. „ der Cervicalhöhle	8
8. „ des Os extern.	11
9. Dicke des Fundus (aussen) . . .	30
10. „ „ Körpers (aussen) . . .	35
11. „ der vordern Wandung:	
a) am Fundus	11
b) „ Corpus	15
c) „ Cervix	11
12. Dicke der hintern Wandung:	
a) am Fundus	15
b) „ Corpus	19
c) „ Cervix	14
13. Dicke des Fundusdaches	19
14. Länge der vordern Lippe	16
15. Dicke „ „ „ . . .	11
16. Länge der hintern Lippe	10
17. Dicke „ „ „ . . .	6
18. Capacität der Uterushöhle . . .	5—8 Tropfen
19. Rechter Eierstock:	
a) Länge	42
b) Breite	19
c) Dicke	9
20. Linker Eierstock:	
a) Länge	—
b) Breite	—
c) Dicke	—
21. Länge der rechten Tuba	92
22. „ „ linken „ . . .	—
23. Entfernung der beiden Ost. Tub. abdom.	—

Die Maasse des linken Eierstockes und dessen Eileiters konnte nicht angegeben werden, weil dieselben in dicke Pseudomembranen eingebettet lagen. Der Uterus erscheint vergrössert, doch ist die Vergrösserung eine unbedeutende, nur giebt die vergrösserte Muttermundslippe dem Organe ein grösseres Aussehen, als es in der That hat. Nichtsdestoweniger muss angenommen werden, dass hier einmal Entzündungsprocesse Platz gegriffen haben, und dass die Hypertrophie der vordern Muttermundslippe eine Folge davon sei. Ob dieselbe Annahme in allen denjenigen Fällen gestattet ist, welche wir bei Lebenden festzustellen Gelegenheit hatten, wagen wir nicht zu entscheiden. Hervorheben müssen wir jedoch, dass sich eine gleichzeitige Vergrösserung der Gebärmutter nur selten feststellen liess und Entzündungsvorgänge im Bereiche des Generationsapparates, soweit Aetiologie und objective Untersuchung festzustellen vermochten, ausgeschlossen werden konnten.

2. Entzündung.

Wir haben bereits früher darauf aufmerksam gemacht, dass sich die Schleimhaut des Cervix von derjenigen des Uterus wesentlich unterscheidet, da die erstere die letztere nicht nur an Mächtigkeit übertrifft, sondern der Uterindrüsen entbehrt und anstatt derselben mit Ausbuchtungen versehen ist, auf deren Boden sich grosse Papillen erheben (Fig. 10), welche, gleich den Wandungen der Ausbuchtungen, mit flimmerndem Cylinderepithel, nach Art der Uterindrüsen, ausgekleidet sind. Dieser Bau ist so charakteristisch, dass man unter dem Mikroskope keinen Moment darüber zweifelhaft sein kann, ob man es mit der Schleimhaut des Gebärmutterkörpers oder des Halses zu thun hat, ein Verhalten, welches uns berechtigt, das Aufhören der Cervical- und den Anfang der Gebärmutterhöhle, also den innern Muttermund, dort zu fixiren, wo die eine Schleimhaut aufhört und die andere beginnt. Der von uns so benannte gynäkologische Muttermund kommt bei der hier abzuhandelnden Frage nicht in Betracht und jede andere, nicht auf histologischer Basis ruhende, Fixirung des innern Muttermundes muss als unwissenschaftlich zurückgewiesen werden.

Der Unterschied zwischen den beiden Abschnitten des Uterus — Cervix und Corpus — besteht durch das ganze Leben und unter allen Verhältnissen in einer so markanten Weise, dass die von den verschieden construirten Schleimhäuten ausgekleideten Theile gewissen Processen gegenüber ein so verschiedenes Verhalten zeigen, als wären sie zwei ganz selbständige Organe. Ganz besonders ist das rücksichtlich der Entzündungsvorgänge, der Neubildungen und Lageveränderungen der Fall, so dass es uns zweckmässig erscheint, die beiden Gebärmutterabschnitte rücksichtlich dieser Processe auseinander zu halten.

A. Entzündungsprocesse des Cervix.

Es ist eigenthümlich, dass die Schleimhaut des Cervix sowohl als
die des Uterus, obwohl ihr die submucöse Unterlage mangelt, sie daher
der Muscularis unmittelbar aufliegt, selbständig erkranken kann, ohne
die letztere in Mitleidenschaft zu ziehen, und dass dieses Verhältniss
eine lange Zeit zu bestehen vermag, während Processe der eingreifendsten Art in der Schleimhaut verlaufen. Als noch eigenthümlicher muss
die Thatsache angesehen werden, dass sogar einzelne Abschnitte der
Cervicalschleimhaut pathologische Veränderungen erfahren können, ohne
die anderen Abschnitte zu afficiren. So können z. B. die *Palmae plicatae*,
ohne die unter ihnen liegende, mit Pflasterepithel belegte Parthie, erkranken und bleibende Veränderungen zur Folge haben, welche einen
bedeutenden Einfluss auf die Functionen der Gebärmutter ausüben.
Ein Fall dieser Art ist in Fig. 33 abgebildet.

Hier waren die Rugae in einer so hochgradigen Weise hypertrophirt, dass sie den Cervicalcanal vollkommen ausfüllten; ob sich in
Folge dessen Flüssigkeiten im *Cavum uteri* angesammelt und das letztere in der Weise vergrössert, wie wir es in der Abbildung sehen,
konnte nicht festgestellt werden. Sonstige Zeichen einer stattgehabten
Entzündung waren nicht vorhanden; im rechten, obern Winkel der
Uterinhöhle, unmittelbar vor der Einmündungsstelle der rechten Tuba
wuchs ein erbsengrosser Polyp (*P*), Tuben und breite Ligamente waren
durch eine Anzahl kleiner, limpider Bläschen ausgezeichnet.   Beide
Ovarien hatten das charakteristische, durch zahlreiche Narben erzeugte
Aussehen, als seien sie aus Schrotkörnern zusammengesetzt, ein Aussehen, wie es bei Greisinnen angetroffen wird.   Es muss bemerkt werden, dass das Präparat von einer einundsiebenzigjährigen Pfründnerin
herrührt, welche an Marasmus zu Grunde gegangen ist.   Das Präparat
hat, abgesehen von der enormen Erweiterung der Uterinhöhle, wegen
der sonstigen Dimensionen des Uterus und seiner Anhänge Interesse,
von denen die meisten denen im jungen, kräftigen Zustande gleichen,
nur dass die Wandungen dünner sind.   Folgendes waren die Maasse:

Fig. 33.

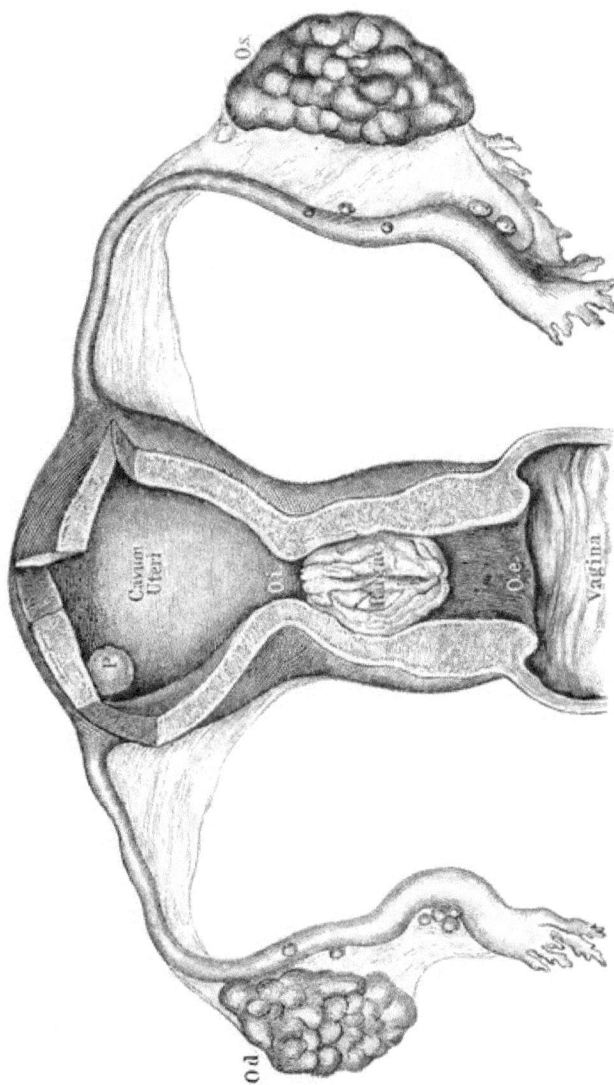

Hypertrophie der *Palmae plicatae*. *O i* Os *internum*. *O e* Os *externum*. *O d* Rechtes, *O s* Linkes Ovarium. *P* Polyp. (Natürl. Grösse.)

	Mm.
1. Gesammtlänge des Uterus	72
2. Länge des Körpers	28
3. „ „ Halses	30
4. Breite des Fundus	49
5. Breite der Uterinhöhle	32
6. „ des Os intern.	7
7. „ der Cervicalhöhle	16
8. „ des Os extern.	18
9. Dicke des Fundus (aussen)	15
10. „ des Körpers (aussen)	14
11. „ der vordern Wandung:	
a) am Fundus	7
b) „ Corpus	5
c) „ Cervix	4
12. Dicke der hintern Wandung:	
a) am Fundus	6
b) „ Corpus	6
c) „ Cervix	7
13. Dicke des Fundusdaches	8
14. Länge der vordern Lippe	3
15. Dicke „ „ „	3
16. Länge der hintern Lippe	8
17. Dicke „ „ „	6
18. Capacität der Uterushöhle	10 Grm.
19. Rechter Eierstock:	
a) Länge	28
b) Breite	16
c) Dicke	7
20. Linker Eierstock:	
a) Länge	31
b) Breite	17
c) Dicke	9
21. Länge der rechten Tuba	12½
22. „ „ linken „	11½

Die mikroskopische Untersuchung der hypertrophischen Stelle hat nichts besonders Eigenthümliches nachzuweisen vermocht. Man könnte leicht zu der Annahme verleitet werden, dass es sich bei der *Hypertrophie der Palmae plicatae* um einen Zustand handelt, welcher den senilen

Metamorphosen angehört; dieser Annahme steht jedoch die Thatsache entgegen, dass uns ganz derselbe Befund später noch zweimal und zwar bei Frauen mittlern Alters (von 28 und 30 Jahren) vorgekommen ist.

Eine andere Art der entzündlichen Schleimhauterkrankung besteht in Erweiterung der Ausbuchtungen und Anfüllung derselben mit Schleimmassen nebst Bildung von Bläschen, welche bald in grösserer, bald in geringerer Zahl auftreten. Sie sind mit dem Namen Nabothische Eier belegt und als in Folge von Verstopfung der Ausführungsgänge der Schleimbuchten entstanden aufgefasst worden. Wir haben uns von

Fig. 34.

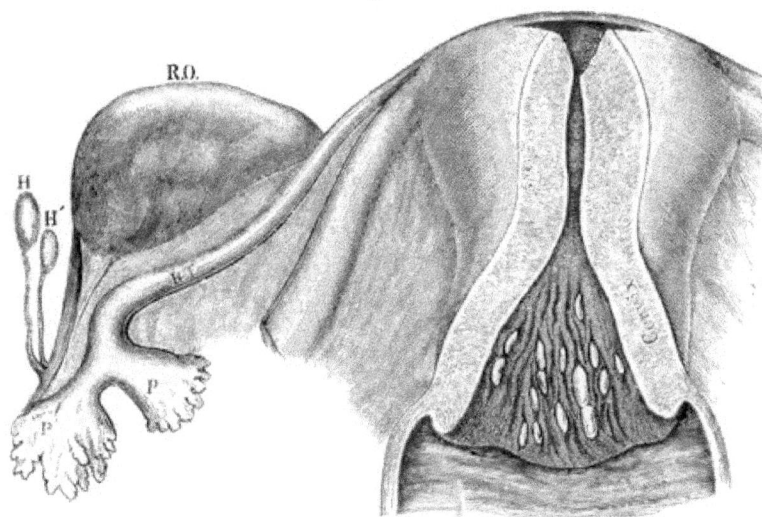

Vesiculäre Degeneration der Cervicalschleimhaut. *R O* Rechtes Ovarium. *R T* Rechte Tuba. *H H* Morgagnische Hydatiden. *Iᵖ* Tubenöffnung. *Iᵖ* Accessorische Tubenöffnung. (Natürliche Grösse.)

der Richtigkeit dieser Annahme nicht überzeugen können. Wir halten die Bläschen vielmehr für kleine Retentionscystchen, welche sich auch unabhängig von den Ausführungsgängen bilden. Legt man ein mit diesen Cystchen versehenes Schleimhautstück unter das Mikroskop, dann sieht man die Bläschen sogar nur selten mit einem Ausführungsgange in Verbindung. In der Regel findet ihre Bildung in der Schleimhaut und zwar in den tieferen Schichten der letztern, statt, wenn sie katarrhalisch afficirt, geschwellt oder gelockert erscheint. Wir haben sie übrigens auch in der Muskelschicht des Cervix, mit und ohne gleichzeitige Affection der Schleimhaut, angetroffen, wo sie zwar geringer an Zahl, jedoch bedeutender rücksichtlich ihrer Ausdehnung zu sein pflegen.

Die mit diesem Zustande einhergehende Schleimproduction ist enorm. Der Schleim fliesst entweder direct aus den Ausführungsgängen oder aus den geplatzten Bläschen ab und da mehr erzeugt wird, als durch die Ausführungsgänge abfliessen kann, ist die Erweiterung der Buchten sehr gross. Diese gehen übrigens ihres Epithels nicht verlustig und bieten, da der geronnene Schleim ein facettirtes Aussehen hat, die Form der jetzt im Handel so häufig vorkommenden,

Fig. 35.

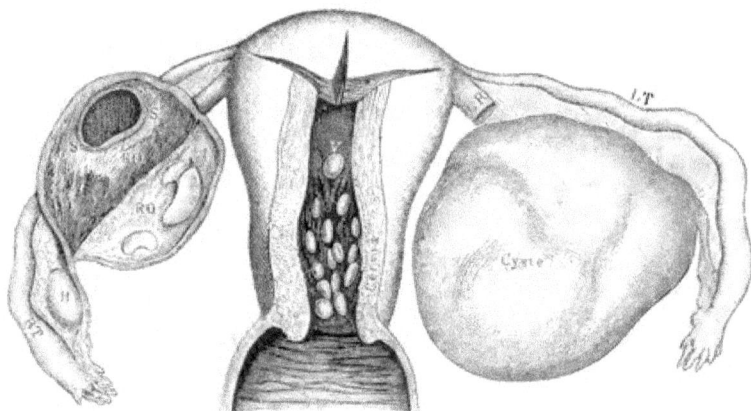

Vesiculäre Degeneration der Cervicalschleimhaut. *LT* Linke Tuba. *RT* Rechte Tuba. *H* eine grössere, ungestielte Blase. *LR* Linkes rundes Mutterband. *RO* Rechtes Ovarium. *SS* Eine kleine Cyste im Ovarium. Das linke Ovarium ist in eine einzige Cyste umgewandelt. (Natürliche Grösse.)

sogenannten indischen, aus Palmblätter angefertigten Fächer dar. In dem Schleime befinden sich zahlreiche, mit Stacheln versehene Riesenzellen; Klebs nennt sie amöboide Zellen[1]), wir glauben sie für mit langen, allerdings durch amöboide Bewegungen entstandene, Fortsätzen versehene Riesenzellen halten zu müssen, welche mit je vier, sechs bis acht grossen Kernkörpern versehen sind.

Es ist nicht uninteressant darauf hinzuweisen, dass der hier geschilderte Zustand schon bei neugeborenen Kindern beobachtet werden kann, nur dass es bei ihnen nicht zur Bläschenbildung kommt

---

[1]) A. a. O. S. 857.

und die von Schleim erfüllten und durch denselben mächtig erweiterten Buchten sehr bald ihres Epithelbelages verlustig gehen, so dass die nackten papillösen Fortsätze stachelförmig in die Schleimmassen hineinragen.

Soweit der Vorgang bisher geschildert worden ist, handelt es sich um eine Bildung von Bläschen, welche disseminirt auftreten und scheinbar gesunde Schleimhaut zwischen sich fassen, die Rugae, soweit die Besichtigung mit unbewaffnetem Auge es darthut, nicht verändern und auch in der Beschaffenheit der Cervicalwände keine Veränderung bewirken. Die Formen dieser Bläschen sind in der Regel länglich, einem Gerstenkorn ähnlich. Ihre Grösse kann sehr unbedeutend sein und die Schleimhaut des Cervix fast normal erscheinen lassen. In manchen Fällen treten sie nur um den innern Muttermund in grösseren Mengen auf und haben ganz das Aussehen eines Herpes Zoster in Miniatur, durch welchen das *Os internum* jedoch eine Verengerung bis zur völligen Unwegsamkeit erfahren kann. Es ist hieraus ersichtlich, dass der hier in Rede stehende Zustand für uns eine eminente Bedeutung gewinnt.

Im weitern Verlaufe des Processes büsst die Cervicalschleimhaut ihren Charakter gänzlich ein, die Rugae gehen fast ganz verloren und an ihrer Stelle bleibt, insofern sie nicht mit Blasen bedeckt ist, eine glatte, derbe, lederartige Fläche, ganz so, wie wir sie an dem obern Abschnitte der Vaginalfläche einer Frau sehen, welche oft geboren hat. Rokitansky hat diesen Zustand folgendermaassen beschrieben[1]): „Im *Cervix uteri* und an der Vaginalportion kommt es zu einer wuchernden Production der sogenannten Ovula Nabothi. In einzelnen Fällen ist der Cervix förmlich zu einem den *Canalis cervicis* obturirenden Aggregate façettirter, von gallertigem Schleim strotzender, in einem fächerigen Stroma lagernder Cysten degenerirt, die Vaginalportion von den vorspringenden, prall gefüllten Bälgen tuberös, hart. Zuweilen werden die Lefzen der Vaginalportion dadurch nach aussen umgestülpt. Häufig prolabiren die grossen Cysten einzeln, sehr oft mehrere in einer bohnen- bis nussgrossen Gruppe von langen Stielen als Blasenpolyp in das *Orificium ext.* in die Scheide hinein."

„Die Nabothbläschen sind zum Theil geschlossene erweiterte Schleimbälge der Schleimhaut des Cervix, zum weitaus grössten Theile aber treten sie als kleine, etwa $^1/_{10}$ Mm. grosse, von Bindegewebsfasern umfasste rundliche Haufen von Kernen in verschiedener Tiefe

---

[1]) Lehrbuch der pathologischen Anatomie. Wien 1861. III. Bd., S. 475.

in der submucösen Masse des Cervix auf; diese Kapseln wachsen mit
Umbildung der Kerne zu Zellen heran, gelangen, als von platten oder
cylindrischen Zellen ausgekleidete, endlich jeder Epithelauskleidung
entbehrende Cysten innen an die Oberfläche, wo sie dehisciren oder in
der oben gedachten Weise prolabiren. Sie enthalten einen zähen,
gallertartigen Schleim, dem Zellen und Kerne, Fettkügelchenzellen

Fig. 36.

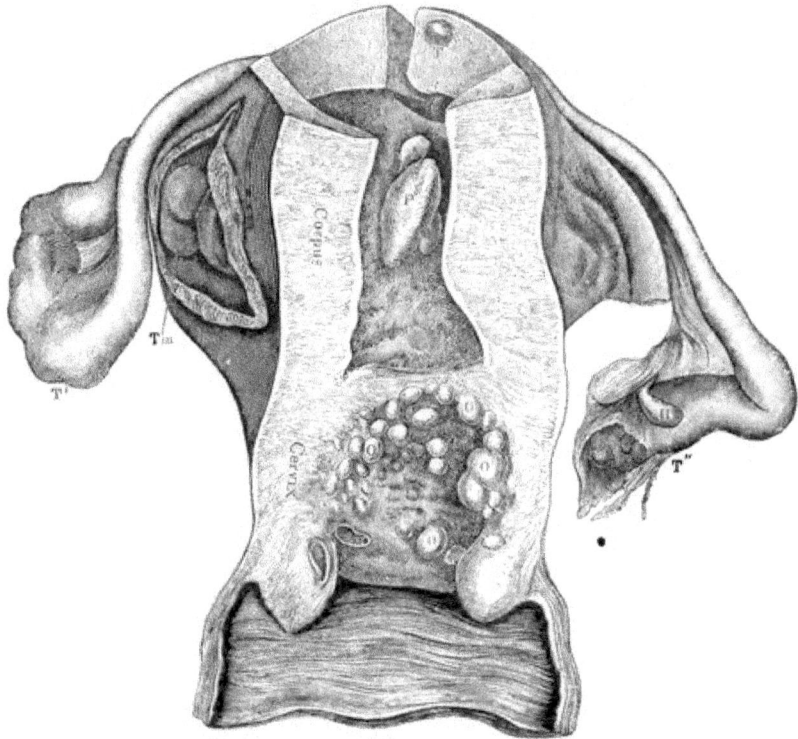

Solitäre und confluirende Blasen im Cervix uteri. *O O* grössere, confluirende Vesikel.
T' rechte, *T''* linke Tuba. *H* Morgagnische Hydatide. *P* Polyp im Cavum uteri. *T* kleine
intramurale Geschwulst. *Tm* grösserer interamuraler Tumor. (Natürliche Grösse.)

und Aggregate, spindelförmige und mehrfach verästelte Zellen (Binde-
gewebszellen) und Colloidkugeln beigemischt sind. Sie kommen zunächst
mit den Cysten auf und im Peritoneum der Adnexa uteri (Tuben, Lig.
lata, Ovarien) dann mit den Cysten in der Schleimhaut der Harnwege
überein."

Auch dieser berühmte Forscher hält die sogenannten Naboths-Eier für selbständige Formationen denen ähnlich, welche wir auch an den Tuben des in Fig. 33 dargestellten Präparates sehen, und wie wir ihnen noch fernerhin in den Adnexis des Uterus begegnen werden.

Indem wir uns der von Rokitansky gegebenen Schilderung anschliessen, müssen wir ausdrücklich hervorheben, dass wir die hier geschilderte vesiculäre Degeneration an der Aussenfläche der Vaginalportion weder an der Leiche noch an Lebenden gesehen haben. Da nun das Material, welches zu unserer Untersuchung gelangt ist, immerhin ein beträchtliches ist, sind wir zu der Annahme geneigt, dass das Vorkommen dieser Erkrankung an der Aussenfläche der Vaginalportion mit dem in der Cervicalhöhle rücksichtlich seiner Häufigkeit nicht zu concurriren vermag.

Das in Fig. 36 abgebildete Präparat ist ein Repräsentant der in mässigem Grade entwickelten Krankheit. Es verdient mit Rücksicht gewisser später noch zu erwägender Verhältnisse besonders hervor-

Fig. 37.

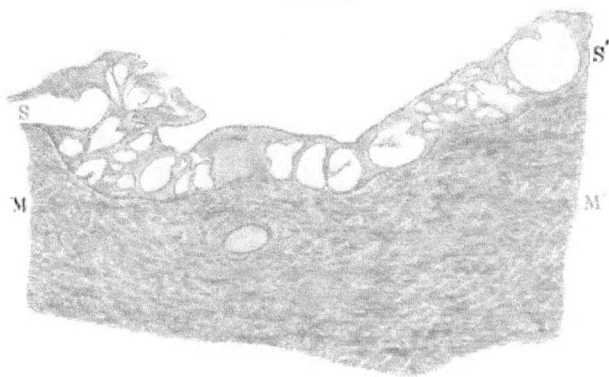

Querschnitt durch den Cervix des in Fig. 36 abgebildeten Präparates. *S S'* Schleimhaut. *M M'* Muscularis. (Lupenvergrösserung.)

gehoben zu werden, dass sowohl in dem in Fig. 35 als 36 abgebildeten Präparate der Uterus und seine Adnexa noch andere pathologische Processe eingegangen waren, insofern in dem ersten Präparate sich beide Ovarien im Zustande der cystösen Degeneration befanden, während in dem letzteren beide Abdominalöffnungen der Tuben oblitrirt waren, der Uterus selber aber in seinen Wandungen eine Verdickung erlitten hatte und ausserdem einen Polypen, eine kleinere und eine grössere intermurale Geschwulst an sich trug.

Fertigt man von dem so degenerirten Cervix Querschnitte an, dann lassen sich die Verhältnisse schon mit unbewaffnetem Auge deutlich erkennen. In unserm Präparate (Fig. 36) hat der Process, wie uns der Querschnitt (Fig. 37) zeigt, in strictester Weise die Grenzen der Schleimhaut innegehalten und diejenige der Muscularis in keiner Weise überschritten. Die Degeneration der Schleimhaut aber ist eine perfecte, wir treffen nur noch zähen, durchsichtigen Schleim enthaltende Blasen grössern und kleinern Kalibers an, welche durch dünne Scheidewände separirt sind. Eigenthümlich ist es, dass selbst in dem vorliegenden Falle, in welchem die Degeneration ziemlich weit vorgeschritten ist, die innere. die Cervicalhöhle auskleidende Schleimhautfläche nur selten durchbrochen worden ist, der Process vielmehr unterhalb derselben, also in der tiefern Schicht verlaufen ist.

Fig. 38.

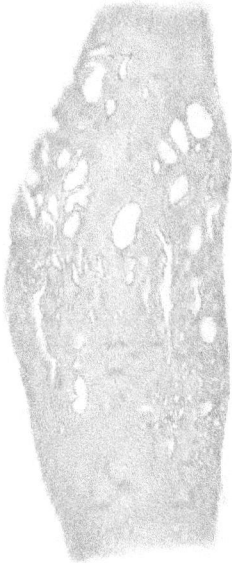

Vesiculäre Degeneration des Cervix-
parenchyms. Längendurchschnitt.
(Lupenvergrösserung.)

Bei der Lebenden werden alle Entwicklungsgrade dieser hochwichtigen Krankheit, der **Endocervicitis**, wahrscheinlich unter der Bezeichnung „Katarrh" zusammengewürfelt. Die Erkennung der geringeren Grade der Affection mag in der That ihre Schwierigkeit haben, die fortgeschrittenen Grade aber können sich bei einiger Aufmerksamkeit in der Untersuchung der richtigen Diagnose nicht entziehen.

Die Entzündung des Parenchyms des Cervix — **Cervicitis** — kann gleichfalls selbständig, d. h. unabhängig von der Schleimhaut, auftreten. Dies geschieht jedoch selten; in der Regel pflanzt sich der Entzündungsprocess von der Schleimhaut auf das darunterliegende Parenchym fort und entwickelt sich daselbst unter zwei verschiedenen Formen. Die eine derselben bildet eine Analogie der vesiculären Schleimhautdegeneration und ist in Fig. 38 abgebildet. Die Substanz der Cervix gewinnt auf dem Durchschnitte ein siebförmiges Ansehen.

Das muskulöse Element ist beinahe gänzlich geschwunden und

hat dem bindegewebigen Platz gemacht, welches neben sehr zahlreichen vesiculären Räumen verschiedener Grösse noch mehr oder minder lange Spalten enthält und dem Parenchym ein sehr durchlöchertes Aussehen verleiht. Von den Räumen selbst sind viele von einem hellen Schleim erfüllt, andere sind ganz leer. Riesenzellen haben wir in diesem Schleim nicht beobachtet, vielmehr befinden sich in ihm äusserst zahlreiche körnige Elemente. An Gefässen ist das so degenerirte Parenchym nicht reich, die vorhandenen aber sind von beträchtlichem Kaliber und mit dicken Wandungen versehen.

Die andere Form der Cervicitis unterscheidet sich von der eben beschriebenen zunächst dadurch, dass das Parenchym nicht durchlöchert erscheint, sondern ein solides, compactes Aussehen hat, ein Unterschied, welcher sich auch dem Finger durch die Differenz in der Derbheit der Gewebe zu erkennen giebt. Auch hier sind die Muskelelemente gänzlich oder fast gänzlich geschwunden und durch Bindegewebe nicht nur ersetzt, sondern es hat eine Wucherung des letzteren in einer Weise stattgefunden, dass der ganze Cervix beträchtlich vergrössert erscheint.

Die Vergrösserung ist fast immer eine gleichmässige, den ganzen Mutterhals betreffende. Hin und wieder tritt sie an der einen Stelle prominenter als an der andern auf, wir glauben jedoch, dass es kein Gewinn für die Beurtheilung des Vorganges ist, darauf hin eine Eintheilung, wie sie von Cerevet[1]) versucht worden ist, in supervaginale, vaginale und mediäre Hypertrophie zu treffen.

Es bleibt immerhin merkwürdig, dass diese Entzündungsform mit der daraus hervorgehenden Hypertrophie — **Cervicitis hypertrophica** — das Corpus und den Fundus ganz unbeeinflusst lassen kann, ein Fall, wie er in Fig. 39 (a. f. S.) dargestellt worden ist.

Die Vaginalportion kann dabei ein verschiedenes Verhalten zeigen, indem sie entweder intact bleibt oder an dem Processe participirt und sich in mehr oder minder ergiebiger Weise vergrössert. Die *Hypertrophie der Portio vaginalis* kann sogar einen so hohen Grad erreichen, dass sie zu derjenigen des Cervix in gar keinem Verhältnisse mehr steht, die Vagina beträchtlich erweitert, sie reizt, entzündet und zu einer ganzen Reihe secundärer, höchst lästiger und in ihren Folgen auch für das Geschlechtsleben nachtheiliger Zustände führt.

Von dieser Hypertrophie des Cervix muss das *Ectropium der Mutter-*

---

[1]) Cerevet, Ueber Hypertrophie des Cervix uteri in seinem mittlern Theile. Beiträge zur Geburtshilfe und Gynäkologie. Berlin, 4. Bd., S. 42.

mundslippen, auf dessen Wichtigkeit Marion Sims und Emmet aufmerksam gemacht haben, unterschieden werden, welches in einem Nachaussendrängen der hypertrophischen Schleimhaut und im Nachaussenrollen der Muttermundslippen in Folge tiefgehender Einrisse in den äussern Muttermund besteht.

Nicht minder nöthig ist es, von der hypertrophischen Cervicitis jene Form von Hypertrophie des Mutterhalses zu unterscheiden, welche

Fig. 39.

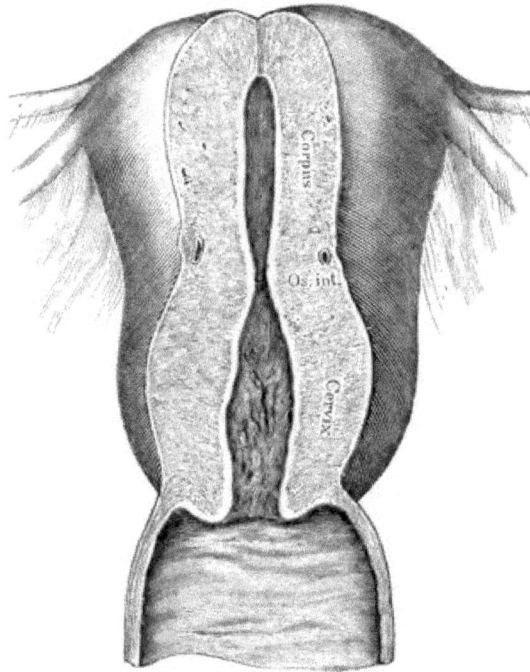

Cervicitis hypertrophica.   (Natürliche Grösse.)

vornehmlich die Länge des Organes betrifft, das von Huguier[1] sogenannte *Allongement hypertrophique.* Hierbei kann bei mässiger Zunahme der Cervicalwandungen ihr Längendurchmesser so sehr wachsen, dass sein unteres angeschwollenes Ende, also die Vaginalportion, als kegelförmige Geschwulst aus der Scheide tritt und in der

---

[1] Sur les allongements hypertrophiques du col de l'Uterus. Memoires de l'academie 1851.

Vulva, einem Prolapsus uteri gleich, verharrt. Huguier hat diese
Form von Hypertrophie sogar für die ausschliessliche Veranlassung
des Prolapsus gehalten, eine Annahme, welche offenbar auf Irrthum
beruht. In der Regel bildet sich diese Form dann aus, wenn entweder
ein directer Zug auf den Cervix ausgeübt wird, oder wenn das Scheidengewölbe einen Druck von oben her erleidet und somit gezwungen wird,
an dem Mutterhalse zu ziehen. In mässigem Grade der Entwicklung
stösst der untersuchende Finger, unmittelbar nachdem er durch den
Scheideneingang gedrungen, auf die Vaginalportion, welche leicht zu der
Annahme einer bestehenden hochgradigen Senkung führt, während eine
genauere Untersuchung doch ganz andere Verhältnisse darlegt. Nicht
minder leicht kann ein Irrthum begangen werden, wenn die wesentliche
Verlängerung den Cervix trifft und die Vaginalportion nur in einem
mindern Grade betheiligt ist, ein Fall, wie er in Fig. 40 (a. S. 147) abgebildet erscheint. Der über dem Cervix gelegene Theil des Uterus
ist in diesen Fällen nicht selten so wenig alterirt, dass er sich von
dem normalen Zustande kaum entfernt.

Wir geben in folgender Tabelle die Maasse zweier mässig entwickelter Fälle der hier in Rede stehenden Form von Hypertrophie und
fügen die Bemerkung hinzu, dass die in Rubrik I. eingetragenen Maasse
diejenigen des in Fig. 40 abgebildeten Präparates sind:

	I.	II.
1. Gesammtlänge des Uterus	106	88
2. Länge des Körpers	29	28
3. „ „ Halses	60	43
4. Breite des Fundus	42	51
5. Breite der Uterinhöhle	15	20
6. „ des Os intern.	10	6
7. „ der Cervicalhöhle	11	14
8. „ des Os extern.	12	18
9. Dicke des Fundus (aussen) . . .	12	17
10. „ des Körpers (aussen)	19	22
11. „ der vordern Wandung:		
a) am Fundus	8	9
b) „ Corpus	11	12
c) „ Cervix	10	12
12. Dicke der hintern Wandung:		
a) am Fundus	7	11
b) „ Corpus	10	14
c) „ Cervix	10	11
13. Dicke des Fundusdaches	8	12
14. Länge der vordern Lippe	14	14
15. Dicke „ „ „	8	12
16. Länge der hintern Lippe	11	6
17. Dicke „ „ „	12	11
18. Capacität der Uterushöhle	2,0 Grm.	1,0 Grm.
19. Rechter Eierstock:		In beiden Präparaten waren die Abdominalenden der Tuben geschlossen, erweitert und lagen sammt den Ovarien in pseudomembranöse Massen eingebettet.
a) Länge		
b) Breite		
c) Dicke		
20. Linker Eierstock:		
a) Länge		
b) Breite		
c) Dicke		
21. Länge der rechten Tuba		
22. „ „ linken „		
23. Entfernung der beiden Ost. Tub. abdom		

Ein Vergleich der beiden Maasse lehrt, dass die grösste Elongation nicht mit der grössten Mächtigkeit der Wandungen zusammenfällt.

Ein Gesetz lässt sich hier überhaupt nicht aufstellen, weil die Verlängerung sowohl von der Intensität der wirkenden Kraft als auch von
ihrer Dauer beeinflusst wird, während die Hypertrophie der Gewebe von
der Intensität der inflammatorischen Phänomene abhängt, welche neben
den mechanischen Einflüssen Platz greifen. Es kommen daher Fälle
zur Beobachtung, in denen die Hypertrophie der Gewebe bei hoch-

Fig. 40.

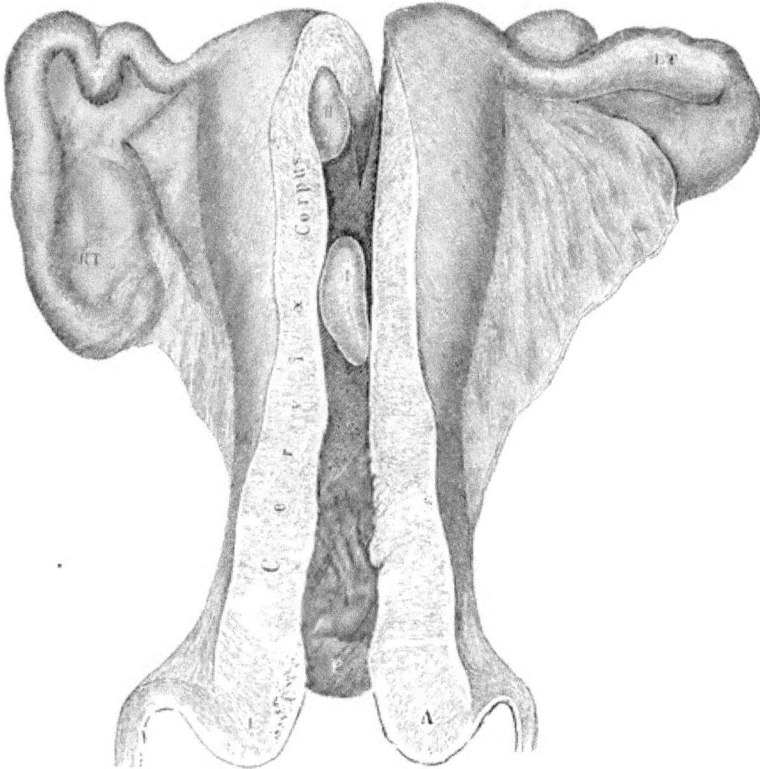

Elongation des Cervix uteri. *R T* Rechte Tuba. *L T* Linke Tuba. *L A* Vordere Muttermundslippe. *P* Hintere Muttermundslippe. *I* Polyp am innern Muttermunde. *II* Polyp
unmittelbar vor der Einmündungsstelle der rechten Tuba in das Cavum uteri. (Natürliche Grösse.)

gradiger Verlängerung eine massenhafte ist, und andere, in denen die
Elongation eine minder beträchtliche ist, die Wandungen aber sehr
verdünnt erscheinen.

Die conisch verlängerte Form der Vaginalportion —
muss schliesslich noch erwähnt werden. Dieselbe besteht in einer sym-

10*

metrischen Vergrösserung des Theiles, jedoch so, dass die Länge am
meisten betroffen ist und die Portio einem Kegel gleicht, dessen
breite Basis gewissermaassen dem Scheidengewölbe aufsitzt, während
das spitze Ende frei in die Vagina hineinragt und in der Regel eine
punktförmige Oeffnung als das Os externum an sich trägt. Dadurch,
dass die conische Vaginalportion fast ausnahmslos mit **Stenose des Os
externum** einhergeht, gewinnt der Zustand für uns ein ganz besonderes Interesse. Die Oeffnung ist meistentheils so klein, dass es einer
besondern Aufmerksamkeit bedarf, um sie zu entdecken, und wenn
sie aufgefunden ist, eine sehr feine Sonde durch dieselbe hindurch-
zuführen. Ist dieses letztere geschehen, dann stellt sich die Cervicalhöhle als von normaler Weite dar. Wir können uns daher denjenigen
Autoren nicht anschliessen, welche behaupten, dass die Stenose stets den
ganzen Cervix und namentlich auch den innern Muttermund betrifft.
Von den am Leichentische gefundenen Resultaten lässt sich das wenigstens nicht behaupten, denn in den von uns untersuchten Fällen war
das niemals der Fall. Immer hat es sich nur um eine, oft äusserst
hochgradige Stenose des äussern Muttermundes gehandelt, während
der durch die conische Verlängerung hindurchlaufende Canal eine hinlängliche Weite hatte, um nicht für abnorm gehalten zu werden.

Die **Stenose des innern Muttermundes** kommt weder minder
häufig vor, noch ist deren Bedeutung für das Geschlechtsleben eine
minder wichtige, allein ihr Vorkommen ist von dem des conischen
Cervix und der Stenose des Os externum völlig unabhängig. G r a i l y
H e w i t t [1]) hält sie, gleich S i m s , S a v a g e , G r e e n h a l g h und Anderen
für die häufigste Veranlassung der Dysmenorrhoe und für die fast aus-
nahmslose Folge der Gebärmutterknickung.

Die innerhalb der Cervicalhöhle bestehende Stenose — also mit
Ausschluss des Os externum und internum — von denen manche
Autoren sprechen, haben wir nicht beobachtet; wahrscheinlich handelt
es sich in diesen Fällen fast immer um hypertrophische Rugae[2]) (S. 134)
oder sonstige locale Entzündungsvorgänge mit Auflockerung der Gewebe. Hiermit glauben wir auch unsern Standpunkt der Behauptung
S c h r o e d e r's [3]) und anderer Autoren gegenüber bezeichnet zu haben,

---

[1]) Hewitt, Diagnose, Pathologie und Therapie der Frauenkrankheiten.
Deutsch herausgegeben von Dr. H e r m a n n B e i g e l , Erlangen. II. Aufl. 1873,
S. 373.

[2]) Siehe hierüber auch Ed. M a r t i n 's Arbeit in der Zeitschr. f. Geburtshilfe und Frauenkrankheiten. Stuttgart 1876. I. Bd., S. 106.

[3]) Krankheiten der weiblichen Geschlechtsorgane 1874, S. 61.

welcher zufolge die Stenosen des Cervix angeboren und erworben sein können. „Die angeborenen betreffen in der Regel den ganzen Cervix." Wenn unter dem angeborenen Vorkommen der Stenose verstanden werden soll, dass sie aus der frühesten Lebensperiode stamme, dann haben wir dagegen Nichts zu erinnern; soll es aber so viel als eine Anomalie der Entwicklung bedeuten, dann müssten wir gegen diese Annahme Einsprache erheben.

Dass die Stenosen auch in Folge von Traumen und der darauf folgenden Narbenbildung entstehen können, bedarf kaum der besondern Erwähnung.

Fig. 41.

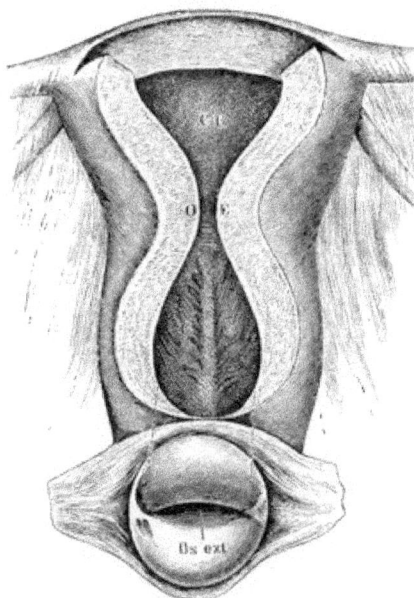

Obliteration des untern Cervicalabschnittes und des äussern Muttermundes. (Natürliche Grösse.) Die punktirten Linien deuten die Ausdehnung der Obliteration an.

Als ein, namentlich bei Nulliparen, wie in der Abbildung (Fig. 41), äusserst seltenes Vorkommen, muss die *Obliteration des untern Cervicalabschnittes und des äussern Muttermundes* betrachtet werden. Rokitansky[1] zählt diesen Zustand zu den erworbenen Missstaltungen der Gebärmutter und beschreibt ihn folgendermaassen: „Ist der Sitz einer Anhäufung von Schleim, Eiter, Tuberkeljauche und dergleichen bei Verengerung, Atresie des Orificium int., Obturation des

---

[1] Lehrbuch der pathologischen Anatomie. Wien 1861. III. Bd., S. 455.

Cervix, das eigentliche Cavum uteri, so wird der Uteruskörper zu einer kugeligen Kapsel ausgedehnt, die auf dem oft von oben her verkürzten Cervix wie auf einem Stiele sitzt; findet eine Anhäufung von Schleim oder Eiter bei einer gleichzeitig am Orificium ext. bestehenden Verengerung, Atresie oder Obturation auch im Canalis cervicis statt, so wird dieser zu einer meist ellyptoiden Kapsel erweitert. Es lagern in diesem Falle zwei durch einen Isthmus, einer Einschnürung gesonderten Raume in Sanduhrform übereinander — eine Missstaltung des Uterus, welche Mayer den *Uterus bicameratus (vetularum)* genannt hat".

Das in Fig. 41 abgebildete Präparat rührt von einer vierundzwanzigjährigen Nullipara her. Leider ist uns über deren Lebensgeschichte Nichts bekannt. Es kann jedoch mit Wahrscheinlichkeit angenommen werden, dass Menstruationsvorgänge bei ihr nicht vorhanden waren; denn in den beiden durch den Isthmus (*OE*) in zwei Abtheilungen getheilten Höhlen befand sich nur eine geringe Menge einer opaken Flüssigkeit, welche überdiess aller Spuren von Blutelementen entbehrte. Die Annahme aber, dass der Zustand erst jüngern Datums sein könnte, wird durch die blosse Ocular-Inspection des Präparates widerlegt. Die Tuben waren intact.

Eben so merkwürdig als praktisch wichtig dabei ist das Verhalten der Portio vaginalis. Dieselbe trägt vollkommen den normalen Typus an sich, und auch an dem Os externum würde eine flüchtige Untersuchung nichts Ungewöhnliches erblicken. Erst beim Versuche, die Sonde einzuführen, würde die wahre Natur des Zustandes erkannt werden, während die einfache Digitalexploration zu dem Schlusse verleitet werden könnte, dass an der Vaginalportion und wahrscheinlich auch an dem Uterus nichts Ungewöhnliches zu entdecken sei.

3. Neubildungen am Cervix.

a. **Polypen.** Die Eintheilung der im Cervix vorkommenden gestielten Neubildungen in Schleimpolypen und in fibröse Polypen hat ihre histologische Begründung und ist so auffallend, dass sich der Unterschied beider schon bei der blossen Inspection deutlich herausstellt, da die ersteren eine unebene, gefurchte, nicht selten gelappte Oberfläche darbieten, während diese bei den fibrösen Polypen glatt erscheint.

Auch hinsichtlich der Grösse findet ein merklicher Unterschied statt. Die Schleimpolypen gewinnen in der Regel keinen sehr bedeutenden Umfang, während die fibrösen Polypen sehr gross werden können, allein ihr Vorkommen ist bei weitem seltener als das der ersteren.

Die Schleimhautpolypen gehen aus einer localen Hyperplasie der Cervicalschleimhaut hervor, ein Process, welcher demjenigen ähnlich ist, wie er der Hypertrophie der Rugae (S. 34) zu Grunde liegt.

Fig. 42.

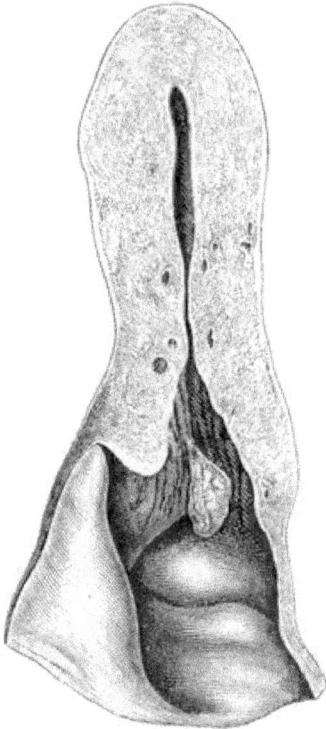

Eine Ruga, welche sich zum Polypen (*P*)
ausgebildet hat. (Natürliche Grösse.)

Der Unterschied ist nur der, dass zum Zwecke der Polypenbildung einzelne Rugae eine Hypertrophie eingehen, welche in der Regel auch nicht die betreffenden Rugae ihrer ganzen Länge nach, sondern den untern Abschnitt derselben in den Process verwickelt. Er schwillt daher kolbenförmig an, wächst und zieht den übrigen Theil als Stiel von längerer oder kürzerer Ausdehnung nach sich. Die Vergrösserung des Polypen oder vielmehr die Transformation einer Ruga in einen solchen beruht auf Bindegewebswucherung, Degeneration der vorhandenen Drüsen nebst Neubildung von Drüsengewebe. Das sind denn auch die Elemente, welche sich uns bei der mikroskopischen Untersuchung darbieten [1]. Die Drüsen sind zu mächtigen, runden oder langgestreckten, gewundenen Räumen erweitert, welche mit einer zähen Flüssigkeit erfüllt sind, und deren Wände mit Cylinder-Epithel belegt erscheinen. Neben diesen Drüsenräumen finden wir stets eine sehr grosse Anzahl weiter, dünnwandiger Gefässlumina, welche die lästigen, oft sogar gefährlichen Blutungen, welche selbst bei kleinen Polypen auftreten, hinlänglich erklären.

---

[1] Siehe Beigel, Krankheiten des weiblichen Geschlechts. Bd. II, S. 468.

Fig. 42 (a. v. S.) stellt einen Cervicalpolypen der einfachsten Art dar. Derselbe besteht aus einer Anschwellung einer Rugae an ihrem untern Ende (*P*), welche sich bis an ihren Uebergang in die Schleimhaut (*S*) leicht verfolgen lässt.

In dem in Fig. 43 abgebildeten Präparate sehen wir denselben Process, nur dass hier mehrere Rugae von ihm betroffen worden sind. Sie sind, wie hier schon bemerkt werden soll, vollkommen ausreichend, um das Os externum so abzuschliessen, dass von innen her kommende Flüssigkeiten wohl aus denselben abfliessen können, dass hingegen solche, welche von aussen her kommen, unmöglich nach innen zu dringen vermögen.

Die Cervicalhöhle beherbergt häufig sowohl Polypen als umfangreiche Fibrome, welche ihr gar nicht angehören, sondern in der Schleim-

Fig. 43.

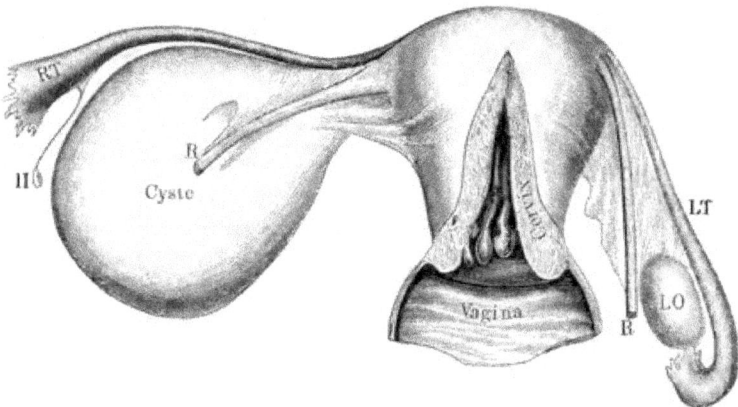

Schleimpolypen des Cervix. *RT* Rechte Tuba. *LT* Linke Tuba. *RR* Runde Mutterbänder. *LO* Linkes Ovarium, das rechte in eine Cyste verwandelt. *H* Morgagnische Hydatide. (⅔ natürlicher Grösse.)

haut der Uterinhöhle oder in dem Gewebe der Wandungen des Corpus oder Fundus uteri ihren Mutterboden haben. Nachdem dieselben eine zeitlang gewachsen sind, erreichen sie das Os internum, welches sie, wenn sie es verschlossen finden, öffnen, um durch einen dem Geburtsmechanismus vollkommen ähnlichen Act in die Cervicalhöhle und in die Vagina hinabzusteigen. In dieser Höhle können sie eine kürzere oder längere Zeit verharren, um schliesslich, je nach der Art ihres Wachsthums, ihrer Schwere und Grösse, die Scheide zu verlassen und durch den Introitus nach aussen hin geboren zu werden, wobei sie mit ihrem Stiele in Verbindung bleiben oder von demselben getrennt werden können. Der Uterus contrahirt sich nach stattgehabter Entleerung ganz in derselben Weise, wie es nach einer erfolgten Geburt der Fall ist, und der Cervix zieht sich entweder um den Stiel zusammen, oder das Os externum kehrt, wenn eine Zerreissung des Stieles stattgefunden hat, zu seiner normalen Beschaffenheit zurück. Der abgerissene Polyp aber verhält sich wie ein fremder organischer Körper, macht zunächst Scheide oder Cervix oder beide unwegsam, geht den Zersetzungsprocess ein, setzt, wenn er nicht entfernt wird, nicht nur locale Entzündungen, sondern allgemeine Erkrankungen durch Resorption faulender organischer Stoffe, und kann so das Leben der Patientin in Gefahr bringen.

Die Polypen sind daher pathologische Gebilde, welchen in der Pathologie der weiblichen Geschlechtsorgane eine wichtige Rolle zugewiesen ist, zumal sie, selbst bei einer Kleinheit, welche sie kaum einer Beachtung würdig machten, wenn sie an einem andern Körpertheile ihren Standpunkt hätten, im Cervix oder Uterus, im Stande sind, die Ausübung wichtiger Functionen merklich zu erschweren oder gänzlich aufzuheben.

Aber auch materielle Veränderungen des Organes, dessen Schmarotzer sie sind, können sie nach sich ziehen, so dass sie sowohl Functionsstörungen als pathologische Veränderungen zur Folge haben. Wir werden später Gelegenheit finden, von den durch sie in entfernteren Regionen hervorgerufenen Reizzuständen zu sprechen. Hier sei vorläufig nur bemerkt, dass sie die Veranlassung zur Congestion der Gebärmutter nebst Vergrösserung derselben werden können, wie dies bei dem in Fig. 44 abgebildeten Präparate der Fall war, dessen Grössenverhältnisse sich folgendermaassen herausstellten:

	Mm.
1. Gesammtlänge des Uterus . .	85
2. Länge des Körpers	30
3. „ „ Halses	40
4. Breite des Fundus	37
5. Breite der Uterinhöhle	27
6. „ des Os intern.	6
7. „ der Cervicalhöhle	12
8. „ des Os extern.	5
9. Dicke des Fundus (aussen) . . .	20
10. „ „ Körpers (aussen) . . .	21
11. „ der vordern Wandung:	
a) am Fundus	13
b) „ Corpus	13
c) „ Cervix	10
12. Dicke der hintern Wandung:	
a) am Fundus	14
b) „ Corpus	14
c) „ Cervix	8
13. Dicke des Fundusdaches	15
14. Länge der vordern Lippe . . .	10
15. Dicke „ „ „	10
16. Länge der hintern Lippe	16
17. Dicke „ „ „	9
18. Capacität der Uterushöhle . . .	1,0 Grm.
19. Rechter Eierstock:	
a) Länge	32
b) Breite	18
c) Dicke	9
20. Linker Eierstock:	
a) Länge	30
b) Breite	20
c) Dicke	7
21. Länge der rechten Tuba	94
22. „ „ linken „ .	74

Das in Fig. 44 abgebildete Präparat rührt von einer 26 Jahre alten Frau her, welche zwei Kinder geboren hatte und an einem Vitium cordis gestorben ist. Der Uterus befand sich, abgesehen von den beiden Polypen, im Zustande chronischer Congestion, und auch seine

Adnexa trugen die Spuren einer stattgehabten Entzündung an sich. Die Abdominalostien beider Tuben waren blindsackförmig verschlossen, der linke Eierstock war zwar nicht vergrössert, aber cystisch degenerirt, und im Parametrium wurde ein wallnussgrosser Abscess ange-

Fig. 44.

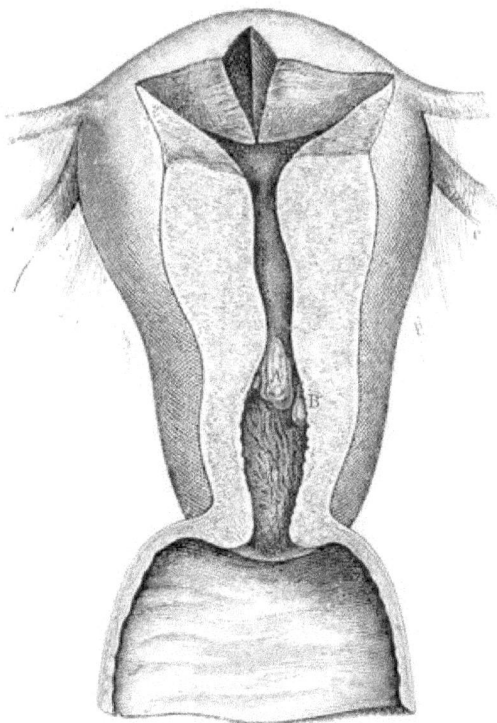

Zwei kleine Polypen (*A* und *B*) am innern Muttermunde, welche denselben vollkommen verschliessen. Dabei chronische Metritis und Parametritis mit mässiger Verdickung der Wandungen des Gebärmutterkörpers. (Natürliche Grösse.)

troffen, aus welchem sich, nach geschehener Eröffnung, eine geronnene, eiweissähnliche Masse entleerte.

Aehnlich den hier beschriebenen Polypen verhält sich die sogenannte folliculäre Hypertrophie der Muttermundslippen, nur dass dabei nicht bloss die Schleimhaut, sondern auch die tiefern Lagen der Cervicalgewebe betheiligt sind, eine partielle Vergrösserung der Uteruswand, in welcher, wie Virchow sagt[1]), die Musculatur nicht das überwiegende und wesentliche Element bildet.

---

[1]) Virchow, Krankhafte Geschwülste. Bd. III, S. 142.

Die Hypertrophie betrifft in der grössten Zahl der Fälle die vordere, seltener die hintere Muttermundslippe, am seltensten beide Lippen. Die drüsigen Elemente erscheinen vermehrt und ein Theil derselben bedeutend erweitert, in Cysten umgewandelt, welche mit einer colloidartigen Flüssigkeit ausgefüllt sind. Wir haben eine der grössten derartigen Neubildungen von der Vaginalportion einer 38 Jahre alten Patientin mittelst der Scheere abgetragen. Die Geschwulst hing hahnenkammartig aus der Vulva heraus und maass nach stattgehabter Abtragung 6½ Cm., war an ihrem untern Theile mehrfach gelappt, oben aber an der Stelle, wo sie abgetragen war, rund [1]). Bei der mikroskopischen Untersuchung erwies sich ihr Bau demjenigen ähnlich, wie ihn Ackermann bei einem von Winkel operirten Polypen beschrieben hat [2]).

Die fibroiden Polypen unterscheiden sich zwar ihrer Structur nach, nicht aber in ihrem Verhalten, von den Schleimhautpolypen. Sie entwickeln sich ursprünglich fast immer als

b. **Fibroide des Cervix.** — Dieselben kommen bei weitem seltener als diejenigen des Uterus vor, drängen, wenn sie unter der Schleimhaut wachsen, diese vor sich her, ziehen sie zu Stielen aus und bilden so die fibrösen Polypen des Cervix. Ihre Entwicklung kann aber auch interstitiell und in einem so umfangreichen Maasse geschehen, dass der Uterus, wie in dem von Virchow beschriebenen Falle [3]) ganz winzig erscheint. Die Neigung dieser Tumoren zu fortschreitendem Wachsthum ist nach diesem Forscher nicht gross und findet in dem geringen Gehalt des Collum an Musculatur wenigstens eine theilweise Erklärung.

Im Uebrigen ist ihr Verhalten als Polyp, wie bereits bemerkt, in jeder Beziehung dem der Schleimhautpolypen gleich, nur dass sie bei längerem Bestehen eine grössere Neigung zum Verkalken haben und hierdurch, wenn dieser Process die Oberfläche in sein Bereich zieht, diese also hart und rauh wird, die Fähigkeit gewinnen, einen weit intensivern mechanischen Reiz auf ihre Umgebung auszuüben, als es die Schleimhautpolypen zu thun im Stande sind.

c. **Carcinom des Cervix.** — Wir finden uns mit denjenigen Autoren in Uebereinstimmung, welche den Krebs als eine locale Er-

---

[1]) Krankheiten des weiblichen Geschlechts. Bd. II, S. 169.
[2]) Virchow's Archiv, Bd. 43, S. 88.
[3]) Krankhafte Geschwülste. Bd. III, S. 218.

krankung auffassen, und die Recidive aus der Fortschwemmung von
Krebszellen von dem ursprünglich erkrankten Herde nach entfernteren
Körperregionen erklären, woselbst sie zur selbständigen Entwicklung
gelangen. Die dunklen Vorgänge in der Krebskrankheit erklären
sich hierdurch in einer ungezwungenen Weise und die Forschungen
Waldeyer's[1]) haben auch in das Wirrwarr Ordnung gebracht, welches in den Ansichten über das Wesen und die Formen des Carcinoms
geherrscht hat. Letzteres fasst er als eine epitheliale Neubildung auf,
die primär nur da entsteht, wo ächt epitheliale Bildungen vorhanden sind, während er die sehr seltenen Fälle primären Krebses, welche
sich an Stellen, die keinen epithelialen Mutterboden haben, entwickeln, auf in abnormer Weise versprengte Ueberreste des epithelialen
Keimblattes zurückführt.

Die Entwicklung des Krebses geht demnach, nach Waldeyer,
stets vom Oberflächen- oder Drüsenepithel aus, so dass irgend ein Bezirk von Epithelien des Rete Malpighi oder von Drüsenacinis durch
Theilung sich zu vermehren beginnt und die so entstandenen neuen
Epithelien in das unterliegende oder umgebende Bindegewebsstroma
hineinwachsen, die Bindegewebsbündel auseinander drängen und so zur
Bildung der aus den gewucherten Epithelzellen bestehenden Krebskörper führen, die wiederum aus sich selber weiter zu wachsen im
Stande sind. Hieraus ergiebt sich, dass jedem Krebsherde, und sei er
noch so klein, eine Selbständigkeit zukommt, und dass die Progressionen
der Entwicklung enorm sind. Gewinnen nun im Verlaufe der Wucherung
die Epithelialgebilde das Uebergewicht, dann entstehen die weichen
Krebsformen (*Carcinoma medullare*). Waltet hingegen das Krebsstroma
vor, dann haben wir es mit den harten Formen zu thun (*Carcinoma
fibrosum s. scirrhosum*). Zwischen beiden steht das *Carcinoma simplex*,
jene Form, in welcher Krebskörper und Stroma einander so ziemlich
das Gleichgewicht halten.

Der Uterus sowohl als der Cervix sind bekanntlich an drüsigen
Elementen so enorm reich, dass es nicht Wunder nehmen kann, wenn
sie so häufig als der Sitz der Krebskrankheit angetroffen werden. Ihre
Prädisposition wird aber noch dadurch wesentlich erhöht, dass die
drüsigen Elemente hier schon durch physiologische Vorgänge einem
häufigen Wechsel des Epithels in einer Weise unterworfen werden,
wie wir sie kaum in anderen Organen des Körpers antreffen. Die Men-

---

[1]) Virchow's Archiv Bd. 41, S. 470 und: Ueber den Krebs in Volkmann's Sammlung klinischer Vorträge. Leipzig 1872.

struation beraubt die Uterindrüsen ihres Belages, und wer den Ent-
wicklungsprocess des Krebses unter dem Mikroskope, namentlich in
seinen Anfangsstadien, zu verfolgen Gelegenheit hatte, wird zugestehen
müssen, dass der Zustand der Drüsenelemente während der Menstruation ein solcher ist, dass er mit dem beginnenden Krebse
eine auffallende Aehnlichkeit darbietet. In geeigneten mikroskopischen Präparaten gelangt man, wenn man die Krebskörper bis in die
Drüsenschläuche hinein verfolgen kann, an Stellen, wo ein Unterschied zwischen dem obwaltenden und dem auf der Höhe der Menstruation bestehenden Zustande gar nicht mehr wahrgenommen werden
kann.

Der Cervix ist gleichfalls sehr häufigen Reizen ausgesetzt; dabei
sind seine drüsigen Elemente von so beträchtlichem Umfange und in
so reichlicher Menge vorhanden, dass sich seine exceptionelle Disposition für die Krebskrankheit daraus zur Genüge erklärt. Es ist bekannt, dass er in der That den allerhäufigsten Sitz des Gebärmutterkrebses bildet, welcher hier nicht nur primär entsteht, sondern sich
auch auf den Cervix beschränkt, so dass er lange bestanden und grosse
Verwüstungen in der Tiefe angerichtet haben kann und zu haben
pflegt, bevor er, den innern Muttermund überschreitend, das Gebiet des
Corpus uteri betritt.

Ob der Gebärmutterkrebs, wie Blondell[1]) behauptet, stets am
Cervix beginnt, dürfte bezweifelt werden; nur dass dieser eben in der
bei weitem überwiegenden Mehrzahl der Fälle den Sitz bildet, ist
festgestellt. Henry Arnott[2]) hat allerdings in allen 57 von ihm
post mortem untersuchten Fällen von Gebärmutterkrebs den Mutterhals
als den alleinigen Sitz der Krankheit gefunden, allein Pontifik[3]) und
Andere haben Beobachtungen veröffentlicht, aus denen hervorgeht,
dass der ganze Uterus vom Carcinom ergriffen war, wobei allerdings die
Annahme nicht ausgeschlossen ist, dass der Cervix die ursprünglich
befallene Stelle gewesen sein kann. Alle Beobachter stimmen darin
überein, dass der Gebärmutterkrebs sich im Laufe seiner Entwicklung
lieber auf die Scheide, als auf das Corpus fortsetzt, und dass er seine
Invasion auch früher in die Gewebe der Nachbarorgane hält, als er den
Gebärmutterkörper ergreift. Die Infiltration der benachbarten Drüsen
und Gewebe ist ein charakteristisches Zeichen des *Carcinoma uteri*, und

---

[1]) Diseases of Women, p. 162.
[2]) Transactions of the pathological Society of London. Vol. XXI, p. 283.
[3]) Beiträge zur Geburtshilfe und Gynäkologie. Bd. II, S. 129.

die dadurch schon früh herbeigeführte Immobilität des Organes ist
pathognomonisch. Die Schwellung der Gewebe kann ihrerseits wiederum
eine solche Rückwirkung auf den Mutterhals ausüben, dass der Canal
zusammengedrückt, ja gänzlich verschlossen wird. Ein derartiger
Fall, in welchem das Carcinom allerdings vom Rectum ausgegangen
war, die Rectovaginalwand zerstört und sich auf das Collum uteri fortgesetzt hatte, ist von Orth[1]) beschrieben worden. Dass der primäre
Krebs des Cervix zu den fürchterlichsten Zerstörungen der Nachbarorgane, zum Durchbruch in die Blase und das Rectum führen kann,
ist bekannt.

Das Cancroid, wegen seiner auffallenden Aehnlichkeit mit dem
Blumenkohl auch „Blumenkohlgewächs" genannt, ist als besondere
Form des Gebärmutterkrebses aufgestellt worden; wir glauben jedoch
den Nachweis geliefert zu haben[2]), dass wir es auch hier mit dem
ächten Krebse zu thun haben, welcher sich von den anderen Formen
lediglich durch seine Tendenz in der Richtung seines Wachsthums
unterscheidet. Während nämlich den anderen Krebsformen, welche
sich von der Schleimhaut oder den Drüsen aus entwickeln, die Eigenschaft innewohnt, in die Tiefe zu dringen, oder wenn sie in unmittelbarer Nähe der Schleimhaut liegen, allenfalls diese zu durchbrechen
und auf diese Weise das Krebsgeschwür zu etabliren, geht die Entwicklung des Blumenkohlgewächses stets von der Schleimhaut aus,
dringt wenig oder gar nicht oder erst später in die tiefer gelegenen
Schichten ein, fördert seine Wucherungen aber in üppiger Weise nach
aussen hin, d. h. in die Scheide hinein, so dass diese von den Wucherungen gänzlich ausgefüllt, ja durch dieselben mächtig erweitert angetroffen werden kann.

Diese Krebsform ist zuerst von John Clarke[3]) ausführlich beschrieben worden. Seiner Darstellung zufolge handelt es sich um eine
Geschwulst am Os uteri, die mindestens so gross wie das Ei einer
Amsel sei, eine granulirte Oberfläche habe, auf Druck nicht schmerzhaft sei, in manchen Fällen langsam, in anderen aber so schnell wachse,
dass sie die Vagina ausfüllt und sogar aus derselben heraustrete und
bei fortschreitendem Wachsthume dem Blumenkohl immer ähnlicher

[1]) Beiträge für Geburtshilfe und Gynäkologie. Bd. IV, S. 15.
[2]) Beigel, Zur Pathologie der Blumenkohlgewächse. Virchow's Archiv,
Bd. 66, S. 472.
[3]) Transactions of a society for the improvement of medical and surgical
knowledge. Vol. III, p. 321.

werde. Die Geschwulst geht frühzeitig mit einer profusen wässerigen Secretion einher und schwindet, selbst wenn sie bei der Untersuchung einen beträchtlichen Umfang hatte, nach dem Tode oder nach geschehener Abtragung so zusammen, dass Nichts als eine pulpige Masse zurückbleibt; in Folge dieses Verhaltens ist es Clarke, trotzdem er häufig Gelegenheit hatte, Blumenkohlgewächse zu diagnosticiren, nicht gelungen, ein Präparat für seine Vorlesungen aufzutreiben.

Trotzdem sich die Aufmerksamkeit vieler Autoren der Beobachtung der hier in Rede-stehenden Geschwulst zuwandte, vermochten sie der von Clarke gegebenen Beschreibung nur wenig hinzuzufügen.

Selbst diejenigen, welche sich mit der mikroskopischen Analyse der Geschwulst befassten, wie Anderson[1]), Simpson[2]), Walshe[3]), haben nicht viel zur Aufklärung beigetragen, zumal ihre Ansichten nicht nur bezüglich der Structur der Geschwulst, sondern auch hinsichtlich ihrer Natur weit auseinander gingen. Gooch[4]), Hooper[5]), Davis[6]), Ashwell[7]) halten die Geschwulst für Krebs, während sie Clarke[8]), Burns[9]), Simpson[10]) und Safford Lee[11]) für eine krankhafte Bildung ansprechen, die nicht nothwendigerweise maligner oder krebsiger Natur sein muss. Als Beweis für die Ansicht der Ersteren gilt ihnen die Möglichkeit der Wiederkehr nach erfolgter Exstirpation, die Letzteren hingegen behaupten, dass Recidive nicht vorkommen, wenn die Entfernung eine radicale war. Auch Walshe schliesst sich den Vertretern der Krebstheorie an und bezieht sich auf mehrere von ihm beobachtete Fälle, in denen während des Lebens alle Symptome des Blumenkohlgewächses vorhanden waren, post mortem aber nur pulpige, gehirnartige Massen zurückblieben und auch der Uterus als Sitz unzusammenhängender krebsiger Formationen angetroffen wurde.

Bei den Schriftstellern des Continents war die Unklarheit über die hier in Rede stehende Krankheit nicht minder gross, so dass Vir-

---

[1]) Dublin Journal. Vol. XXVI, p. 402.
[2]) Edinb. Med. and surg. Journ. 1841.
[3]) The nature and treatment of cancer. London 1846, p. 465.
[4]) Diseases of Women. London 1831, p. 293.
[5]) Morbid Anatomy of the human uterus. London 1832, p. 13 und 16.
[6]) Obstetric Medicine. London 1836. Vol. II, p. 740.
[7]) Krankheiten des weiblichen Geschlechts. Deutsch von Hölder. Stuttgart 1853. — [8]) A. a. O. — [9]) Midwifery. London 1824.
[10]) Dublin Journal 1876, p. 370.
[11]) On tumors of the uterus and its appendages. London 1847, p. 81.

chow[1]) noch 1850 schreiben konnte: „Seit 1809, wo John Clarke diese Form (Blumenkohlgewächse des Muttermundes) zuerst in der Londoner Society for the improvement of medical and chirurgical knowledge beschrieb, ist eigentlich die Kenntniss derselben nur zurückgegangen, da fast alle Schriftsteller des Continents dem Beispiele von Hooper gefolgt sind, der das Blumenkohlgewächs als Markschwamm bezeichnet."

Gusserow[2]) ist neulich mit der Behauptung aufgetreten, dass jedes Blumenkohlgewächs das Anfangsstadium zu einem papillären Schleimhautkrebse sei. Nach den Erfahrungen, welche wir zu sammeln Gelegenheit hatten, sind wir ausser Stande, uns diesem allgemeinen Gesetze anzuschliessen.

Vielmehr scheint sich der Vorgang so zu verhalten, dass sowohl die Degeneration der Papillen als des Schleimhautepithels, vielleicht auch beider zugleich, zur Bildung eines Blumenkohlgewächses Anlass geben kann. Degeneriren die Papillen, dann erhält das Blumenkohlgewächs eine papilläre bindegewebige Structur und geht, wie schon Virchow angegeben, in der Regel — jedoch, wie bereits bemerkt, nicht immer — in die cancroide Form über. Verdankt die Neubildung aber einer Degeneration des Epithels ihre Entstehung, dann entwickelt sich von vorn herein ein Epithelialcarcinom und bleibt es während ihrer ganzen Lebensdauer. Warum die Degeneration Platz greift und warum in dieser Form? diese Fragen gehören in die Aetiologie des Gebärmutterkrebses überhaupt und sind von uns an einem andern Orte discutirt worden[3]). Soviel steht fest, dass schon die physikalischen Verhältnisse eine an der Oberfläche der Vaginalportion vor sich gehende Wucherung zum Wachsthume in die Scheide hinein begünstigen. In der That haben schon die älteren Autoren darauf hingewiesen, dass in den meisten Fällen von Blumenkohlgewächsen der Uterus von der Invasion verschont bleibt; auch Breslau bemerkt in seinem Falle, dass der Tumor noch eben von der Vaginalinsertion scharf begrenzt war; so war es auch in mehreren von uns operirten Fällen. Wir können daher der Ansicht Gusserow's nur zustimmen, dass die ganze Gutartigkeit der in Rede stehenden Geschwülste wahrscheinlich darin besteht, dass sie frühzeitig die Auf-

---

[1]) Gesammelte Abhandlungen. Hamm 1862. S. 1020.
[2]) Gusserow: Ueber Carcinoma uteri. Volkmann's Sammlung klinischer Vorträge. Leipzig 1871. S. 10.
[3]) Krankheiten des weiblichen Geschlechts. Bd. II, S. 480.

merksamkeit auf sich lenke und dadurch die Möglichkeit biete, frühzeitig und radical extirpirt zu werden.

Bei der Untersuchung der Geschwulst findet man deren Oberfläche
aus lauter zottenartigen Verzweigungen zusammengesetzt und auch die
solideren Parthien aus einzelnen Kölbchen bestehend, deren jedes die
Charaktere des Epithelialkrebses in der ausgesprochensten Weise darbietet. Ausserdem sind lange Reihen mächtiger Hohlräume und
Riesenzellen in grossen Massen vorhanden. Die Gefässe, welche die
Geschwulst nach allen Richtungen hin durchziehen, sind zahlreich,
von grossem Kaliber und dünnwandig, eine Beschaffenheit, welche
die ebenso häufigen als gefährlichen Blutungen, an denen mit Blumenkohlgewächsen behaftete Frauen leiden und oft zu Grunde gehen,
zur Genüge erklärt.

4. Lageveränderungen des Cervix.

Die Lageveränderungen des Gebärorganes sind bekanntlich
zweierlei Art, nämlich solche, bei denen der Uterus in toto, d. h. Uterus
und Cervix, seine normale Lage ändert, ohne eine Aenderung in der
Richtung seiner Achse zu erleiden, und solche, in denen sowohl der
Ort als die Achsenrichtung verändert wird. Zu den Dislocationen der
erstern Art gehören die Versionen, die Senkung, der Ascensus und
der Prolapsus; zu den Dislocationen der letztern Art werden die
Flexionen und die Inversionen gezählt.

Bei allen denjenigen Malpositionen, in denen der Uterus in toto
aus seiner gewöhnlichen Lage heraustritt, um sich in eine ungewöhnliche zu begeben, spielt der Cervix eine ganz passive Rolle und folgt
einfach, da die Längenachse des Uterus nicht alterirt wird, der allgemeinen Bewegung, wie die Veränderung der Achsenlage hier überhaupt
nur eine Folge der allgemeinen Lageveränderung ist.

Findet aber eine Alteration im Verlaufe der uterinen Längenachse
statt, dann tritt das Umgekehrte ein, d. h. die Lageveränderung des
Uterus ist eine Folge der Achsenrichtung, die Achse bricht oder
wird an einer Stelle geknickt und theilt den Uterus dermaassen in zwei
Theile, in den untern, stets kleinern und in den obern, stets grössern
Theil. Die Knickung erfolgt fast immer in der Gegend des innern
Muttermundes, so dass der Uterus vom Cervix abgeknickt, ersterer da-
her stets seiner ganzen Länge nach eine Lageveränderung erleidet,

während letzterer, der Cervix, in Folge einer Flexion seine Lage nur im oberen Abschnitte zu verändern braucht.

Die Rolle, welche der Mutterhals bei diesem Vorgange spielt, ist eine so selbständige und ihre Bedeutung für unser Thema eine so viel wichtigere als diejenige, welche vom Uterus übernommen wird, dass es gerathen erscheint, sie einer selbständigen Besprechung zu unterziehen, die anderen Lageveränderungen des Cervix aber im Zusammenhange mit denen des Uterus abzuhandeln.

Die Knickung kann sowohl nach vorn (Anteflexio), wie nach hinten (Retroflexio), als auch nach den Seiten hin (Lateroflexio), stattfinden.

Die Stellung, welche wir zur Frage der sogenannten normalen Anteflexion einnehmen, haben wir bereits präcisirt[1]) und dabei zugleich eine Antwort auf die von verschiedenen Seiten aufgeworfene Frage ertheilt, wann denn eine Knickung für pathologisch zu halten sei. Für uns ist jede Flexion, welche schon durch die Digitaluntersuchung nachgewiesen werden kann, eine pathologische, ganz gleichgültig, ob sie mit krankhaften Symptomen einhergeht oder nicht. Fragt ja doch Niemand bei einer Ankylose und dergleichen ob sie mit Schmerzempfindungen oder anderen pathologischen Phänomenen einhergeht oder nicht; einmal, und zwar bevor der Process der Gelenksentzündung abgelaufen war, haben sie bestanden; und wahrscheinlich war das auch im Uterus der Fall, als sich die Knickung ausbildete, nur kann ihre Intensität so gering gewesen sein, dass die Patientin sie kaum oder nur kurze Zeit empfunden hat. Ja die Knickung kann das ganze Leben hindurch bestehen, ohne dass die Patientin eine Veranlassung hat, ärztliche Hülfe nachzusuchen, und der Zustand erst gelegentlich am Secirtische zur Beobachtung gelangt. Nichtsdestoweniger wird Niemand in Abrede stellen wollen, dass ein solcher Uterus sich unter pathologischen Verhältnissen befunden habe.

Die wesentlichste Frage, welche rücksichtlich der Uterusflexionen zu beantworten ist, bezieht sich auf die Art und Weise ihrer Entstehung, ob diese eine organische oder eine mechanische, d. h. ob die wesentliche Ursache in dem Uterus selbst oder ausser ihm zu suchen sei? Hier stehen die grössten Autoritäten der pathologischen Anatomie einander gegenüber. Virchow[2]) hat sich dafür entschieden, dass die Ursache der Flexionen eine mechanische, ausserhalb des Uterus

---

[1]) Siehe S. 50 ff.
[2]) Allgem. Wiener med. Zeitung 1859. Nr. 4, 5, 6 u. 21.

gelegene sei, und dass die organischen Veränderungen des Uterus-
Parenchyms, welche er für gewisse Fälle ausdrücklich anerkannt hat,
consecutiver Art seien.   Rokitansky[1]) hingegen behauptet gerade
umgekehrt, dass sie primär und bestimmend seien. Nach den von uns
sowohl am Leichentische wie in der Praxis gewonnenen Resultaten vermögen wir die Ueberzeugung nicht von uns zu weisen, dass auch hier
die Wahrheit in der Mitte liege, d. h. dass eine äussere Veranlassung
den Anstoss zur Flexion giebt, dass diese aber, wenn die Gewebe des
Uterus gesund sind, zur Ausbildung nicht gelangen kann.

Sei es, dass der Uterus an seinem obern Abschnitte einen grössern
Umfang gewinnt, sei es, dass er, etwa durch eine Geschwulst, in abnormer Weise belastet wird, sei es, dass er von einer Seite her einen

Fig. 45.

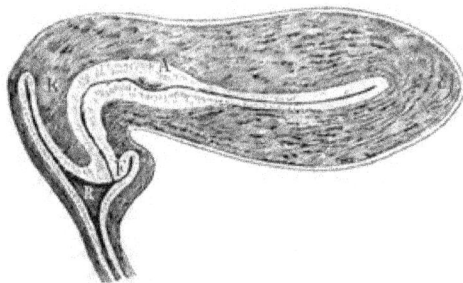

Anteflexio uteri.   K Knickungsstelle.   F Vorderes Scheidengewölbe.   A Ovulum Nabothi.
R Receptaculum seminis.   (Natürliche Grösse.)

übermässigen Druck oder Zug erfährt, immer wird der untere Abschnitt,
der Cervix, durch diese abnormen Einflüsse mit betroffen.   Es wird
ganz dasselbe eintreten, was wir als den normalen Vorgang im kindlichen Alter beschrieben haben[2]), d. h. die Pars minoris resistentiae
wird nachgeben, es wird an dieser Stelle eine Flexion entstehen. Der
Unterschied besteht nur darin, dass im kindlichen Alter der Uterus
sich noch auszubilden hat und im Verlaufe seiner Entwicklung stark
genug wird, um die Knickung ganz oder fast ganz auszugleichen, während bei Erwachsenen das Verhältniss ein umgekehrtes ist. Der Beginn
der Flexion mag ein rein mechanischer, durch die abnorm wirkende
Kraft, wie Druck, Zug etc. gebotener sein.   Bald aber tritt derjenige
Process ein, welcher Graily Hewitt[3]) veranlasst hat, die Knickung als

---

[1]) Ibidem Nr. 17 u. 18. — [2]) Siehe S. 56. — [3]) Frauenkrankheiten. Erlangen 1873.

eine Art Strangulation aufzufassen, es machen sich Ernährungs-
störungen geltend, welche sowohl zu einer Auflockerung der von der
Knickung betroffenen Gewebe, wie zu einer Induration derselben führen
kann. Die Fälle der ersten Reihe sind jene, welche mehr oder minder
leicht reparirt werden können, während die Fälle der letzten Reihe,
glücklicherweise die bei weitem grössere Minderzahl, sich nur äusserst

Fig. 46.

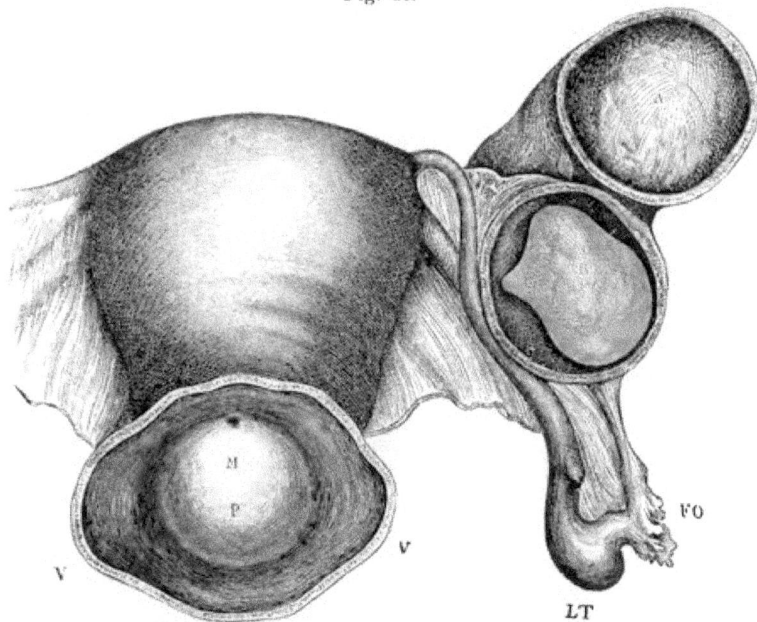

Anteflexio uteri. *P* Portio vaginalis. Bei *M* der punktförmige stenosirte äussere, dem
vordern Scheidengewölbe anliegende Muttermund. *V V* Vagina. *L T* Linke Tuba. *F O*
Fimbria ovarica. Linkes Ovarium in eine kleine Cyste (*A*) umgewandelt, welche durch ein
frisches Blutcoagulum (*B*) ausgefüllt ist. (Natürliche Grösse.)

schwer oder gar nicht aufrichten lassen. Das in Fig. 45 abgebildete
Präparat ist ein Beispiel der letztern Art.

Das Präparat bietet insofern ein besonderes Interesse, als hier
lediglich der Cervix, und zwar unterhalb des innern Muttermundes von
der Flexion betroffen ist, der Uterus aber, mit Ausnahme seiner nothwendig gewordenen Verlagerung nach vorn ganz intact ausgeht. An
der Knickungsstelle hatten die Gewebe eine so derbe Beschaffenheit
angenommen, dass es selbst mit Aufwand einer ziemlich grossen Gewalt nicht möglich war, die Geraderichtung zu bewerkstelligen. Da

der Cervix seine Lage nur in dem untern Abschnitte geändert hatte,
war auch der Bestand des Receptaculum seminis nicht gefährdet, so
dass die räumlichen Verhältnisse des Cervix und der Vagina keine
wesentliche Alteration erlitten hatten.

Die Knickungsstelle wird, wie bereits bemerkt, nur ausnahmsweise
an der Stelle, wie in dem hier abgebildeten Falle gefunden, in der
Regel liegt sie am innern Muttermunde, nach Virchow's Auffassung[1])
gegenüber und beeinflusst von der Anheftungsstelle das Peritoneum an
der vordern Fläche des Uterus. In den meisten Fällen ist sowohl der
obere Abschnitt des Cervix, als der untere des Uterus in die Curve

Fig. 47.

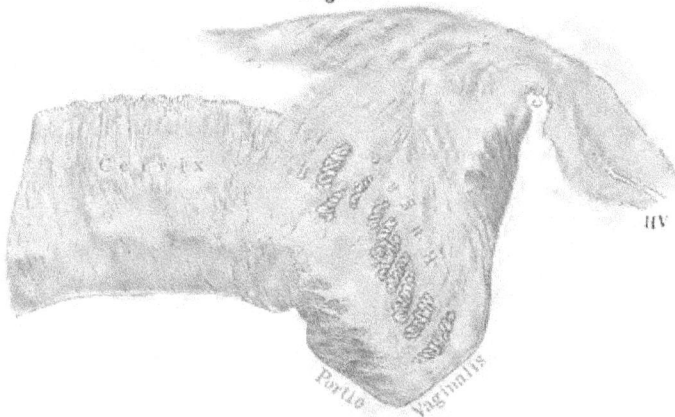

Anteflexio uteri. Längsschnitt durch die Vaginalportion des in Fig. 46 abgebildeten Präparates. *H V* Hintere Vaginalwand. *C* Hinterer Cul de sac. (Lupenvergrösserung.)

einbezogen und von der Beschaffenheit der Wandungen, von ihrer
Mächtigkeit, Derbheit oder Auflockerung hängt die Art der Veränderung ab, welche der Cervicalcanal an der Knickungsstelle erleidet, ob
er gänzlich verschlossen, oder bloss verengt wird oder ganz unbehelligt
bleibt. Jeder dieser Zustände muss nothwendigerweise in einer besondern Art bestimmend auf die Functionen des Geschlechtslebens ihren
Einfluss ausüben, welcher noch erhöht wird, wenn noch andere Verhältnisse, wie z. B. in Fig. 46 interveniren, wo neben einer Anteflexion
und deren bald zu erwähnenden Folgezuständen noch eine Stenose
des äussern Muttermundes vorhanden war.

Hier haben wir es mit einem weit hochgradigern Falle, als dem in

---

[1]) A. a. O.

Fig. 45 abgebildeten, zu thun. Die Krümmung des Cervix ist so gross, dass das stenosirte Os externum weit nach vorn und oben gezerrt, das Receptaculum seminis dadurch aber gänzlich aufgehoben worden ist.

Aeusserst merkwürdig war der Befund im Cervicalcanale. Durch die hochgradige Curvatur der Vaginalportion und des über derselben gelegenen Cervicalabschnittes ist die Schleimhaut der vordern und hintern Wand der Cervicalhöhle mit ziemlich grosser Intensität aneinander gepresst und wahrscheinlich in einen entzündlichen Zustand versetzt worden. Die Folge davon war eine Verwachsung der beiden Schleimhautflächen, namentlich der gegenüberliegenden Rugae, wodurch diese ein gitterförmiges Aussehen gewonnen haben, wie es in Fig. 47 dargestellt erscheint.

Es handelt sich hier offenbar um einen ähnlichen Process, wie er von Wilson Fox und uns in den Zotten von Ovarialcysten beobachtet worden ist [1]), wobei es durch Juxtaposition zur Verwachsung der betreffenden Zotten und zur Cystenbildung gekommen war.

Wir begegnen oft Fällen von Ante- oder Retroflexion, in denen wir ausser Stande sind, mit der Sonde vorzudringen, bevor wir noch an die Knickungsstelle angelangt sind; die Vermuthung ist durchaus nicht von der Hand zu weisen, dass wir es in diesen Fällen mit

Fig. 48.

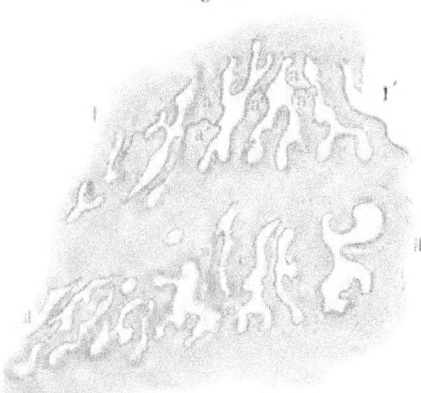

Gitterförmige Verwachsungen der Rugae im Cervix uteri.
(Hartnack, Ocul. 1. Syst 1.)

Verwachsungen der hier geschilderten Art zu thun haben. Legen wir die in Fig. 47 dargestellten, aus der Verwachsung der Rugae gebildeten Gitter unter das Mikroskop, dann erblicken wir in jedem derselben ein Bild, wie es dem in Fig. 48 wiedergegebenen entspricht. $I - I'$ und $II - II'$ sind zwei durch intacte Gewebe getrennte Gitter, in denen manche der Verwachsungsstellen (a, a', a'', b, c) noch deutlich zu erkennen sind.

---

[1]) Krankheiten des weiblichen Geschlechts. Bd. I, S. 468.

Die Retroflexion bietet im Allgemeinen dieselben pathologisch-anatomischen Verhältnisse dar. Für uns ist ihre Bedeutung mit derjenigen der Anteflexion identisch. Der anatomischen Beschaffenheit nach sollte man das häufigere Vorkommen der letztern gegenüber der erstern vermuthen. Allein die Erfahrung der Autoren variirt in weiten Grenzen. Namentlich besteht ein merklicher Unterschied zwischen der am Secirtische und der am Krankenbette gewonnenen Erfahrung; doch auch die Kliniker und praktischen Aerzte kommen, je nach dem Umfange des von ihnen untersuchten Materials, zu verschiedenen Resultaten. Virchow lässt sich über diesen Gegenstand folgendermaassen vernehmen[1]: „Von Anfang an habe ich, wie Rokitansky, Cruveilhier, Deville, die grössere Frequenz der Anteflexion hervorgehoben. Die anatomische Erfahrung an Leichen liess darüber keinen Zweifel, und die klinischen Beobachtungen schienen, wie besonders Kiwisch und Carl Meyer bemerkten, gerade das Umgekehrte zu beweisen. Dieser Widerspruch dürfte sich dahin auflösen, dass die Retroflexion häufig zu anderweitigen krankhaften Störungen Veranlassung giebt, und daher häufiger die Frauen veranlasst, ärztliche Hülfe zu suchen, während die Anteflexion selbst in höherem Grade häufig ertragen wird, ohne stark zu belästigen." Eine 1500 Fälle von Flexionen enthaltende Liste elf verschiedener Autoren giebt zwar den Ausschlag zu Gunsten der Retroflexion (929 Fälle) gegenüber der Anteflexion (571 Fälle), allein die Einzelerfahrungen sind der Art, dass sie zur Vorsicht in der Beurtheilung mahnen. Jedenfalls dürfen die Acten über diesen Gegenstand noch lange nicht als geschlossen betrachtet werden.

B. Entzündungsprocesse des Uterus.

a. Endometritis.

In derselben Weise, wie die Schleimhaut des Cervix uteri selbstständig erkranken kann, vermag es auch die Schleimhaut des Uterus, d. h. die Auskleidung der Gebärmutterhöhle, zu thun. Die entzündliche

[1] Allgemeine Wiener medicinische Zeitung. 1859. S. 26.

Affection derselben ist unter dem Namen der **Endometritis** bekannt. Dieselbe kann idiopathisch und acut auftreten, oder eine Folgeerscheinung anderer pathologischer Processe sein und gleich den subacuten oder chronischen Charakter annehmen.

Die Neigung der Uterinschleimhaut für inflammatorische Processe wird bereits durch die Aufgabe bedingt, welche sie zu lösen hat, und die mit Congestionsphänomenen verbunden ist, welche sich bis zu tagelangen Blutungen steigern. Die menstrualen Vorgänge und die Umwandlungen, welche in der Schleimhaut nach eingetretener Conception vor sich gehen, liefern den Beweis dafür. Es wird daher die Thatsache nicht überraschen, dass in diesen beiden physiologischen Vorgängen auch eine sehr häufige Veranlassung für die Endometritis gefunden wird; denn Störungen dieser normalen Phänomene, Schädlichkeiten, denen sich eine Person während derselben aussetzt, werden leicht die normalen Vorgänge in pathologische verwandeln.

Dieselben Folgen werden directe Verletzungen oder Irritationen nach sich ziehen können, wie sie durch traumatische Eingriffe geschehen, durch Anwendung von Instrumenten oder Aetzmitteln auf die Schleimhaut, durch Reibung, Druck etc., welche von Neubildungen ausgehen, die entweder in dem Uterusparenchym wachsen und daselbst verharren, oder sich in die Uterinhöhle hineinprojiciren. Die durch Tripperansteckung hervorgerufene Entzündung der Scheide und des Cervix bleibt selten lange auf diese Localitäten beschränkt, sondern setzt sich rasch auf die Schleimhaut des Uterus fort, geht auf die Tuben über und erstreckt sich sogar noch weiter auf das Peritoneum.

Bei der grossen Sympathie, welche unter den einzelnen Abschnitten des Genitalapparates für gewisse Erkrankungen angetroffen wird, kommt auch das Umgekehrte nicht selten vor, d. h. dass entzündliche Processe, welche vom Perimetrium ausgehen, entweder rasch durch die Tuben auf die Schleimhaut der Uterinhöhle fortschreiten, oder diese auf dem Wege der Sympathie in Mitleidenschaft ziehen.

Endometritis in Folge gewisser Infectionskrankheiten, wie des Typhus, der Tuberculose und Scrophulose, der Cholera und exanthematischer Eruptionen gehören durchaus nicht zu den Seltenheiten.

Die Uterinschleimhaut unter dem Einflusse der acuten Entzündung zeichnet sich durch einen vermehrten Blutreichthum aus, in Folge dessen die Gewebe anschwellen, sich lockern und nicht selten frische Blutextravasate oder Spuren derselben an sich tragen. Das Epithel verliert seine Flimmerhaare und die Utriculardrüsen werden vergrössert; die Secretion ist vermehrt, hat Anfangs eine dünnflüssige, später eine

dicke, zähe, schleimig-eitrige Beschaffenheit; die Temperatur des zuweilen vergrösserten Uterus ist erhöht und die Berührung des Organes
schmerzhaft.

Nach kürzerm oder längerm Bestande geht der Zustand in das
chronische Stadium über, welches als der eigentliche *Catarrh der Gebärmutter*, der sogenannte *Fluor albus* bekannt ist. Die jetzt producirten
Secrete können ganz enorm sein, so dass die Patientinnen zahlreicher
Tücher im Laufe eines Tages bedürfen, um sich nur trocken zu halten
und die äussere Scham sowohl als die Schenkel gegen Entzündung und
Excoriationen zu schützen.

Die Anfangs hypertrophische Schleimhaut geht nach längerm
Bestande des Processes in das Gegentheil über, sie wird atrophisch,
nachdem sie nicht nur ihr Cylinderepithel, sondern auch ihre Drüsen
verloren hat. An Stelle des erstern treten, wie Schroeder[1]) bereits
sehr richtig beobachtet hat, „niedrige, polymorphe, mehr Plattenepithelien ähnliche Zellen, dabei wird die Schleimhaut ganz dünn,
atrophisch, und schliesslich ist die Uterushöhle von einem einfachen
Bindegewebslager ausgekleidet." Diese Plattenepithelien ähnlichen
Zellen können von Zeit zu Zeit als zusammenhängende Membran ausgestossen werden — Endometritis exfoliativa — und bei wenig
sorgfältiger Untersuchung allerdings Zweifel darüber aufkommen lassen,
ob die Ursprungsquelle dieser Membranen wirklich die Uterinhöhle
sei. Das passirte jüngst erst einem sonst so sorgfältigen Beobachter wie
Leopold[2]), welcher in zwei von uns publicirten Fällen sogenannter
Dysmenorrhoea membranacea[3]) — wofür wir den Namen „Endometritis
exfoliativa" vorgeschlagen haben —, deren Zusammensetzung sich
aus Plattenepithel erwiesen hatte, seine Bedenken darüber aussprach,
ob die von uns untersuchten Membranen wirklich Gebärmutterschleimhaut und nicht die Schleimhaut der Vaginalportion oder der Scheide
waren, weil Plattenepithel ja an der Schleimhaut der Gebärmutterhöhle
nicht vorkomme. Dieses Bedenken entbehrt offenbar jeder materiellen
Grundlage, und die daraus gezogenen Schlüsse erweisen sich als hin-
fällig. Die Voraussetzung Leopold's passt nur auf die Gebärmutterschleimhaut im gesunden Zustande. Wenn sie erkrankt, ändert sich
ihre Structur eben, und mit demselben Rechte, mit welchem Leopold
die Abstammung der von uns beschriebenen Membranen anzweifelt,

---

[1]) Krankheiten der weiblichen Geschlechtsorgane. Leipzig 1874. S. 122.
[2]) Archiv für Gynäkologie. Bd. X, S. 293.
[3]) Archiv für Gynäkologie. Bd. IX, S. 83.

könnte er seinen Zweifel gegen das Vorkommen des Gebärmutterkrebses erheben, da die Elemente, welche letzteren zusammensetzen,
gleichfalls im Uterus nicht vorkommen, d. h. wenn er gesund ist. In
dieser Weise liesse sich alles Pathologische anzweifeln, welches im normalen Zustande in den erkrankten Geweben nicht anzutreffen ist.

In manchen Fällen gehen einzelne circumscripte Parthien der
Gebärmutterschleimhaut eine hyperplastische Veränderung ein, in Folge
welcher diese Stellen nicht nur derber werden, sondern sich hügel-
förmig über ihre Umgebung erheben; am passendsten dürfte ihr Aussehen mit den sogenannten Hühneraugen verglichen werden, deren
Zahl so gross sein kann, dass sie, dicht neben einander sitzend, die
ganze Fläche der Schleimhaut bedecken. Ob dieser Process das Anfangsstadium dessen ist, was in einer mehr vorgeschrittenen Entwick-
lungsphase die Endometritis polyposa [1] darstellt, haben wir noch
nicht constatiren können. Dieselbe besteht bekanntlich in der Bildung
zottiger, polypöser, fungöser Massen oder querverlaufender Wülste ,
an der Schleimhaut des Uterus.

Ausser dieser circumscripten Hyperplasie begegnen wir in der
Gebärmutterhöhle auch jenen Bläschen — oder cystenförmigen Degeneration, wie wir sie in der Schleimhaut des Cervix beschrieben haben.
Wir haben sie im Cavum uteri jedoch niemals von solcher Intensität
gesehen, wie wir sie im Cavum cervicis angetroffen, woselbst die Bläschen oder Cystchen selbst einen weit grössern Umfang als dort gewinnen.

Diese Bläschen oder Cystchen fehlen bei der hyperplastischen Beschaffenheit der Uterinschleimhaut selten, sie können jedoch auch ganz
selbständig als vesiculäre Degeneration der Schleimhaut auftreten.
Eine auch nur annähernde Ausbildung in der Weise, wie wir sie im
Cervix beobachtet und in Fig. 37 dargestellt, haben wir sie in der
Gebärmutterhöhle, wo sie den Fundus besonders gern zum Sitze zu
wählen scheinen, niemals gewinnen sehen. Uebrigens werden sie schon
im Uterus ganz junger Kinder angetroffen.

Selbst wenn sie gleichzeitig mit der vesiculären Degeneration im
Cervix vorkommen, bilden sie nur eine schwache Nachahmung dessen,
was hier vor sich geht. Der mikroskopische Befund hingegen ist derselbe; er weist neben massenhaften, theils intacten, theils degenerirten
Drüsen, die Bildung zahlreicher Bläschen oder Cystchen nach.

---

[1] Slavianski, Archives de Physiol. II. Série 1874, S. 53.

b. Metritis.

Die **Entzündung des Uterus-Parenchyms — Metritis —** tritt wohl niemals als idiopathische Erkrankung auf, sondern folgt entweder der Endometritis oder der Perimetritis, welche nach kürzerem oder längerem Bestande die mächtigsten der die Uterinwände zusammen-

Fig. 49.

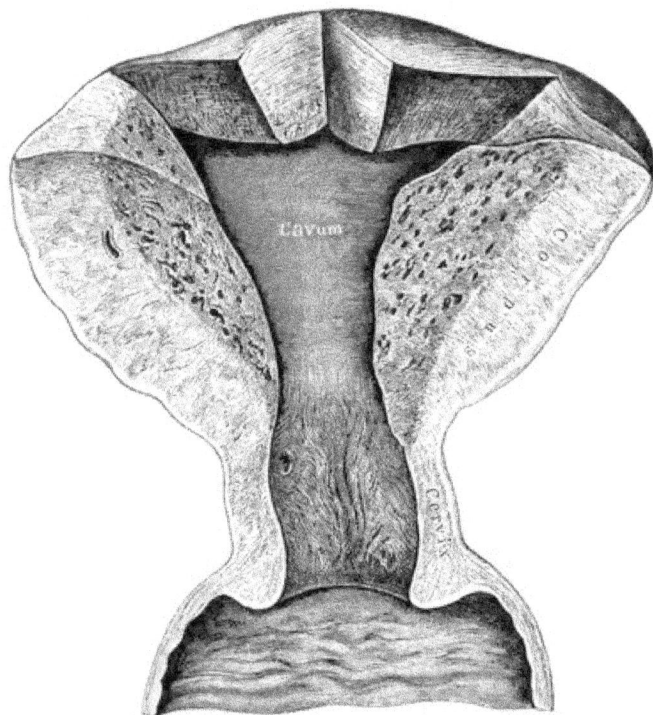

Entzündung des Corpus uteri bei völliger Integrität des Cervix. (Natürliche Grösse.)

setzenden Schichten in das Bereich der Erkrankung zieht. Die Gewebe werden daher durch den vermehrten Blutzufluss mit Serum oder Blut durchtränkt, schwellen zum Mehrfachen ihres ursprünglichen Volumens an, werden Anfangs locker, später durch Bindegewebsneubildung derb, führen Gefässe grossen Kalibers und zeichnen sich, gleich dem puerperalen Uterus, durch weite Räume aus, welche theils mit Blut, theils mit einer zähen, colloidartigen Flüssigkeit ausgefüllt sind.

Ganz in derselben Weise, wie wir es bei dem identischen Processe des Cervix gesehen haben, vermag die Vergrösserung des Corpus sich in der Nähe des Os internum abzugrenzen und den untern Abschnitt der Gebärmutter, also Cervix und Vaginalportion, vollkommen intact zu lassen.

Einen typischen Fall dieser Art bildet das in Fig. 49 dargestellte Präparat.

Fundus und Corpus sind bedeutend vergrössert und siebförmig von durchschnittenen Gefässen durchsetzt, während sich in der Cervicalhöhle selbst die Rugae ihre normale Beschaffenheit bewahrt haben. Auch das Cavum uteri ist stark erweitert und auch die Adnexa haben sich, wahrscheinlich in Folge der pathologischen Vorgänge, bedeutend vergrössert. Am besten wird dies ein Blick auf die Maassverhältnisse lehren, welche wie folgt gefunden wurden:

	Mm.
1. Gesammtlänge des Uterus	83
2. Länge des Körpers	40
3. „ „ Halses	31
4. Breite des Fundus	65
5. Breite der Uterinhöhle	44
6. „ des Os intern.	21
7. „ der Cervicalhöhle	27
8. „ des Os extern.	21
9. Dicke des Fundus (aussen) . . .	25
10. „ des Körpers (aussen) . . .	56
11. „ der vordern Wandung:	
a) am Fundus	16
b) „ Corpus	34
c) „ Cervix	13
12. Dicke der hintern Wandung:	
a) am Fundus	9
b) „ Corpus	19
c) „ Cervix	7
13. Dicke des Fundusdaches	16
14. Länge der vordern Lippe	7
15. Dicke „ „ „	8
16. Länge der hintern Lippe	6
17. Dicke „ „ „	6
18. Capacität der Uterushöhle . . .	20,0 Grm.
19. Rechter Eierstock:	
a) Länge	67
b) Breite	33
c) Dicke	15
20. Linker Eierstock:	
a) Länge	71
b) Breite	49
c) Dicke	20
21. Länge der rechten Tuba	80
22. „ „ linken „	92
23. Entfernung der beiden Ost. Tub.	
abdom.	—

Auch das rechte Ligamentum latum hatte sich bedeutend verdickt und enthielt einen faustgrossen Abscess, welcher sich bis dicht an den Rand des Uterus und längs desselben erstreckte. Bei der Eröffnung desselben entleerte sich eine grosse Quantität nichtputriden Eiters. Von den gefranzten Tubarenden hingen beiderseits mehrere grössere morgagnische Hydatiden herab.

Am auffallendsten ist die Beschaffenheit der Ovarien. Beide waren enorm vergrössert, allein diese Vergrösserung kann so gut mit der Metritis in einem unmittelbaren Zusammenhange stehen, wie auch angeboren sein. Das linke Ovarium etwas grösser als das rechte, zeichnet sich durch seine regelmässige nierenförmige Gestalt aus;

Fig. 50.

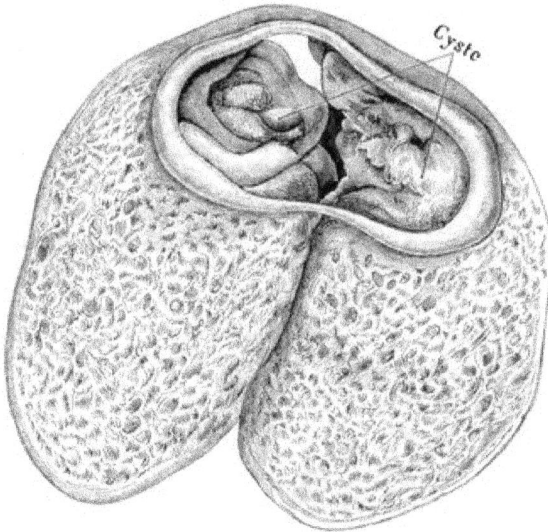

Rechtes Ovarium des in Fig. 49 abgebildeten Präparates, durch einen senkrechten Schnitt in zwei Hälften auseinander gelegt, am innern Ende eine Cyste enthaltend. (Natürliche Grösse.)

das rechte kleinere bietet diese Regelmässigkeit in seinen Verhältnissen nicht dar und birgt in seinem innern, dem Uterus zugekehrten, Ende eine wallnussgrosse Cyste mit Wucherungen an deren Auskleidung. Bei der mikroskopischen Untersuchung beider Eierstöcke werden im Parenchym ziemlich zahlreiche Follikel normaler Beschaffenheit angetroffen.

c. Der chronische Infarct des Uterus. — Metritis hypertrophica.

Die Alten haben für die wesentlichsten Symptome der Entzündung
Dolor, Rubor, Tumor gehalten, und in diesem Sinne gehört die
chronische Metritis oder der chronische Infarct unzweifelhaft in die
Reihe der Entzündungen, aus welcher ihn manche Autoren gestrichen
wissen möchten.   Diese drei Hauptsymptome sind entweder in irgend
einem Stadium gleichzeitig vorhanden, oder sie treten in verschiedenen
Entwicklungsperioden auf.

Das Wesentliche dieser Erkrankung besteht darin, dass sie sowohl
den ganzen Uterus, d. h. Fundus, Corpus und Cervix, als auch alle
drei Gewebsschichten desselben befällt. In Folge dessen erleidet das
Gebärorgan in der Regel eine symmetrische Vergrösserung, die Schleimhaut wird verdickt, die Wandungen wachsen in ihrer Mächtigkeit, das
Perimetrium folgt dieser Zunahme und auch die beiden Höhlen erweitern ihre Capacität.

Alles das geschieht unter der lebhaftesten Vermehrung der Binde-
gewebselemente, welche in einem so bedeutenden Maasse vor sich zu
gehen pflegt, dass manche Autoren den Process in die Reihe der Neubildungen verweisen wollten.

In Folge der Massenzunahme des Uterus vermag sich dieser nicht
mehr in seiner gewöhnlichen Position im Becken zu erhalten, sondern
ist vielmehr gezwungen, seine Lage zu wechseln und, je nach Maassgabe der obwaltenden physikalischen und histologischen Verhältnisse,
eine Flexion zu erleiden oder eine Version vorzunehmen. Hierdurch
werden wiederum veränderte statische Verhältnisse herbeigeführt, die
Circulation des Blutes wird alterirt und hierdurch wiederum die Ernäh-
rungsvorgänge modificirt. Die Rückwirkung auf die menstrualen Vorgänge kann nicht ausbleiben und diese wieder beeinflussen die veränderten Zustände, welche bereits stabil geworden sind. Es ist ersichtlich, dass der chronische Infarct sehr complicirte Verhältnisse herbeiführen kann, deren richtige Würdigung von grosser Bedeutung sind, zumal die Erkrankung nicht nur zu den häufigsten pathologischen Vorgängen im Bereiche des Genitalapparates gehört, sondern in der
Sterilitätsfrage, wie wir sehen werden, eine wichtige Rolle spielt.

Da die Hypertrophie des Uterus und seiner Adnexa das auffallendste, der blossen Ocularinspection bereits zugängliche, Symptom

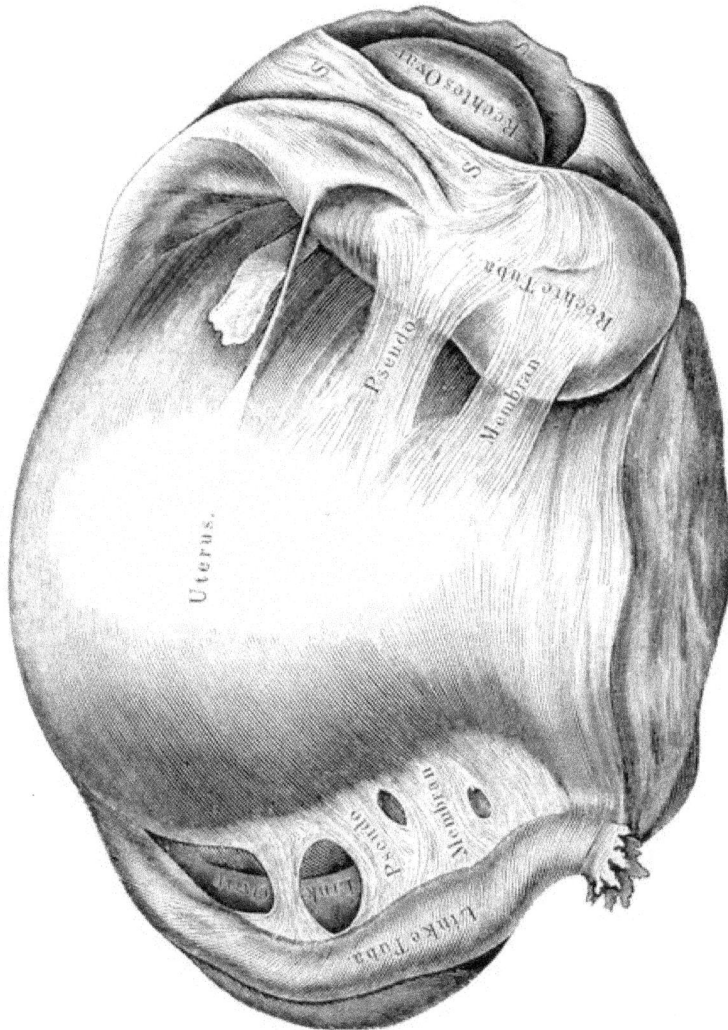

Fig. 51.

Puerperaler Uterus, vier Wochen nach erfolgter Entbindung. — S S S Pseudomembranöser Sack, nach dessen Eröffnung das sonst normale rechte Ovarium zu Tage tritt. (Natürliche Grösse.)

der Krankheit bildet, dürfte sich die Bezeichnung *Metritis hypertrophica* empfehlen.

Was die Veranlassung dieser Affectionen betrifft, so unterliegt es keinem Zweifel, dass die mangelhafte Involution des Organs im Puerperium eine der häufigsten, wenn nicht die allerhäufigste, bildet.

Bei den Frauen der ärmeren Classen, welche gezwungen sind, gar bald nach vollendetem Geburtsact das Bett zu verlassen, um das Haus zu besorgen, ja oft gleich schwere Arbeiten zu verrichten, gehören gesunde Generationsorgane zu den seltenen Ausnahmen; Entzündungen der einen oder andern Art werden fast stets angetroffen und die hypertrophische Form der Metritis, bildet einen Befund, der allzuhäufig constatirt werden kann.

Aber selbst wenn Ruhe im Bette eingehalten werden kann, vermag die Involution des Uterus, wenn sonstige allgemeine oder locale krankhafte Zustände vorhanden sind, wenn schädliche Einflüsse wirken oder Ueberreste in Folge von Vernachlässigungen in früheren Puerperien bestehen, in einem sehr hohen Grade nachtheilig beeinflusst zu werden, so dass noch Wochen nach der Entbindung die allgemeinen Dimensionen der Gebärmutter gross sind, dass der Zustand stabil und zum chronischen Infarkte wird.

Wir wollen aus einer Reihe von Messungen, welche wir an puerperalen Generationsorganen vorzunehmen Gelegenheit hatten, nur die beiden folgenden mittheilen und dabei bemerken, dass die Rubrik I. die Maasse eines Uterus und seiner Adnexa enthält, welcher von einer 34 Jahre alten Multipara herrührt, welche 28 Tage nach überstandener Entbindung an Lungenödem verstorben ist. In Rubrik II. sind die Maasse eines von einer siebenundzwanzigjährigen Frau herrührenden Uterus eingetragen, bei welcher der Tod am zwanzigsten Tage des Puerperiums in Folge eines Vitium cordis eingetreten war.

	I. Millimeter	II. Millimeter
1. Gesammtlänge des Uterus . . .	120	98
2. Länge des Körpers	70	40
3. „ „ Halses	40	36
4. Breite des Fundus	80	61
5. Breite der Uterinhöhle	50	36
6. „ des Os intern.	20	13
7. „ der Cervicalhöhle	25	19
8. „ des Os extern.	30	9
9. Dicke des Fundus (aussen) . . .	24	28
10. „ des Körpers (aussen) . . .	40	28
11. „ der vordern Wandung:		
a) am Fundus . . . . :	15	19
b) „ Corpus	20	16
c) „ Cervix	14	17
12. Dicke der hintern Wandung:		
a) am Fundus	17	9
b) „ Corpus	20	12
c) „ Cervix	9	7
13. Dicke des Fundusdaches	10	10
14. Länge der vordern Lippe	20	7
15. Dicke „ „	13	9
16. Länge der hintern Lippe . . .	10	15
17. Dicke „ „ „	8	6
18. Capacität der Uterushöhle	100,0 Grm.	40,0 Grm.
19. Rechter Eierstock:		
a) Länge	37	41
b) Breite	19	25
c) Dicke	11	10
20. Linker Eierstock:		
a) Länge	37	42
b) Breite	18	36
c) Dicke	9	16
21. Länge der rechten Tuba	105	89
22. „ „ linken „	98	74
23. Entfernung der beiden Ost. Tub.		
abdom.	280	—

Das in Fig. 51 abgebildete Präparat ist doppelt lehrreich; einerseits zeigt es nämlich, wie der mit Zurücklassung bedeutender pseudomembranöser Massen verlaufende Entzündungsprocess die Involution

12*

des Uterus erschwert oder unmöglich macht, weil das Organ wie mit
Stricken in seiner Position befestigt wird. Andererseits aber wirft das
Präparat ein Licht auf jene Fälle, in welchen eine noch im jugendlichen
Alter stehende Frau ein Kind gebärt, im Puerperium vielleicht unter
entzündlichen Erscheinungen erkrankt, scheinbar genesen das Wochen-
bett verlässt und fortan steril bleibt. Denn in dem hier vorliegenden

Fig. 52.

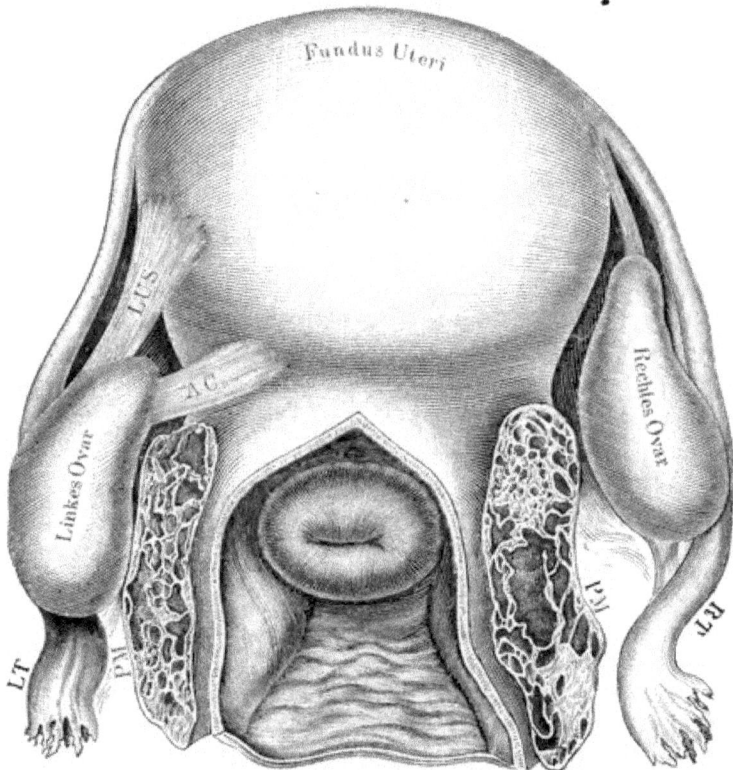

Metritis hypertrophica nebst Parametritis. *R T* Rechte Tuba. *L T* Linke Tuba. *P M* Parametrium. *L U S* Ligament des Ovarium. *A C* Ein accessorisches Ligamentum Ovarii.
(Natürliche Grösse.)

Falle ist eine Conception absolut nicht mehr möglich. Nicht nur liegen
beide Ovarien in pseudomembranöse Säcke eingebettet, sondern rechts
ist noch hochgradiger Hydrosalpinx vorhanden, während die linke,
sonst wegsame Tuba durch Bandmassen so fixirt ist, dass von einer
Annäherung an die von Pseudomembranen nicht verdeckten Flächen
des linken Ovariums gar keine Rede sein kann.

Nicht minder günstig für die Entstehung der hier in Rede stehenden Krankheit als die mangelhafte Involution erweisen sich rasch hintereinander folgende Schwangerschaften und häufige Reize im Bereiche des Genitalapparates, wie Onanie, die Ausübung des Beischlafs während der Menstruation, oder häufige und rohe Cohabitation auch ausser der Menstruationszeit und dergleichen mehr.

Einen mässigen Fall von sogenanntem chronischen Infarkte des Uterus nicht puerperalen Ursprungs stellt das in Fig. 52 abgebildete Präparat dar, dessen Maasse die folgenden waren:

	Mm.
1. Gesammtlänge d. Uterus	102
2. Länge des Körpers	42
3. „ „ Halses	34
4. Breite des Fundus	65
5. Breite der Uterinhöhle	19
6. „ des Os intern.	5
7. „ der Cervicalhöhle	15
8. „ des Os extern.	12
9. Dicke des Fundus (aussen) . . .	29
10. „ des Körpers (aussen) . . .	37
11. „ der vordern Wandung:	
a) am Fundus	19
b) „ Corpus	22
c) „ Cervix	12
12. Dicke der hintern Wandung:	
a) am Fundus	Nicht ge- messen
b) „ Corpus	
c) „ Cervix	
13. Dicke des Fundusdaches	18
14. Länge der vordern Lippe . . .	14
15. Dicke „ „ „	14
16. Länge der hintern Lippe . . .	11
17. Dicke „ „ „	11
18. Capacität der Uterushöhle .	10 Grm.
19. Rechter Eierstock:	
a) Länge	45
b) Breite	16
c) Dicke	19
20. Linker Eierstock:	
a) Länge	40
b) Breite	24
c) Dicke	10
21. Länge der rechten Tuba	96
22. „ „ linken „	100
23. Entfernung der beiden Ost. Tub. abdom.	—

In diesem Falle betrifft die Hypertrophie lediglich den Uterus, während die Adnexa unbetheiligt ausgehen. Das Parametrium aber beherbergt noch die Reste einer abgelaufenen Parametritis. Die Gefässe sind nicht nur vermehrt, sondern auch erweitert und mit geron-

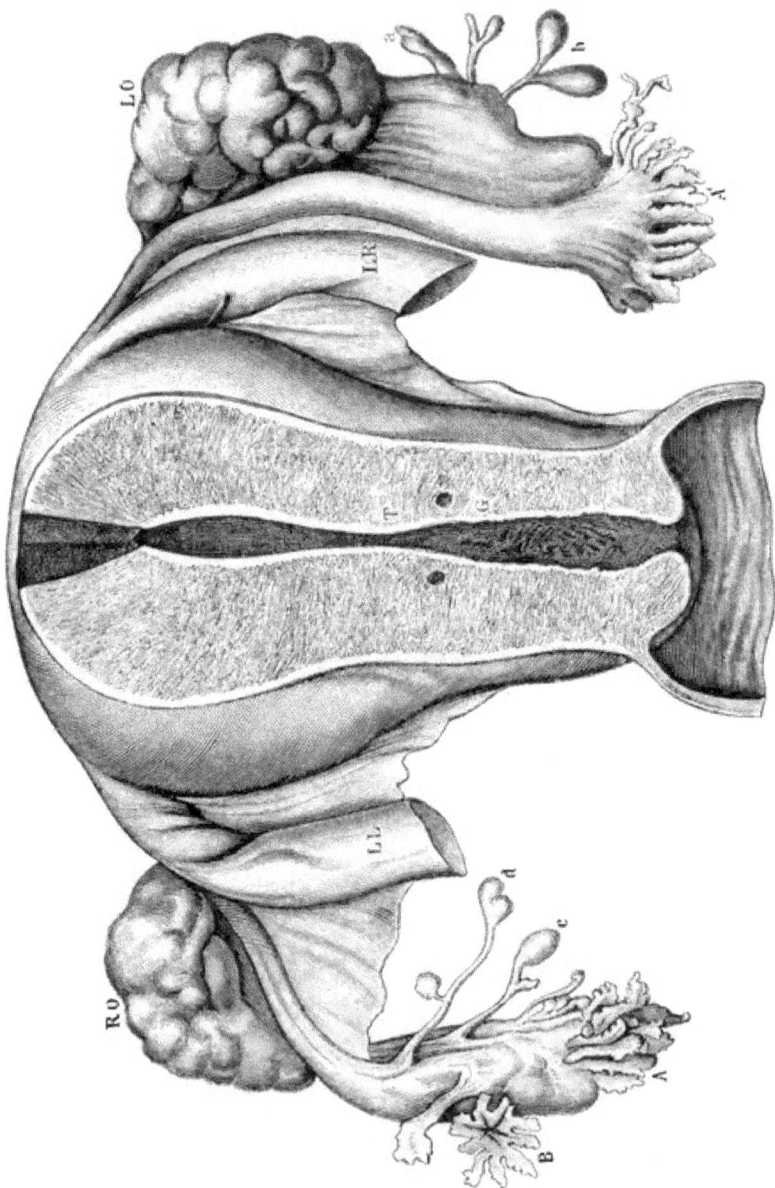

Fig. 53.

neuem Blute überfüllt. Ausserdem sind mächtige Räume bemerkbar, welche gleichfalls mit festen Blutgerinnseln ausgefüllt erscheinen. Das Präparat rührt von einer zwanzigjährigen Magd her, welche an Peritonitis zu Grunde gegangen ist.

Der in Fig. 53 dargestellte Fall hat, abgesehen von der Grösse und dem Narbenreichthume der Ovarien einer erst 32 Jahre alten, an beiderseitiger Pneumonie verstorbenen Person wegen der Ueppigkeit seiner Tuben einiges Interesse. Nicht nur ist die rechte Tuba durch ein accessorisches Ostium ausgezeichnet, sondern die Form des Pavillons und die Grösse der Franzen verdient Beachtung, ebenso die nicht unbeträchtliche Zahl ziemlich grosser Morgagnischer Hydatiden.

Folgende waren die Maasse des Präparates:

	Millimeter
1. Gesammtlänge des Uterus	102
2. Länge des Körpers	37
3. „ „ Halses	44
4. Breite des Fundus	70
5. Breite der Uterinhöhle	24
6. „ des Os intern.	5
7. „ der Cervicalhöhle . . .	14
8. „ des Os extern.	8
9. Dicke des Fundus (aussen) . .	30
10. „ des Körpers (aussen) . .	45
11. „ der vordern Wandung:	
a) am Fundus	20
b) „ Corpus	25
c) „ Cervix	14
12. Dicke der hintern Wandung:	
a) am Fundus	
b) „ Corpus	} Nicht gemessen
c) „ Cervix	
13. Dicke des Fundusdaches	17
14. Länge der vordern Lippe	11
15. Dicke „ „ „	10
16. Länge der hintern Lippe	13
17. Dicke „ „ „	12
18. Capacität der Uterushöhle . . .	5,0 Grm.
19. Rechter Eierstock:	
a) Länge	37
b) Breite	24
c) Dicke	13
20. Linker Eierstock:	
a) Länge	39
b) Breite	20
c) Dicke	15
21. Länge der rechten Tuba	108
22. „ „ linken . . .	91
23. Entfernung der beiden Ost. Tub. abdom.	—

Schliesslich sei noch bemerkt, dass die allgemeinen Erkrankungen wie Tuberculose, Typhus, Exantheme etc., welche überhaupt geneigt sind, pathologische Processe in den weiblichen Generationsorganen hervorzurufen, auch als Veranlassungen der hier in Rede stehenden Krankheit auftreten können, so dass eine Patientin plötzlich in irgend einem Stadium der oben erwähnten Krankheiten Symptome im Bereiche der Geschlechtsorgane darbietet, welche zur Exploration auffordern, bei welcher Gelegenheit eine bereits gebildete oder in der Bildung begriffene Metritis hypertrophica entdeckt wird.

d. Perimetritis.

Führt man, wie Luschka es gethan [1]), einen senkrechten Schnitt durch die Breite des Beckens und des Uterus, dann bietet das Bild des so gewonnenen Präparates drei Etagen dar, deren oberste das *Cavum pelvis peritoneale* genannt worden ist und durch das den Beckenboden auskleidende Peritoneum begrenzt wird. Die darunter liegende Etage findet oben durch das Peritoneum, unten durch den Musculus Levator ani ihre Begrenzung und hat den Namen *Cavum pelvis subperitoneale* erhalten. Die dritte, unterste Etage endlich, deren obere Grenze durch den Levator ani gebildet wird, hat die Hautdecke zu ihrer untern oder äussern Begrenzung und heisst daher *Cavum pelvis subcutaneum.*

Die zweite Etage ist vom Bindegewebe des Beckens ausgefüllt, welches so dünn sein kann, dass manche Autoren seine Existenz gänzlich geleugnet haben, aber auch so mächtig aufzutreten vermag, dass es in ansehnlichen Schichten vorhanden sein und auspräparirt werden kann. Unter krankhaften Bedingungen ist dieses Bindegewebslager, wie ein Blick auf Fig. 52 lehrt, im Stande, ganz bedeutende Dimensionen zu gewinnen. Diese zweite Etage ist es, welche Aran die *„Axe suspenseur de l'uterus"* nennt, und deren beide seitliche Hälften von Courty die Bezeichnung *„double demi-anneau suspenseur"* erhalten haben.

Die Bedeutung dieses Bindegewebes als häufigen Erkrankungsherd hat Virchow [2]) zuerst erkannt, welcher die hier Platz greifende Ent-

---

[1]) Beigel, Krankheiten des weiblichen Geschlechts. Bd. II, S. 78.
[2]) Archiv für pathologische Anatomie. Bd. 23, S. 415.

zündung „*Parametritis*" genannt und dieselbe von der „*Perimetritis*", mit welcher sie heute noch oft zusammengewürfelt wird, getrennt hat. Im Allgemeinen kann man sagen, dass unter „Parametritis" die Entzündung der oben genannten zweiten Etage, unter „Perimetritis" die untere Begrenzung der ersten, d. h. des den Beckenboden überziehenden Peritoneums verstanden wird.

Wir möchten diesen Begriff noch dahin beschränken, dass wir ihn nur auf denjenigen Peritonealabschnitt angewendet wissen wollten, welcher den Uterus überzieht und seine Adnexa einhüllt.

In diesem Sinne aufgefasst bildet die Perimetritis eine so häufige Erkrankung des weiblichen Geschlechts, dass die Fälle, in welchen Spuren derselben am Leichentische nicht nachgewiesen werden können, zu seltenen Ausnahmen gehören. Wiederum war es Virchow[1]), welcher diese sehr wichtige Thatsache und deren Bedeutung bereits vor Jahren gelehrt hat, ohne dass sie von den Gynäkologen die gebührende Würdigung gefunden hätte. Er sagt:

„Eine der allergewöhnlichsten Affectionen der Frauen ist die partielle chronische Peritonitis, auf deren grosse und mannigfache Bedeutung ich seit Jahren (vergl. Archiv für pathol. Anatomie etc. V., p. 334) die Aufmerksamkeit der Praktiker hinzulenken bemüht gewesen bin. Insbesondere bei öffentlichen Dirnen ist sie sehr gewöhnlich, und hier entspricht sie zum Theil dem in den nordischen Kliniken unter dem Namen Colica scortorum bekannten Krankheitsbilde. Aber auch bei ehrbaren Frauen und Jungfrauen ist sie keineswegs ganz selten und selbst schon innerhalb des Mutterleibes kann sie sich beim Fötus entwickeln. Dem Sitze und wahrscheinlich auch der Entstehung nach kann man zwei Formen unterscheiden: die Perimetritis und die Peritonitis iliaca. Letztere findet sich am häufigsten auf der linken Seite, ausgehend von dem Mesenterium der Flexura iliaca, wie sie auch beim Manne sehr oft vorkommt, analog der Perityphlitis auf der rechten Seite; jene ist fast jedesmal die Ursache der Lageveränderung der S. romanum etc.

Aetiologisch sehr viel wichtiger, aber viel weniger beachtet, ist die Perimetritis der Anhänge. Diese findet sich am häufigsten am Umfange der Fimbriae tubarum, des Eierstocks, am obern und äussern Ende der Ligamenta lata, und gar nicht selten hängt sie continuirlich mit

---

[1]) Ueber Entstehung der Uterus-Flexionen. Allgem. Wiener medizin. Zeitung 1859. S. 34.

einer Peritonitis iliaca zusammen. Es ist daher sehr wahrscheinlich, dass sie bald aus katarrhalischen Entzündungen der Tuben, bald aus der Verbreitung einer ursprünglich den Sexualorganen fremden Entzündung des Bauchfelles hervorgeht. Indess hebe ich die erste Verbreitung besonders hervor, weil es mir scheint, dass man die Gefahren, welche ein katarrhalischer Fluor uterinus in dieser Beziehung mit sich bringen kann, zu gering veranschlagt.

Die adhäsive Peritonitis partialis, mag sie nun mehr den Sexualorganen oder mehr den Digestionsorganen angehören, erzeugt zweierlei pathologische Producte: entweder freie, pseudomembranöse, oder mehr flache, narbenartige Verdickungen. Für die Entstehung der Flexion sind die letzteren wichtiger, als die ersteren, insofern sie in hohem Grade die Eigenthümlichkeit alles narbenartigen Bindegewebes an sich tragen, sich im Laufe der Zeit immer mehr zu retrahiren und die beweglichen Theile zu disoglren. Diese Art der Retractionen ist es, welche auch für die Stellung des Uterus von Bedeutung werden kann, wie man am besten daraus ersieht, dass bei einseitlicher Narbenbildung seitliche Dislocationen des Uterus erfolgen können."

Für den Gegenstand, welcher das Thema dieses Werkes bildet, gewinnt die Perimetritis eine Bedeutung, gegen welche alle anderen, die Sterilität bedingenden Momente, weit in den Hintergrund treten. Denn nicht nur spielt die ungewöhnliche Häufigkeit, mit welcher perimetritische Processe vorkommen, eine wichtige Rolle, sondern die äusserst umfangreiche Reihe der veranlassenden Momente und was am allerschlimmsten ist, die Folgen, welche selbst das allergeringste, sonst kaum nennens- und beachtenswerthe pseudomembranöse Filament der adhäsiven Perimetritis nach sich ziehen kann, da es sonst gesunde und functionsfähige Organe fixiren und sie dadurch absolut verhindern kann, die Verrichtungen, für welche sie bestimmt sind, zu vollführen. So reicht z. B. ein winziger pseudomembranöser Faden hin, um eine sonst normale, wegsame, functionsfähige Tuba dermaassen zu binden, dass von ihrer Annäherung an das Ovarium, also von einer Empfangnahme eines Ovulums gar nicht mehr die Rede sein kann.

Unter den 600 Sectionen weiblicher Generationsorgane, welche uns bis jetzt zu Gebote stehen und welche wir fast ausschliesslich bei solchen Personen auszuführen Gelegenheit hatten, bei denen die Todesursache nicht im Bereiche dieser Organe gelegen war, dürften nicht 10 Proc. der Fälle so beschaffen gewesen sein, dass sie den gänzlichen Ausschluss perimetritischer Processe gerechtfertigt hätten.

Der Process beginnt entweder im Perimetrium selbst und schreitet in der Richtung des Cavum uteri oder längs der Peritonealbahn fort, oder er beginnt in der Schleimhaut des Uterus, oder an einer entfernten Stelle des Peritoneum und nimmt seinen Lauf nach dem Perimetrium. Eine dritte, leider nicht minder häufige Art der Entstehung, ist die auf sympathischem Wege, indem irgend eine Irritation im Bereiche des Genitalapparates eine mehr oder minder umfangreiche perimetritische Inflammation hervorruft. Reizungen, im Cervicalcanale durch Polypen, Geschwülste etc., Tumoren innerhalb der Gebärmutterwandungen oder des Cavum uteri, kurzum jede länger

Fig. 54.

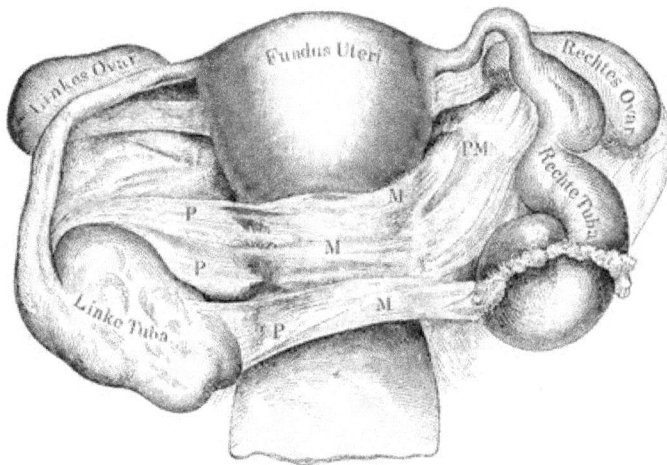

Perimetritis und beiderseitiger Hydrosalpinx. *P M* Pseudomembranmasse. (³/₁ der natürlichen Grösse.)

andauernde Irritation im Genitalcanale kann diesen Effect haben. Die Art und Weise der Ausbildung der perimetrischen Processe unterscheidet sich von der gewöhnlichen Peritonitis nicht. Unter den Erscheinungen der acuten oder subacuten Entzündung treten Symptome auf, welche in der Mehrzahl der Fälle im Leben wahrscheinlich nicht richtig gedeutet werden, und sehr häufig, in jener grossen Reihe nämlich, in welcher die Entzündung eine sehr limitirte ist, fehlen schmerzhafte Symptome ganz und gar.

Tuben und Ovarien werden entweder in directer Weise engagirt oder mittelbar beeinflusst. Das Perimetrium verdickt sich im Laufe des Processes durch Auflagerung dicker Schichten plastischer Lymphe, welche sich organisiren, in pseudomembranöse Massen umwandeln und die Adnexa gänzlich zu begraben im Stande sind. Waren die letzteren von dem Processe nicht ergriffen, dann werden sie, wenn man sie aus diesen Massen herauspräparirt, oft nicht nur intact, sondern, soweit die Umstände es ihnen gestattet haben, sogar functionirend angetroffen. Wir haben früher bereits darauf hingewiesen, dass wir in Ovarien, welche lange Zeit in dicke pseudomembrane Massen eingehüllt lagen, frische Corpora lutea vorgefunden haben.

Die Betheiligung der Tuben prävalirt übrigens in einem hohen Grade über die der Ovarien. Hat der Process nur einigermaassen lange gedauert und einen merklichen Umfang erreicht, dann wirft das gefranzte Ostium sein Epithel ab, obliterirt, nimmt durch die nunmehr möglich gewordene Flüssigkeitsansammlung der dadurch erweiterten Tuba die charakteristische keulenförmige Gestalt an und bildet, je nach der Beschaffenheit des Inhalts, den Hydro-, Hämato- oder Pyosalpinx, der gleichfalls so sehr in Pseudomembranmassen eingebettet liegen kann, dass man Mühe hat, die so entarteten Tuben aufzufinden.

Fig. 54 (a. v. S.) stellt einen hierher gehörigen Fall dar, in welchem die pseudomembranösen Bänder von dem Hydrosalpinx der einen Seite direct zu dem der andern quer über den untern Abschnitt der hintern Uteruswand verlaufen, welcher sie als dicke Schwarte auflagern.

Wir werden bei den Erkrankungen der Ovarien sehen, dass die Pseudomembranen häufig, in der bereits in Fig. 51 dargestellten Weise, Säcke bilden und die cystische Degeneration des Eierstockes simuliren können, nach der Eröffnung aber ihre wahre Natur erkennen lassen, da sie sich als blosse Behälter für die degenerirten oder auch vollkommen intacten Ovarien erweisen. Unter günstigen Verhältnissen können die Pseudomembranen einen Schmelzungsprocess eingehen, in Folge dessen nur noch einzelne Bänder oder Filamente zurückbleiben, die aber, wie bereits bemerkt, immerhin noch verhängnissvoll für das gesammte Geschlechtsleben werden können. Der Process kann aber auch, wie bereits bemerkt, gleich von Anfang an in so beschränkter Weise auftreten, dass es zur Bildung bedeutender Pseudomembranen gar nicht kommt, sondern dass es von vornherein nur bei der Formation feiner Filamente verbleibt. Da nun ein derartiger Verlauf keine merklichen Beschwerden für die Patientin mit sich führt, wird er das Einschreiten des Arztes gar nicht erheischen, und selbst wenn er es thut, dennoch unerkannt vorübergehen.

Das in Fig. 55 dargestellte Präparat rührt von einer Patientin her, welche auch an Cervicitis gelitten hatte. Der Fall ist in Fig. 39 (S. 144) abgebildet. Die linke Tuba hatte sich an dem Entzündungsprocesse betheiligt, wurde zum Hydrosalpinx und ausserdem noch durch einige mässige Pseudomembranbänder fixirt. Die rechte Tuba

Fig. 55.

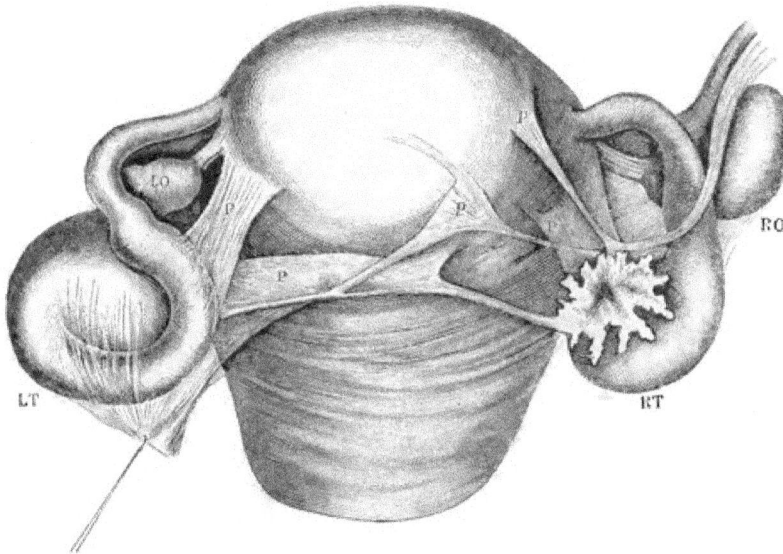

Adhäsive Perimetritis mit einzelnen pseudomembranösen Strängen, welche rechts die sonst gesunde Tuba, links den Hydrosalpinx fixiren. *R T* Rechte Tuba. *L T* Linke Tuba. *R O* Rechtes Ovarium. *L O* Linkes Ovarium. *P P P P* Pseudomembranstränge. (Hintere Ansicht. Natürliche Grösse.)

ist normal geblieben, war aber durch ein System feiner Fäden so niedergebunden, dass sie zur Erfüllung der ihr gewordenen Aufgabe durchaus unfähig geworden ist.

Ein ähnliches Verhalten zeigte sich in dem in Fig. 56 (a. f. S.) dargestellten Präparate. Die äussere Besichtigung des Uterus liess diesen von normaler Beschaffenheit erscheinen. Bei einem senkrechten Schnitte durch die Mitte der vordern und hintern Wand aber traten zwei kleine Tumoren zu Tage, welche sich leicht aus ihrer Kapsel herausschälen liessen. Der rechte Eierstock sammt der Tuba waren unauflöslich zu einem Strange verklebt, welcher in Pseudomembranmassen eingebettet lag. Das linke Ovarium aber, und desgleichen die linke Tuba waren intact, letztere ihrer ganzen Länge nach durchgängig, an ihrem untern Abschnitte aber, unmittelbar vor dem gefranz-

ten Abdominalostium, mittelst zweier mässiger Bänder fixirt, welche
letztere durch ein System feinerer Filamente eine Verstärkung erhielten.

In derselben Weise, wie die Pseudomembranen Stränge bilden,
welche eine abnorme, zweckwidrige Verbindung zwischen Uterus und
seinen Adnexis herstellen, können sie auch eine mehr oder minder vollkommene Anlöthung des Uterus an die hintere Beckenwand bewirken,
wodurch derselbe seine Mobilität theilweise oder gänzlich verliert und
für die Verrichtung der ihm obliegenden Functionen untüchtig oder
ganz unfähig wird.

Endlich können die Producte der adhäsiven Perimetritis das
Cavum Recto-uterinum zu beiden Seiten gänzlich abschliessen und in

Fig. 56.

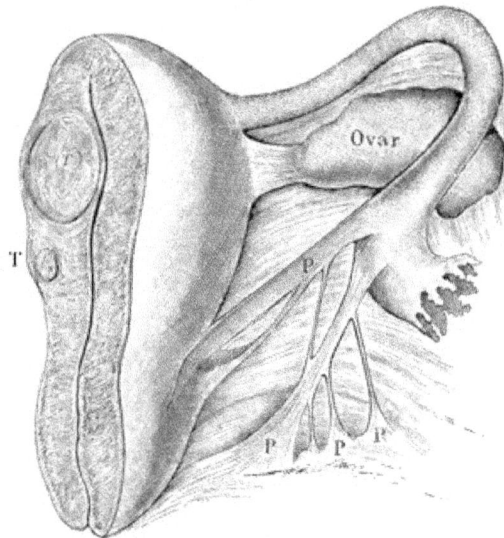

Pseudomembranöse Fixirung der ganz normalen linken Tuba in Folge perimetritischer Entzündung.   P P Pseudomembranöse Stränge.   T T kleine interstitielle Fibrome.   (Natürliche Grösse.)

einen einkammerigen oder durch förmliche Septa in mehrere Abtheilungen getrennten Sack von beträchtlicher Capacität umwandeln
und letzteren befähigen, grosse Quantitäten von Blut, Eiter etc. in
sich aufzunehmen und auch in sich abzuschliessen.

Das über diesen Gegenstand Vorgetragene wird genügen, um die
von uns im Eingange dieses Abschnittes gethane Aeusserung über die

ausserordentliche Bedeutung der perimetrischen Processe für das weibliche Geschlechtsleben zu rechtfertigen. Man kann dreist behaupten, dass dasselbe unter dem Drucke dieser Processe seine schwerste Einbusse erleidet. Es stellt sich daher für den Gynäkologen die unabweisliche Pflicht heraus, ihnen eine grössere Aufmerksamkeit zu schenken, als bisher geschehen ist. Vielleicht gelingt es dann, die ungeheure Frequenz ihrer Bildung herabzusetzen, sie schon im Leben zu erkennen und ihre Schädlichkeit zum Theil zu verringern.

5. Neubildungen des Uterus.

Die Neubildungen des Uterus spielen in der Pathologie der weiblichen Generationsorgane mit Recht eine hervorragende Rolle, weil sie nicht nur an und für sich äusserst lästige, ja lebensgefährliche Zustände schaffen, sondern auch ihre Umgebung wesentlich beeinflussen und die Functionen der in derselben gelegenen Organe beeinträchtigen, ja gänzlich aufheben können.

Hieraus wird es aber einleuchtend, dass sie gerade mit Rücksicht auf unser Thema eine besondere Aufmerksamkeit erheischen, weil ihre Schädlichkeit für uns noch durch Umstände erhöht wird, welche ihnen vom pathologisch-anatomischen Standpunkte aus gar nicht innewohnen, so z. B. durch ihren Sitz oder die Stelle am Uterus, an welcher ihre Entwicklung vor sich geht oder bereits stattgefunden hat. In dieser Beziehung können unter gewissen Umständen ganz winzige Neubildungen bei weitem grössere, gleich construirte an Schädlichkeit übertreffen; denn es bedarf keines weitern Beweises, dass die Bedeutung eines grössern Myoms der Uterinhöhle, welcher deren Wegsamkeit verhältnissmässig wenig stört, derjenigen einer ganz kleinen, gleichnamigen Neubildung bedeutend nachsteht, welche sich vor den Uterinostien der Tuben bildet und diese verschliesst, oder welche am innern Muttermunde wächst und einen mehr oder minder festen Verschluss desselben zu Wege bringt.

Ganz in derselben Weise, wie wir es bei den Neubildungen der Cervicalhöhle gesehen, kann auch in dem Cavum uteri die Schleimhaut allein oder die Gewebe der Uterinwände oder beide zugleich von dem hyperplastischen Processe betroffen werden. Ersteres geschieht durch die Entwicklung der Schleimpolypen, letzteres ganz besonders durch die Myome der Gebärmutter.

a. **Schleimpolypen des Uterus.** — Wir können uns bei
Besprechung derselben sehr kurz fassen, da sie in jeder Beziehung
denjenigen Gesetzen folgen, welche wir bei den gleichnamigen Neoplasmen im Cervix kennen gelernt haben. Jeder Abschnitt der Auskleidung der Uterinhöhle kann den Sitz für dieselben abgeben, und in
einem von uns beobachteten Falle war die Zahl der Polypen so gross,
dass sie nicht nur das Cavum uteri ganz vollständig ausfüllten, sondern auch noch in die Höhle des Cervix hineinragten [1]).

Diese Polypen können sich nun mittelst langgezogener Stiele an die
Schleimhaut anheften oder derselben ungestielt aufsitzen und sich da-

Fig. 57.

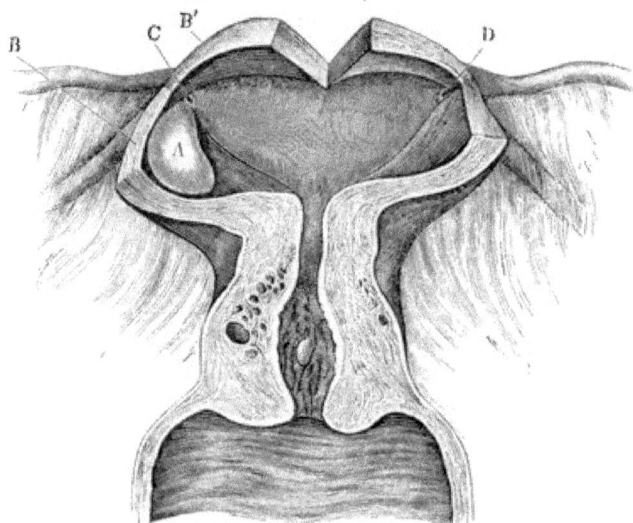

Schleimpolyp im Fundus uteri, unmittelbar vor dem Ostium uterinum der rechten Tuba.
B Uterinwand. *C* Ostium der rechten Tuba. *D* Ostium der linken Tuba. *A* Schleimpolyp. In der Cervicalhöhle ein winziger ungestielter Polyp. (Natürliche Grösse.)

durch der Beobachtung um so leichter entziehen, besonders dann, wenn
sie eine nur geringe Ausdehnung haben und, wie es in dem in Fig. 57 abgebildeten Präparate der Fall war, an dem äussersten Ende der Uterinhöhle sitzen. Der Uterussonde dürften sie sich kaum bemerkbar machen;
und schreitet der untersuchende Arzt nicht zur hinlänglichen Dilatation
des Cervix, um zu einer klaren Einsicht in die Uterinhöhle zu gelangen, dann entzieht sich dieser Polyp gewiss der Beobachtung und die

---

[1]) Beigel, Krankheiten des weiblichen Geschlechts. Bd. II, S. 474, Fig. 184.

von ihm ausgehende Blutung, sowie die durch ihn erschwerte oder unmöglich gewordene Conception bleibt unerklärt und unerkannt oder wird auf Rechnung anderer unschuldiger Verhältnisse gesetzt, an deren Beseitigung sowohl die Bestrebungen des Arztes wie die Geduld der Patientin vergeblich gesetzt werden.

Auf den Uterus vermögen dergleichen kleine Gebilde sonst nicht bestimmend einzuwirken. Nur wenn sie am innern Muttermunde wachsen und diesen verschliessen, können sie Ansammlungen von Flüssigkeiten innerhalb des Cavum uteri begünstigen und zur *Haematometra* oder *Hydrometra* führen. Dabei kann von Zeit zu Zeit eine Entleerung des flüssigen Inhaltes erfolgen, wenn nämlich der durch die Neubildung besorgte Verschluss des innern Muttermundes durch Erweiterung der Höhle bis zu einem gewissen Grade imperfect geworden ist, ein Fehler, der sich durch die Entleerung und die darauf folgende Contraction des Uterus corrigirt, worauf die Flüssigkeitsansammlung von Neuem ungehindert vor sich gehen kann. —

b. **Myome, Fibromyome** des Uterus. — Alle jene runden, auf dem Durchschnitte verschieden gezeichneten, grau glänzenden, mehr oder minder harten, im Uterus so häufig anzutreffenden Tumoren, sind Fibrome des Uterus genannt worden, bis Virchow[1]) auf Grund ihrer Structurverhältnisse vorgeschlagen hat, sie je nach dem Ueberwiegen des einen oder des andern der beiden sie zusammensetzenden Elemente, Bindegewebe und glatte Muskelfasern, in zwei Reihen zu zerlegen und diejenige, in welcher die glatten Muskelfasern überwiegend sind, Myome zu nennen, diejenige aber, in welcher das Bindegewebe vorherrschend ist, als Fibromyome zu bezeichnen.

Eine andere Benennung der sich im Uterus entwickelnden Neubildungen rührt davon her, ob sie ihr Lager unmittelbar unter der Schleimhaut haben, in welchem Falle sie submucös genannt werden, oder ob sie mehr nach der Bauchhöhle zu wachsen, also vom Peritoneum bedeckt sind; in diesem Falle werden sie als subperitoneal bezeichnet; oder aber ob sie in der Substanz der Uteruswand selbst sitzen, also interstitiell oder intramural sind.

Diese Unterscheidung lässt sich jedoch nur bei kleinen Geschwülsten treffen, da die grossen alle drei Bezeichnungen zugleich verdienen, mässig grosse aber die Entscheidung, ob sie in die eine oder andere Categorie gehören, zweifelhaft lassen. Nicht minder häufig sind die

---

[1]) Krankhafte Geschwülste. Bd. III, S. 224.

Fälle, in denen alle drei Arten zugleich wachsen, wie es an dem in
Fig. 58 abgebildeten Präparate zu sehen ist.

Die Entwicklung dieser Geschwülste beginnt stets im Parenchym
der Uteruswände und kann am zweckmässigsten in ganz kleinen

Fig. 58.

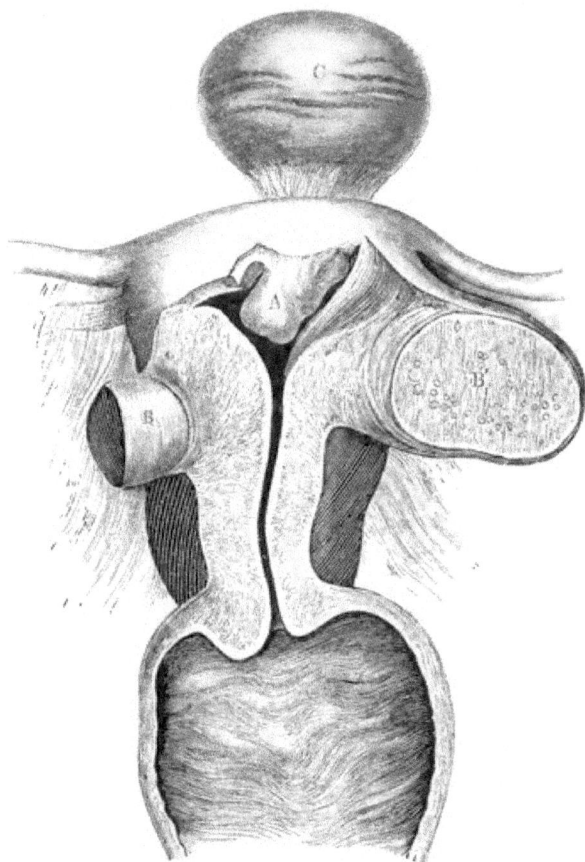

Fibrome des Uterus. *A* submucöses, *B* interstitielles und *C* subperitoneales Fibrom.
(Natürliche Grösse.)

Exemplaren studirt werden, deren ganzer Umfang in das Gesichtsfeld
des Mikroskops gebracht werden kann. Schon frühzeitig bildet sich
eine aus lockerem Bindegewebe bestehende Kapsel nahezu um die
ganze Peripherie der kleinen Gewächse; nur an einer, selten an meh-

reren Stellen findet eine Unterbrechung statt, dort nämlich, wo Binde-
gewebs- und Muskelfasern aus der Uteruswand direct in die Neubildung übergehen und dermaassen einen unmittelbaren Verbindungs-
strang herstellen.   Ob diese Verbindung bei weiter fortschreitender
Entwicklung, wenn der Umfang des Tumors wächst und grosse Dimensionen angenommen hat, fortbestehen bleibt, ist, trotz positiver Angaben mancher Autoren, nicht ausser allen Zweifel gestellt. Jedenfalls
muss dieselbe sehr schwach sein, wie sich aus der Leichtigkeit ergiebt,
mit welcher die Geschwülste nach Eröffnung der sie bedeckenden Haut
und Kapsel aus ihrem Lager herausgeschält werden können, aus welcher
sie nicht selten, wie Marion Sims bemerkt, auf den Schooss des
Operateurs, einer Kugel gleich, herausrollen.

An Gefässen sind die Uterusmyome nicht reich, und an den
Blutungen, welche manche zur Folge haben, tragen die Gefässe der
Schleimhaut die grösste Schuld.   Es bluten nur die submucösen, nicht
aber die interstitiellen und subperitonealen Geschwülste, obgleich in
manchen derselben Gefässe beträchtlichen Kalibers angetroffen worden
sind.   Ja manche waren sogar so reichlich mit Gefässen versorgt, dass
sie den Charakter erectiler Gewebe angenommen hatten und dieserhalb
von Virchow [1]) mit dem Namen *Myoma telangiectoides* belegt worden sind.

Was die Grösse der Uterusmyome betrifft, so variirt dieselbe in
äusserst weiten Grenzen, nämlich von derjenigen eines Stecknadelkopfes bis zur mehrfachen eines ausgewachsenen Manneskopfes. In der
Regel finden sich mehrere, oft sogar zahlreiche Tumoren verschiedenen
Umfanges vor, so dass sie nicht nur die Gebärmutterhöhle, sondern
auch das Becken ausfüllen können.   In einem Falle haben wir die
Gewebe der Uterinwände von kleinen Fibromen ganz und gar durchsetzt gesehen, deren grösstes den Umfang einer kleinen Kirsche gewonnen hatte.   Die meisten waren nicht grösser als eine gewöhnliche
Erbse; es mochten ihrer viele Hunderte sein, dabei hatte die Form des
nur wenig vergrösserten Uterus keine andere Veränderung erlitten,
als dass seine äussere Fläche etwas höckerig war.

Im weitern Verlaufe der Entwicklung eines kleinen Uterusfibroms
erleidet entweder das Parenchym eine solche Beeinträchtigung, dass
es zum grössten Theile verdrängt und auf die Dünne eines Kartenblattes reducirt wird, oder das Wachsthum schreitet in der Richtung

---

[1]) Virchow, Krankhafte Geschwülste. Bd. III, S. 112 u. 195.

der Uterinhöhle oder des Peritonealsackes fort. Geschieht ersteres, d. h. wächst die Geschwulst in die Höhle der Gebärmutter hinein, dann kann diese, je nach dem Umfange der Geschwulst, colossale Dimensionen gewinnen; und zieht sich die vor der Neubildung hergedrängte Schleimhaut in einen Stiel aus, dann haben wir jene Form des Tumors, welche von den Autoren als *fibröser Polyp des Uterus* bezeichnet worden ist, welcher den Muttermund eröffnen, in den Cervicalcanal herabtreten und durch die Scheide, einem Fötus gleich, nach aussen hin geboren werden kann. Während dieses Vorganges kann der Stiel durch Zug oder Torsion reissen, der noch nicht nach aussen beförderte Tumor eine Zersetzung erleiden und die Gefahr einer Septicaemie herbeiführen, deren Schädlichkeit nur durch die richtige Erkenntniss der obwaltenden Verhältnisse und Entfernung der Infectionsquelle gehoben werden kann, eine Bedingung, die nicht immer leicht zu erfüllen ist, da der oft sehr umfangreiche, den Cervix daher im hohen Maasse ausdehnende und ausfüllende Stiel der richtigen Diagnose bedeutende Schwierigkeiten zu bereiten vermag.

Die Neubildungen des Uterus vermögen sowohl die Structur als die Form des letztern wesentlich zu verändern, doch sind diese Veränderungen in Folge kleinerer Tumoren anderer Art, als sie sich bei grossen geltend machen. Wie wir bereits dargethan haben, kann die Form und Grösse des Gebärorgans eine von der Norm kaum abweichende bleiben, selbst wenn die Wandungen desselben von zahlreichen kleinen Geschwülsten durchsetzt sind. Dasselbe kann auch dann der Fall sein, wenn ein oder mehrere Tumoren in der Entwicklung voranschreiten, ihre Vergrösserung aber in die Uterinhöhle hinein geschieht, oder wenn überhaupt nur eine kleine Geschwulst vorhanden ist, an welcher dieselbe Art der Vergrösserung vor sich geht. In diesem Falle, und ganz besonders wenn der Process langsam fortschreitet, dehnt sich das Cavum uteri soweit aus, als nöthig ist, sich der Neubildung zu accommodiren, die Uterinwandungen verdicken sich in Folge des auf sie langsam einwirkenden Reizes, in einem mässigen Grade, so dass die Palpation diese Alteration kaum nachzuweisen vermag. Da nun auch eine mässige Vergrösserung des Längendurchmessers des ganzen Organes stattfindet, kann ein Irrthum in der Diagnose selbst bei Anwendung der Sonde, und obgleich die Gebärmutterhöhle vom Tumor vollständig ausgefüllt ist, leicht begangen werden. Einen solchen Fall stellt das in Fig. 59 abgebildete Präparat dar.

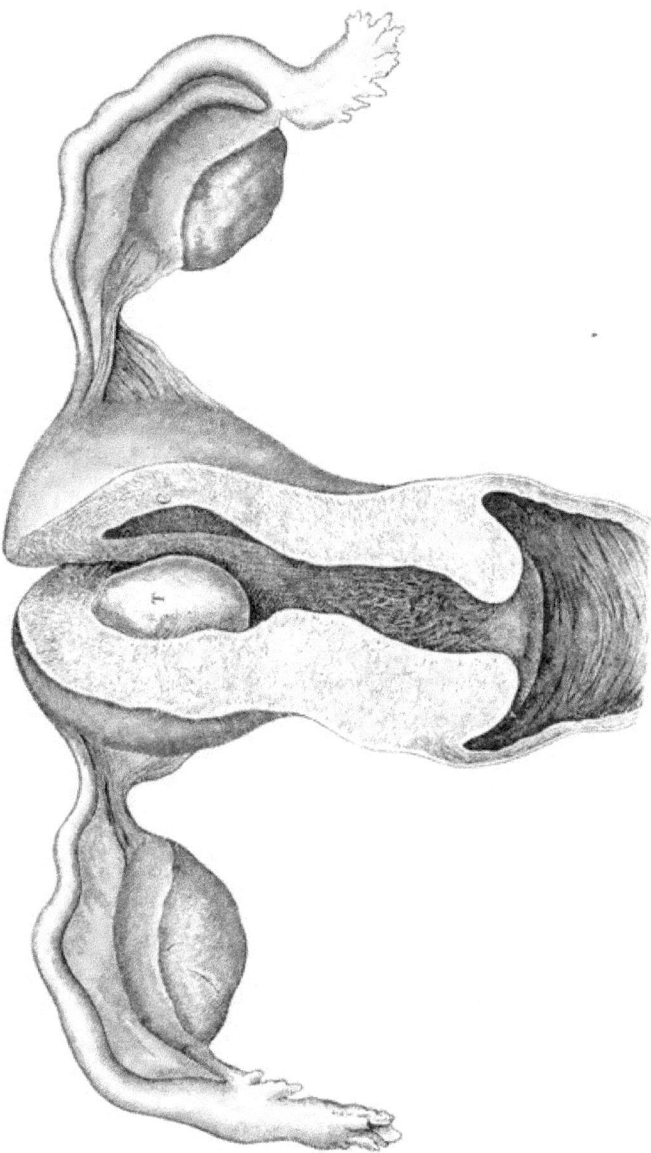

Fig. 59.

Submucöses Fibrom (*T*) des Uterus, welches das Cavum uteri (*C*) gänzlich ausfüllt. (Natürliche Grösse.)

Die Maassverhältnisse dieses Präparates waren folgende:

	Mm.
1. Gesammtlänge des Uterus . .	70
2. Länge des Körpers	26
3. „ „ Halses	32
4. Breite des Fundus	41
5. Breite der Uterinhöhle	22
6. „ des Os intern.	7
7. „ der Cervicalhöhle	10
8. „ des Os extern.	8
9. Dicke des Fundus (aussen) . . .	21
10. „ „ Körpers (aussen) . . .	34
11. „ der vordern Wandung:	
a) am Fundus	12
b) „ Corpus	13
c) „ Cervix	16
12. Dicke der hintern Wandung:	
a) am Fundus	12
b) „ Corpus	19
c) „ Cervix	15
13. Dicke des Fundusdaches	12
14. Länge der vordern Lippe	10
15. Dicke „ „ „ . . .	11
16. Länge der hintern Lippe	12
17. Dicke „ „ „	11
18. Capacität der Uterushöhle	Von der Geschwulst ausgefüllt.
19. Rechter Eierstock:	
a) Länge	28
b) Breite	18
c) Dicke	11
20. Linker Eierstock:	
a) Länge	32
b) Breite	14
c) Dicke	11
21. Länge der rechten Tuba	81
22. „ „ linken „	78
23. Entfernung der beiden Ost. Tub.	
abdom.	138

Das Präparat illustrirt die von uns hervorgehobene Thatsache in genügender Weise. Die Maassverhältnisse des Uterus weichen von der normalen in nur sehr geringer Weise ab, die Wandungen des Organes sind durchweg verdickt, das Cavum umschliesst die Neubildung von allen Seiten und liegt derselben mit seinen Wänden dicht an.

Schreitet die Entwicklung noch weiter voran' und gewinnt der Tumor grosse Dimensionen, dann verhält sich der durch denselben auf den Uterus ausgeübte Druck nicht mehr wie ein einfacher Reiz, sondern es treten die Consequenzen der mechanischen Wirkung in den Vordergrund, der Druck bewirkt, besonders wenn der Process einen raschen Verlauf nimmt, Atrophie der Gewebe, welche einen so hohen Grad erreichen kann, dass die letzteren bis auf die Dicke eines Kartenblattes reducirt werden.

Die Uterushöhle kann unter diesen Umständen eine enorme Ausdehnung gewinnen und entweder einen dünnen Sack bilden, welcher den Tumor beherbergt, oder sich durch Entzündungsvorgänge nach Art der grössten Cysten in Abtheilungen theilen oder von Bändern und Strängen durchzogen werden, welche die Geschwulst unbehelligt lassen oder dieselbe wiederum zum Ansatz wählen. Sei es nun, dass diese Tumoren intra- oder extrauterin wachsen, immerhin können sie, wenn sie gross geworden sind, eingekeilt werden, ein Ereigniss, welches nach Kiwisch [1]) namentlich dann geschieht, „wenn das Fibroid im Douglas'schen Raume unter dem Promontorium gelagert ist". Spiegelberg [2]) hingegen versteht unter eingekeilten Fibroiden „die aus dem Uterus in die Beckenhöhle zu solchem Umfange und zu solcher Tiefe hervorgewucherten intraparietalen, also nicht gestielten Fibrome, dass sie das Becken mehr oder minder vollständig ausfüllen, seinen Inhalt verdrängen und comprimiren, die Passage verlegen; dabei sind sie ganz oder nahezu unbeweglich, weder nach unten, noch auch nach oben in irgend einem auffälligen Maasse zu dislociren". Diese Begriffsbestimmung passt jedoch nicht auf alle Fälle, weil nicht nur auch gestielte Fibrome eingekeilt werden können, sondern auch mehrere grössere Geschwülste zusammen dasselbe Schicksal zu erleiden vermögen.

Nichts ist im Stande, die Selbständigkeit des Cervix gegenüber dem Uterus in einer so auffallenden Weise zu documentiren, als es die

---

[1]) Klinische Vorträge. Bd. I, S. 451.
[2]) Archiv für Gynäkologie. Bd. IV, S. 311.

grossen intrauterinen Myome zu thun vermögen. Selbst wenn diese
bereits grosse Dimensionen angenommen, die Uterinhöhle also mächtig
erweitert und deren Wandungen im höchsten Grade alterirt haben,
verharrt der Cervix verhältnissmässig unmolestirt. Erst nach und nach
wird sein Widerstand gebrochen, indem sich auch seine Wände ver-

Fig. 60.

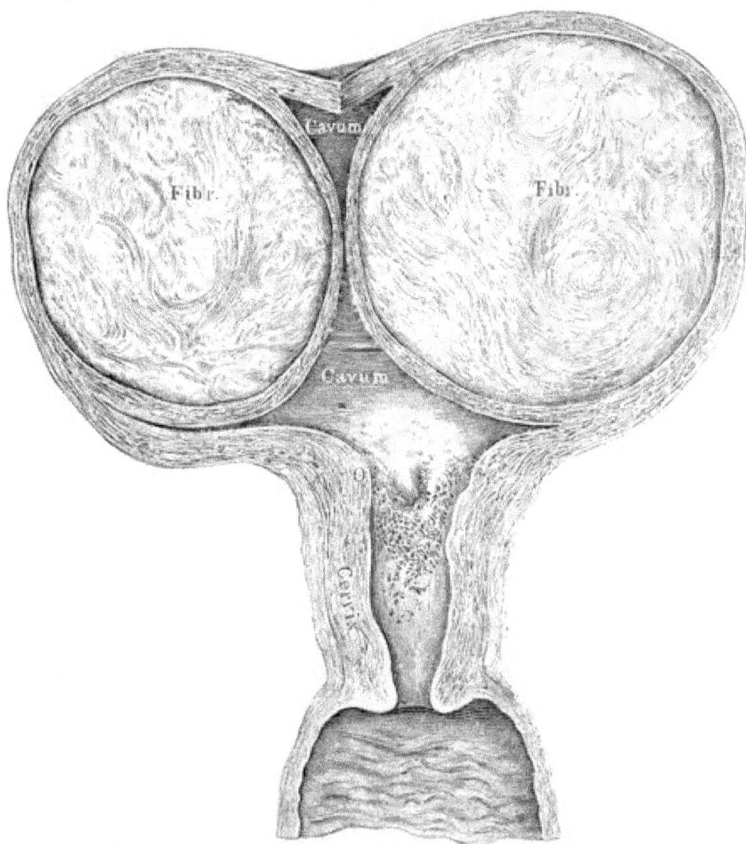

Myoma uteri (²/₃ natürlicher Grösse).

dicken und seine Höhle sich allmälig erweitert, wenn er dem von oben
her stattfindenden permanenten Drucke nicht mehr zu wiederstehen
vermag.

Fig. 60 stellt ein solches Präparat dar, in welchem das Myom bereits eine beträchtliche Grösse gewonnen hatte, ohne den Cervix merklich zu beeinflussen.

Die Geschwulst hatte einen Umfang von 26 cm, ihre Länge betrug 10 cm, der Breitendurchmesser 8 cm. Die Kapsel war an manchen Stellen 1,5 cm dick. Die Gewebe des verlängerten Cervix sind aufgelockert, die Breite seines Canales misst 2 cm, der äussere Muttermund 8 mm, die Dicke der Cervicalwand 14 mm.

Alle intrauterinen Geschwülste veranlassen, wenn ihre Grösse nur einigermaassen beträchtlich wird, eine Knickung des Uterus, welche entweder eine gewöhnliche sein kann, so dass der Fundus eine Verlagerung nach der einen oder andern Seite hin erleidet, oder in der ganzen Peripherie der Uterinwände sich auszubilden vermag, so dass der Fundus an seiner Stelle verharrt, während die Wände rundum flectirt oder vielmehr stark ausgebuchtet erscheinen. Ersterer Fall tritt bei grossen gestielten intrauterinen Fibroiden ein, welche während des Wachsthums eine Wand vor sich hertreiben; der letztere Fall wird durch ungestielte derartige Tumoren hervorgerufen, deren Wachsthum nach allen Richtungen hin geschieht, die Uterinwände überall in gleicher Weise beeinflusst und sie peripherisch über den darunter liegenden Abschnitt vor sich herdrängt.

Ein anderer bedeutungsvoller Einfluss, welchen derartige Geschwülste auszuüben vermögen, und deren Folgen nach geschehener operativer Entfernung derselben immer noch bestehen bleiben, ist die Entzündung, welche dieselben theils auf mechanischem, theils auf sympathischem Wege in ihrem Behälter und dessen Adnexa veranlassen können und zu veranlassen pflegen. Auf mechanischem Wege führen sie, abgesehen von den Dislocationen, welche sie in den Nachbarorganen bewirken, durch Druck und Reibung inflammatorische Processe herbei, welche lebensgefährlich werden können. Pflanzt sich die Metritis nicht direct durch die Tuben auf das Perimetrium fort, so kann letzteres auf sympathischem Wege in Mitleidenschaft gezogen werden; die in Folge Salpingitis und Perimetritis gesetzten Zustände verharren sodann durch das ganze Leben fort, und bei der Section treffen wir Verschluss der Abdominalostien der Tuben, Ausdehnung der letzteren durch angesammelte Flüssigkeiten, Anlöthung derselben an den Uterus oder dessen Nachbarorgane etc.

Einen derartigen Zustand finden wir in dem in Fig. 60 abgebildeten Präparate, dessen hintere Ansicht in Fig. 61 (a. f. S.) dargestellt ist.

Die Geschwülste, von denen wir bisher gesprochen haben, waren
entweder submucöse, subseröse oder subperitoneale, oder interstitielle
oder intramurale. In allen waren wir im Stande, die einen oder anderen
dieser für ihre Benennung herangezogenen Charaktere zu bestimmen,
oder festzustellen, dass sich eine Unterscheidung nicht treffen lasse,
weil das eine für die Bestimmung nöthige Merkmal allmälig in das
andere überging.

Es muss jedoch noch einer Form Erwähnung geschehen, welche
in keine der eben erwähnten Kategorien passt, und für welche die Be-

Fig. 61.

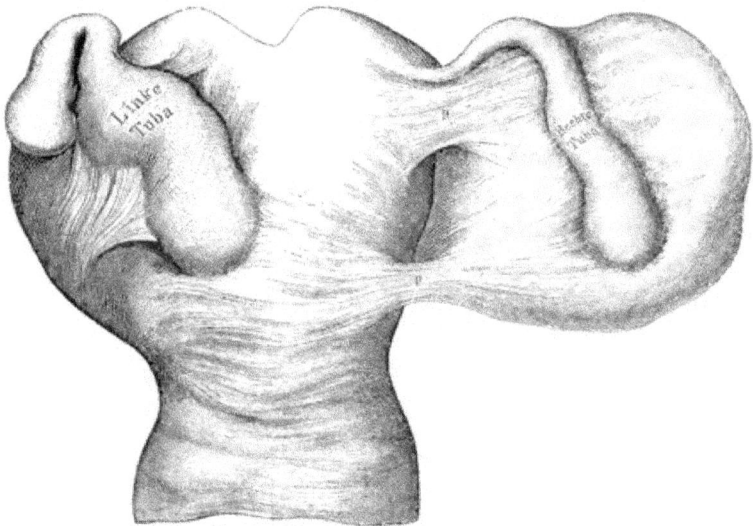

Hintere Ansicht des in Fig. 60 abgebildeten Präparates. Abgelaufene Perimetritis, beide
Tuben geschlossen, Flüssigkeit enthaltend, die linke Tuba ihrer ganzen Länge nach an die
hintere, die rechte ebenso an die vordere Uteruswand angelöthet. (⅔ natürlicher Grösse.)

zeichnung allgemeine Hyperplasie die zweckmässigste wäre, wenn
man sie nicht schon für diejenigen Fälle in Anspruch genommen hätte,
welche als Hypertrophie des Uterus bekannt sind, von welcher sich
jedoch die zu erwähnende Geschwulst durchaus unterscheidet.   Die
Hypertrophie charakterisirt, wie bereits bemerkt, durch eine mehr
oder minder symmetrische Verdickung des ganzen Uterus, wobei auch
die Höhle desselben in der Regel eine Vergrösserung erleidet.   Diejenige Form des Myoms aber, welche hier erörtert werden soll, zeichnet sich dadurch aus, dass die Höhle gänzlich verschwindet oder nur
durch eine seichte, von der Umhüllungsmembran des Tumors über-

brückte Rinne repräsentirt erscheint, die Uterinwände in eine einzige solide, mehr oder minder symmetrische, kugelige Masse ausgewachsen sind, während der Cervix einfach hypertrophisch geworden ist.

Wir haben uns vergebens in der Literatur nach der von uns beobachteten Form umgesehen, haben ihr aber selbst in der unübertrefflichen Geschwulstlehre Virchow's, dessen grosser Erfahrung fast Nichts entgangen zu sein scheint, nicht begegnet. Unter 74 von Safford Lee[1]) zusammengestellten Fällen von Fibroiden des Uterus sassen 18 an der hintern, 4 an der vordern Uteruswand, 18 an der äussern Fläche des Fundus, 6 in der Wandung desselben, 4 am hintern Cervicalabschnitte, 5 betrafen alle Gewebe und 19 hatten die Uterushöhle ausgedehnt. Ob die 5, welche alle Gewebe betrafen, in die hier in Rede stehende Categorie gehörten, geht aus der Beschreibung leider nicht hervor.

Auch uns steht nur eine einzige Beobachtung zu Gebote, deren Wichtigkeit nicht zu unterschätzen ist, da ihr eine grosse praktische Bedeutung zukommt. Das Präparat ist in Fig. 62 (a. f. S.) abgebildet. Der seiner Länge nach aufgeschnittene Cervix ist namentlich in seinem untern Abschnitte bedeutend hypertrophisch; obgleich die vordere Muttermundslippe einen 4 cm langen, dicken Wulst bildet, die hintere ihr nur wenig nachsteht und die Cervicalwände sehr verdickt erscheinen, hat weder der äussere Muttermund, noch die Cervicalhöhle von der Norm auffallend abweichende Dimensionen. In der Höhe von etwa 3 cm hören die Rugae auf (T in Fig. 62), woselbst sich der Cervix zugleich zu einem sehr schmalen, kaum 1,5 cm breiten, Körper verjüngt.

An diese Stelle muss das anatomische Os internum gelegt werden, von wo aus sich der Cervicalcanal in eine seichte Rinne fortsetzt, welche etwa 3 cm weit in gerader Richtung aufwärts längs des untern Randes der kugeligen Geschwulst verläuft, sodann im rechten Winkel links abbiegt (X in Fig. 62) quer durch die Mitte des Tumors, nur von der Umhüllungsmembran desselben bedeckt, nach der linken Tuba hinzieht und unmittelbar in dieselbe übergeht, so dass eine bei X eingeführte Sonde leicht in die linke Tuba eingeführt werden kann.

Der linken Tuba gegenüber senkt sich die rechte in die Geschwulstmasse ein, so dass die quere Rinne (P bis X) die Bedeutung der ursprünglichen obern Grenze der Uterinhöhle, der darüber gelegene Abschnitt des Tumors des ursprünglichen Fundus, der unter der Rinne liegende das ursprüngliche Corpus uteri gewinnt.

[1]) On Tumors of the uterus. London 1847, p. 3.

Der Tumor misst 35 cm im Umfange, hat einen Höhendurch-
messer von 10 cm und einen Breitendurchmesser von 8 cm.   Wollte
man den Abschnitt von T bis X als ursprüngliches Cavum uteri und die

Fig. 62.

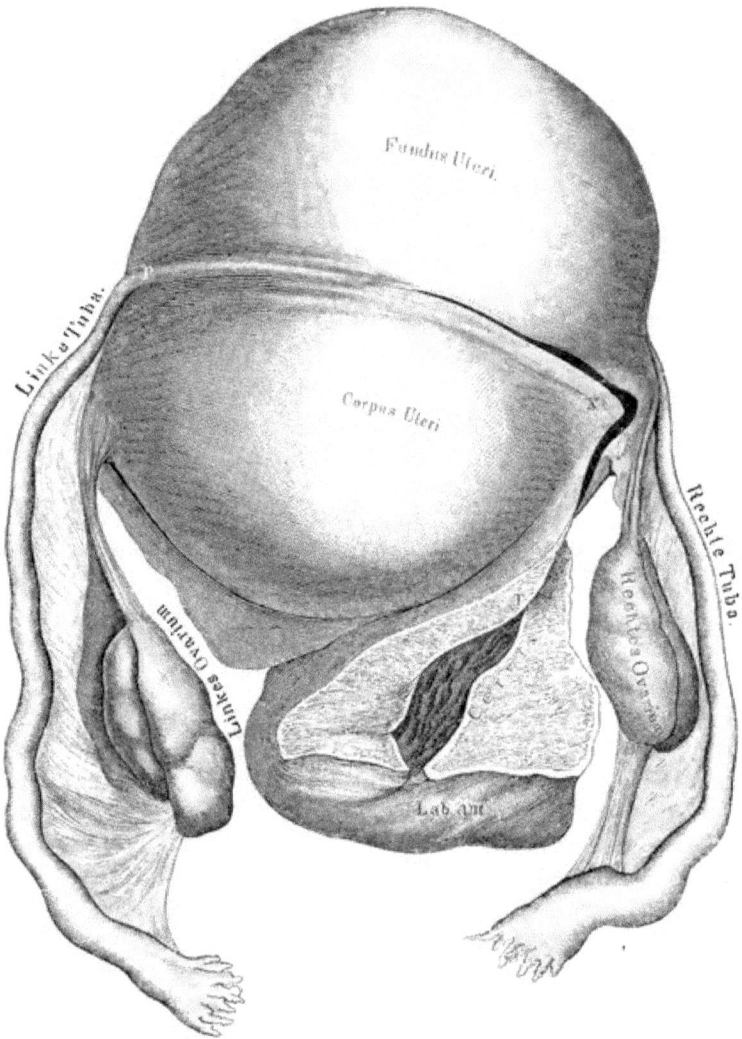

Totale Transformation des Corpus und Fundus uteri in eine myomatöse Geschwulst, nebst
Hypertrophie des Cervix.   (Natürliche Grösse.)

Geschwulst als eine aus dem Fundusdache hervorgegangene Neubildung auffassen, welche sich an der schwächsten Stelle abgeknickt hat, so würde dagegen nicht nur die Anheftungsstelle der Tuben und Ovarien sprechen, sondern es bliebe auch der von P bis X verlaufende Abschnitt der Rinnen unerklärt.

Denkt man sich das Präparat in der Beckenhöhle befindlich und der Exploration unterworfen, so ist es im Stande, der Diagnose nicht unerhebliche Schwierigkeiten zu bieten, da es sowohl zur Annahme eines hypertrophischen Uterus, wie eines Tumors verleiten kann, welcher von der hintern Uterinwand Besitz genommen und die Gebärmutterhöhle in einem hohen Grade comprimirt hat.

Ueber die Genesis dieser Geschwulst ist wenig zu bemerken. Nimmt man mit Virchow an, dass der Entwicklung eines oder mehrerer Myome des Uterus ein specieller local wirkender Reiz, welcher eine oder mehrere Stellen des Gewebes betrifft, zu Grunde liegt, so lässt sich die Annahme nicht von der Hand weisen, dass der Reiz in dem hier vorliegenden Falle die Gewebe, welche das Corpus und den Fundus uteri zusammensetzen, durchweg und gleichmässig getroffen und dieselben zu der symmetrischen Transformation geführt hat, welche vorliegt. Beachtenswerth ist es jedenfalls, dass sowohl die Eileiter wie die Eierstöcke beiderseits von dem Processe gänzlich verschont geblieben sind.

Unter den Schicksalen, von welchen die in der Entwicklung begriffenen oder die bereits ausgebildeten Fibroide betroffen werden können, haben wir der Zerreissung des Stieles mit darauf folgender Suppuration des Tumors bereits gedacht. Zerrung und Torsion bilden die Hauptbedingungen für derartige Ereignisse. Möglich, dass die Drehung des Stieles, wenn sie nicht hinreicht, eine Zerreissung zu bewirken, genügt, die Ernährung zu beeinträchtigen und die Veranlassung für jene Fälle zu werden, in denen Verkleinerung der Neubildung oder gar spontane Heilung derselben beobachtet worden ist.

Die Vereiterung nicht separirter Fibroide ist ein seltenes, die fettige Degeneration derselben aber ein häufiges, die Umwandlung in eine Krebsgeschwulst ein nicht erwiesenes Ereigniss.

Die Verkalkung tritt sehr häufig ein und giebt, wenn sie ein intrauterines Myom betrifft, dessen Stiel reisst, Veranlassung zur Annahme der sogenannten *Uterussteine* (Calculi uterini).

Virchow's Bemerkungen über den Verkalkungsprocess lauten [1]):

---

[1]) Krankhafte Geschwülste. Bd. III, S. 186.

„Auf die Induration folgt häufig die Verkalkung, welche auch bei den intraparietalen Myomen in grosser Ausdehnung vorkommt. Sie tritt mitten in der Geschwulst gewöhnlich in einer Reihe von einzelnen Zügen auf, welche sich vielfach verschlingen, zwischen sich aber noch Fasermasse haben; später bilden sich stellenweise mehr zusammenhängende, knochenähnliche Massen von solcher Dichtigkeit, dass man sie nur mit Mühe durchsägen kann, und dass sie nach dem Schleifen so dicht wie Elfenbein oder Marmor erscheinen. Zuweilen wird der grösste Theil eines Myoms in einer solchen Weise verändert, und es entstehen pfundschwere Klumpen, in denen nur noch ganz wenig Substanz enthalten, die nicht mit verkalkt ist. Löst man solche Knoten aus und lässt sie trocknen, so gewinnt man rundliche Körper von grobkörniger Oberfläche, überaus hart und schwer, wie aus Felsgestein gebildet. Macerirt man sie jedoch, so entsteht eine lose Masse, vergleichbar einem Korallen- oder Madreporenstock, dessen einzelne Theile leicht auseinanderbrechen oder fallen

Fig. 63.

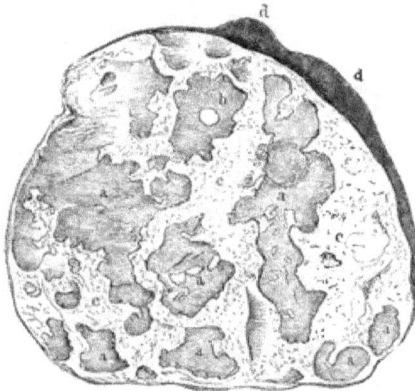

Verkalktes intrauterines Myom. Die mit *a* und *b* bezeichneten Inseln bilden die verkalkten, die mit *c* bezeichneten die faserigen, versandeten Stellen. *dd* Verdickte Kapsel. (Natürliche Grösse.)

und für sich eine sehr dichte, gelblich graue Substanz darstellen. Wie schon früher erwähnt, haben diese Massen gewöhnlich keine eigentlich knöcherne Beschaffenheit; es sind amorphe Versteinerungen (Petrificationen)“.

Auf eine Art der Verkalkung passt diese Beschreibung vollkommen; es giebt aber noch eine andere, welche darin besteht, dass die ganze Geschwulst wie mit Sand durchwachsen erscheint, so dass sie sich wohl durch eine grössere Härte auszeichnet, sonst aber keine Merkmale einer stattgehabten Petrification an sich trägt, diese vielmehr sich erst dann zu erkennen giebt, wenn man es versucht, den Tumor mit einem Messer zu durchschneiden; da wird man eben gewahr, dass man in ein mit Sand durchwachsenes Gewebe schneidet, welches dem schneidenden Instrumente eine hochgradige Resistenz entgegensetzt. Ob diese Sandmassen später sich zu Zügen vereinigen, aus denen sich die Verkalkung zusammensetzt, wissen wir nicht, doch müssen wir hervorheben, dass wir diese sandige Beschaffenheit sowohl in ganz kleinen, wie in sehr umfangreichen Geschwülsten, allein bestehend, wie neben grösseren versteinerten Inseln zu beobachten Gelegenheit hatten.

Das in Fig. 63 dargestellte Präparat unserer Sammlung bildet ein intrauterines, verkalktes Myom, welches seine Befestigung ungestielt am obern Abschnitte des Cavum uteri hatte und nach Eröffnung der an manchen Stellen verdickten Kapsel aus derselben einfach herausfiel und eine kugelige Masse von Elfenbeinhärte bildete. Nach geschehener Durchsägung präsentirte sich die in der Abbildung wiedergegebene Zeichnung. Die dunkeln Inseln (a und b) sind die vollständig verkalkten Stellen, während die helleren Inseln (c c c) eine kurzfaserige Beschaffenheit haben, Schnitte jedoch nicht, sondern nur Zupfpräparate gestatten, in denen das ausschliessliche Vorhandensein der Versandung sich geltend macht.

Auch die ganz winzigen intraparietalen Fibrome sind dem Verkalkungsprocesse ausgesetzt. Hier haben wir jedoch häufig einen dunkel, zuweilen schön grün gefärbten Kern gefunden, um welchen sich concentrische Schichten gelagert hatten, welche von mehr oder minder normalem Gewebe umgeben waren, so dass man auf die Verkalkung erst bei dem Versuche aufmerksam wurde, die kleinen Tumoren mit dem Messer zu durchschneiden. Die Bildung peripherischer Kalkschalen, welche die Geschwulst umschliessen, sind von Lee[1]) und Virchow[2]) beschrieben worden und gehören zu den Seltenheiten.

Schliesslich verdient noch hervorgehoben zu werden, dass die hier abgehandelten Neubildungen durch das Alter, in welchem sie am häufigsten aufzutreten pflegen, unsere besondere Aufmerksamkeit verdienen. Zwar gehen die Erfahrungen der verschiedenen Beobachter auch in diesem Punkte auseinander, allein die meisten neigen zu der Annahme, dass die Periode der Geschlechtsreife und, wie es scheint, der Climax der Production der Geschwulstbildung besonders günstig ist. Pfaff[3]) hat wohl den Fall eines zweijährigen Mädchens beschrieben, aus dessen Geschlechtstheilen ein faustgrosser Polyp her-

---

[1]) A. a. O. — [2]) Geschwülste. Bd. III, S. 192.
[3]) Richter's chirurgische Bibliothek. Göttingen 1782. Bd. IV, S. 539.

aushing, dessen Stiel von der Gebärmutter ausging, und dessen Entfernung mittelst der Ligatur geschah; zwar stand die jüngste der von uns beobachteten Patientinnen auch erst in ihrem zehnten Lebensjahre, allein das sind eben solche Ausnahmen wie es die Entwicklung der Fibroide im hohen Alter ist.

Stellen wir die von Graily Hewitt[1]) beobachteten 98 Fälle mit unseren eigenen 146 zusammen und theilen die Patientinnen in fünfjährige Zeiträume ab, dann erhalten wir die folgende Uebersichtstabelle:

Alter der Patientin	Anzahl der beobachteten Fälle		
	Hewitt	Beigel	Zusammen
10 Jahre	„	1	1
14 „	„	1	1
16 „	„	1	1
17 „	1	„	1
18 „	„	2	2
19 „	„	3	3
20 bis 25 „	6	12	18
25 „ 30 „	8	17	25
30 „ .35 „	18	21	39
35 „ 40 „	24	26	50
40 „ 45 „	19	30	49
45 „ 50 „	14	12	26
50 „ 55 „	6	10	16
58 „	1	5	6
59 „	„	2	2
64 „	1	1	2
66 „	„	2	2
Zusammen . . .	98	146	244

Denken wir uns diese Zahlen durch eine Curve ausgedrückt, dann würde sich dieselbe vom achtzehnten Lebensjahre an jäh heben, bis zum vierzigsten Jahre ansteigen und von da an wieder rasch fallen, so dass West's Ausspruch[2]) nicht allein hinsichtlich der Zeit, in

---

[1]) Diagnose, Pathologie und Therapie der Frauenkrankheiten. Deutsch herausgegeben von Dr. Hermann Beigel. II. Aufl., S. 531.

[2]) Diseases of women. London 1874, p. 271.

welcher sich die für die Krankheit charakteristischen Symptome zuerst geltend machen, sondern auch bezüglich des Alters der Patientinnen seine Richtigkeit behält, nämlich dass fibröse Geschwülste und fibröse Polypen des Uterus eine Affection bilden, welche nicht sowohl im vorgerückten Alter als in der Periode der intensivsten Geschlechtsthätigkeit am häufigsten vorkommt.

c. **Das Sarcom des Uterus.** — Die Stellung, welche dieses Neoplasma in der Geschwulstreihe einzunehmen hat, ist durchaus noch nicht gesichert; denn während die Einen demselben einen selbständigen Platz einräumen, reihen es die Anderen den carcinomatösen Gebilden an, während wieder Andere eine Mischform aus ihm machen und es *Carcino-Sarcom* nennen, zu welchem, nach Klebs[1]), wenigstens „ein grosser Theil der in der neueren Zeit als Sarcom des Uterus (von Gusserow, Hegar, Winkel) beschriebenen Fälle zu zählen sein dürfte".

Das *Carcino-Sarcom* des Uterus stellt, nach demselben Beobachter, eine Art des tiefsitzenden, diffusen Carcinomes dar, bei welchem die bindegewebige Grundsubstanz mit ihren Gefässen reichlicher entwickelt und in Spindelzellgewebe verwandelt ist. Erst das Verschwinden der Bindegewebsfasern unter der Neubildung spindelförmiger Elemente ist für die Sarcomdiagnose entscheidend[2]). Nach der Beobachtung Virchow's[3]) scheint das Vorkommen des wahren Sarcoms und zwar primär auf der Schleimhaut des Uterus, ausser Zweifel gestellt. „Es ist eine schwer zu erkennende, oft nur weiche, rundzellige Medullärform, zuweilen deutliches Myxosarcom; doch kann es stellenweise dicht werden, grössere Knoten bilden, und eine so derbe Beschaffenheit erreichen, dass, wie ich erfahren habe, selbst gute Beobachter sich über die Natur des Gewächses täuschen und dasselbe für Fibroid nehmen können. Die mir vorgekommenen Fälle gehörten, bis auf einen, nicht der Polypenreihe an, sondern stellten vielmehr ausgedehntere „Infiltrationen" der Schleimhaut dar, unter denen sich der Uterus sehr beträchtlich nach oben vergrösserte und profuse Blutungen bestanden hatte. Das Orificium externum war ursprünglich ganz frei. Erst nach und nach drängen Massen gegen dasselbe, und in einem solchen Falle entfernte mein verstorbener Schwager August Meyer grössere Theile eines fasciculären und reticulären Myxosarcoms mit Leichtigkeit, die wie Bröckel mürben Holzes oder Baumschwammes aus-

---

sahen"[1]). Die mikroskopische Zusammensetzung scheint kein genügendes Material für die Diagnose dieser Geschwülste zu liefern, da Hegar[2] das Vorkommen der verschiedenartigsten Zellenformen in denselben nachgewiesen hat und Klebs geradezu davor warnt, nach der Untersuchung kleiner, während des Lebens entfernter Stücke die Natur einer Geschwulst zu bestimmen, obschon bisweilen selbst solche partielle Untersuchungen schon Andeutungen einer gemischten Natur dieser Geschwülste liefern. Glücklicherweise ist das Vorkommen des Uterus-Sarcoms ein seltenes und Schroeder[3] behauptet sogar, dass sich nur sechzehn unzweifelhafte Fälle in der Literatur verzeichnet finden.

Der diffusen Form haben wir bereits gedacht. Das Sarcom kann jedoch auch in Gestalt eines Polypen und Fibroides wachsen, es scheint jedoch, dass selbst in der Mehrzahl dieser Fälle diffuse Ausbreitungen coexistiren. Nach Gusserow's[4] Beobachtung vermag das Neoplasma durch die ganze Uteruswand hindurchzubrechen und als einfacher oder mehrfacher Tumor in die Bauchhöhle hineinzuragen.

Mag nun Zusammensetzung und Bildungsart dieser Geschwulst sein, welche sie wolle, so viel steht fest, dass sie bezüglich der Gefährlichkeit, welche sie für das Leben der Patientin bedingt, dem Carcinom kaum nachsteht, und dass die von manchen Autoren berichtete Spontanheilung noch der weitern Bestätigung bedarf.

Für uns hat das Sarcoma uteri, wie wir in dem Abschnitte über die Mechanik der Sterilität noch darthun müssen, sowohl die Bedeutung der Geschwülste, welche auf mechanische Weise Unheil stiften, als der carcinomatösen Neubildungen, deren Gefahr durch die Verwüstungen bedingt wird, welche sie im Uterus anrichten.

d. **Krebs des Corpus uteri** — als idiopathische Erkrankung, gehört zu den äussersten Seltenheiten. Schroeder[5] findet, dass wenn er die Zahlen von Blau, Eppinger, Szukits, Lebert und Willigk zusammennimmt, von 686 Uteruscarcinomen 13, also nicht ganz 2 Proc. am Corpus uteri ihren Sitz hatten. Die secundäre Form als Fortsetzung des Epithelial- und Medullarcarcinoms vom Cervix auf das Corpus ist ein häufiges Vorkommen. Auf sie passt Alles, was wir vom Krebs des Mutterhalses hinsichtlich seines Baues, seiner Entwicklung und Gefährlichkeit gesagt haben.

---

[1]) Ibid. 351. — [2]) Archiv für Gynäkologie. Bd. II, S. 29.
[3]) Krankheiten der weiblichen Geschlechtsorgane. Leipzig 1874, S. 281.
[4]) Ueber Sarcome des Uterus. Archiv für Gynäkologie. Bd. I, S. 240.
[5]) A. a. O. S. 279.

c. **Tuberculose des Uterus.** — Schroeder beginnt die kurze Bemerkung, welche er über die Tuberculose des Uterus macht, folgendermaassen [1]: „Die Tuberculose des Uterus hat eine so vollständig untergeordnete, klinische Bedeutung, dass wir kurz über sie hinweggehen können." Wir können uns diesem Ausspruche nicht anschliessen, sind vielmehr der Ansicht, dass auch die klinische Bedeutung dieser Krankheit eine durchaus nicht zu unterschätzende sei, zumal die Art ihrer Verbreitung im Bereiche der Generationsorgane uns darüber klare Aufschlüsse ertheilt, warum bei der einen der von Tuberculose befallenen Frau die Conception noch möglich sei, während die andere, — glücklicherweise vielleicht! — der Sterilität verfallen muss.

Die Erfahrung Rokitansky's, dass die Tubo-uterin-Tuberculose sehr häufig eine **primitive** sei, muss als eine exceptionelle betrachtet werden. In der Regel kommt sie gleichzeitig mit der Tuberculose anderer Organe vor, so dass ein localer Zusammenhang nicht nachgewiesen werden kann. Das ist der Fall, wenn bei Tuberculose der Lungen auch der Uterus in einem tuberculösen Zustande gefunden wird. In anderen Fällen ist der locale Zusammenhang unschwer nachzuweisen, so wenn die Krankheit das Bauchfell ergreift, sich auf das Perimetrium und die Ovarien fortsetzt und durch die Tuben ihren Weg zur Schleimhaut der Gebärmutter findet. Von hier aus vermag sie in das Parenchym zu gelangen, den Cervix zu ergreifen und in die Scheide zu dringen. Es ist daher nicht richtig, wenn manche Autoren die Behauptung aufstellen, dass die Schleimhaut des Cervix wegen ihres dicken Epithellagers niemals von der Tuberculose ergriffen wird. Richtig ist nur, dass dieselbe lange und energisch Widerstand zu leisten vermag und dass das Fortschreiten von der Schleimhaut der Gebärmutterhöhle auf die des Mutterhalses, selbst bei einer hochgradigen Ausbildung der Affection, nur langsam und oft in so bestimmter Begrenzung geschieht, dass der noch nicht betheiligte Abschnitt des Cervix leicht für den ganzen Cervix gehalten werden kann. Ein Blick auf das in Fig. 64 (a. f. S.) abgebildete Präparat wird das klar machen.

Das Präparat rührt von einer dreissig Jahre alten Mehrgebärenden her, welche an sehr ausgebreiteter Tuberculose der Brust- und Bauchorgane zu Grunde gegangen ist. Das ganze Cavum uteri sah wie von einer papillösen Neubildung ergriffen aus, welche bei der Berüh-

[1] A. a. O. S. 290.

14*

rung leicht zerbröckelte und unter dem Mikroskope sich als Tuberkelmasse zu erkennen gab, welche keinen Unterschied von der anderer
Organe zeigte. Die kranzartigen Wülste halten wir für die ehemalige

Fig. 61.

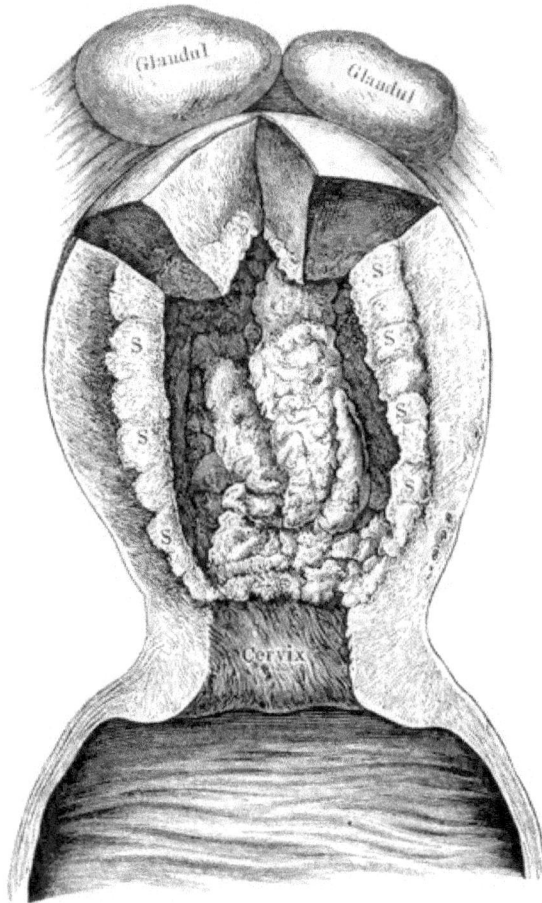

Tuberculose des Uterus. S die verdickte Schleimhaut. (Natürliche Grösse.)

Schleimhaut, obgleich keine Spuren ihrer Elemente darin aufzufinden
waren. Klebs[1]) hat diese Wülste bereits beschrieben; seiner Ansicht

---

[1]) A. a. O. S. 864.

nach entsprechen sie den grösseren Bündeln der Querfasern, zwischen welche die Neubildung tiefer eindringt. Dass in dem hier abgebildeten Präparate der obere Cervicalabschnitt bereits ergriffen ist, scheint so wenig zweifelhaft, als dass der noch intacte Theil leicht für den ganzen gesunden Cervix gehalten werden kann; dass er, trotz der hohen Ausbildung der Krankheit im Corpus und Fundus so lange seine Unabhängigkeit zu wahren vermochte, ist ein neuer Beweis für seine Widerstandsfähigkeit, auf welche wir bereits zu wiederholten Malen hinzuweisen Veranlassung genommen haben.

Leider waren die Adnexa nicht mehr vorhanden; am Fundus sahen wir zwei mächtig vergrösserte, tuberculöse Lymphdrüsen. Der Uterus selbst war vergrössert und bot die folgenden Maassverhältnisse, soweit diese bestimmbar waren, dar:

	Mm.
1. Gesammtlänge des Uterus	82
2. Länge des Körpers	nicht be-
3. „ „ Halses	stimmbar
4. Breite des Fundus .	56
5. Breite der Uterinhöhle	24
6. „ des Os intern.	nicht be-stimmbar
7. „ der Cervicalhöhle	14
8. „ des Os extern.	19
9. Dicke des Fundus (aussen)	35
10. „ des Körpers (aussen) . .	
11. „ der vordern Wandung:	
a) am Fundus .	14
b) „ Corpus .	19
c) „ Cervix	17
12. Dicke der hintern Wandung ·	
a) am Fundus .	18
b) „ Corpus	22
c) „ Cervix	10
13. Dicke des Fundusdaches	11
14. Länge der vordern Lippe	7
15. Dicke „ „ „	9
16. Länge der hintern Lippe	9
17. Dicke „ „ „	17
18. Capacität der Uterushöhle	15 Grm.

Uebrigens ist der Process keineswegs an der untern Linie der gewulsteten Schicht begrenzt; das Mikroskop lehrt vielmehr, dass er bereits die tiefer liegenden Gewebe ergriffen hat, zwischen welchen er in manchen Fällen so vorzudringen scheint, dass grosse Cavernen gebildet werden. Wenigstens war dies in einem Präparate der Fall, welches wir erst vor wenigen Tagen zu untersuchen Gelegenheit hatten. Dasselbe stammt von einem nur wenige Wochen alten Kinde her, welches an ausgebreiteter Tuberculose der Unterleibsorgane verstorben war. Der Uterus hatte die Grösse einer Wallnuss, die stark vergrösserte Höhle war mit einer käsigen Tuberkelmasse ausgefüllt, welche auch in die Uteruswände so eingedrungen war, dass zwei grosse Cavernen vorgefunden wurden.

In der von Geil[1]) rücksichtlich des Alters, in welchem die Krankheit vorzukommen pflegt, zusammengestellten Tabelle hatte das jüngste Individuum bereits das Alter von zehn Jahren erreicht. Die Altersverhältnisse gestalteten sich folgendermaassen:

Von 10 bis 20 Jahren	. . . . . .	6 Fälle			
„ 20 „ 30	„	. 22	„		
„ 30 „ 40	„	. 15	„		
„ 40 „ 50	„	10	„		
„ 50 „ 60	„	7	„		
„ 60 „ 70	„ . . .	6	„		
„ 70 „ 80	„	2	„		
	Zusammen	68 Fälle.			

Setzt sich die Tuberculose vom Peritoneum auf die Adnexa des Uterus und auf diesen selber fort, dann braucht sie, selbst bei langem Bestande, noch nicht in die Uterinhöhle vorzudringen, vielmehr vermag sie Ovarien und Perimetrium zu befallen und die Tuben so sehr mit Tuberkelmasse zu erfüllen, dass diese mächtig ausgedehnt werden und bei dem Befühlen eine pralle, elastische Beschaffenheit darbieten. Fertigt man Querschnitte solcher Eileiter an, dann findet man, dass sie nur noch ihre äussere Form behalten, ihre anderen charakteristischen Eigenschaften aber verloren haben. Ihre Schleimhaut ist zu Grunde gegangen und mit ihr das zierliche Faltensystem, an dessen vereinzelten Contouren zuweilen nur noch die Art und Weise der Lagerung der sie ersetzenden Tuberkelmasse erinnert. Die Muskelschicht hin-

---

[1]) Ueber Tuberculose der weiblichen Genitalien. Eine Inaugural-Dissertation. Erlangen 1851.

gegen vermag der zerstörenden Einwirkung des Processes ziemlich lange Widerstand zu leisten.

Ausser der Gefahr, welche die Tuberkelkrankheit an und für sich für die Patientin mit sich führt, setzt sie im Bereiche des Genitalapparates noch Folgezustände von schwerwiegender Bedeutung. Namentlich sind es die adhäsiven Perimetritiden, welche unser Augenmerk auf sich ziehen. Der mit Miliartuberkeln dicht besäete Abschnitt, welcher den Uterus und seine Anhänge umhüllt, ist für intensivere Entzündungen ein sehr geeigneter Boden; diese gewinnen unter der subacuten und chronischen Form einen bedeutenden Umfang, bilden mächtige pseudomembranöse Ablagerungen, welche als dicke Schwarten an der Aussenfläche des Uterus anzutreffen sind, richten Verwüstungen in den Ovarien und Tuben an und gestalten sich sogar zu grossen Säcken, welche diese Ovarien entweder gänzlich einschliessen und ihre Functionen gänzlich ausser Thätigkeit setzen, oder sie löthen sie in Form pseudomembranöser Massen so an einander und an die ebenfalls afficirten Nachbarorgane, dass selbst die künstliche Separation mit dem Scalpell nur sehr schwer oder gar nicht bewirkt werden kann.

Das in Fig. 65 (a. f. S.) abgebildete Präparat bildet eine Illustration hierfür. Dasselbe rührt von einer sechsundzwanzigjährigen Magd her, welche an ausgebreiteter Tuberculose der Unterleibsorgane zu Grunde gegangen war. Der Uterus ist kaum vergrössert, weder die Schleimhaut des Cervix, noch die des Corpus wurden afficirt gefunden, nur das Perimetrium war von Miliartuberkeln bedeckt und die Resultate der stattgehabten Entzündung liessen sich in den umfangreichen Pseudomembranen deutlich erkennen, welche als mächtige Auflagerungen an der hintern Wand der Gebärmutter ($S\,S$) vorhanden waren. Links war das fast normal aussehende, an der Aussenfläche gleichfalls mit Miliartuberkel besäte Ovarium an die ebenso beschaffene Tuba gelöthet; rechts hatte es den Anschein, als wenn eine Ovarialcyste vorhanden gewesen wäre, welche sich bei genauerer Untersuchung als pseudomembranöser, geschlossener Sack zu erkennen gab, nach dessen Eröffnung er sich von bedeutender Dicke ($C\,C\,C\,C$) und als Behälter des Ovariums und der Tuba dieser Seite erwies, welche beide in ähnlicher Weise wie auf der linken Seite afficirt gefunden wurden, nur dass der Eierstock gleichfalls von pseudomembranösen Bändern durchzogen war.

Bedenkt man nun, dass die bisher geschilderten Zustände gleich beim Beginnen der Tuberkelkrankheit auftreten oder im Verlaufe derselben sich geltend machen und mit Symptomen in der Genitalsphäre einhergehen können, welche dem Bilde der Tuberculose nicht eigenthümlich sind; bedenkt man ferner, dass die Intensität dieser Symptome

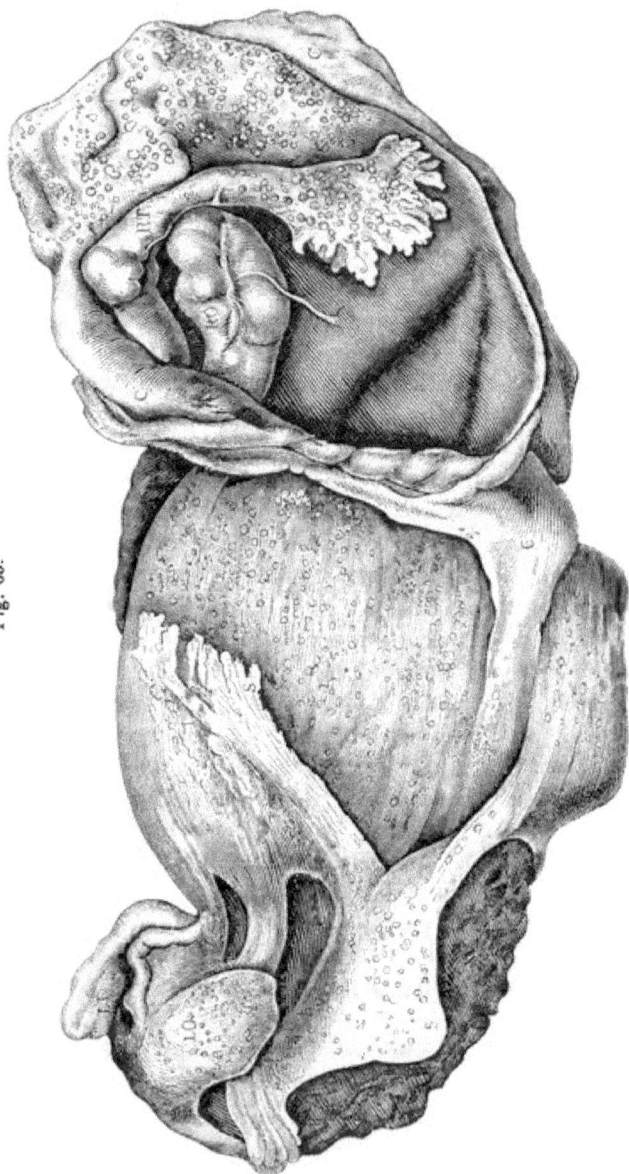

Fig. 65.

Tuberculose des Uterus und seiner Anhänge. *R O* Rechtes Ovarium. *L O* Linkes Ovarium. *R T* Rechte Tuba. *L T* Linke Tuba. *S S* Pseudomembranöse Scharten. *C C C C* Pseudomembranöser Sack (eröffnet), in welchem die rechte Tuba und das rechte Ovarium eingeschlossen waren. Hintere Ansicht. (Natürliche Grösse.)

mit der Ausbildung der Tuberculose durchaus nicht im geraden Verhältnisse zu stehen braucht, dann wird man nicht umhin können, dieser Krankheit, wenn sie auf den Uterus und seine Anhänge übergeht, abgesehen von der Gefährlichkeit, welche ihr an und für sich anhaftet, auch vom gynäkologischen Standpunkte aus eine grössere klinische Bedeutung zuzusprechen, als bisher geschehen ist.

6. Lageveränderungen des Uterus.

Die Lageveränderungen der Gebärmutter hängen, wie bereits bemerkt, von dem Verhalten ab, welches die Längenachse des Organes behauptet. Diese kann in ihrem Verlaufe eine plötzliche Richtungsveränderung erfahren (*Knickung*, *Flexion*) oder als sich um einen idealen Punkt gedreht gedacht werden (*Version*); ferner kann sie nach unten rücken (*Descensus und Prolapsus*) oder auch höher hinauf gezwungen werden (*Elevatio s. ascensus uteri*). Endlich kann eine Umstülpung der Gebärmutter (*Inversio uteri*) so stattfinden, dass die Achse nur gebrochen wird (*Inversio incompleta*) oder eine vollkommene Umwendung erfährt, so dass ihr oberer Endpunkt nach unten und der untere nach oben rückt (*Inversio completa*), mit anderen Worten, dass der Fundus durch den innern Muttermund nach unten umgestülpt wird und das Os externum den obersten Punkt bildet.

Für uns liegt das Hauptinteresse aller dieser Lageveränderungen in zwei Hauptmomenten, welche in den beiden folgenden Fragen ihren Ausdruck finden

1. Wird durch die veränderte Position jener von uns als Receptaculum seminis bezeichnete Raum, welchen wir für einen wesentlichen Factor für den Eintritt der Conception halten, aufgehoben?

2. Erleidet die Wegsamkeit des Uterin- und Cervicalcanales durch die Malposition an irgend einem Punkte eine Unterbrechung?

Den anderen Folgezuständen, welche sich noch herausbilden können, kommt diesen Fragen gegenüber nur eine untergeordnete Bedeutung zu.

a. **Flexionen.** — Es ist bei der Besprechung der den Cervix betreffenden Knickungen bereits darauf hingewiesen worden, dass der Antheil, welchen der Uterus an diesem Vorgange nimmt, ein verhältnissmässig untergeordneter sei. Rücksichtlich der ersten der beiden aufgeworfenen Fragen steht ihm ein Einfluss nur ausnahmsweise zu, und

auch bezüglich der zweiten Frage kann sein Antheil nur ein mittelbarer sein. Abgesehen von den sehr seltenen Fällen, in denen der
Knickungswinkel sich in der Achse des Cavum uteri ausbildet, ist die
Verschlussstelle, wenn eine solche vorhanden ist, stets in der Achse
des Cervix, höchstens am innern Muttermunde gelegen.

Ist aber ein Verschluss eingetreten, dann kann die Unwegsamkeit
durch spätere Anfüllung der Gebärmutterhöhle mit Flüssigkeit bei
Weitem erhöht werden. Das hängt von der Festigkeit des Ver-
schlusses und von der Tiefe ab, in welche der Fundus hinabgesunken
ist, mit anderen Worten, ob die jetzt am tiefsten stehende Grenze des
Cavum unter dem Niveau des Os externum gelegen ist, in welchem
Falle nach jeder Menstruation, nach den Gesetzen der Statik so viel
Blut in der Höhle zurückbleiben wird, als die Differenz der beiden
Niveaus beträgt.

Auch auf die Alterationen, welche in den Geweben der Uterus-
wandungen eintreten, wird die höhere oder tiefere Lage des Fundus
Einfluss nehmen und zu Congestionen und beträchtlichen Vergrösserungen des Organes führen können.

b. **Versionen.** — Die anatomischen Verhältnisse haben uns bereits darüber belehrt, dass dem Uterus eine Neigung — aber keine
Knickung — nach vorn angeboren ist, welche, wie Rokitansky[1)]
bereits bemerkt hat, erst in ihrem höhern Grade zur Knickung wird.
Aus dieser angeborenen Vorwärtsneigung erklärt sich das weit häufigere
Vorkommen sowohl der Anteflexionen als der Anteversionen gegenüber
den Retroflexionen und Retroversionen. Auch diese kommen in allen
Graden zur Beobachtung; der Cervix muss dem Zuge des Uterus pas-
siv folgen, wobei beide sonst nicht weiter afficirt zu sein brauchen. Es
verdient besonders hervorgehoben zu werden, dass eine hochgradige
Version weit länger als eine Flexion bestehen kann, ohne den Ernäh-
rungsveränderungen ausgesetzt zu werden, welche bei den Knickungen
offenbar auf Rechnung der durch die Constriction an der Knickungsstelle herbeigeführten Veränderung in der Blutzufuhr zu setzen sind.

Reine Versionen kommen so wenig wie reine Flexionen vor; fast
immer findet eine Combination beider statt, nur dass die eine in einem
so geringen Grade vorhanden ist, dass sie der andern gegenüber gänzlich in den Hintergund tritt.

Im höchsten Grade der Ausbildung der Version läuft die Achse des
Uterus mit der der Vagina ziemlich parallel, der Fundus fällt ganz

---

[1)] Lehrbuch der pathologischen Anatomie. Bd. III. Wien 1861, S. 457.

und gar nach unten, während der Muttermund, je nach der Art der Version, in den vordern oder hintern Cul de sac aufzusteigen gezwungen, und der Cul de sac der der Version entsprechenden Seite ausgeglichen wird.

Das in Fig. 66 abgebildete Präparat stellt einen typischen Fall von Anteversion höchsten Grades dar.

Fig. 66.

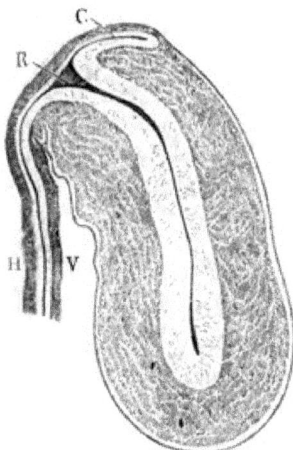

Anteversio uteri höchsten Grades. *R* Receptaculum seminis. *C* Hinterer Cul de sac. *H* Hintere Vaginalwand. *V* Vordere Vaginalwand. (Natürliche Grösse.)

Die hintere Scheidewand streckt sich wie eine Kappe über das Os externum, und die Bildung des Receptaculum (*R*) tritt hier in auffallender Weise hervor; letzteres ist vollständig und geräumig, nur ist es auch aus seiner ursprünglichen Lage in eine Stelle hinaufgerückt, woselbst seine Bestimmung gänzlich illusorisch wird. Der vordere Cul de sac ist gänzlich aufgehoben.

c. **Descensus und Prolapsus.** — Ersterer hat die Erschlaffung aller den Uterus im Becken befestigenden Ligamente zur Voraussetzung, wodurch es ihm möglich wird, tiefer in die Scheide, ja selbst bis zum Introitus hinabzusteigen. Tritt er durch diesen nach aussen, dann hat er sich zum Prolapsus ausgebildet, welcher nicht nur die für den Descensus erforderlichen Bedingungen, sondern auch die Auflockerung des perivaginalen Bindegewebes zur Voraussetzung hat. Für die Richtigkeit dieser Annahme sprechen jene überaus zahlreichen Fälle, in denen sich der Prolapsus unmittelbar nach erfolgten Geburten in Folge rasch ausgeführter Bewegungen, nicht lange dauernder Anstrengungen, übermässiger Thätigkeit der Bauchpresse etc. ausbildet.

Mit dem Vorfalle geht in der Regel Hypertrophie des Gebärorganes einher, Veränderung der Vaginalschleimhaut und der Schleimhaut der Gebärmutterhöhle, ausserdem treten diejenigen Alterationen auf, welche wir in der chronischen Metritis kennen gelernt haben, und erhöhen die Schädlichkeit, welche bereits durch die Lageveränderung erfolgt ist, in einem noch weit grössern Maasse. Es wird sich in dem die Mechanik der Sterilität behandelnden Abschnitte übrigens die interessante Thatsache herausstellen, dass sich der Descensus uteri, also der mindere Grad des Prolapsus, der Conception gegenüber viel feindlicher, als der Vorfall selbst, verhält.

d. **Elevatio s. ascensus uteri.** — Die Dislocation des Uterus nach oben kann so geschehen, dass das Os externum an seiner ursprünglichen Stelle verharrt, oder so, dass auch dieses der Bewegung nach oben folgen muss. Die Elevation des Organes während der Schwangerschaft, sowie in Folge Vergrösserung seiner Höhle durch in derselben angesammelte Flüssigkeiten (Haematometra, Hydrometra etc.) oder durch gewisse intrauterine Geschwülste, bilden Beispiele der erstern Art. Wird der Uterus aber durch Pseudomembranen oder Geschwülste nach oben gezogen oder gestossen, wird er durch Neubildungen an seinem untern Abschnitte nach oben gedrückt, dann wird in der Regel auch die Vaginalportion diesem Processe unterworfen und demgemäss gezwungen, gleichfalls nach oben zu steigen oder sich einer Elongation zu unterwerfen, welche bis zum Abreissen des Uterus gesteigert werden kann. In den meisten Fällen ist letzterer combinirten Lageveränderungen ausgesetzt, so dass neben dem Ascensus noch Achsendrehung, Flexionen und Versionen angetroffen werden. Die Elevation hat nach Rokitansky[1] „Verlängerung der Scheide mit Ausplättung ihrer Runzeln, Ausgleichung der das Scheidengewölbe und die Vaginalportion constituirenden Duplicatur, Verlängerung des Uterus, besonders des Cervix, Atrophie, Obliteration, endlich Laesio continui dieses letztern zur Folge.“

e. **Inversio uteri.** — Denkt man sich einen mit Futter ausgelegten Filzhut derart umgestülpt, dass das Futter die äussere und der Filz die innere Fläche bildet, dann gewinnt man nicht nur ein richtiges Bild eines invertirten Uterus, an welchem die Schleimhaut dem Futter, und die Peritonealfläche dem Filz des Hutes entspricht, sondern man gewinnt dadurch gleichzeitig eine richtige Vorstellung von dem Mechanismus oder der Art und Weise, durch welche die Inversion zu Stande kommt.

Um den Hut umzustülpen, muss man die obere, geschlossene, dem Fundus uteri entsprechende, Convexität entweder durch einen von oben her ausgeübten Druck oder durch einen von unten oder innen angebrachten Zug tellerförmig eindrücken und die betreffende Kraft so lange wirken lassen, bis die Umstülpung oder Inversion eine complete ist.

---

[1] Lehrbuch der pathologischen Anatomie. Bd. III, S. 465.

Auch beim Uterus ist die Vergrösserung seiner Höhle und ein von aussen her auf den Fundus wirkender Druck oder ein an demselben von innenher geübter Zug die für die Ausbildung der Inversion nothwendige Bedingung. In eminenter Weise sind sie im Gebärorgane nach stattgehabter Ausstossung der Frucht bei festsitzender Placenta, an deren Nabelschnur gezogen wird, vorhanden. In der That ist dieser Vorgang die vorwiegende Veranlassung für die Ausbildung der hier in Rede stehenden Lageveränderung, so dass nach Crosse [1] unter 400 von ihm zusammengestellten Fällen von Inversion nicht weniger als 350 aus der Geburtsperiode herrührten und nur 50 ihre Ausbildung den Intrauterintumoren verdankten. Dass die letzteren die beiden oben genannten Hauptbedingungen für die Umstülpung zu erfüllen im Stande sind, leuchtet ein.

Nachdem die tellerförmige Einbiegung des Fundus zu Stande gekommen, wird die weitere Einstülpung auf keinen Widerstand stossen, bis der Fundus an das Os internum anlangt. Soll der Process weiter schreiten, dann muss dieses sich soweit eröffnen, dass die invertirte Parthie hindurchtreten und durch den Cervix, welcher jene Parthie, wie ein fester Ring, umfasst und daher auch den Namen „*Inversionsring*" erhalten hat, in die Scheide gelangen kann. Der Introitus vaginae setzt dem Fortschreiten der *Inversion* oder *Invagination* ein zweites, minder starkes Hinderniss entgegen, nach dessen Ueberwindung zuerst der Fundus, dann das Corpus und schliesslich der Cervix so nach aussen tritt, dass die Schleimhaut deren äussere Fläche bildet.

Wir unterscheiden demnach drei Grade der Inversion. Der erste geht von dem tellerförmigen Eindruck des Fundus bis dahin, wo letzterer vor das Os internum anlangt. Der zweite Grad umfasst die Passage durch den Cervix bis zur Ankunft der Inversion vor dem Scheideneingange. Der dritte Grad endlich umfasst die Passage durch den Introitus vaginae bis zur completen Inversion. In der von dem Peritoneum ausgekleideten Höhle des umgestülpten Organes liegen die Eierstöcke sammt den Eileitern.

Kommt es nun nicht unmittelbar, nachdem sich die Inversion gebildet hat, zur Reposition derselben, tritt sie vielmehr in das chronische Stadium, dann können secundäre Processe der bedeutendsten Art auftreten und zu umfangreichen Entzündungen des Uterus und seiner

[1] An Essay literary and practical on inversio uteri by John Green Crosse. Transactions of the provincial medical and surgical association. London 1845. New Series. Vol. I, p. 285.

Nachbarorgane, zu Verwachsungen mit denselben, Brand, Peritonitis und diphtheritischen Ulcerationen führen. In anderen Fällen kann der Uterus in Folge der durch die Inversion bedingten Nutritions-störungen atrophisch werden, sonst aber zu keinen weiteren gefähr-lichen Symptomen Anlass geben.

Sei es nun, dass die Inversion in acuter Weise nach einer Ent-bindung oder chronisch, etwa durch die langsam wirkende Kraft eines Tumors gebildet wird, sei es, dass die Ausbildung eine *vollständige* oder *unvollständige* geworden, immer stellt sie für die Verhältnisse, welche wir im Auge haben, einen Zustand dar, welcher sich den schädlichsten anreiht, die in dem weiblichen Geschlechtsleben auf-treten.

V. Die Ovarien.

I. Anomalien der Entwicklung.

a. **Der Mangel beider Eierstöcke** — ist bei lebensfähigen Individuen bisher durch keine einzige Beobachtung constatirt, und wir hätten dessen hier nicht einmal Erwähnung gethan, wenn wir nicht immer wieder Beschreibungen dieser Anomalien, deren Einfluss auf die Körperentwicklung und dergleichen begegneten. Wir schliessen uns daher dem von Boivin und Dugès[1]) ausgesprochenen Zweifel über das Vorkommen dieses Defectes an, es sei denn, dass er mit anderen hochgradigen Anomalien der Generations- oder auch anderer Organe verbunden auftritt und die betreffenden Individuen in der Regel lebensunfähig macht[2]). Rokitansky[3]) und Kiwisch[4]) sprechen sich in demselben Sinne aus.

b. **Der Mangel eines Eierstockes** — ist gleichfalls nur in Verbindung mit anderen Anomalien der Entwicklung beobachtet wor-den. In der Regel handelt es sich um einen Uterus unicornis, dessen zweites Horn sammt dem dazu gehörigen Eierstocke verkümmert ist. Letzterer kann übrigens trotz der Verkümmerung seines Hornes zur Entwicklung gelangen oder sich in abnormer Weise ausbilden oder

---

[1]) Maladies de l'uterus et de ses annexes. Paris 1833.
[2]) Siehe auch Farre in Todd's Encyclopaedic. Vol. V, p. 573.
[3]) Pathologische Anatomie. 3. Aufl., Bd. III, S. 411.
[4]) Klinische Vorträge. Bd. II, S. 34.

aber, wie wir dargethan [1]), in ihm sonst fremde Regionen transferirt werden.

c. **Die mangelhafte Entwicklung der Eierstöcke** — wird wohl hier und da von den Autoren beschrieben, allein die Schilderungen laufen darauf hinaus, dass die sonst normal construirten Ovarien von ungewöhnlicher Kleinheit sind.   Dass sie dadurch functionsunfähig geworden, wird nicht behauptet. Der von uns geführte Nachweis [2]), dass selbst die winzigen accessorischen Ovarien reife Follikel führen und rücksichtlich ihrer Function den Anspruch auf die Bedeu-

Fig. 67.

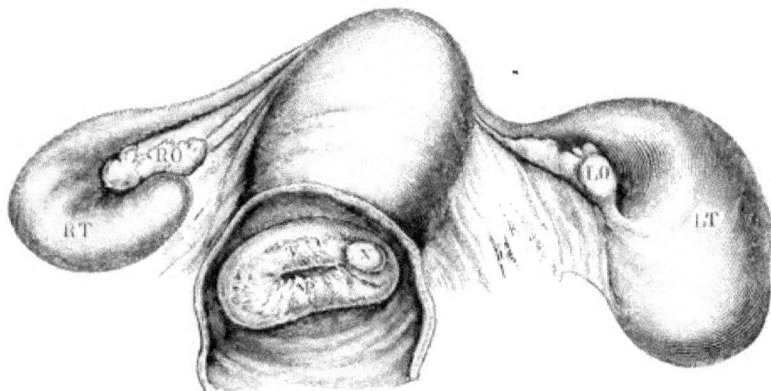

Senile Atrophie des Uterus und der Ovarien. Hydrosalpinx beider Tuben.   R O Rechtes Ovarium.   L O Linkes Ovarium.   R T Rechte Tuba.   L T Linke Tuba.   V Vordere Muttermundslippe.   P Hintere Muttermundslippe.   X Kleine Blase.   Schiefheit des Uterus, wahrscheinlich angeboren.   (Natürliche Grösse.)

tung eines ausgebildeten Eierstocks erheben können, würde auch gegen eine solche Annahme sprechen.

Auch in dem von Grohé [3]) beobachteten Falle eines Uterus mit drei Ovarien wird besonders hervorgehoben, dass, wie der Durchschnitt lehrte, alle drei functionirt hatten, obgleich die beiden Ovarien der einen Seite weit kleiner als das eine Ovarium der andern Seite gefunden wurden.

Wie in allen anderen Organen, so steht auch bei den Eierstöcken die Grösse oder Kleinheit in keinem nothwendigen Verhältnisse zur

---

[1]) Beigel. Uterus unicornis dexter mit eigenthümlichem Verlaufe der Tuba und des Ovariums links. Archiv für Gynäkologie. Bd. XI, Heft 2.

[2]) S. 38.

[3]) Wiener Medicinal-Halle 1863, S. 414 und Monatsschrift für Geburtskunde. Bd. 23, S. 67.

Leistungsfähigkeit derselben, und das um so weniger, als, wie wir rücksichtlich der Eierstöcke dargethan haben, die Grenzen ihrer normalen Grösse sehr bedeutend variiren [1]).

Von der angeborenen Kleinheit der Ovarien ist die *senile Atrophie* derselben zu unterscheiden, deren wir nur vorübergehend Erwähnung thun wollen, da sie für uns keine Bedeutung hat. Die Rückbildung kann so weit gehen, dass von den Organen, wie in dem in Fig. 67 (a. v. S.) abgebildeten Falle, nur geringe Rudimente zurückbleiben, welche eine bindegewebige Structur haben, und in welchen keine Follikel angetroffen werden. Wir haben bereits darauf hingewiesen, dass die retrograde Entwicklung selbst bei sehr hochbejahrten Greisinnen nicht immer zu einer so ausgesprochenen Atrophie, sondern lediglich zur bindegewebigen Degeneration führt, und dass in dem Stroma noch hin und wieder Follikel angetroffen werden können.

d. **Ueberzahl von Ovarien.** — Es scheint, dass Grohé[2]) zuerst das Vorkommen von drei Ovarien beobachtet hat. Er demonstrirte das Präparat im Jahre 1863 in der Naturforscherversammlung in Stettin; der Fall erregte grosses Aufsehen, allein die von den Journalen gebrachten Notizen darüber waren sehr kurz und eine Abbildung wurde nicht gegeben. Wir hielten es daher für geboten, bei Grohé selber Nachfrage zu halten, mit dessen gütiger Erlaubniss wir aus seiner schriftlichen Mittheilung Folgendes wiedergeben:

„Die Besitzerin der drei Ovarien, 43 Jahre alt, starb im Januar 1863 an Kohlendunst, sie lebte seit lange im Concubinat, hatte wiederholt geboren und soll, wie ich nachträglich hörte, in venere stets sehr excedirt haben. Der Uterus war sehr gross, ich bekam den Eindruck, dass zuvor ein Abortus stattgefunden, da ich über eine vor Kurzem stattgefundene Geburt nichts in Erfahrung bringen konnte.

Das rechte Ovarium (ein Spirituspräparat) ist 45 mm lang (von der Basis gemessen), 23 mm hoch und 6 mm dick (am freien Rande), völlig normal nach Grösse und Gestalt und mit zahlreichen Narben versehen; das Lig. Ovarii ist 15 mm lang, die Tuba 10 mm, an Stelle des linken Ovariums finden sich zwei, wovon jedes jedoch nur halb so gross ist als das rechte; im Uebrigen sind aber beide vollkommen wohl gebildet und tragen an ihrer Oberfläche zahlreiche Narben von geplatzten Follikeln; es haben somit alle drei Ovarien functionirt. Das zunächst dem Uterus gelegene linke Ovarium (das ich als das innere bezeichnen will) ist mit diesem durch ein 20 mm langes Lig.

---

[1]) S. 46. — [2]) A. a. O.

Ovarii verbunden, das zweite (äussere) sitzt auf der Ala vesper., nahe dem Ostium Abd. Tub. und ist von dem innern durch einen Zwischenraum von 65 mm, ich wiederhole 65 mm, getrennt.

Die Maasse dieser beiden Ovarien sind folgende:

	innere	äussere
Länge	20 mm	23 mm
Höhe .	. 23 „	20 „
Dicke	8 „	8 „

Die Tuba dieser Seite ist 14 cm lang, also 4 cm mehr als rechts, sonst aber völlig normal. Aeltere Verwachsungen finden sich an keiner Stelle vor; die Abnormität fiel mir sofort in die Augen, als ich bei der Section die kleine Beckenhöhle untersuchte, und die anwesenden Collegen wollten es anfangs nicht glauben. Einen analogen Fall habe ich bis jetzt nicht auffinden können.

Die Deutung kann eine doppelte sein. Entweder es handelt sich um eine primäre doppelte Anlage der linken Sexualdrüse, wobei jede sich selbständig ausbildete aber nur die halbe Grösse erreichte, als auf der rechten Seite; oder es war frühzeitig an der einfachen Sexualdrüse eine Spaltbildung eingetreten, genau in der Mitte und beide Hälften rückten bei ihrer Weiterentwicklung immer weiter aus einander, wobei natürlich nur die innere mit dem Lig. Ovarii in Verbindung blieb. Die gleiche Grösse beider linksseitiger Ovarien und der Umstand, dass jedes nur halb so gross als das rechte, spricht gegen Ihre Auffassung, dass es sich um ein accessorisches Ovarium links handle. Diese Annahme hätte nur eine Berechtigung, wenn auf der linken Seite ein annähernd gleich grosses Ovarium wie rechts wäre, und daneben noch ein kleines Accessorium, ähnlich wie dies bei den Nebenmilzen der Fall ist. Wir können nur eine doppelte primäre Anlage, oder eine frühzeitige mediane Spaltung annehmen. In dem am Fundus vaginae und Cervicalcanal angesammelten Secrete fanden sich, wie ich und mein damaliger Assistent Dr. Hertz (jetzt in Amsterdam) beobachteten, zahlreiche Spermatozoen."

Einen zweiten Fall hat Klebs[1]) in der Leiche einer verheiratheten, aber steril gebliebenen, Frau von vierzig Jahren beobachtet. Die Sterilität fand in peritonitischen Entzündungen nebst Stenose des Cervicalcanals ihre Erklärung. „Das linke Ovarium bildet überdies einen Sack von der Grösse eines Apfels mit derber, weisslicher Wandung, über dessen hintere Seite die Tube nach abwärts läuft. Das abdo-

---

[1]) Monatsschrift für Geburtskunde. Bd. 23, S. 405.

minale Ende desselben ist mit der Wandung des Ovarialsackes verschmolzen, stellt eine längliche, mit mehreren Einschnürungen versehene Anschwellung dar. An Stelle des rechten Ovariums bemerkt man zwei durch einen 1,5 cm langen weisslichen Strang, von derselben Beschaffenheit wie das Ligamentum Ovarii, getrennte Körper, von denen der äussere vollständig übereinstimmt mit dem linken Eierstocke, eine mehrkammerige Cyste darstellt, mit derber, weisslicher, auf der äussern Fläche zum Theil mit strahligen Narben besetzte Wandung. Der innere Theil des Ovariums besteht aus einer derben, stark narbigen Masse, welche unter einer dicken Albuginea sehr zahlreiche Corpora fibrosa einschliesst. In beiden Theilen finden sich eben so wenig, wie in dem linken Ovarium folliculäre Bildungen; in dem sehr derben Stroma kommen nur wenige kleine rundliche Zellenhäufchen vor, atrophische Follikelreste. Das abdominale Ende der 9 cm langen rechten Tuba ist in eine Reihe von dünnwandigen, von einander grösstentheils abgeschlossenen Cysten verwandelt, von denen die letzte und grösste mit der Eierstockscyste untrennbar verwachsen ist. Das doppelte Ovarium der rechten Seite scheint seine Entstehung ähnlichen Ursachen zu verdanken, wie diejenigen sind, welche die so häufigen Ungleichheiten in der Länge des Lig. ovarii bedingen (zum Theil vielleicht Lagerungsverhältnisse des stark mit Meconium gefüllten Darmes in der Fötalperiode, auf welche neulich Freund aufmerksam gemacht hat). Zur nähern Erläuterung füge ich die Maasse der Theile bei:

„Abstand der Insertion des rechten Lig. ovarii von der Mittellinie des Uterus 2,5 cm, des linken 2,1 cm, rechtes Lig. ovarii 1,5 cm, Ovarium 2 cm, Lig. interovariale 1,5 cm, Ovarium succentoriatum 2 cm, zusammen 7,1 cm, linkes Lig. ovarii, sowie Ovarium selbst 3 cm, zusammen 6 cm."

Sinéty[1]) fand am Ovarium eines Neugeborenen 6 bis 7 gestielte Anhänge. Dieselben waren cystisch; nur einer war solider und zeigte die ganz normale Structur des Ovarium mit Follikeln und Ovulis, woraus Olshausen mit Unrecht den Schluss zieht, dass hier die Trennung noch nicht vollendet war.

Es dürfte jedoch kaum einem Zweifel unterliegen, dass es sich in der eben erwähnten Beobachtung um jene Anomalie handelt, welche wir als „accessorische Ovarien" beschrieben haben[2]) und durch-

---

[1]) Wir citiren nach Olshausen's Krankheiten der Eierstöcke. 1877, S. 12.
[2]) Siehe S. 38.

aus nicht zu den Seltenheiten gezählt werden dürfen. Zur Beobachtung
sind sie häufig gelangt, nur sind sie nicht richtig gedeutet worden;
in der Regel wurden sie als Fibrome der Ovarien angesehen, und selbst
Winkel[1]) benennt sie noch so, obgleich er sie richtig für Abschnürungen der Eierstöcke hält. Sie erfreuen sich, wie wir dargethan, nicht
nur derselben Structur, wie das normale Ovarium, sondern sind
auch denselben Krankheiten unterworfen, und Spencer Wells hat

Fig. 68.

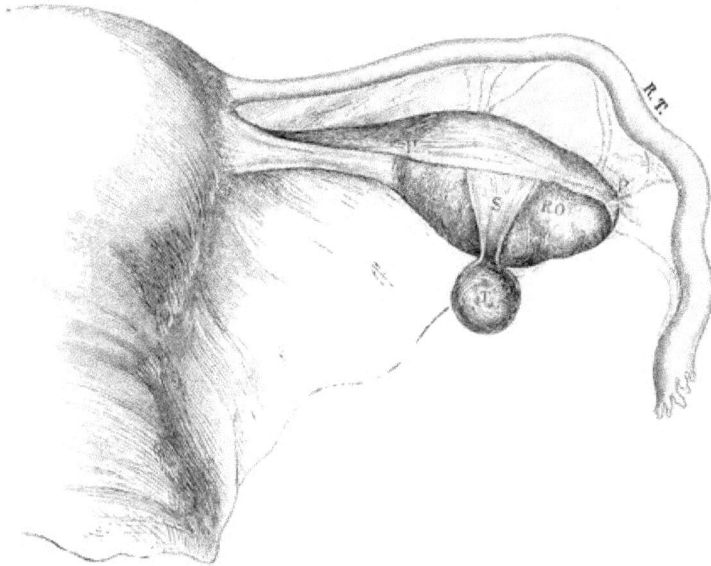

Accessorisches Ovarium. *R T* Rechte Tuba. *R O* Rechtes Ovarium. *T* Accessorisches
Ovarium. *S* Stielartiges Band vom Peritonealansatze (*P* bis *P′*) ausgehend.
(Natürliche Grösse.)

uns jüngst in mündlicher Unterredung die Mittheilung gemacht, dass
er durch unsere Beschreibung der accessorischen Ovarien zur Erklärung jener Fälle gelangt sei, in denen er drei bis vier selbständige
Cysten zu extirpiren Gelegenheit hatte. In diese Categorie gehört
offenbar auch die Beobachtung Olshausen's[2]), welche ein zehn-

---

[1]) Die Pathologie der weiblichen Sexualorgane in Lichtdruck-Abbildungen
nach der Natur in Originalgrösse. Lieferung I. Dresden 1877. Fig. 6 auf der
die Cysten und Cystome des Eierstocks enthaltenden Tafel.

[2]) A. a. O. S. 12.

jähriges Mädchen betraf, dem er einen Tumor extirpirte, welcher viel-
kammerig war und sich ganz wie ein multilotuläres Ovarialcystom ver-
hielt. Die Patientin starb und bei der Section fanden sich beide
Ovarien an ihrer Stelle, aber von dicken Bindegewebsschwarten vollkommen umhüllt. Der Stiel der Geschwulst sass an der hintern Wand
des Uterus, 2 cm hinter dem Ansatz des Lig. ovarii fest, ohne die
Substanz oder Form des Uterus irgendwie verletzt zu haben. Mit dem
Lig. latum bestand kein Zusammenhang. Da der Tumor wie ein
Ovarialcystom gebaut war, seine überall dünne Aussenwand nur mit
dem Uterus eine feste Verbindung zeigte, so liegt hier, nach Olshausen's Ansicht, zweifelsohne die Abschnürung eines Stückes des
linken Ovariums durch Peritonitis vor, dessen Spuren ja im Uebrigen
deutlich genug waren.

In der Regel gewinnen die accessorischen Ovarien einen nur geringen Umfang. Das grösste Exemplar, welches zu unserer Beobachtung
gekommen, ist das in Fig. 68 (a. v. S.) dargestellte. Interessant ist die
Art seiner Befestigung durch ein das Ligament repräsentirende Band
(S in Fig. 68), welches, von der Mitte des Peritonealansatzes ausgehend,
quer über die Ovarialfläche hinwegzieht, an welche es jedoch überall
festgewachsen ist.

e. **Abnorme Form und Anheftung der Eierstöcke.** — Es
handelt sich hier weder um pathologische Zustände, noch um abnorme
Bildungen in des Wortes eigentlicher Bedeutung. Hierin ist der Grund
dafür zu suchen, dass ihrer in den pathologischen Lehrbüchern nicht
gedacht wird. Die Abnormitäten, welche wir im Sinne haben, bestehen,
wie das bereits bei einer frühern Gelegenheit auseinander gesetzt
worden ist [1], nur rücksichtlich des Themas, welches den Inhalt dieses
Werkes bildet, d. h. der Sterilität.

Weder die von dem Normalen abweichende Form des Eierstockes,
noch die abweichende Art seiner Anheftung ist im Stande, die Gesundheit des betreffenden Individuums zu beeinträchtigen, noch die Function
des Geschlechtsapparates zu beeinflussen, allein die wichtigsten Resultate der Thätigkeit des letztern, das Zustandekommen der Conception,
vermag sie zu erschweren, ja gänzlich zu verhindern. Aus diesem
Grunde müssen wir die hier in Rede stehende Abweichung als Abnormität
auffassen und derselben eine Bedeutung zusprechen, hinter welcher
andere schwere, tiefeingreifende pathologische Veränderungen weit
zurückstehen.

---

[1] Siehe S. 80.

Von der Form und Grösse der Ovarien haben wir im anatomischen Theile erfahren[1]), dass sie den verschiedenartigsten Variationen unterworfen ist. Allerdings ist das Vorkommen der Mandelform, welche in den Lehrbüchern für die normale ausgegeben wird, vorwiegend, aber die Walzenform, die dreieckige, die Kreisform und eine ganze Reihe von Zwischenformen werden ebenfalls sehr häufig angetroffen, jedenfalls häufig genug, um nicht als Ausnahme angesprochen werden zu können.

Es genügt daher, für die künftige Betrachtung über die Mechanik der Sterilität an dieser Stelle darauf hinzuweisen, dass die Form der

Fig. 69.

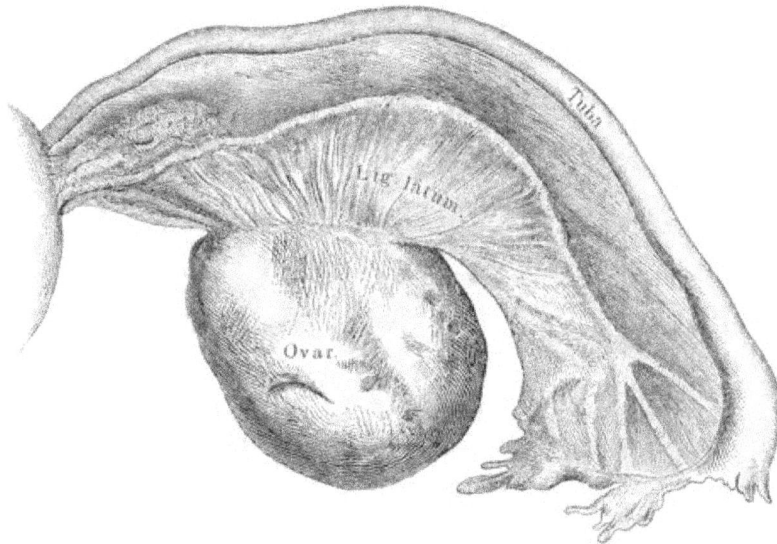

Rundes Ovarium und abnorme Anheftung desselben." (Natürliche Grösse.)

Eierstöcke von derjenigen, welche in der Regel als die normale bezeichnet wird, nach jeder Richtung hin, d. h. der Länge, Breite und Dicke nach wesentlich variiren kann, dass es aber namentlich die Vergrösserung oder Lageveränderung der Durchmesser[2]), insbesondere eine gewisse Anheftung des Ovariums ist, welche uns als Abnormitäten imponiren müssen. Einige derselben sind in der That so auffallend, dass sie von Pathologen ersten Ranges als Bildungsanomalien aufgefasst worden sind. Wir verweisen in dieser Beziehung auf den

[1]) Siehe S. 16. — [2]) Siehe Fig. 70.

von Klebs demonstrirten Fall [1]), in welchem die Ovarien von derselben Beschaffenheit gewesen sein dürften, wie sie in dem in Fig. 22 [2]) abgebildeten Präparate geformt waren. Ein Vergleich dieser mit den in den Figuren 3, 16, 21, 43, 50, 52, 53, 68 und 69 abgebildeten wird hinreichen, die vorkommenden Variationen zu illustriren.

Wir haben die Veränderungen erwähnt, welche die Lage der Durchmesser eines Ovariums erleiden können und müssen einige erklärende Worte hinzufügen.

Diejenigen Ovarien, deren Längendurchmesser diejenigen der Breite und Dicke in auffallender Weise übertrifft, liegen so, dass der erstere vom Abdominalostium der Tuba zum Uterus, also in horizontaler Richtung verläuft, um das Ligamentum ovarii zu erreichen. Dass

Fig. 70.

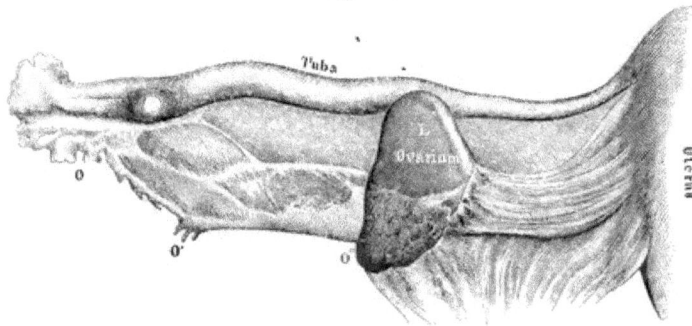

Abnorme Anheftung des linken Ovariums. Längendurchmesser senkrecht, Breitendurchmesser horizontal, wodurch eine grössere Entfernung des Organs vom Abdominalende der Tuba (O) entsteht. O bis O' und O'' stellt die ganze Länge des Lig. infundib.-ovarie. dar, welches zur Hälfte (O bis O') mit Fimbrien besetzt ist, während die andere Hälfte (O' bis O'') eine glatte Beschaffenheit hat. (Natürliche Grösse.)

ausnahmsweise zwei Ligamente vorhanden sein können, ist in Fig. 52 dargestellt worden.

Es kommen aber Fälle vor, in denen die Achsenrichtung eine umgekehrte ist, welche wir als abnorme bezeichnen müssen. Dabei handelt es sich um einen senkrechten Verlauf der Längenachse des Ovariums und um eine horizontale Stellung der Breitenachse. Die Folge davon ist eine grössere Entfernung des ganzen Organes von dem mit Fimbrien besetzten Abdominalostium der Tuba, wie dies aus dem in Fig. 70 abgebildeten Präparate ersichtlich wird.

_____

[1]) Monatsschrift für Geburtskunde. Bd. 23. — [2]) S. 48.

Diese Anomalie kann in unserm Sinne sowohl als Anomalie der Form, als der Anheftung gelten.

Bekanntlich geschieht die Anheftung des Ovariums an den Uterus durch das Ligamentum ovarii und an die Tuba vermittelst des Ligamentum infundibulo-ovaricum. Letzteres wird durch die Fimbria ovarica gebildet, welche sich in ihrer Mitte der Länge nach rinnenförmig vertieft und dermaassen für bestimmte Verrichtungen tauglich wird [1]).

Diese Einrichtung ist aber verschiedenen Abweichungen unterworfen, welche für uns die Bedeutung von Abnormitäten gewinnen. Die erste derselben ist in Fig. 69 dargestellt und besteht darin, dass eine directe Verbindung zwischen Ovarium und Tubenostium fehlt. Anstatt der durch den Peritonealansatz hergestellten Falten für den untern Rand des Eierstockes zieht sich der betreffende Abschnitt des

Fig. 71.

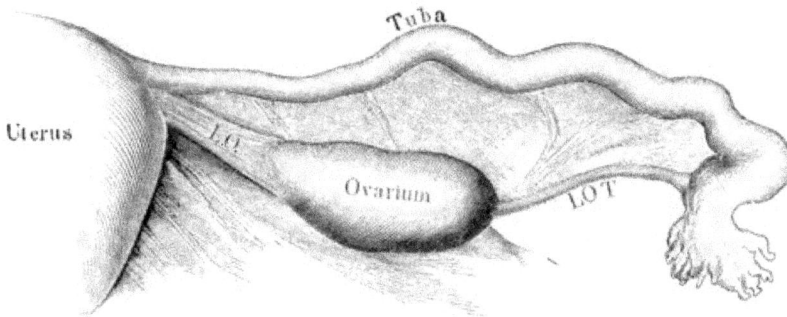

L O T Abnorm langes, fimbrienloses Ligamentum Tubo-ovarium.   *L O* Ligamentum ovarii.
(Natürliche Grösse.)

Ligamentum latum mesenteriumartig zusammen, um direct an den untern Rand des Organes zu treten (Fig. 69).

Die zweite Anomalie wird durch Fig. 70, abgesehen von der abnormen Lage der Längenachse, illustrirt. Hier steht das Ovarium zwar in unmittelbarer Verbindung mit seiner Tuba, allein das Verbindungsstück hat nur theilweise die unter normalen Verhältnissen vorhandenen Eigenschaften. Es ist nämlich nur bis zu einer gewissen Strecke, in dem vorliegenden Falle bis zur Hälfte (O bis O') mit Fimbrien besetzt, die übrig bleibende Strecke erscheint kahl, glatt, ohne Spuren

---

[1]) Siehe Fig. 2 u. 3.

von Fimbrien. Diese defecte Beschaffenheit des Verbindungsbandes kommt häufig vor.

Die dritte Anomalie besteht in einer abnormen Länge und gänzlichen Kahlheit des Ligamentum infundibulo-ovaricum, wie sie das in Fig. 71 (a. v. S.) abgebildete Präparat darstellt.

Der Eierstock selbst bietet nichts Abnormes dar, seine Anheftung an den Uterus geschieht in der gewöhnlichen Weise, seine Verbindung mit der Tuba erfolgt durch einen wirklich ligamentösen Strang, welcher von doppelter Länge der Fimbria ovarica ist und überdies vollkommen kahl erscheint, indem er nicht die Spur einer fimbriösen Bildung erkennen lässt.

2. Entzündungsvorgänge in den Ovarien.

Nach unserer Auffassung befinden sich beim Weibe ununterbrochen reife Eier auf der Wanderung von den Ovarien durch die Tuben nach dem Uterus und geben hierdurch die einzige Möglichkeit oder Wahrscheinlichkeit einer Conception nach jedem Beischlafe[1]). Andere Autoren fühlen sich von der Vermuthung befriedigt, dass allmonatlich ein Graaf'scher Follikel platzt, ein reifes Eichen entleert wird, ein Vorgang, von welchem sie die Menstruationsphänomene abhängen lassen. Wie dem auch sein mag, so viel steht fest, dass die Zahl der Eier beider Eierstöcke bei Kindern sich auf Hunderttausende beläuft und bei Greisinnen auf Null, oder fast auf Null, reducirt ist, dass somit der bei weitem grösste Theil derselben abortiv zu Grunde geht, ein anderer zwar in Circulation kommt, jedoch unbefruchtet bleibt und nur äusserst wenige Ovula, in sehr seltenen Fällen die Zahl zwanzig erreichend, befruchtet werden und zur Entwicklung kommen.

Wir erinnern an diese Thatsache, um zu der Vorstellung zu gelangen, dass die Eierstöcke den beständigen Schauplatz congestiver und traumatischer Vorgänge — welche die Berstung der Follikel in eminentester Weise sind — bilden, somit einen geeigneten Boden für inflammatorische Processe abgeben.

Vielleicht ist die geringe Intensität, mit welcher sowohl die physiologische Verarbeitung der Follikel in den Eierstöcken als die

---

[1]) Siehe S. 68.

meisten pathologischen Veränderungen derselben vor sich gehen,
Schuld daran, dass dem Studium dieser äusserst wichtigen Phänomene,
nämlich dem Schicksale, welchem die nicht zur Entwicklung gelangenden Ovula unterworfen sind, jene Aufmerksamkeit nicht geschenkt
worden ist, welche es verdient, wenngleich ihm, wie behauptet wird,
jegliches klinisches Interesse abgeht.

Die Triumphe, welche die operative Gynäkologie unserer Zeit
durch die Operation der Eierstockscysten und Tumoren mit Recht
feiert, lässt es erklärlich erscheinen, dass die Abhandlung der letzteren
fast den ganzen Inhalt der „Eierstockskrankheiten" in den meisten
gynäkologischen Handbüchern und Specialarbeiten bildet, und selbst
die neuesten Arbeiten auf diesem Gebiete haben darin noch keine
Aenderung vorgenommen. Es bleibt somit unsere Kenntniss hauptsächlich darauf beschränkt, was uns durch die ausgezeichneten Untersuchungen von Pflüger[1], Waldeyer[2]), Hiss[3]) Grohé[4]) Exner[5])
und Foulis[6]) bekannt geworden ist. Die Wichtigkeit des Gegenstandes erfordert es aber gebieterisch, dass ihm eine grössere Aufmerksamkeit zugewendet werde, als bisher geschehen ist, da eine klare Einsicht in diese Vorgänge ein unerlässliches Postulat für die richtige
Erkenntniss nicht nur der bei der Sterilität, sondern bei einer Reihe
anderer Krankheiten der Frauen obwaltenden Verhältnisse bildet. Wir
können mit Rücksicht auf unser Thema hier schon den positiven Ausspruch thun, dass von den Processen im Bereiche der weiblichen
Generationsorgane, welche die Conceptionsfähigkeit zu beeinträchtigen
vermögen, diejenigen, welche in den Ovarien verlaufen, zu denen
gehören, welche als die häufigsten und wirksamsten, also schädlichsten,
angesehen werden müssen.

a. **Congestion und Hyprämie.** — Fertigen wir einen Längs-
oder Querschnitt von dem Ovarium eines im geschlechtsreifen Alter
verstorbenen Individuums an und unterwerfen denselben der mikro-

---

[1]) Ueber die Eierstöcke der Säugethiere und des Menschen. Leipzig 1863.

[2]) Eierstock und Ei. Leipzig 1870.

[3]) Beobachtungen über den Bau des Säugethiereierstockes. Schultze's
Archiv für mikroskopische Anatomie. Bd. I, S. 151.

[4]) Ueber den Bau und das Wachsthum des menschlichen Eierstocks und
über einige krankhafte Störungen desselben. Virchow's Archiv Bd. XXVI,
S. 271.

[5]) Zur Kenntniss der Graaf'schen Follikel und des Corpus luteum beim
Kaninchen. Sitzungsberichte der Akad. d. Wissensch. III Abtheil. April-Heft
1875 und Ueber die Lymphwege des Ovariums, ibid. Bd. LXX. Juli-Heft 1874.

[6]) On the development of the ova. Transact. of the Royal Society of
Edinburgh. Vol. XXVII.

skopischen Untersuchung, dann präsentiren sich uns die folgenden
Verhältnisse. Unter den zahlreichen, die Maschen des Stroma aus-
füllenden Follikel sind stets einzelne vorhanden, welche sich entweder
im Zustande der höchsten Entwicklung befinden oder denselben bereits
überschritten haben, da sie von der Albuginea ziemlich weit entfernt
liegen, es daher zum Bersten und zur Dehiscenz der in ihnen befindlichen Ovula nicht hat kommen können.

Diejenigen, welche die höchste Entwicklungsstufe bereits überschritten haben, zeichnen sich dadurch aus, dass der Cumulus proli-
gerus seine Hügelform eingebüsst hat, die Zona pellucida nicht mehr
sichtbar, das Keimbläschen sammt dem Keimfleck verschwunden ist,
das Ovulum überhaupt, je nach dem Zustande der retrograden Entwicklung, eine granuläre Degeneration erlitten hat, und der Follikel-
raum mit granulärer Masse und Fetzen der Membrana granulosa erfüllt ist, welch letztere am längsten im Zusammenhange, daher leicht
und lange erkennbar bleiben. Das Ende dieses retrograden Entwicklungsprocesses erkennen wir aus anderen Abschnitten des Präparates. Hier sehen wir ein rundes oder langgezogenes Gebilde, welches
sich von dem Ovarialparenchym durch eine dicke, structurlose Membran abgrenzt; letztere ist nichts weiter als die verdickte Follikelmembran, deren Höhle von mehr oder minder feinen Bindegewebs-
strängen ausgefüllt wird, welche sich nach allen Richtungen hin so
dicht durchkreuzen, dass sie ein netzartiges Aussehen gewinnen, dessen
Maschen mit Detritus, weissen und rothen Blutzellen ausgefüllt sind
und hin und wieder von neugebildeten Blutgefässen durchsetzt werden.
Zuweilen sind die Membranen nicht verdickt und zeichnen sich durch
die bekannte zierliche Faltung vor dem Stroma aus; in anderen Fällen
wieder folgt auf die structurlose Membran eine sehr zierliche Zona
von netzförmigem Bindegewebe und feinen Gefässen, welche Zona den
Behälter für einen mehr oder minder organisirten zelligen oder auch
amorphen Inhalt bildet. Alles das zusammen stellt das Corpus
luteum dar. Sein Bau zeigt nur geringe Modificationen, sei es, dass
es einem abortiv zu Grunde gegangenen oder durch Ruptur aus dem
Follikel getretenen Ovulum seine Entstehung verdankt.

In unmittelbarer Nähe der Peripherie eines solchen Corpus luteum
steht fast immer ein Kranz mächtig erweiterter Gefässe. Befinden
sich Follikel in der Nähe dieses Gefässkranzes, so stehen sie bereits
unter dem Einflusse der granulären Degeneration, offenbar eine Folge
der durch ihre Nachbarschaft veranlassten Congestion oder Hyprämie,
welche bis zur Apoplexie des Follikels gedeihen kann, so dass man

in manchen Fällen das intacte Ovulum in einer Blutlache sehen kann.

Andere Gebilde, welche man bei der Untersuchung activer Ovarien selten vermisst, bestehen in concentrischen Körpern innerhalb grossmaschiger, bindegewebiger Kapseln. Wahrscheinlich hat hier eine Eindickung des Follikelinhaltes stattgefunden, welcher bei allmäligem Verluste der flüssigen Bestandtheile zu schichtenweisen Ablagerungen und Bildung dieser concentrischen, dem Hirnsande ähnlichen Körpern geführt hat. Artet dieser Process in hochgradige Cystendegeneration mit Zottenbildung an der Innenwand der Cyste aus, dann treffen wir jene concentrischen Körper in den Zotten noch an, selbst wenn die Cysten schon beträchtliche Dimensionen gewonnen haben.

b. **Cystische oder vesiculäre Degeneration der Follikel.**
Wir unterscheiden die cystische oder vesiculäre Degeneration der Follikel von der Cystendegeneration derselben und verstehen unter der erstern eine Degeneration des Follikelinhaltes, wobei die Follikelmembran ziemlich intact bleibt. Zwar kann sie durch die in ihr enthaltene Flüssigkeitsmenge eine Erweiterung erleiden, aber diese überschreitet die Grenze mässiger Vesikel nicht. Dem unbewaffneten Auge erscheinen diese dann als helle Bläschen von der Grösse eines Stecknadelkopfes bis zu derjenigen einer Linse oder kleinen Erbse. Grösser werden sie nicht und veranlassen daher auch keine oder nur eine mässige Vergrösserung des ganzen Eierstockes. Erst im fortgeschrittenen Stadium sind sie auch an der Aussenfläche des Ovariums, sonst nur auf dem Durchschnitte, sichtbar. Sie sind im Grunde nichts Anderes als der Hyprämie unterworfene Follikel, wie wir sie oben beschrieben haben, nur dass der Process der cystischen Degeneration ein allgemeiner ist. Es wird in der Regel kein einziger gesunder Follikel angetroffen, ein Umstand, durch welchen sie sich auch von dem als *Hydrops folliculorum* beschriebenen Processe unterscheiden. Der Inhalt besteht aus einer zähen, granulöse Masse enthaltenden Flüssigkeit und als charakteristisch muss es angesehen werden, dass selbst in den Fällen in denen, wie in dem in Fig. 72 (a. f. S.) dargestellten Präparate, bereits die ganze Aussenfläche des Eierstockes von Bläschen dicht besetzt erscheint, die Membrana granulosa oder Theile derselben noch vollkommen erkennbar bleiben. Das Ovulum scheint von der Degeneration gleich zu Anfang betroffen zu werden, während Virchow[1] das Charakteristische des wahren Hydrops folliculorum gerade darin fin-

[1] Krankhafte Geschwülste. Bd. I, S. 258.

det, dass man, wenigstens im Anfange, in der Flüssigkeit auch das
Ovulum antrifft.

In den Fällen der hier in Rede stehenden Krankheit, welche wir
zu untersuchen Gelegenheit hatten, trafen wir neben den Vesikeln auffallend viele und grosse jener concentrischen Körper an, von welchen
oben die Rede war.

Auf das interfolliculäre Parenchym scheint der Process keine
nachtheilige Wirkung auszuüben, es sei denn, dass man den Gehalt
desselben an sehr zahlreichen, grosskaliberigen Gefässen, welche jedoch
die eigenthümlichen korkzieherartigen Formen der Ovarialgefässe an
sich tragen, als solche ansehen will.

Ob die cystische Degeneration der Follikel ein fortgeschrittenes
Stadium der einfachen Hyprämie ist, ob sie sich aus der letztern durch

Fig. 72.

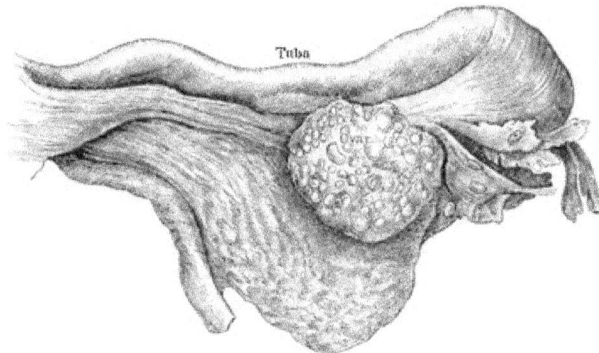

Cystische oder vesiculäre Degeneration des Ovariums.   (Natürliche Grösse.)

Hinzutritt heftiger Irritationen im Bereiche der Genitalsphäre, wie sie
durch Excesse in venere und dergleichen gesetzt werden, auszubilden
vermag, müssen weitere Beobachtungen lehren, die um so wünschens-
werther erscheinen, als der hier in Rede stehende Process zu den
häufigen Vorkommnissen gehört und die Function der von ihm betroffenen Organe gänzlich aufhebt. Es verdient hervorgehoben zu
werden, dass wir den hier beschriebenen pathologischen Zustand
bei Kindern nicht zu beobachten Gelegenheit hatten, während der
Hydrops folliculorum nicht nur von Virchow und Heschl[1]), sondern

----

[1]) Heschl, Oesterreichische Zeitschrift für praktische Heilkunde. 1862.
Nr. 20.

auch von Anderen in den Ovarien von ganz jungen Kindern und selbst von Neugeborenen beobachtet worden ist.

Wahrscheinlich sind es diese oder diesen ganz analoge Processe, welche am Krankenbette als acute oder chronische Oophoritis diagnosticirt werden. So viel steht fest, dass so erkrankte Ovarien zum Sitze so unerträglicher Schmerzen werden können, dass sie die Extirpation wünschenswerth machen, eine Operation, welche in neuester Zeit wiederholt ausgeführt worden ist, und von welcher wir noch zu sprechen haben werden. Unter den von Robert Battey [1] veröffentlichten Fällen finden wir einige, in denen die Eierstöcke nach erfolgter Extirpation in einem Zustande angetroffen wurden, welcher dem von uns eben geschilderten vollkommen analog gewesen zu sein scheint.

Fig. 73.

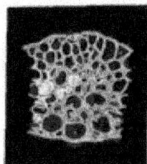

Colloide vesiculäre Degeneration der Ovarien. (Natürliche Grösse.)

Zu der vesiculären Degeneration der Ovarien müssen wir einen Process rechnen, welcher zwar von dem hier geschilderten wesentlich verschieden ist, mit demselben jedoch darin übereinstimmt, dass er in einer Degeneration aller Follikel jedoch mit gleichzeitigem Schwund des Parenchyms besteht; die Follikel gewinnen etwa die Grösse eines Hanfkornes und überschreiten dieselbe nicht merklich. Wir möchten diesen Process die colloide vesiculäre Degeneration der Ovarien nennen.

Der Eierstock erscheint mässig vergrössert, wie congestionirt; durch die Albuginea sind dicht neben einander stehende, winzige Bläschen sichtbar, welche die Oberfläche jedoch nicht in der in Fig. 72 dargestellten Weise höckerig machen, sondern dieselbe glatt lassen.

Führt man einen Schnitt durch das Ovarium, so bietet sich dem unbewaffneten Auge schon das in Fig. 73 dargestellte Bild dar.

Vom Ovarialstroma ist Nichts übrig geblieben als ein Conglomerat von Blasen, welche lediglich durch ihre eigene, dünne, structurlose Membranen von einander abgegrenzt werden. Fig. 74 (a. f. S.) ist die mehrmalige Vergrösserung eines von demselben Präparate angefertigten Querschnittes.

Unter dem Mikroskope erweisen sich die meisten dieser Räume von glasiger, heller Colloidmasse erfüllt, an den Rändern hier und da körnige Haufen, von dem normalen Inhalte der Follikel ist nirgends auch nur

---

[1] Transactions of the american Gynaecological Society 1877. Vol. I, p. 101.

die Spur wahrzunehmen, das interfolliculäre Gewebe gänzlich verschwunden und allenfalls durch die meist feinen, structurlosen Fäden

Fig. 74.

repräsentirt, welche
die Höhlen von ein-
ander abgrenzen.
Kurzum Nichts ist vor-
handen, welches an
das normale Ovarial-
gewebe auch nur zu er-
innern im Stande wäre.

Das Vorkommen die-
ser Erkrankung scheint
ein seltenes zu sein,
da wir dieselbe bisher
nur ein einziges Mal
zu beobachten Ge-
legenheit hatten.

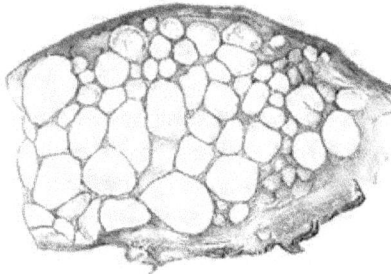

Colloide vesiculäre Degeneration der Ovarien. Mehrmalige Vergrösserung. (Vergrösserung und Zeichnung
mittelst des Sciopticon ausgeführt.)

c. **Die Cystendegeneration der Eierstöcke.** — In den bisher beschriebenen Processen handelte es sich um entzündliche Vorgänge in den Follikeln und dem Ovarialparenchyme, welche auf so ein-
geschränkte Grenzen verharrten, dass das Ovarium in der Regel keine
auffallende Vergrösserung erlitten hat. Die Vorgänge, welche nunmehr in Erwägung gezogen werden sollen, gehen zum grössten
Theile mit Vergrösserung des erkrankten Eierstockes oder einzelner
Theile desselben einher, welche so ausserordentlich werden kann, dass
die Tumoren nicht nur die ganze Abdominalhöhle ausfüllen, sondern
diese noch zwingen können, enorme Dimensionen anzunehmen.

Es darf jedoch nicht ausser Acht gelassen werden, dass wir auch
hier einer Reihe von Fällen begegnen, deren Ausbildung bis zu einem
gewissen Umfange hin erfolgen, sodann stille stehen kann, um auf dieser
Stufe entweder eine lange Zeit oder für immer zu verharren. Wahrscheinlich waren die Ovarien in diesen Fällen die Schauplätze chronisch entzündlicher Vorgänge, im Verlaufe welcher sowohl Follikel als Parenchym
durchweg zu Grunde gegangen und schliesslich resorbirt worden sind,
so dass vom Ovarium Nichts zurückgeblieben ist, als ein dickwandiger
Sack, der leer oder mit einer geringen Flüssigkeitsmenge gefüllt sein
und bei der äussern Inspection den Eindruck eines normalen, platt-
geformten, in der Regel nicht übermässig vergrösserten Eierstockes
machen kann. Legt man aber einen Schnitt durch das Organ, dann
erweist sich dasselbe als kleine, längliche oder runde Cyste, deren

Wände, wie bemerkt, ein so dickes, festes Bindegewebsstroma bilden können, dass die Cystenhöhle sich auf einen winzigen Raum reducirt; oder die Cystenwand ist dünn, die Höhle verhältnissmässig gross, in der Regel eine Flüssigkeit enthaltend, welche sich von derjenigen der grossen Cysten weder in ihrer mikroskopischen noch in ihrer chemischen Zusammensetzung unterscheidet.

Wir haben es hier somit mit der völligen **Umwandlung eines Ovariums in eine Cyste** geringen Kalibers zu thun, eine Transformation, welche für die Conceptionsfähigkeit der Frau von weit grösserer Bedeutung ist als es die umfangreichern Cysten sind, weil in diesen immer noch Follikel angetroffen werden, welche möglicherweise

Fig. 75.

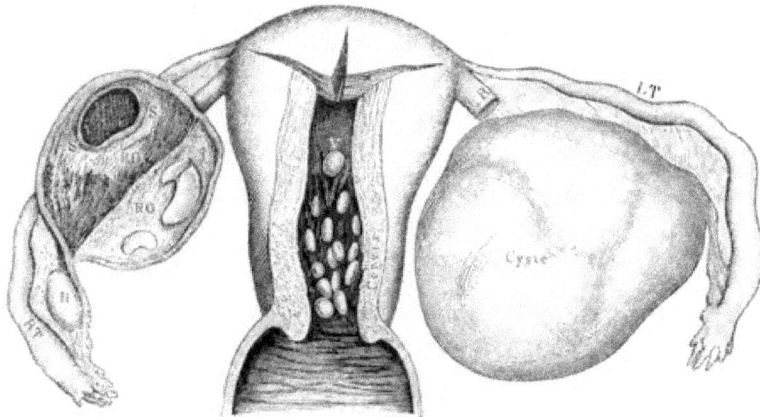

Transformation des linken Ovariums in eine einfache Cyste mit dünnen, glatten Wandungen und flüssigem Inhalte. Rechtes Ovarium eine kleine Cyste enthaltend. *L T* Linke Tuba. *R T* Rechte Tuba. *L R* Linkes rundes Mutterband. *R O* Rechtes Ovarium. *S S* Cyste in demselben. *H* Kleine Cyste im Lig. latum. (Natürliche Grösse.)

zur Entwicklung gelangen können, während im Falle der hier besprochenen Umwandlung auch nicht die Spur eines Follikels aufgefunden zu werden pflegt.

Wir haben es in diesen Fällen daher mit den einfachsten Formen monoloculärer Cysten zu thun; einfach bezüglich ihrer Form, nicht aber hinsichtlich ihrer genetischen Entwicklung, welche eine complicirtere als die der grösseren Cysten zu sein scheint. In der Regel findet die Transformation nur an einem Ovarium, seltener an beiden Ovarien statt; ihr Vorkommen ist durchaus nicht selten, und da der geringe Umfang der Gebilde eine Diagnose bei der Lebenden fast zur Unmöglichkeit macht, ist der pathologische Verfolg derselben für die

vollständige Entwicklung des Bildes, welches wir entworfen, um so
wichtiger.

Das in Fig. 75 (a. v. S.) abgebildete Präparat dürfte fast die äusserste
Grenze der Transformation, wenigstens soweit wir dieselbe zu untersuchen Gelegenheit hatten, darstellen. In demselben ist auch das andere
Ovarium, obgleich in einer andern Weise verändert, während Fig. 43
denselben Process des rechten Eierstockes, bei völliger Integrität des
linken darstellt.

An den Congestionszuständen, welche sich in physiologischer oder
pathologischer Weise im Bereiche des Genitalapparates geltend machen,

Fig. 76.

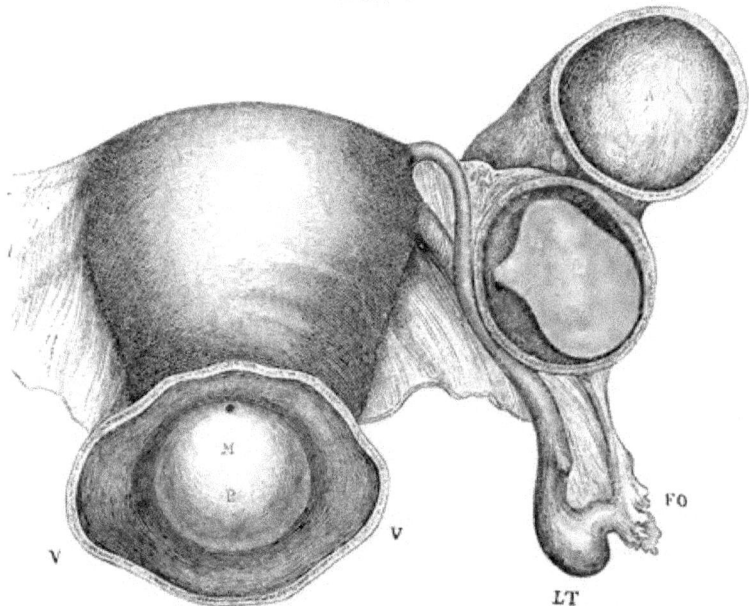

Transformation des linken Ovariums in eine kleine Cyste, welche von einem ganz frischen
Blutcoagulum ausgefüllt ist. Rechtes Ovarium durchaus intact. (Natürliche Grösse.)

nehmen diese kleinen Cysten selbstverständlich einen regen Antheil;
dies giebt sich unter Anderen nicht allein durch die zuweilen blutige
Beschaffenheit ihres Inhaltes kund, sondern ganz besonders durch die
Apoplexien, welche in ihre Höhle hinein erfolgen, so dass das Blut
nicht selten in noch ganz frisch geronnenem Zustande, in der in Fig. 76
abgebildeten Weise, angetroffen wird. Dieses Präparat kann überhaupt
als Paradigma der hier geschilderten Vorgänge dienen.

Das linke Ovarium hat den Transformationsprocess in der vollständigsten Weise durchgemacht, nichtsdestoweniger überschreitet die entstandene Cyste die Grösse eines normalen Eierstockes nicht, allein von den Geweben, welche den letztern zusammensetzen, ist keine Spur vorhanden; den Inhalt der Cyste bildet ein ganz frisches Blutcoagulum.

In anderen Fällen besteht der Inhalt dieser kleinen, einkammerigen Cysten aus einer brei- oder honigartigen Masse, welche sich bei der mikroskopischen Untersuchung als in der verschiedensten Weise degenerirte Epithelien, vermischt mit Krystallen, Detritus und dergleichen zu erkennen giebt. Auch die meisten der grösseren und sehr grossen Cysten werden von diesen Elementen in grösserer oder geringerer Concentration ausgefüllt. Eine Ausnahme machen nur die als *Dermoidcysten* beschriebenen Neubildungen, welche sich durch den Gehalt von Bestandtheilen der Haut, wie Haare, Zähne, desgleichen Knochen oder Knorpel auszeichnen. Gleich anderen Cysten sind auch die Dermoidcysten schon im frühen Kindesalter zur Beobachtung gelangt. Thornton demonstrirte im Februar 1874 eine solche in der Londoner geburtshilflichen Gesellschaft, welche Spencer Wells einem achtjährigen Mädchen aus Californien extirpirt hatte [1]), und Dickinson demonstrirte in der pathologischen Gesellschaft zu London ein zweites derartiges fünf Pfund schweres Gebilde [2]), welches von einem zehnjährigen Mädchen herrührte, dessen Geschwulst für einen Tumor der Nieren gehalten worden war, eine Diagnose, welche sich bei der Section als völlig irrthümlich erwiesen hat.

Im April 1874 zeigte Thornton [3]) der zuletzt erwähnten Gesellschaft eine Dermoidcyste mit eigenthümlichem Inhalte. Die Patientin, von welcher das Präparat herrührte, war 59 Jahre alt. Im Jahre 1841 wurde bei ihr bereits ein Ovarialtumor diagnosticirt. Seitdem hatte sie zehn Kinder geboren, ohne durch die Geschwulst irgendwie molestirt worden zu sein; 1866 wurde sie zum ersten Male punktirt, wobei 11 Gallons Flüssigkeit entleert wurden. Die Entleerung der Cyste war aber noch keine vollständige, als eine Verstopfung der Canüle erfolgte. Im Januar 1876 wurde zur zweiten Punktion (im Samaritan-Hospital) geschritten, wobei sich die Canüle wieder verstopfte; nach einer kurzen Weile gingen jedoch kleine, fettähnliche Körper ab. Nach Entfernung der Canüle legten sich die Abdominalwände zuerst in schlaffe

---

[1]) Med. Times and Gazette 1874. Vol. I, p. 252.
[2]) Brit. Med. Journ. 1874. Vol. I, p. 649.
[3]) Brit. Med. Journ. 1876. Vol. I, p. 458.

Falten, sodann schien die ganze Cyste eine semi-solide Beschaffenheit anzunehmen, als wenn sie mit Schmalz ausgefüllt wäre. Mittelst Wassereinspritzungen wurde jedoch eine vollständige Entleerung erzielt. Diese Punktion lieferte eine Flüssigkeitsmenge von 86 Pints. Anfangs ging es der Patientin gut, dann aber sanken ihre Kräfte und schliesslich starb sie an Bronchitis. Bei der Section wurde eine Dermoidcyste gefunden, welche von einem Ovarium ausging und mit der Bauchwand und Blase stark verwachsen war. Die zahlreichen kleinen Körper, welche sie ausfüllten, waren in Aether löslich. Mikroskopisch

Fig. 77.

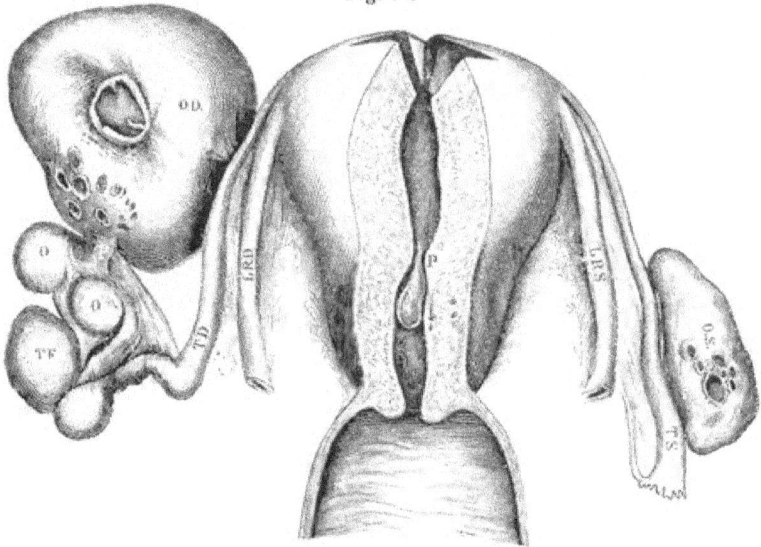

Transformation des rechten Ovariums in eine einkammerige Cyste. Ebenso zwei accessorische Ovarien in zwei kleine Cysten umgewandelt. *T S* Linke Tuba. *T D* Rechte Tuba. *L R S* Linkes rundes Mutterband. *L R D* Rechtes rundes Mutterband. *O S* Linkes Ovarium. *O D* Cyste aus dem rechten Ovarium. *O O* Die beiden in Cysten umgewandelten accessorischen Ovarien. *T F* Verschlossenes Abdominalostium der rechten Tuba. *P* Innerer Muttermund, welcher durch einen Schleimpolypen ausgefüllt ist. (⅔ der natürl. Grösse.)

erwiesen sie sich aus Schuppenepithelmassen zusammengesetzt. Durch Erwärmen der Flüssigkeit und Schütteln derselben im Probirgläschen bildeten sich Körper, welche den oben beschriebenen vollkommen ähnlich waren, von Thornton aber bisher noch in keiner Cyste beobachtet worden sind.

Nicht minder interessant als praktisch wichtig ist die Rolle, welche die accessorischen Ovarien im Processe der Cystenbildung spielen.

Wie wir bereits zu wiederholten Malen hervorgehoben haben, behaupten diese kleinen, interessanten Organe eine Stellung, welche derjenigen der normalen Ovarien vollkommen gleich kommt. Sie enthalten nicht nur normale Follikel und führen dieselben der Reifung entgegen, sondern gehen auch pathologische Processe ein, welche denen der Ovarien gleich sind. Der objective Beweis hierfür liegt allerdings nur rücksichtlich der Cystendegeneration vor, allein da sich weder die von ihnen producirten Follikel, noch die in ihnen enthaltene Corpora lutea, noch auch die sie constituirenden Structuren von den in den Ovarien enthaltenen, resp. diese zusammensetzenden unterscheiden, darf a priori vorausgesetzt werden, dass auch ihre pathologischen Schicksale identisch sein werden.

Das in Fig. 77 abgebildete Präparat ist daher von grossem Interesse, weil an ihm zum ersten Male die Cystendegeneration der accessorischen Ovarien zur Beobachtung kommt. Die letzteren gehören zu denjenigen, welche an das Ovarium mittelst eines Stieles (P) angeheftet sind, haben an den Entzündungsvorgängen theilgenommen, welche im Bereiche des Generationsapparates verlaufen sind und für deren Existenz ausser der Cystendegeneration auch die an der rechten Tuba zurückgebliebenen Spuren deutlich sprechen, und haben schliesslich eine so radicale Transformation erlitten, dass sie nunmehr als dünnwandige, mit flüssigem Inhalte erfüllte, der grössern, aus dem Ovarium entstandenen Cyste vollkommen ähnliche, kleinere Cysten bestehen. Dass auch sie im Wachsthum fortzuschreiten und bedeutende Dimensionen anzunehmen im Stande sind, scheint bereits constatirt. Wir verweisen in dieser Beziehung auf die bereits mitgetheilte Ansicht Spencer Wells', welcher zufolge das Vorkommen mehrerer grosser und von diesem Meister wiederholt extirpirter, selbständiger Cysten auf das Vorhandensein mehrerer accessorischer Ovarien zurückzuführen sei. Es werden diese bisher übersehenen Organe somit sowohl bei der Diagnose als auch bei der pathologischen Beurtheilung gewisser Präparate in Erwägung gezogen werden müssen.

In letzterer Beziehung bietet das in Fig. 78 (a. f. S.) abgebildete Präparat ein ausserordentliches Interesse dar.

Der übereinstimmenden Ansicht fast aller Autoren zufolge sind die Follikel die häufigsten, nach einigen sogar die alleinigen, Ausgangspunkte der Ovarialcysten[1]). Wird nun die Degeneration in einem oder

[1]) Bezüglich der Literatur dieses Gegenstandes verweisen wir auf den betreffenden Abschnitt unseres Werkes: Die Krankheiten des weiblichen Geschlechts. Bd. I, S. 458.

mehreren Follikeln eingeleitet, welche sich in unmittelbarer Nähe der
Albuginea befinden, dann machen die daraus resultirenden Cysten den
Eindruck, als wenn sie gar keine ovariale wären, sondern den breiten
Mutterbändern angehörten, da die betreffenden Ovarien sowohl ihre
ursprüngliche, normale Form als Grösse beibehalten und wie von den
Cysten völlig separirt erscheinen können. Diese Verhältnisse waren
in dem in Fig. 78 abgebildeten Präparate in exquisiter Weise vorhanden. Das linke Ovarium, obgleich erkrankt, bietet dennoch die ihm
im gesunden Zustande zukommenden Verhältnisse dar. Die Cyste (c)
scheint sich n e b e n ihm, unmittelbar neben seinem abdominalen Ende,
entwickelt zu haben. Dem ist jedoch nicht so, vielmehr ist sie eine
ächte Ovarialcyste, welche den Verräther ihres Ursprunges an sich

Fig. 78.

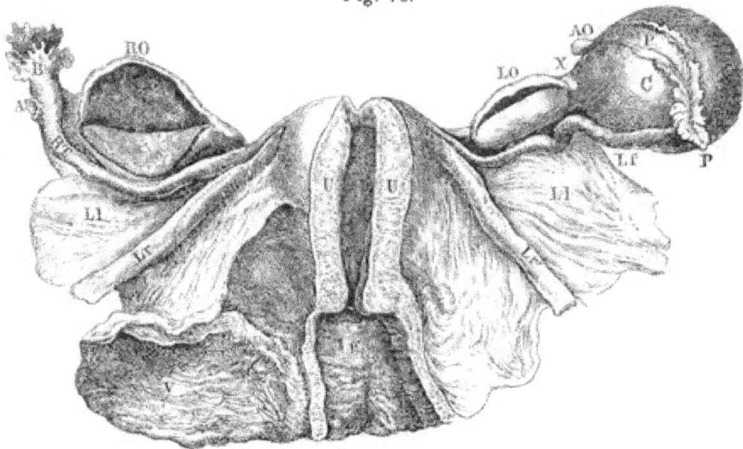

Cyste des linken Ovariums. L O Linkes Ovarium (aufgeschnitten). R O Rechtes Ovarium
(durch einen Längsschnitt auseinander geklappt) zahlreiche Follikel enthaltend. L T Linke
Tuba. P bis P' Fortsetzung derselben. A O Accessorisches Ovarium. C Cyste. X Uebergangsstelle der Cyste in das gesunde Ovarium. R T Rechte Tuba. A B Pavillon derselben. L l Ligam. lata. L r Ligam. rotunda. V Vesica. V g Vagina. (Photographische
Aufnahme. Verkleinerung durch die Camera auf die Hälfte der natürlichen Grösse.)

trägt, nämlich das wohlausgebildete accessorische Ovarium (A O), welches im Verlaufe des Wachsthums von seinem ursprünglichen Sitze ab-
gelöst und auf dem Rücken der Cyste, deren Uebergang in das Ovarium
bei X constatirt werden kann, seitlich fortgetragen worden ist, um
zur sichern Diagnose zu dienen.

Nicht ohne Interesse ist das Verhalten der linken Tuba. Dieselbe
nimmt unterhalb der Cyste ihren Verlauf und bildet das Abdominal-

ende in der ihr zukommenden Weise. Nach der der Cyste zugewendeten Seite hin aber wächst ein Franzenstreifen weiter (*P* bis *P'*) mit allen den Fimbrien eigenthümlichen Eigenschaften und umgiebt die Circumferenz des Cystensackes in fast Zweidritttheilen seines Umfanges.

Bisher haben wir lediglich diejenigen Fälle in Erwägung gezogen, in denen es sich um die Entwicklung sogenannter *einkammeriger* oder *uniloculärer Cysten* handelt. In einer andern, häufig vorkommenden Reihe aber präsentiren sich bei der Eröffnung des Cystensackes mehrere oder zahlreiche Cysten verschiedener Grösse. In der Regel ist bei diesen *mehrkammerigen* oder *multiloculären Cysten* eine durch ihre überwiegende Grösse ausgezeichnete Hauptcyste vorhanden, um welche sich die anderen, in ihrer Grösse sehr variabeln Nebencysten gruppiren. Virchow[1]) hat darauf hingewiesen, dass genetisch ein Unterschied zwischen ein- und mehrkammerigen Cysten nicht besteht, dass die letztere vielmehr stets aus der erstern hervorgeht, und dass jedes Eierstockcystom zu Anfang multiloculär war, aber durch Schwund der Zwischenwände uniloculär geworden ist.

„Der Verschmelzungsprocess der Nebencysten unter einander und mit der Hauptcyste", sagt Waldeyer[2]), „lässt sich fast bei jeder Cyste Schritt für Schritt verfolgen. Je mehr die secundären Cysten heranwachsen, desto mehr verdünnt sich ihre Wandung, bis an einer Stelle ein Durchbruch in die Hauptcyste oder in eine benachbarte Nebencyste erfolgt. So wie die Cyste aber geöffnet ist, hat sie natürlich ihr selbständiges Wachsthum verloren und fällt der Veränderung anheim, wozu der Druck, unter dem der gesammte Cysteninhalt steht, gewiss das Seinige beiträgt; die ursprüngliche Oeffnung wird nun immer grösser, der Binnenraum der geöffneten Cyste immer flacher, bis er zuletzt nur als seichte, plattschüsselförmige Vertiefung in der Wandung der Hauptcyste erscheint. Multiloculäre Cystome zeigen an ihrer Innenfläche die zahlreichsten Abstufungen dieses Processes. Von den untergehenden Nebencysten rührt dann auch das unebene Aussehen vieler Cysteninnenflächen her. Die vielfach in Bogenlinien mit einander verbundenen kalkigen, stärkeren oder schwächeren Vorsprünge der Innenwand sind fast immer Residuen ursprünglicher Nebencysten. Dieser Veränderungsprocess trifft nicht allein die grösseren Nebencysten, sondern eben so häufig die kleinen linsengrossen bis erbsen-

---

[1]) Verhandlungen der Gesellschaft für Geburtshilfe in Berlin 1848. Bd. III.
[2]) Die epithelialen Eierstocksgeschwülste, insbesondere die Cystome. Archiv für Gynäkologie. Bd. I, S. 252.

grossen Bildungen, an denen er sogar weitaus am besten zu verfolgen ist."

Wenn wir die Auseinandersetzung Waldeyer's richtig verstehen, findet der eben beschriebene Verschmelzungsprocess dort statt, wo mehrere Cysten sich neben einander entwickeln und ihren Einfluss auf einander dermaassen geltend machen, dass die Zwischenwände der Nebencysten verschwinden und schliesslich nur eine uniloculäre Cyste zurückbleibt. Da nun nach der Ansicht aller Autoren die Follikel als die häufigsten Ausgangspunkte der Cysten anzusehen sind, und ein pathologisch vergrösserter Follikel als kleine Cyste angesehen werden muss, sollte man meinen, dass die überwiegend grösste Zahl der Cysten ursprünglich uniloculär gewesen ist.   Erst im Laufe der weitern

Fig. 79.

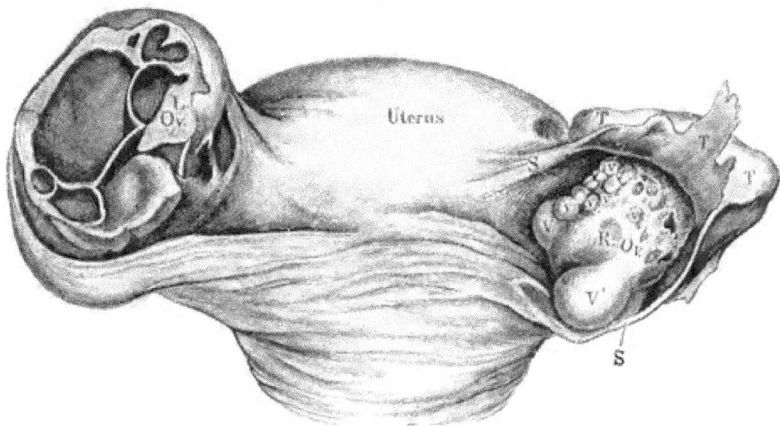

Degeneration beider Ovarien. *L Ov* Linkes Ovarium in eine multiloculäre Cyste verwandelt. *R Ov* Rechtes Ovarium in kleinere (*v v r*) und grössere solitäre Blasen oder Cysten (*V'*) umgewandelt. *T T* Rechte Tuba. *S S* Eröffneter pseudomembranöser Sack, in welchem das degenerirte linke Ovarium eingeschlossen war. (²⁄₃ der natürlichen Grösse.)

Entwicklung werden sie durch Juxtaposition und Verwachsung der Wände, wenn eben mehrere neben einander liegen, multiloculär und nun erst kann der von Waldeyer beschriebene Verschmelzungsprocess Platz greifen, welcher wiederum zur uniloculären Form, das Resultat des Kampfes um das Dasein, führt.

Findet dieser Kampf aber gar nicht statt, oder sind die Wände der Nebencysten hinlänglich kräftig, um den auf sie wirkenden Druck auszuhalten und anderen schädlichen Einflüssen erfolgreichen Widerstand zu leisten, dann wächst die Cyste multiloculär fort. Ging der

Process aber von einem Follikel aus, dem keine Concurrenz geboten wurde, dann bleibt die uniloculäre Cyste so durch die ganze Zeit ihres Bestehens, es sei denn, dass entzündliche Processe hinzutreten, welche den einkammerigen Sack in mehrere Abtheilungen löthet.

Wir können uns demnach der Theorie von der ursprünglichen Multilocularität aller Cystome nicht anschliessen, zumal wir ausser Stande waren, uns durch die Untersuchung einer nicht geringen Zahl von Cysten in ihren frühesten Stadien die Ueberzeugung von der Richtigkeit der besagten Theorie zu verschaffen.

Nicht nur auf die Zahl der Abtheilungen oder Kammern üben die Cystenwandungen einen entscheidenden Einfluss, sondern auch nach einer andern Richtung hin machen sie denselben in eingreifender Weise geltend. Bei manchen Cysten bemerkt man schon, selbst wenn sie die Grösse einer Erbse oder Bohne noch nicht überschritten haben, die innere Wandfläche mit winzigen, punktförmigen Exerescenzen mehr oder minder dicht bedeckt. Diese können nun mit dem Wachsthume der Cyste gleichen Schritt halten oder ihm nachstehen. Im ersten Falle werden die Cysten von den von ihren Wandungen sich erhebenden Wucherungen ausgefüllt, im letztern Falle gewinnt die Innenfläche des Sackes ein zottiges Aussehen. Von den Bildungen der erstern Art verdienen die *papillösen Wucherungen, Cystoma proliferum papillare*, als die am häufigsten vorkommenden, besonders hervorgehoben zu werden. Sie kommen in zwei Hauptformen vor, deren eine sich als knopfförmige Bildungen darstellt, welche letztere sich mit ziemlich langen Stielen an die Wand anheften [1]), während die andere Form aus langen Filamenten besteht, welche die Cyste ausfüllen, so dass es scheint, als bestehe ihr Inhalt aus einem in Verwirrung gerathenen Zwirnsknäule. In unserer Sammlung befindet sich ein derartiges Präparat, an welchem beide Eierstöcke in dieser Weise zur Faustgrösse degenerirt sind. Das Wachsthum der papillösen Wucherungen kann ein so rapides sein, dass die letzteren die Cystenwandungen durchbrechen und dadurch das Aussehen gewinnen, als seien sie ursprünglich an der äussern Fläche der Cyste aufgeschossen.

Je nachdem nun eine grössere oder geringere Theilnahme des Ovarialparenchyms bei der Cystenbildung stattfindet, je nach den Veränderungen, welche sich im Laufe des Entwicklungsprocesses geltend machen, entsteht eine ganze Reihe von Mischformen der Cystome, auf welche wir jedoch keine Veranlassung haben, näher einzugehen.

---

[1]) Siehe Beigel, Cystosarcom der Bauchhöhle. Virchow's Archiv Bd. 45, S. 103.

Wir kommen zur Betrachtung eines äusserst interessanten, mit unserm Thema im innigen Zusammenhange stehenden Vorganges, nämlich zur Neubildung von Follikeln in erkrankten Eierstöcken. Pflüger[1] hat bekanntlich den Nachweis geliefert, dass das Drüsenparenchym des Eierstocks dem Epithel seine Entstehung verdankt, welches die Aussenfläche des Ovariums bekleidet. Dieses Epithel wuchert in das bindegewebige Stroma hinein und bildet die Drüsenschläuche, durch deren Abschnürung die Follikel sammt den Eiern entstehen. Derlei drüsige Elemente setzen aber auch jene Neubildungen zusammen, welche als

Fig. 80.

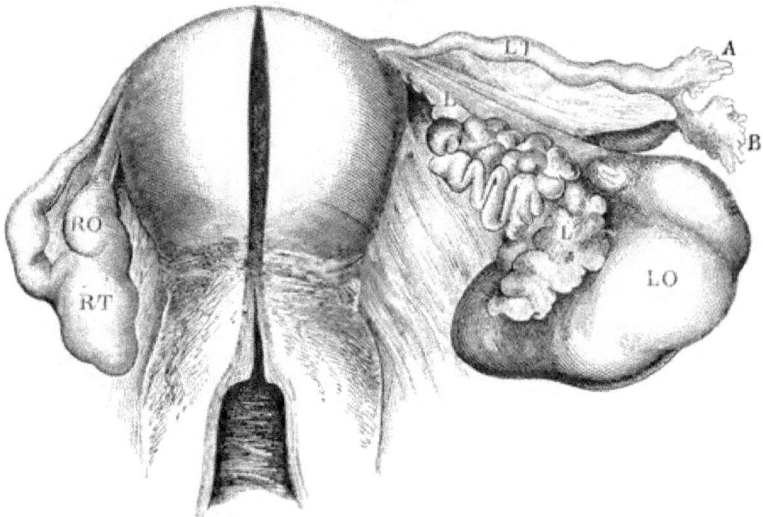

R O Rechtes Ovarium.   R T die rechte Tuba mit verschlossenem Abdominalostium an den Eierstock gelöthet.   L T Linke Tuba,   A deren Abdominalostium,   B Accessorisches Ostium.   L O Linkes Ovarium in eine einkammerige Cyste verwandelt, deren inneres, dem Uterus zugewandtes Ende L bis L' solide ist und zahlreiche reife Follikel enthält. ($\frac{2}{3}$ der natürlichen Grösse.)

Adenome des Ovariums bekannt sind.   Als solche können, nach Waldeyer[2] nur Neoplasmen bezeichnet werden, welche aus normal geformten drüsigen Bestandtheilen des Ovariums aufgebaut sind.

„Dahin gehören: 1) rundliche, verschieden grosse Epithelialhaufen mit Eizellen darin, wie sie während der Embryonalperiode und kurze Zeit nachher beim Menschen vorkommen; ferner 2) schlauchförmige

---

[1] Ueber die Eierstöcke der Säugethiere und des Menschen. Leipzig 1863.
[2] Archiv für Gynäkologie. Bd. I, S. 253.

epitheliale Bildungen (Pflüger'sche Schläuche); 3) Graaf'sche Follikel. Es liegt in der Natur der Sache, dass ächte Adenome der beiden ersten Formen im Eierstocke selten sind. Sobald ein Epithelballen mit einem oder mit mehreren Eiern sich abgeschnürt hat, beginnt auch schon, gerade wie unter normalen Verhältnissen, eine cystische Umformung desselben zum Graaf'schen Follikel, so dass die nicht-cystischen drüsigen Bildungen nur einen vorübergehenden Bestand haben. Mir ist ein Adenom dieser Art als einzige oder auch nur vorwiegende Geschwulst des Ovariums nicht begegnet; dagegen findet man sehr wohl bei Ovarialcystomen oder Ovarialkrebsen einzelne Parthien, welche aus rundlichen oder schlauchartigen Epithelballen zusammengesetzt sind."

Rokitansky [1]) hat unter der Bezeichnung Cystosarcoma uterinum ovarii drüsenschlauchförmige Bildungen beschrieben, von denen Waldeyer vermuthet, dass sie vielleicht hierher gehören. Unzweifelhaft gilt das rücksichtlich jener „höchst merkwürdigen Fälle" Rokitansky's [2]), wo die sämmtlichen in grosser Menge producirten Follikel zu Cysten heranwachsen, von denen die peripherischen an Grösse überwiegen.

Da Köster [3]) sowohl bei Puerpern als bei jungen, sechzehn und siebenzehnjährigen Mädchen Primordial-Eier und junge Follikel gefunden, Slaviansky [4]) aber die Beobachtung gemacht hat, dass Drüsenschläuche bis in das vorgerückte Alter als solche im Eierstock verbleiben können, scheint die Neubildung von Eiern auch im spätern Lebensalter oder im Verlaufe pathologischer, mit vermehrter Plasticität einhergehender Processe erklärlich. Entweder entstehen sie, ganz wie unter normalen Verhältnissen, durch epitheliale Wucherung oder durch Anregung vorhandener Drüsenschläuche zu neuer Thätigkeit. Auf diesen Vorgang und mit specieller Berücksichtigung des bald zu erwähnenden Falles bezieht sich die auf S. 44 erwähnte Aeusserung Waldeyer's, dass es möglich sei, dass unter abnormen Verhältnissen, z. B. bei Cysten-bildungen, gewisse Processe im Ovarium, wie z. B. die Eibildung, wieder wach werden, welche schon lange geschlummert hatten. Soweit wir die übrigens wenig umfangreiche Literatur über diesen Gegenstand einzusehen Gelegenheit hatten, scheint es, dass die wenigen Beob-

---

[1]) Ueber Uterindrüsen-Neubildung in Uterus- und Ovarialsarcomen. Zeitschrift der Gesellschaft der Aerzte in Wien 1860.
[2]) Lehrbuch der pathologischen Anatomie. Wien 1861. Bd. III, S. 425.
[3]) Virchow-Hirsch's Jahresbericht 1872. Bd. 1, S. 52.
[4]) Bullet. de la societ. anatom. de Paris Déc. 1873.

achtungen von Neubildung drüsiger Eierstockselemente, welche vorliegen, sich auf cystische Degeneration vorhanden gewesener Schläuche,
Primordial-Eier und junge Follikel, nicht aber auf massenhafte Bildung
von Follikeln und Eiern beziehen, welche sich von denen in geschlechtsreifen Alter stehender Frauen wenig unterscheiden.   Eine derartige
Beobachtung scheint von uns aber in dem in Fig. 80 (a. S. 248) dargestellten Präparate gemacht worden zu sein.

    Das Präparat rührt von einer 39jährigen Frau her, welche Mutter
mehrerer Kinder war und an einem Vitium cordis gestorben ist.   Das

Fig. 81.

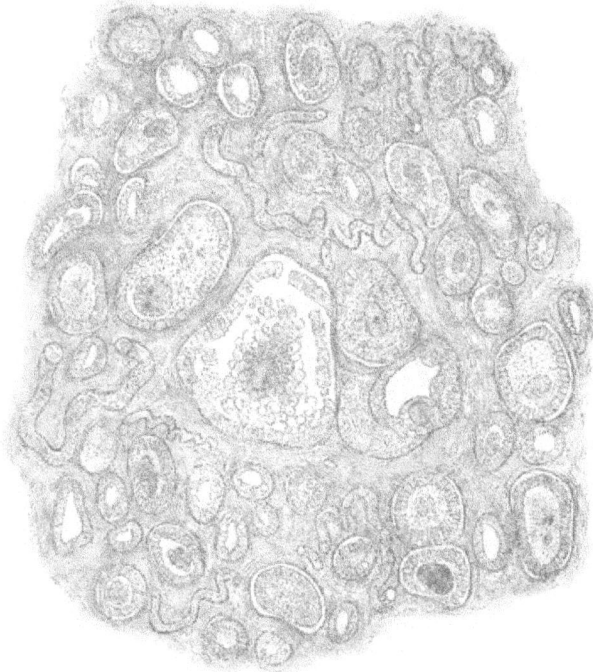

Ein Stück des soliden Theiles (*L* bis *L'*) der in Fig. 80 abgebildeten Cyste des linken
Ovariums.   (Vergrösserung: Hartnack, Ocular III, System 4.)

rechte Ovarium war auffallend klein und mit der an ihrem Abdominalostium vollkommen verschlossenen Tuba verwachsen.   Der linke
Eileiter ist durch ein accessorisches Ostium ausgezeichnet.   Der linke
Eierstock aber hatte eine Transformation in eine monoloculäre Cyste
erfahren, deren inneres, dem Uterus zugekehrtes Ende (Fig. 79 *L* bis *L'*)
solide war. Dieser Theil hatte das Aussehen der durch vielfache Narben

ausgezeichneten Ovarien alter Frauen, zumal es namentlich mit seiner
innern Hälfte jene Stelle ausfüllte, welche das Ovarium ursprünglich
eingenommen hatte. Die äussere Hälfte hingegen setzte sich etwa in
derselben Weise auf die Ovarialcyste fort, wie wir es in Fig. 78 von
der Fimbria gesehen haben. Hier also Neubildung von Fimbrien-
gewebe, dort von Ovarialgewebe.

Wäre der solide Theil der Cyste das, was sein Aeusseres verspricht,
nämlich ein von Narben bedecktes Ovarium, dann könnten wir sicher
sein, in demselben keine oder nur sehr wenige Follikel anzutreffen.
Im rechten Ovarium sind sie in der That äusserst spärlich. Ein Querschnitt durch den soliden Theil (L bis L') der Cyste aber liefert unter
dem Mikroskope das in Fig. 81 wiedergegebene Bild. Wir machen
darauf besonders aufmerksam, dass es von demjenigen eines normalen
Eierstockes wesentlich abweicht, da wir in dem letztern, je nach dem
Alter des Individuums, mehr oder minder zahlreiche Follikel finden,
unter denen allenfalls ein er oder wenige zu derjenigen Reife heran-
gewachsen sind, durch welche sich alle, dicht an einander gelagerten
unseres Präparates (Fig. 81) auszeichnen.

Darüber kann wohl kein Zweifel herrschen, dass sich an dem als
solider Theil bezeichneten Abschnitt der Cyste in der That einmal
das normale Ovarium befunden, welches wahrscheinlich von demjenigen
oder einem ähnlichen Structurzustande war, in welchem wir das rechte
sehen. Wann die Cystenentwicklung in dem Ovarium ihren Anfang genommen, lässt sich nicht bestimmen; aber so viel scheint gewiss, dass
dieser Process in dem Organe einen eigenthümlichen Reizzustand geschaffen hat, in Folge dessen, entweder durch Epithelwucherung oder durch
Drüsenschläuche, welche, wie in dem Falle von Slaviansky, abnorm
lange ruhend in dem Ovarium gelegen hatten, es zur massenhaften Bildung von Follikeln gekommen ist, welche alle, in Folge der obwaltenden
intensiven Irritation weit rascher der Reife entgegengeführt worden
sind, als es unter normalen Verhältnissen der Fall zu sein scheint. Die
Wahrscheinlichkeit spricht übrigens dafür, dass, wenn die Patientin
nicht gestorben wäre, alle oder die meisten der Follikel allmälig eine
Transformation in Cysten erfahren hätten.

3. Solide Tumoren der Eierstöcke.

Die soliden Geschwülste der Ovarien gehören zu den seltensten Vorkommnissen in diesen Organen. Leopold[1]) hat deren 43 in der Literatur gefunden und diese Zahl durch eigene Beobachtungen auf 56 gebracht. Dieselben rangirten ihrem pathologischen Charakter gemäss und nach Fortlassung der von Bird nur als „harter Tumor" bezeichneten Neubildung folgendermaassen:

Einseitige Tumoren:
    1 Enchondrom,
    3 verknöcherte Tumoren,
    5 Sarcome,
    13 Carcinome,
    13 Fibrome und Fibroide.
Doppelseitige Tumoren:
    3 Mal Fibroide,
    7 Sarcome,
    10 Carcinome.

„Da nun aber", fährt Leopold fort, „von den Fibromen und Fibroiden der Beschreibung nach mehrere zu den Sarcomen gerechnet werden müssen, so fällt die Mehrzahl der Geschwülste, vor Allen aber die doppelseitigen, auf die malignen Neubildungen, Sarcom und Carcinom".

In der That sind die anderen Neubildungen so selten, dass ihr Vorkommen im Eierstocke von Vielen gänzlich bezweifelt wird. Vom Fibroide sagt Spencer Wells[2]), dass sie so selten seien, dass er bis zum Jahre 1872, nachdem er also bereits über fünfhundert Ovariotomien ausgeführt hatte, nicht ein einziges Ovarium gesehen, welches die charakteristischen Zeichen des Fibroms dargeboten hätte und letzteres vom Ovarialgewebe ausgegangen wäre.

Liest man die als Fibrome beschriebenen Fälle, dann gelangt man durch die Mangelhaftigkeit der Beschreibungen bald zu der Ueberzeugung, dass sie mindestens eben so gut anderen Geschwulstformen angereiht werden könnten. Die Thatsache, dass Spiegelberg[3]) eine

---

[1]) Die soliden Eierstocksgeschwülste. Archiv für Gynäkologie. Bd. VI, S. 189.
[2]) Diseases of the Ovaries. London 1872, p. 49.
[3]) Monatsschrift für Geburtshilfe. Bd. 28, S. 420.

60 Pfund schwere solide Geschwulst extirpirt hat, welche von Waldeyer[1]) als Fibrom diagnosticirt worden ist, ändert an der Seltenheit
des Vorkommens dieser Tumoren in den Ovarien Nichts.

Das Sarcom des Eierstocks ist nicht minder selten. Virchow[2])
hält es sogar noch für seltener als die Fibroide. Er sagt: „Während
allerlei Geschwülste von sogenanntem fibroiden Verhalten öfters in
ihm (dem Eierstocke) gesehen werden, gehören eigentliche Sarcome zu
den grössten Seltenheiten. Das, was man als Cystensarcome zu bezeichnen pflegt, ist meiner Meinung nach nicht in dieselbe Gruppe mit
dem Cystensarcom der Brust zu setzen; es ist ein wahres Cystom. Die
wahren Sarcome bilden in der Regel solide oder Vollgeschwülste von
ziemlich gleichmässiger Oberfläche, so dass sie auf den ersten Blick
wie einfache „Hypertrophien" aussehen. Auf dem Durchschnitt haben
sie ein dichtes, röthlich weisses oder rein weisses, mehr radiär ge-
streiftes Aussehen. Ihre Consistenz ist bald derber, bald loser, zuweilen
so lose, dass man sie in radiäre Balken oder Bündel zerreissen kann.
Cysten können gelegentlich neben ihnen vorkommen, doch nimmt in
der Regel die Geschwulst das ganze Organ regelmässig ein. Nicht
selten erkranken beide Eierstöcke gleichzeitig oder wenigstens bald
nach einander, und man findet dann jederseits neben dem Uterus einen
rundlichen oder rundlich ovalen Körper bis zu Faust- oder Kindes-
kopfgrösse und darüber. Sie bestehen meist aus einem dichten Fasern-
gewebe, in dem zahlreiche, zuweilen grössere, häufig jedoch sehr feine
Spindelzellen (fibroplastische Geschwulst) oder scheinbar nackte Spin-
delkerne (fibronucleäre Geschwulst) enthalten sind[3]). Manchmal finden
sich auch zahlreiche Rundzellen von der kleinern, dem Granulations-
stadium angehörenden Art. Gerade diese Form ist nicht leicht vom
Krebs zu unterscheiden, der am Eierstock in derselben diffusen Weise
vorkommt und zuweilen sogar einen ausgezeichneten radiären Bau hat
(Carcinoma fasciculatum). Allein immer findet man im letztern Falle
eine sehr regelmässige Anordnung zahlreicher, freilich oft sehr schmaler
und fast spindelförmiger Alveolen, in denen Gruppen epithelioider
Zellen enthalten sind."

Ein Rundzellensarcom von ziemlich beträchtlicher Grösse haben
wir früher bereits beschrieben und abgebildet[4]); dasselbe war 16 cm

[1]) Archiv für Gynäkologie. Bd. II, S. 440.
[2]) Krankhafte Geschwülste. Bd. II, S. 369.
[3]) Wilk's Lectures on pathol. Anatomy. London 1859, p. 412. Catalogue
of Guy's Hospit. Museum Nr. 2246, 2255, 2260.
[4]) Krankheiten des weiblichen Geschlechts. Bd. I, S. 440 u. ff.

lang und 11 cm breit; seine grösste Circumferenz im Längendurchmesser betrug 38 cm und im Breitendurchmesser 29 cm. Ein anderes Sarcom, der Spindelzellenform angehörend, hatten wir jüngst zu untersuchen Gelegenheit und geben dessen äussere Verhältnisse in Fig. 82 wieder.

Der Uterus ist, wie aus der Abbildung ersichtlich ist, intact geblieben, hingegen waren fast sämmtliche Unterleibsorgane von der Krankheit befallen und doch hat eine Adhäsion der Eierstöcke nirgends

Fig. 82.

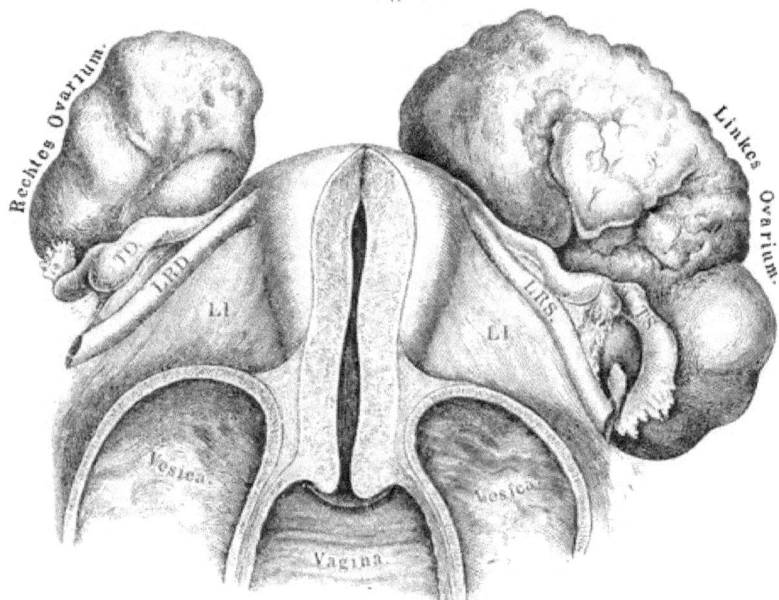

Spindelzellensarcom beider Ovarien. *T D* Rechte Tuba. *T S* Linke Tuba. *L R D* Rechtes rundes Mutterband. *L R S* Linkes rundes Mutterband. *L l* Ligamentum latum. (⅔ natürlicher Grösse.)

stattgehabt. Bezüglich ihrer äussern Form und ihrer mikroskopischen Zusammensetzung passt auf dieselbe die Beschreibung fast wörtlich, welche wir oben dem berühmten Werke Virchow's entlehnt haben, nur dass die Oberfläche des linken Ovariums nicht in derselben Weise glatt wie die des rechten, sondern noch in weit höherm Grade uneben, warzenförmig zerklüftet war, als die Abbildung es darstellt. Die Geschwulst war recht derb anzufühlen, ihre Schnittfläche zeichnet sich durch eine weisse, fast perlmutterartige Farbe und durch absolute Gleichmässigkeit aus, ein Follikel, etwas einem Corpus luteum oder einem Cystchen Aehnliches, war nirgends zu bemerken.

Unter dem Mikroskope erwies sich der Bau als ein sehr regelmässiger. Dichte Fasergewebsstränge durchzogen das Gewebe so, dass
sie Achtertouren bildeten, welche sich der Länge nach in regelmässigen
Abständen wiederholten, deren Schlingen oder Maschen aber von sehr
feinen Spindelzellen und Spindelzellenplatten ausgefüllt erschienen.
Hier und da begegnete man Gruppen von Hohlräumen, welche man mit
Leopold als einstmalige Follikel deuten könnte. An Gefässen war
der Tumor sehr arm.

Der Krebs der Ovarien ist nach Rokitansky[1]) nächst den
Cysten die häufigste, sehr oft mit dem Cystoid combinirte Erscheinung; nach Schroeder[2]) ist das primäre Carcinom sehr selten, während Spencer Wells[3]) der Ansicht ist, dass die Ovarien, gleich allen
anderen Organen des Körpers, zum Sitze des Carcinomes werden können, dass er in ihnen keine besondere Form annimmt, und dass die
Eigenthümlichkeit der die Eierstöcke zusammensetzenden Gewebe seiner
Entwicklung vielleicht gar Vorschub zu leisten im Stande sei. Möglicherweise erklärt sich aus diesem letzten Umstande Paget's[4]) Ausspruch, dass er die merkwürdigsten Krebsformen fibröser Structur an
den Ovarien solcher Individuen beobachtet hat, welche auch an Carci-
nomen der Brustdrüse und des Magens gelitten hatten.

Spencer Wells[5]) hebt ausdrücklich hervor, dass der Krebs der
Ovarien anderen Krebsformen vorausgehen oder erst später hinzutreten
kann, dass er zuweilen die Eierstöcke unabhängig von der Cysten-
formation zu befallen und ihre Gewebe zu zerstören vermag, um sich
im raschen Laufe auf das Peritoneum, die Lymphgefässe, Drüsen und
die Eingeweide fortzupflanzen[6]). Nach Barnes[7]) tritt das Medullarcarcinom der Ovarien bei jungen Personen auf. In den allerhäufigsten
Fällen jedoch muss der in den Ovarien vorkommende Krebs, den vorliegenden Beobachtungen gemäss, also secundär, der primäre nur als
seltene Erscheinung angesehen werden.

In einzelnen seltenen Fällen ist das Carcinoma ovarii, nach Rokitansky[8]) aus der Degeneration eines Corpus luteum hervorgegangen.
Die hauptsächlichsten Formen, in welchen es auftritt, sind die soge-

[1]) Lehrbuch der pathol. Anatomie. Bd. III. Wien 1861, S. 431.
[2]) Frauenkrankheiten. Leipzig 1874, S. 406. — [3]) A. a. O. S. 54.
[4]) Lectures on Surgical Pathology. London 1870, p. 613. — [6]) Loc. cit.
[5]) Loc. cit., p. 59.
[7]) Diseases of women. London 1873, p. 306.
[8]) Loc. cit., S. 419 u. 431. Ebenso Allgem. Wiener medicin. Centralzeitung
1858, S. 262.

nannten skirrösen und die medullären. Die erstere kann das ganze Organ gleichmässig durchsetzen oder es in solitärer knotiger Form befallen. Die letztere tritt gewöhnlich diffus auf.

Jüngst hatten wir Gelegenheit, ein carcinomatös erkranktes Ovarium zu untersuchen, auf welches wir, obgleich wir uns dessen ausführlichere Beschreibung für eine andere Gelegenheit aufsparen, an dieser Stelle besonders hinweisen müssen, weil es im hohen Grade geeignet erscheint, als Stütze für die Waldeyer'sche Lehre vom Wesen des Krebses zu dienen. Das Präparat stammt aus der Leiche einer am Magenkrebs verstorbenen Frau. Der Uterus und seine Adnexa erwiesen sich als vollkommen normal, nur das rechte Ovarium trug an seiner Aussenfläche, und zwar in der Mitte der der hintern Beckenwand zugewendeten Seite ein büschelförmiges Gebilde von der Grösse einer kleinen Erbse. Das Ovarium selbst überschreitet die Grösse einer Mandel nicht. Bei der mikroskopischen Untersuchung erwies sich das Büschel als Medullarcarcinom, welches auf der Albuginea einem Schmarotzer gleich wuchs, ohne diese zu durchbrechen, und das Ovarialparenchym war so wenig alterirt, dass die in unmittelbarer Nähe der erkrankten Stelle der Albuginea befindlichen Follikel nebst deren Ovula ein vollkommen normales Aussehen darboten. An der tiefer gelegenen Stelle bemerkte man an der Albuginea keinerlei Veränderung, an der höher gelegenen aber trug sie zwei bis drei dellenartige Eindrücke an sich, welche von grossen Epithelien ausgefüllt waren, welche lockere rosettenartige, aus einem sehr feinen, kärglichen Stroma, grossen degenerirten Epithelien und weiten, aber äusserst dünnwandigen Gefässen bestehende Fortsätze trieben.

Hier wird die Vermuthung fast zur Gewissheit, dass Partikelchen des im Magen wuchernden Carcinoms in das Peritoneum gelangten und nach dem rechten Ovarium fortgeschwemmt worden sind, woselbst sie fortwachsend das Epithel zur Degeneration und weiteren Krebsbildung veranlasst haben.

Die Tuberculose der Ovarien bezeichnet Rokitansky[1]) als eine der seltensten Erscheinungen.

---

[1]) Lehrbuch der patholog. Anatomie. Wien 1861, S. 432.

VI. Die Tuben.

1. Anomalien der Entwicklung.

a. **Mangel der Tuben** — findet unter denselben Verhältnissen statt, welche das Fehlen der Ovarien bedingen, d. h. er steht mit der mehr oder minder vollkommenen Ausbildung der Müller'schen Gänge im Zusammenhange. Fehlt also die eine oder andere Uterushälfte oder sind nur Rudimente derselben vorhanden, dann ist die betreffende Tuba demselben Schicksale unterworfen oder wird, worauf Rokitansky bereits hingewiesen [1] als solider, spärlich mit Fimbrien versehener Strang im Peritoneum angetroffen [2].

b. **Ueberzählige Tuben-Ostien.** Schon die Durchsicht der bisher in diesem Werke mitgetheilten Abbildungen [3] wird zu der Ueberzeugung führen, dass das Vorkommen accessorischer Abdominalostien der Eileiter durchaus nicht zu den Seltenheiten gehört. Es scheint, dass M. A. Richard [4] zuerst die Aufmerksamkeit auf diese für uns wichtige Anomalie gelenkt und Rokitansky veranlasst hat, dieselbe seiner Beobachtung zu unterziehen, worauf Meckel [5] einen exquisiten Fall der Art veröffentlicht hat.

Die Anomalie besteht darin, dass die Tuba, anstatt des einen normalen Ostium abdominale, zwei oder mehrere derartige gefranzte Oeffnungen besitzt, welche durch ein röhrenförmiges Stück Eileiter von einander getrennt sind. Die grösste Zahl solcher accessorischer Tuben-Ostien, welche Rokitansky [6] gesehen, war eines auf der einen und drei (überzählige) auf der andern Seite. Die grösste Entfernung vom Ostium fimbriatum, in welcher sie, nach diesem Autor, noch vorkommen, beträgt 1 Zoll. An diesem Punkte und nächstdem gleich un-

[1] Lehrbuch der patholog. Anatomie 1861. Bd. III, S. 433.
[2] Siehe unsern, im Archiv für Gynäkologie mitgetheilten Fall (Bd. XI, Heft 2).
[3] Siehe Figg. 34, 52 und 79.
[4] Gazette Medic. de Paris 1851, Nr. 26.
[5] W. Meckel, Beitrag zur patholog. Entwicklung der weiblichen Genitalien. Erlangen 1856.
[6] Allgem. Wiener medicin. Zeitung 1853, S. 237 und Lehrbuch der pathol. Anatomie. Bd. III, 1861, S. 434.

mittelbar neben dem Ostium fimbriatum, und durch eine schmale
Brücke von ihm geschieden, scheinen sie am häufigsten zu sein.

Da Richards die hier in Rede stehende Anomalie schon bei
Neugeborenen gefunden hat, schliesst Rokitansky mit Recht, dass
über ihre Entstehung intra uterum nicht gezweifelt werden könne,
spricht aber zugleich die Vermuthung aus, dass sie auch noch extra
uterum und vielleicht besonders zur Zeit der Geschlechtsreife und nach
derselben sich auszubilden vermögen. „Sie kommen durch Dehiscenz
einer unscheinbaren Ausbuchtung der Tuba als dem Endresultate
der gleichzeitigen Verdünnung der Tubarwand an der bezüglichen
Stelle zu Stande. Dass dies in der Extrauterinperiode ohne Entzündung stattfindet, ist in der Langsamkeit des Vorganges genügend begründet." Waldeyer[1] führt die Anomalie auf die ungleiche Ver-
theilung des Keimepithels zurück, welches an manchen Stellen so stark
angehäuft sein mag, dass an denselben eine vollkommene Schliessung
des sich zum Zwecke der Neubildung einstülpenden Abschnittes des
Müller'schen Ganges nicht geschehen kann.

Beide Erklärungen bewegen sich vorläufig auf dem Boden der
Vermuthungen. Zur Annahme der Entstehung accessorischer Tuben-
Ostien extra uterum können wir uns jedenfalls nicht entschliessen, da
eine Analogie für eine so regelmässige, symmetrische Bildung in Folge
entzündlicher Processe, selbst wenn sie sehr langsam vor sich gehen,
in anderen Körperbezirken gänzlich fehlt.

c. **Abnorme Länge der Tuben.** — Die angeborene Verlängerung der Eileiter gehört zu denjenigen pathologischen Zuständen, welche nur mit Rücksicht auf unser Thema diesen Namen verdienen, da sie sonst weder das Leben noch die Gesundheit oder das
subjective Wohlbefinden der betreffenden Personen gefährden oder
beeinträchtigen. Der von uns abgebildete Fall (Fig. 22) bestätigt die
Richtigkeit dieser Behauptung.

Die abnorme Verlängerung kann sich aber auch auf pathologischem
Wege ausbilden. Das geschieht in der Regel durch lange anhaltenden
Zug an der Tuba, wie er namentlich durch Ovarialcysten und grosse
solide Tumoren der Beckenorgane ausgeübt wird. Entweder hilft die
Tuba von vorn herein bei der Neubildung mit, oder sie bleibt unbetheiligt, geht dann in Folge secundär auftretender Entzündungserscheinungen Adhäsionen ein und wird auf diese Weise dem Zuge oder, wenn
die Geschwulst Drehbewegungen macht, der Torsion ausgesetzt, wobei

---

[1] Eierstock und Ei. Leipzig 1870. S. 127.

sie gänzlich in ihrer Continuität entzwei gerissen oder vielmehr abgedreht werden kann.

2. Entzündung.

Die **Entzündung der Eileiter** — *Salpingitis* — bildet eine Krankheit des geschlechtsreifen Alters, wird somit durch die häufig auftretenden, mit Congestionen verbundenen Vorgänge im Bereiche der Generationsorgane im hohen Grade begünstigt. Vor dem Eintritt der Pubertät dürfte sie daher nur sehr selten angetroffen werden. Die Bedingungen ihrer Ausbildung auch in dieser Zeit mangeln jedoch nicht gänzlich, da sie nicht nur in idiopathischer Weise auftreten kann, sondern sich namentlich in secundärer Art geltend zu machen pflegt. Hier steht die directe Fortpflanzung entzündlicher Vorgänge von der Scheide und dem Uterus oder vom Peritoneum und den Ovarien oben an.

Hat der Process aber einmal seinen Anfang genommen, dann tragen Menstruation, Coitus, unter Umständen auch Schwangerschaft, Abortus etc. dazu bei, seine Existenz zu verlängern und seine Symptome zuweilen heftiger, zuweilen milder auftreten zu lassen. So kann eine Continuität hergestellt werden, welche vom ersten Beginne der Entzündung in einer frühen Lebensperiode bis zum spätesten Alter bestehen bleibt, und es darf kaum daran gezweifelt werden, dass die ungewöhnliche Häufigkeit des Vorkommens mehr oder minder abgelaufener Entzündungen der Tuben bei älteren und alten Frauen auf diese Continuität zurückzuführen sind und ihre Entstehung weit zurück in ein früheres Alter verlegt werden muss. Das Vorkommen ist so häufig, dass die Behauptung, entzündungsfreie Tuben älterer Personen seien als Ausnahme zu betrachten, durchaus nicht gewagt erscheinen dürfte.

Interessant ist die Thatsache, dass in manchen Fällen die Affection selber eine gewisse therapeutische Wirkung ausübt, indem sie schon frühzeitig zur Sterilität führt, hierdurch ein mächtiges Agens für Erhöhung ihrer Intensität beseitigt und die Möglichkeit für die Beendigung des Processes erhöht. In diesem Sinne glauben wir das in Fig. 83 (a. f. S.) abgebildete Präparat auffassen zu dürfen.

Dasselbe stammt von einer 35 Jahre alten Frau her, welche vor acht Jahren geboren, darauf aber nicht wieder concipirt hatte. Der Uterus wurde vergrössert gefunden, das linke Ovarium desgleichen.

17*

und auf das Vorhandensein zweier Polypen im Cervix muss besonders hingewiesen werden, weil diese Fälle für die Beurtheilung der bei der Sterilität obwaltenden Verhältnisse eine eminente Bedeutung gewinnen.

Sei es nun, dass die Salpingitis in acuter oder in chronischer Weise auftritt, jedenfalls ist es zunächst die Schleimhaut, welche in erster Reihe ergriffen wird und zwei hochwichtige Resultate nach sich zieht. Sie wird congestionirt, geröthet und aufgelockert, ein Zustand, welcher vollauf hinreicht, um das ohnehin winzige Ostium uterinum der befallenen Tuba zu verstopfen, und da die Eileiterentzündung fast immer

Fig. 83.

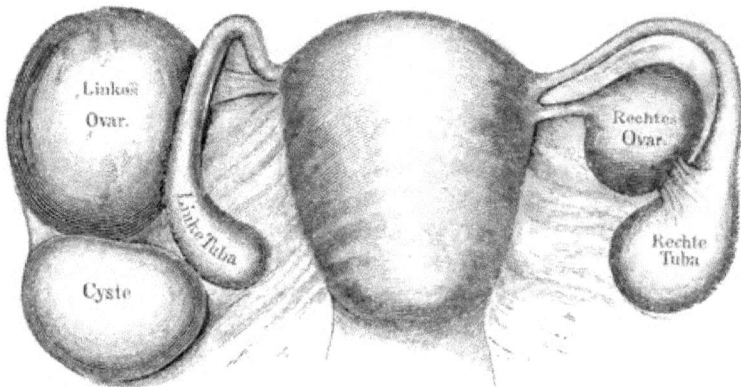

Abgelaufene Salpingitis mit Verschluss der Abdominalostien beider Tuben. Die rechte Tuba durch ein pseudomembranöses Band an sein Ovarium fixirt. Das linke Ovarium vergrössert, darunter eine kleine Cyste, wahrscheinlich eines accessorischen Ovariums.
(⅔ der natürlichen Grösse.)

eine doppelseitige ist, befindet sich der Uterus schon beim Beginne der Affection im Zustande der Isolation, seine directe Communication mit den Tuben hört auf.

Die andere wichtige Thatsache besteht darin, dass die Schleimhaut frühzeitig ihr Epithel verliert, dass dies besonders früh und energisch an den Franzen des Abdominalostiums geschieht, dass hier die inflammatorischen Vorgänge eine besondere Intensität gewinnen und in nicht langer Zeit zum mehr oder minder vollkommenen Verschlusse dieses Ostium führen [1]).

Hat dieser Verschluss stattgefunden, dann stellt die Tuba eine Röhre dar, deren eines Ende (Ostium abdominale) blindsackförmig verlöthet ist, während das andere (Ostium uterinum) einen blos mecha-

_____
[1]) Siehe Figg. 40, 50, 53, 60, 66, 76 und 79.

nischen Verschluss besitzt, und da das erstere, weil sich die Flüssigkeit dort, aus leicht begreiflichen Gründen, in grösster Menge ansammeln kann, eine kolbenartige Gestalt annimmt, ist der so beschaffene Eileiter am passendsten mit einem Glaskolben zu vergleichen, dessen Oeffnung durch einen Stöpsel verschlossen ist. Der Verschluss des Ostium uterinum kann schon, wie Hausmann[1]) richtig vermuthet, durch eine mässige Ansammlung von Schleim geschehen, wodurch die Tubenmucosa verschoben wird und so den Austritt des Secrets erschwert.

Von dem Momente an, da es der Secretion möglich wird, sich im Innern der Tuba anzusammeln, gehen die Falten und Windungen der letztern verloren, die Wandungen verdicken und verlängern sich, und die Ausdehnung des Eileiters bis zu 20 cm bei nur mässiger Füllung gehört durchaus nicht zu den Seltenheiten. Geht die Ansammlung weiter, dann kann die Tuba zwar auch ihre langgestreckte, keulenförmige Gestalt einbüssen, in der Regel aber bleibt sie auch bei hochgradiger Ausbildung des Processes noch deutlich erkennbar. Nur wenn sie sich vielfach windet, das gleichfalls cystisch degenerirte Ovarium in seine Windungen einschliesst und mit demselben Verwachsungen eingeht, kann die Entscheidung darüber schwer sein, was Tuba und was Ovarium sei?

Für unsere Beurtheilung ist es ziemlich gleichgültig, ob der Inhalt der erweiterten Tuba aus einer mehr oder minder klaren Flüssigkeit besteht — Hydrosalpinx — oder Eiter bildet — Pyosalpinx — oder aber ob er Blut ist — Haematosalpinx. — Guérin[2]) beschreibt zwar auch eine Physosalpinx, d. h. eine Ausdehnung der Tuben durch Luft, veranlasst durch lufthaltige Einspritzungen in die Scheide, von wo aus die atmosphärische Luft durch den Uterus in die Eileiter und schliesslich in die Bauchhöhle gelangt, allein es ist uns nicht recht verständlich, wie die Tuben hierbei eine andere als die momentane Rolle von Leitungsröhren spielen.

Die in allen ihren Durchmessern vergrösserten, mit einem flüssigen Inhalt versehenen Tuben, welche nach Rokitansky[3]) den Umfang eines Kindeskopfes gewinnen und in seltenen Fällen eine aus osteoiden Plättchen bestehende innere Auskleidung erhalten können, verhalten sich ihrer Nachbarschaft gegenüber nicht gleichgültig. Sie veranlassen

[1]) Alfred Hausmann, Ueber Retentionscysten schleimigen Inhalts in den Genitalien. Inaugural-Dissertation. Zürich 1876.
[2]) Henning, Krankheiten des Eileiters. 1876, S. 52.
[3]) Lehrb. der pathol. Anatomie. Bd. III, 1861, S. 440.

vielmehr Entzündungen der Ovarien und des Uterus, geben zu perimetrischen Processen und zu ausgiebiger Bildung von Pseudomembranen Veranlassung, in welchen sie entweder vergraben liegen oder
durch deren Bänder sie sowohl unter einander als auch mit den
Ovarien, dem Uterus und dem Rectum verwachsen.

Der Process kann aber auch ein umgekehrter sein, d. h. es können
sich peritonitische, ovariale, metritische oder Entzündungen anderer
Organe der Abdominalhöhle und des Beckens auf die Tuben fortsetzen

Fig. 84.

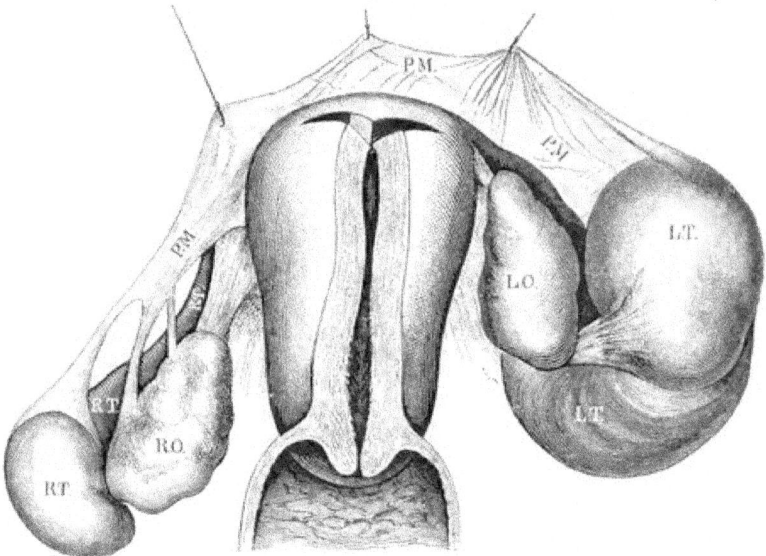

Hydrosalpinx beider Tuben. *L T* Linke Tuba, durch Flüssigkeit erweitert und in verschiedenen Windungen; dieselbe ist durch ein pseudomembranöses Band an das linke
Ovarium *L O*, geheftet. *P M* Ausgedehnte, von einer Tuba längs der hintern Uteruswand (mittelst Häkchen emporgehaltene) zur andern hinziehende Pseudomembran. *R T* Rechte Tuba,
durch mehrere pseudomembranöse Bänder an *R O*, das rechte Ovarium gebunden. (³⁄₄ der
natürlichen Grösse.)

und dieselben in gleicher Weise alteriren, wie es die idiopathische
Salpingitis zu thun vermag.

Bei den adhäsiven Entzündungen, welche von den Eileitern ausgehen und zu abnormen Verbindungen dieser Organe mit der Nachbarschaft führen [1]), können die letzteren selbst ziemlich intact bleiben

---

[1]) Siehe Figg. 54, 55, 77.

und den Entzündungsvorgängen nur so weit ausgesetzt werden, als nöthig ist, den Ansatz der pseudomembranösen Bänder zu bewirken. Das gilt besonders von den Ovarien und das in Fig. 84 abgebildete Präparat liefert den Beweis dafür.

Trotz der ergiebigen Production von Pseudomembranen an den Tuben und dem Peritoneum sind beide Ovarien, abgesehen von ihrer abnormen Fixation mittelst der pseudomembranösen Bänder an die Tuben, dennoch fast intact geblieben. Bemerken wollen wir nur noch, dass an diesem Präparate eine ziemlich hochgradige Endocervicitis nicht zu verkennen war.

Nimmt die Salpingitis einen mildern Verlauf und bleibt der Process auf die Tuben beschränkt, so kann sie immer noch Spuren hinterlassen, welche für unser Thema von grosser Wichtigkeit sind. Zuerst kann es nur zur Verwachsung einzelner Fimbrien kommen, wodurch das Lumen zwar nicht ganz verschlossen, die Function der Tuba somit nicht gänzlich aufgehoben wird, aber in mehr oder minder hohem Grade erschwert werden kann.

Sodann kann es zur Anschwellung [1]) und permanenten Vergrösserung einzelner Fimbrien kommen, und Rokitansky [2]) erwähnt einer offenbar hierher gehörigen Entwicklung von Bindegewebe in den Tubenfranzen, wobei sie wulstig, starr und weiss werden.

Auch diese Zustände werden kaum Symptome hervorrufen, welche das Wohlbefinden der Patientin zu beeinträchtigen vermögen, sie scheinen aber im hohen Grade geeignet, den Eileitern den Dienst des gefranzten Abdominalostiums zu versagen, welcher für das Zustandekommen einer Conception unerlässlich ist.

Auf den Einfluss perimetritischer Processe auf die Eileiter haben wir bereits hingewiesen [3]). Letztere werden in pseudomembranöse Massen sammt dem Eierstocke vergraben oder durch einzelne Bänder oder aber nur durch winzige Filamente an ihre Nachbarschaft befestigt und functionsunfähig gemacht. Das selbständige Auftreten von Entzündung der äussern Umhüllung der Tuben — **Perisalpingitis** — ist nicht beobachtet worden; stets hat die Fortpflanzung des Processes vom Peritoneum, von den Ovarien, von der Scheide oder vom Uterus aus stattgefunden. Für die häufigsten dieser Adhäsionen hat Rokitansky [4]) bereits die zwischen Tuba und Ovarium ausgegeben, da dieselben nicht

---

[1]) Henning, a. a. O., S. 73.
[2]) Lehrb. der pathol. Anat. Bd. III, 1861, S. 442. — [3]) S. 184.
[4]) Lehrb. der pathol. Anat. Bd. III, 1861, S. 438.

allein durch die gewöhnlichen entzündlichen Processe, sondern auch durch die Narbenbildung in Folge eines geplatzten Follikels im Ovarium zu Stande gebracht werden können. Degenerirt die Bildung des Corpus luteum, so dass es zur Formation einer Cyste kommt, dann „ergiebt sich zuweilen die merkwürdige Erscheinung einer primitiven aus den Vorgängen der Ausstossung des Eies aus dem Follikel und die Aufnahme desselben in das gefranzte Tubenostium resultirenden Communication der Cyste mit dem Tuben-Canale, sogenannte Cystes tubo-ovariennes" [1]. Ein derartiges Hineinwachsen der permeabeln Abdominalenden der Tuben kann auch in pseudomembranöse Säcke [2]

Fig. 85.

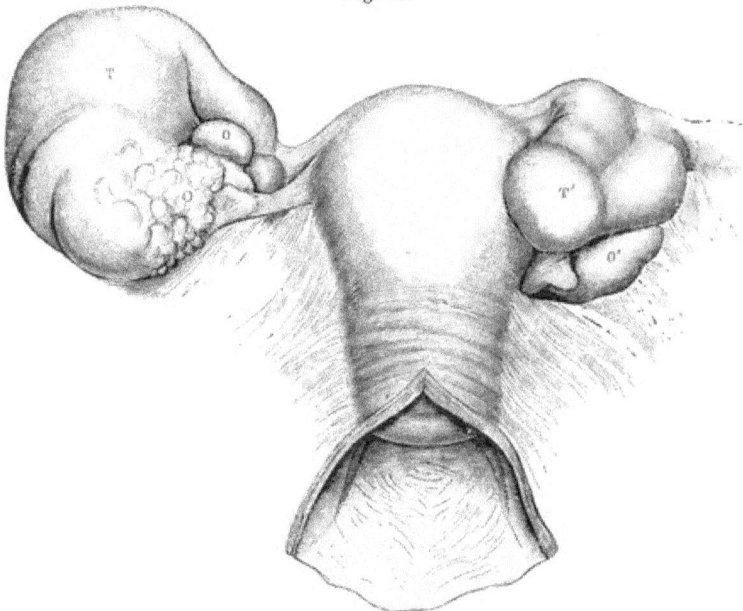

Hydrops ovarii profluens.   T Linker Hydrosalpinx.   O Linkes Ovarium zu einer Cyste degenerirt.   T' Rechte Tuba mit verschlossenem Abdominalostium.   O' Rechtes Ovarium. (²⁄₃ der natürlichen Grösse.)

oder in grosse Ovarialcysten geschehen. Im letztern Falle kann von Zeit zu Zeit eine vollkommene oder theilweise Entleerung der in der Cyste enthaltenen Flüssigkeit durch Uterus und Scheide erfolgen.

---

[1] Rokitansky, ibid. S. 419.
[2] Siehe Koeberle's Fall in unseren: Krankheiten des weibl. Geschlechts. Bd. II, S. 17.

Die Communication zwischen Tuba und Ovarialcyste kann auch so etablirt werden, dass ein Hydrosalpinx unter gleichzeitiger Perisalpingitis oder Periovariitis gebildet wird und es zur Perforation der beiderseitigen Wandungen kommt. Warum Olshausen[1]) dieser Communication die Bezeichnung des *Hydrops ovarii profluens* nicht beilegen, diesen Namen vielmehr nur für das Hineinwachsen des Ostium tubae abdominale in eine kleine, aus der Dehiscenz eines Ovulums entstandenen Cyste reservirt wissen will, ist uns nicht recht klar.

Das in Fig. 85 abgebildete Präparat ist ein guter Repräsentant der hier in Rede stehenden Communication. Dasselbe rührt von einer 26jährigen, ledigen, an Tuberculose verstorbenen Magd her. Beiderseits bestand ein Hydrosalpinx, nur war derselbe linkerseits hochgradiger als rechts. Das linke Ovarium war gleichfalls cystisch degenerirt und die unebene, warzige Parthie der dem Ligamentum ovarii zunächst gelegenen Aussenfläche erwies sich bei der mikroskopischen Untersuchung von derselben Beschaffenheit, wie wir sie in dem in Fig. 79 abgebildeten Präparate gefunden haben. Die Zahl der Follikel war gross, die meisten der letzteren waren in der Ausbildung sehr weit, sogar schon bis zur retrograden Entwicklung fortgeschritten.

Die monoloculäre Ovarialcyste stand durch eine grosse Oeffnung mit der erweiterten Tuba in Verbindung, so dass die beiden Säcke auf dem Durchschnitte den Eindruck einer biloculären Cyste machten.

3. Neubildungen.

a. **Fibrome.** — Dieselben kommen an den Tuben äusserst selten vor[2]) und bleiben auf einen Umfang beschränkt, welcher denjenigen einer Erbse oder Bohne nicht überschreitet[3]). Nur Simpson[4]) beschreibt ein kindeskopfgrosses Fibroid der rechten Tuba; die Beschreibung und Abbildung sind jedoch nicht im Stande, die Ueberzeugung zu verschaffen, dass dieser Tumor wirklich dem Eileiter angehört hat. Auch Meckel[5]) beschreibt eine längliche, 1½ Zoll breite und ungefähr 1 Zoll dicke Neubildung fibröser Natur, welche innen eine knirschende, körnige, zerreibliche Masse enthielt und der Vermuthung

---

[1]) Loc. cit. S. 44.
[2]) Virchow, die krankhaften Geschwülste. Bd. III, S. 222.
[3]) Lehrb. der pathol. Anatomie. Bd. III 1861, S. 442.
[4]) Diseases of Women. Edinburgh 1872, p. 541.
[5]) Krankheiten des Eileiters 1876, S. 74.

Raum giebt, dass es sich eigentlich um eine Cyste mit eingedicktem Inhalte gehandelt hat.

Wir haben mehrere bohnengrosse Fibrome der Tuben zu beobachten Gelegenheit gehabt, welche an der Franzenöffnung sassen und den Eindruck einer sogenannten Hydatide machten, sich bei der Untersuchung aber als kleine Fibrome erwiesen. Viel bedeutungsvoller sind derlei Neubildungen, selbst wenn sie noch so klein sind, sobald sie an der Schleimhaut der Eileiter wachsen. Unter 200 Leichen hat Hennig[1] nur zwei mit Eileiterpolypen gefunden. „Sie werden, wie auch die Papillome, leicht übersehen, wenn man die geöffnete Schleimhaut nicht unter Wasser ausbreitet."

Einer diffusen Form localer Hyperplasie an der Aussenfläche der Tuben sind wir öfter begegnet. Die seröse Umhüllung gewinnt dadurch ein knolliges Aussehen. Bei bloss flüchtiger Betrachtung scheinen die Knollen, welche die Tuben in dichten Haufen bedecken können, vereinzelt, die genauere Untersuchung zeigt jedoch, dass sie gewisse, mehr oder minder zahlreiche Gruppen bilden, und dass sich der gesunde Zwischenraum nur zwischen den Gruppen befindet. Durch die mikroskopische Untersuchung stellte es sich heraus, dass sich die Hyperplasie fast ausschliesslich auf die seröse Umhüllung beschränkt und nur hier und da auf das subseröse Gewebe hinübergreift. Da der Process den ganzen Eileiter, vom Ansatze an den Uterus bis zum gefranzten Abdominalostium involviren kann, erscheint das mit den zahlreichen Tubrositäten besetzte Organ nicht mehr, wie im normalen Zustande, schlank und gewunden, sondern ungleichmässig verdickt und mehr gestreckt, ein Zustand, der geeignet ist, die Mobilität der befallenen Tuben im hohen Grade zu beeinträchtigen. Andere Erkrankungen des Genitalapparates neben dieser Form der localen Hyperplasie haben wir nicht gesehen.

b. **Bläschen und Cystchen** — an der Umhüllungsmembran der Tuben kommen häufig vor. Wir können der Ansicht Schroeder's[2] nicht unbedingt zustimmen, dass sie jeder Bedeutung entbehren, da sie nicht weit über erbsengross werden. Diese Behauptung ist nur dann richtig, wenn sie sich auf vereinzelt vorkommende Bläschen bezieht, nicht aber wenn sie sich vesiculösen Massenanhäufungen gegenüber befindet. Allerdings mögen auch diese keine besondere Gefahr für das Leben oder Wohlbefinden der Patientin bedingen, rücksichtlich der

---

[1] Krankheiten des Eileiters. 1876, S. 74.
[2] Krankheiten der weiblichen Geschlechtsorgane. Leipzig 1874, S. 324.

Sterilität aber muss ihnen wohl durch die Immobilität, zu welcher sie die befallene Tuba zwingen, eine nicht zu unterschätzende Bedeutung zugesprochen werden.

Die morgagnischen Hydatiden und Endkölbchen, welche sich mit einem Stiele zwischen die Fimbrien resp. an das Parovarium anheften, gehören zu den normalen Befunden der Eileiter; jedenfalls muss ihr Fehlen als Ausnahme betrachtet werden. Sie können aber hinlänglich zahlreich vorhanden sein oder eine Grösse gewinnen, dass sie das trichterförmige Abdominalostium merklich verengern oder gar ausfüllen. Befinden sich die Fimbrien, wie das vorkommt, in einem ödematösen Zustande oder sind sie fibrös degenerirt, dann genügen schon einige wenige kleinere oder eine einzige etwas grössere Hydatide, um sie in der Ausübung ihres für die Conception nöthigen Geschäftes merklich zu stören oder gänzlich zu hindern. Wie reich das Maass der am Franzenende vor sich gehenden Wucherungen sein kann, zeigt unter Anderen das in Fig. 22 abgebildete Präparat; dasselbe bestätigt zugleich die von uns wiederholt hervorgehobene Thatsache, dass Befunde, welchen vom allgemein pathologischen Gesichtspunkte keinerlei Bedeutung zukommt, eine solche sofort gewinnen, wenn wir sie mit Rücksicht auf das von uns abgehandelte Thema der Betrachtung unterziehen.

c. **Tuberculose.** — Eine reiche Erfahrung hat Rokitansky zu folgendem Schlusse geführt [1]: „Die Tuberculose tritt gewöhnlich als primitive Tuberculose auf, und combinirt sich zunächst mit Tuberculose der Harnorgane. Ausserdem gesellt sie sich auch der Tuberculose anderer Organe, nämlich der Lungen- und der Darmschleimhaut bei. Sie kommt zuweilen einerseits schon in den Kinderjahren und andererseits in den Jahren der Decrepidität, gewöhnlich in der Pubertätsperiode und in den Blüthejahren vor. Oefters kommt sie im Gefolge des Puerperiums zur Entwicklung." Klebs [2] hingegen leugnet das primitive Auftreten der Tuberculose in den Eileitern, hält aber das Vorkommen derselben gegenüber demjenigen im Uterus und in der Scheide für so überwiegend häufig, „dass die meisten Beobachter annehmen, dass sie in den Tuben entsteht und von hier aus gegen die äussere Mündung fortschreitet (Rokitansky, Kiwisch, Klob, weitere Belege bei Ad. Valentin, Virchow's Archiv Bd. 44, S. 229 ff.)."

---

[1] Lehrb. der pathol. Anatomie. Bd. III, 1861, S. 445.
[2] Handbuch der pathol. Anatomie. S. 847.

Die Zahl der von uns beobachteten Fälle berechtigt uns nicht, zu einem Schlusse über die Häufigkeit des primären Auftretens der Tuberculose in den Eileitern zu gelangen; hingegen sind wir im Besitze einer Reihe von Präparaten, welche geeignet scheinen, auf die Art und Weise der Verbreitung einiges Licht zu werfen. Wir knüpfen an den Uterus eines neugeborenen Mädchens an; das Cavum uteri ist von käsiger Tuberkelmasse, Virchow's nekrobiotisches Gewebe [1]), nicht nur ausgefüllt, sondern stark erweitert. Nichtsdestoweniger hat ein Uebergriff auf die Schleimhaut der Tuben nicht stattgefunden.

Dieselben Verhältnisse fanden in mehreren anderen Präparaten statt, in denen die Uteri sammt ihren Schleimhäuten in intensiver Weise in den Process verwickelt, die Drüsen degenerirt, die Tuben aber waren intact geblieben. Noch merkwürdiger war der Vorgang in dem in Fig. 65 dargestellten Präparate. Hier hatte sich die tuberculose Peritonitis nicht nur auf das Perimetrium und den Eierstock, sondern auch auf die Umhüllung der in pseudomembranöse Säcke eingehüllt gewesenen Tuben fortgesetzt, ohne die Lumina der letztern merklich zu afficiren.

Wieder in einem andern Falle tuberculöser Peritonitis waren die Generationsorgane, mit alleiniger Ausnahme der Tuben, ganz frei ausgegangen. Die letzteren zeigten an ihrer peripherischen Fläche gleichfalls kein abnormes Verhalten, allein ihre Form war verändert; sie hatten ihre geschlängelte Beschaffenheit verloren, waren ihrer ganzen Länge nach ziemlich gleichmässig verdickt, durch eine im Innern vorhandene Masse wurstartig gefüllt, und ein Durchschnitt erwies sich schon dem blossen Auge so, als wenn man in der That eine kleine Wurst vor sich hätte. Das Mikroskop entrollte das Bild, wie es in Fig. 86 dargestellt erscheint. Vom eigentlichen Gewebe war nur eine dünne Schicht der äussern serösen und subserösen Lage vorhanden, welche kleinen Gefässen Raum gönnten. Alles Andere war zerstört und liess nur hier und da einige spärliche Trümmer zurück. Von der Schleimhaut waren kaum Spuren vorhanden, nur ab und zu vermochte man durch die äusseren Contouren die käsigen Massen, welche an Stelle der früheren Gewebe getreten waren und das Lumen ausfüllten, zu bestimmen, wo eine Schleimhautfalte oder vielmehr Leiste bestanden hatte (A A A). Die Muscularis war gänzlich zerstört und nur hier und da zog von den übrig gebliebenen peripheren Schichten ein Bindegewebsstreifen (B) oder ein Gefässchen (C) in den Trümmerhaufen hinein.

---

[1]) Krankhafte Geschwülste. Bd. II, S. 654.

In diesem Falle kann darüber kein Zweifel obwalten, dass der Tuberkelprocess vom Peritoneum unmittelbar auf die Schleimhaut der Eileiter fortgeschritten war, dieselbe vollständig zerstört hat und sodann in die Tiefe gedrungen ist, um die betreffenden Gewebe einem gleichen Schicksale zu unterwerfen.

Bei genauerer Erwägung der hier mitgetheilten Fälle würde es den Anschein gewinnen, als zeichne sich die Tubenschleimhaut durch

Fig. 86.

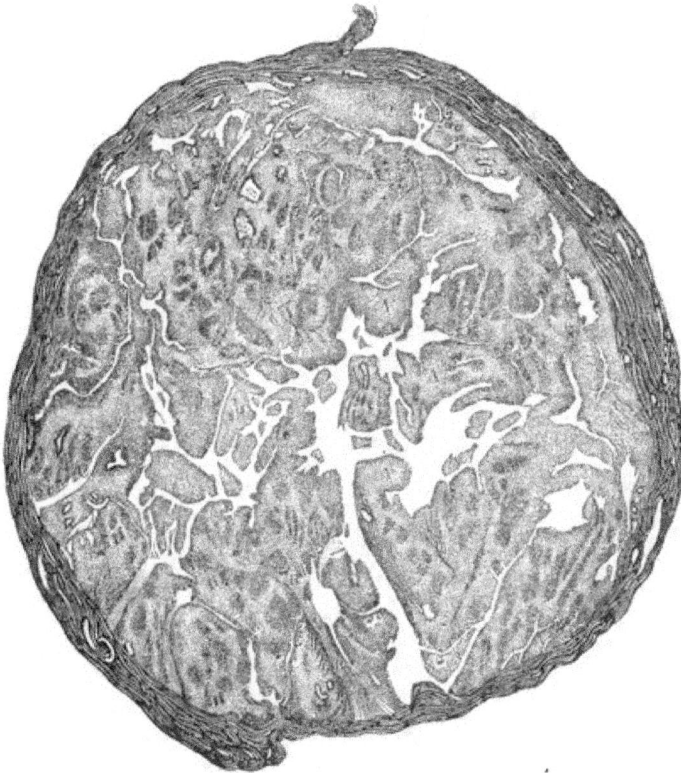

Von Tuberkelmasse ausgefüllte Tuba. *A A* Andeutung der einstmals vorhanden gewesenen Falten. *B* Spärliche, übrig gebliebene Gewebszüge. *C* Gefässe. (Vergrösserung: Hartnack, Ocul. I., Syst. 4.)

keine besondere Empfänglichkeit für den Tuberkelprocess aus, da wir gesehen haben, dass die Genitalorgane in denselben bereits hochgradig involvirt, dass die Aussenflächen der Eileiter mit Tuberkelknötchen besäet waren, ohne die Schleimhaut der Tuben in Mitleidenschaft gezogen zu haben.

Es wird jedenfalls zweckmässig sein, diese Thatsachen im Gedächtnisse zu behalten, da sie dazu beitragen werden, die Frage zu lösen, woher es denn komme, dass eine Reihe der tuberculösen Frauen das Geschäft der Conception ungehindert fortsetzt, während eine andere Reihe wohl concipirt, die Frucht aber nicht der Reife entgegenführen kann, und eine dritte gänzlich der Sterilität verfällt.

VII. Die breiten Mutterbänder.

1. Entzündung.

Derjenige Abschnitt des Peritoneums, welcher unter dem Namen der breiten Mutterbänder bekannt ist, kann unter gewissen Umständen wohl den Ausgangspunkt inflammatorischer Vorgänge bilden und den Process nach allen Richtungen hin verpflanzen, in der Regel aber werden die Ligamenta lata erst von der Invasion betroffen, nachdem die Krankheit von den Umhüllungen der Bauchorgane gegen dieselben fortschreitet, oder wenn sie von der Scheide, dem Uterus, den Tuben oder Ovarien, von dem Bindegewebe oder der den Beckenboden auskleidenden Peritonealparthie — *Pelvi-Cellulitis und Pelvi-Peritonitis* — sich entwickelt und fortschreitet.

Der Process selber bietet nur wenig Abweichendes von demjenigen, welcher uns in der Peritonitis im Allgemeinen und insbesondere der Perimetritis, Perioophoritis und Perisalpingitis bekannt ist. Die geringen Abweichungen, welche er darbietet, sind jedoch von genügender Wichtigkeit, um unsere Aufmerksamkeit auf dieselbe zu richten.

Aus den anatomischen Verhältnissen dieser Parthie ist uns bekannt, dass die durch Einhüllung der Genitalorgane nöthig werdende Aneinanderlagerung der beiden Blätter des Bauchfelles in einer ziemlich lockeren Weise geschieht, in ihrer untern Parthie, namentlich zu den Seiten des Uterus, Bindegewebslager zwischen sich fassen — das sogenannte *Parametrium* — in der obern den Tuben, einem Abschnitte der Ovarien und den Parovarien Raum gewähren. Da die Verbindung der einander zugekehrten Flächen eine lose ist, die Gefässe aber im Falle der Entzündung wachsen und bersten können, so ist es dem ergossenen Blute möglich, sich zwischen diese Flächen

zu ergiessen, sich dort anzusammeln und die letzteren, je nach seiner
Menge auseinander zu drängen und jenen Zustand zu schaffen, welcher
als *Haematocele subperitonealis* bekannt ist. Diejenigen seltenen Fälle
abgerechnet, in denen sich das Blut direct aus dem Uterus durch die
erweiterten Tuben oder aus den letzteren in die Beckenhöhle ergiesst
— *Haematocele periuterina* —, glauben wir, dass die Blutergüsse in
das Becken ursprünglich alle subperitoneal waren, durch periodisch
hinzugetretene Hämorrhagien gewachsen sind, die Blätter der breiten
Mutterbänder verdünnt und sie schliesslich zum Bersten gebracht
haben, wodurch das Blut erst in die Peritonealhöhle des Beckens aus-
geflossen ist, ein Verhältniss, dessen Ursprung selbst am Leichentische
nicht mehr genau eruirt werden kann. Wir haben einen Fall gewissermaassen in seinem embryonalen Zustande oder in seinem Vorstadium
beschrieben, welcher geeignet ist, unsere Annahme zu bestätigen [1]). Es
handelte sich um eine Hämorrhagie zwischen die Blätter des linken
Schmetterlingsflügels, die so weit gediehen war, dass der nächste Bluterguss die Wände zum Bersten und das Blut zum Austritt in die
Beckenhöhle gebracht hätte. Aus diesem Verhalten erklärt sich der
sonst paradox erscheinende Widerstreit der Ansichten über die Hämatocele, demgemäss die Krankheit von einer Anzahl patenter Beobachter
mit Nélaton [2]), welcher die Krankheit zuerst im Jahre 1850 beschrieben hat, an der Spitze für ausschliesslich intraperitoneal gehalten
wird, während sie eine andere Reihe unter der Leitung Viguès, eines
Schülers Nélaton's und Simpson's [3]), für ausschliesslich extra-
peritoneal hält.

Die Gefährlichkeit der Entzündung der breiten Mutterbänder,
selbst wenn sie ohne sonstige Nachtheile für die Gesundheit der Patientin abläuft, liegt, mit Rücksicht auf die Vorgänge, welche wir speciell
im Auge haben, stets im Zurückbleiben dicker, weit ausgedehnter
pseudomembranöser Schwarten oder nur winziger Bänder oder Filamente, welch letzteren, wie wir wiederholt gezeigt haben, nicht selten
eine grössere Bedeutung als den ersteren zukommt.

Die Gefährlichkeit ist nämlich nicht nur darin begründet, dass die
Afterproducte so massenhaft auftreten können, dass sie im Stande sind,
Ovarien und Tuben zu überfluthen und in die wuchernden Haufen zu
begraben, sondern dass dünne Fädchen permeable und functionsfähige

---

[1]) Beigel, Ueber einen Fall von Hämatocele Alae vespertilionis sinistr.
Archiv für Gynäkologie, Bd. XI, Heft 2.
[2]) Gazette des Hôsp. 1851, 1852 und 1853.
[3]) Clinical Lectures etc. Edinburgh 1872, p. 121.

Eileiter und Eierstöcke abnorm zu fixiren und sie in ein Verhältniss zu einander zu bringen vermögen, welches die für die Conception unerlässliche Cooperation beider absolut unmöglich macht.

Wir verweisen auf die vorhergehenden, hierauf bezüglichen Abbildungen [1]) und auf das in Fig. 87 reproducirte Präparat, welches von einer ledigen, an Lungenentzündung verstorbenen Person herrührt, welche noch nicht geboren hatte. Die Pseudomembranen, von denen die linken Adnexa umhüllt waren, zeichneten sich durch eine so zarte Beschaffenheit aus, dass die Organe durch dieselben, wie durch einen leichten Schleier verdeckt, erschienen.

Auf die ausserordentliche Häufigkeit des Vorkommens der hier in Rede stehenden Entzündungsformen ist bereits hingewiesen worden, nur möchten wir hier wiederholt hervorheben, dass sie in auffallender Weise oft mit pathologischen Zuständen, namentlich Neubildungen im Cervix und im Cavum uteri vorkommen, wenn diese im

Fig. 87.

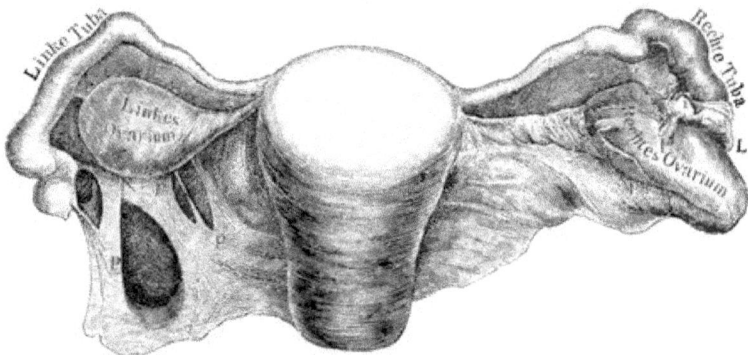

Adhäsive Entzündung der Ligamenta lata mit so reichhaltiger Production von Pseudomembranen, dass die letzteren das rechte Ovarium und die Tuba mit einander verlöthen und zum Theil in pseudomembranöse Massen vergraben, die linke Tuba und das linke Ovarium zwar in ihren Verhältnissen zu einander lassen, beide aber vorn und hinten mit dünnen Pseudomembranen so überziehen, dass sie sich in fixer Lage zwischen denselben befinden und auch sonst durch Bänder befestigt erscheinen. *P* Pseudomembranöse Bänder. (¾ der natürlichen Grösse.)

Stande sind, einen continuirlichen, längere Zeit fortbestehenden Reiz auf ihren Standort und dessen Umgebung auszuüben. Flexionen des Uterus, Polypen und andere Geschwülste im Cavum des Cervix und

[1]) Siehe Figg. 40, 50, 53, 78.

Uterus, Cervicitis, Endometritis und dergleichen kommen fast nur ausnahmsweise ohne Entzündung der Ligamenta lata vor; allerdings darf
niemals ausser Acht gelassen werden, dass diese Entzündung sich oft
nur durch einige winzige pseudomembranöse Fädchen manifestirt, auf
deren grosse Wichtigkeit wir bei jeder Gelegenheit Nachdruck legen
müssen. Ueber den Zusammenhang der Entzündung des die Adnexa
einhüllenden Peritonealabschnittes mit den oben bezeichneten Irritationen ist für uns kein Zweifel vorhanden, und die Kenntniss dieser
Thatsache greift nicht nur tief ein in die Pathologie der Krankheiten
des weiblichen Geschlechts, sondern ist besonders geeignet, zur richtigen Prognose zu führen und unser therapeutisches Eingreifen zu bestimmen; ganz besonders aber gilt dies mit Rücksicht auf die Sterilität, so dass der Hinweis auf diesen Zusammenhang nicht eindringlich
genug geschehen kann.

2. Neubildungen.

a. **Cysten.** — Ueber die Natur der an den breiten Mutterbändern
vorkommenden kleinen und grossen Cysten herrscht noch eine beträchtliche Dunkelheit, welche in einer wesentlichen Meinungsverschieden-
heit der Autoren ihren entsprechenden Ausdruck findet. Hören wir
daher zunächst, wie sich eine der höchsten pathologischen Autoritäten
über diese wichtigen Gebilde äussert, und wie dieselben von dem unstreitig erfahrensten Praktiker beurtheilt werden.

Rokitansky sagt[1]):

„An den breiten Mutterbändern kommen sehr häufig Cysten vor.
Sie sind von zweierlei Art. Die eine derselben begreift Cysten,
die oft in sehr grosser Anzahl auf dem Ligamentum latum und zwar
besonders an den Tuben und in deren Nähe und an den Ovarien sitzen,
meist nur klein — mohnkorn- bis hanfkorn- und erbsengross — und
gewöhnlich eine colloide Flüssigkeit enthalten. Die kleinsten sind
zarte, structurlose, von einer faserigen Bindegewebskapsel (Alveolus)
umgebene, mit Kernen ausgefüllte Bläschen. Zu ihnen gehören auch
diejenigen, die in den Tubarfranzen und höchst wahrscheinlich auch
die Ovula Nabothi im Uteruscervix und die Cysten in der Schleimhaut des Uteruscavums. Sie kommen nur in der reiferen und in der

[1]) Allgem. medic. Zeitung 1859, S. 237.

vorgerückten Lebensperiode vor und stehen, wie auch Virchow (Geburtshilfliche Verh. 1848) bemerkt, so augenscheinlich in durchaus keiner Beziehung zu dem Parovarium, dass die Herren Broca und Follin dieselben, indem sie sie von einer Degeneration der Canäle des Parovariums ableiten, unzweifelhaft mit der soeben anzuführenden zweiten Art verwechselt haben mussten. (Broca: Cystes multiples des lig. larges. Bull. de la soc. anat. 1852.)

Die andere Art begreift Cysten, welche zwischen den Lamellen des Ligamentum latum sitzen und augenscheinlich aus den Schläuchen des Parovariums nach Veränderung und Abschnürung einzelner Theile eines solchen Schlauches und seiner Sprossen hervorgehen. Sie liegen in der Richtung desselben, es treten Rudimente des Schlauches von oben und unten an die Cysten heran. Oft sitzt die Cyste an der Stelle des kolbigen freien Endes des Schlauches. Es sind Cysten, die in der Grösse einer Erbse, einer Bohne und darüber erscheinen, zuweilen sehr ansehnlich dicke Wände besitzen, von einem zarten Cylinder-Epithelium ausgekleidet sind und eine dünne, seröse Feuchtigkeit enthalten. Allerdings sitzen solche Cysten oft ausser dem Bereiche des Parovariums, allein eine vergleichende Ansicht genügender Fälle lässt keinen Zweifel übrig, dass sie frühzeitig entstanden, bei dem Wachsthum das Ligamentum latum vor sich her drängen und endlich in dasselbe eingehüllt, in Form eines gestielten Anhanges prolabiren. Dieses sind somit die an ihrem Ende eine Cyste enthaltenden Tubenanhänge, deren Natur bereits Kobelt nachwies und von der Hydatis Morgagni am gefranzten Ende zu unterscheiden lehrte."

Nach Spencer Wells[1]) bilden die einfachen, extraovarialen Tumoren, welche an den breiten Mutterbändern angetroffen werden, entweder Cysten, welche von Parovarialgängen entspringen oder Erweiterungen der Terminalkolben des Wolff'schen Organes. „Diese vesiculären Körper, welche in der Nähe des gefranzten Endes der Fallopischen Röhre zu hängen oder von der Fläche des Ligamentum latum auszugehen pflegen, füllen sich zuweilen mit einer Flüssigkeit an, bis sie die Grösse einer Nuss oder eines Eies erreichen. In den Sectionsberichten werden sie als mit dünnen, vom Peritoneum bekleideten Wänden versehen, welche keine Adhäsionen haben, von einer klaren Flüssigkeit erfüllt und mittelst eines hohlen Stieles befestigt, beschrieben. Die dünne Beschaffenheit ihrer Wände und ihr feiner

---

[1]) Diseases of the Ovaries. London 1872, p. 30.

Stiel erklärt ihr häufiges Platzen oder Abfallen zu einer Zeit, da sie noch keine unangenehmen Symptome hervorzurufen im Stande sind. Die Erweiterungen der Parovarialröhren aber, welche zur Benennung Hydrops des breiten Mutterbandes geführt haben und mit der Production wirklicher Cysten enden, sind Anfangs nicht eigentlich gestielt und besitzen eine Auskleidung von blassem, mit Kernen versehenem Cylinder-Epithel, demjenigen entsprechend, welches in normaler Weise dort angetroffen wird. Sie rufen verhältnissmässig geringe constitutionelle Störungen hervor und wachsen nicht rasch. Findet in den Schichten des Sackes zufällig eine vermehrte Production von Bindegewebe statt, dann wird die Möglichkeit der Ruptur geringer, die

Fig. 88.

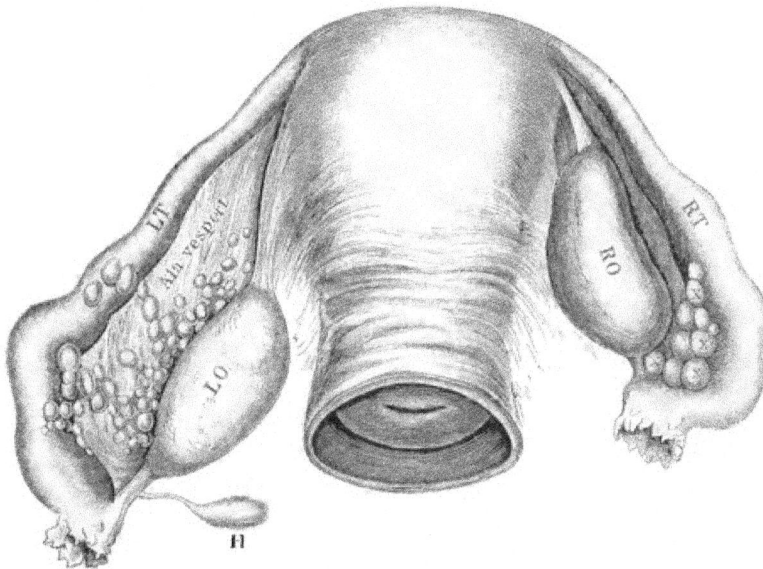

Ausgedehnte Bläschenbildung der Alae vespertilionis und an den Tuben. *R T* Rechte Tuba. *R O* Rechtes Ovarium. *L T* Linke Tuba. *L O* Linkes Ovarium. *H* Morgagnische Hydatide. Der linke Schmetterlingsflügel und zum Theil auch der Tubenüberzug von Bläschen fast ganz bedeckt, eine Anzahl der letzteren, und zwar grösster Sorte (*x x x*), das äussere Ende zwischen rechter Tuba und rechtem Ovarium ausfüllend. (Natürliche Grösse.)

einer beträchtlichen Vergrösserung aber erhöht. In der That wurden manche der grössten Cysten vom breiten Mutterbande aus wachsend gefunden." Ausser diesen Cysten erwähnt Spencer Wells noch zwei andere Formen; die eine, von Hugier als „seröse Cysten an der Aussenfläche des Uterus" beschrieben, scheint ihren Sitz in

dem subperitonealen Bindegewebe des Uterus zu haben und grösstentheils an der Rückenfläche des letztern vorzukommen, zuweilen wohl zur
Grösse einer Orange heranzuwachsen, in der Regel aber auf einem unbedeutenden Umfange zu verharren. Die andere Form geht aus einem
auf Irrwegen befindlichen Ovulum hervor, welches vascularisiren, eine
Zeit lang an einer Stelle haftend fortvegetiren kann, bis es schliesslich
zu Grunde geht. Das sind offenbar die von Klebs als „superficielle

Fig. 89.

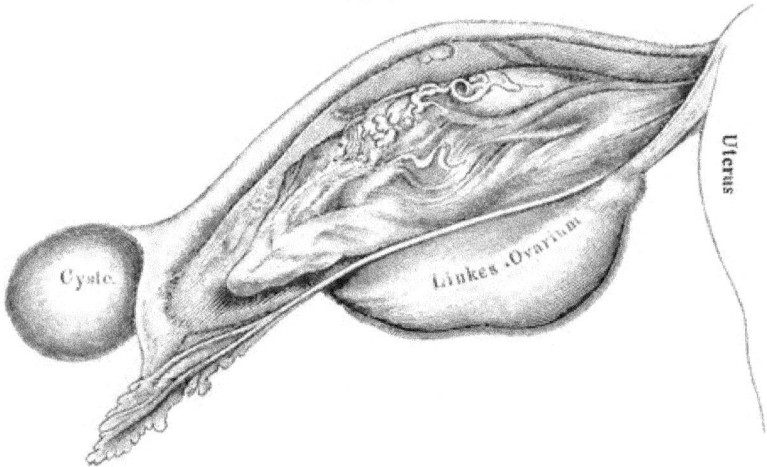

Cyste an der Peritonealumhüllung der Tube einer im Puerperium verstorbenen Frau.
(Natürliche Grösse.)

Cysten der Ligamenta lata" bezeichneten Gebilde, welche er auf
dieselbe Art und Weise, wie Spencer Wells es thut, entstehen lässt.
Sappey [1] legt diese Genese merkwürdiger Weise allen kleinen Cysten-
gruppen der Ala vespertilionis zu Grunde. Nachdem wir im Verlaufe
unserer Auseinandersetzungen auf gewisse Thatsachen gestossen sind,
welche bei Beurtheilung des an dieser Stelle zu betrachtenden Gegenstandes maassgebend sind, frühern Beobachtern aber noch nicht bekannt waren, werden wir in den Anschauungen über die Genese
und die Bedeutung der an den breiten Mutterbändern vorkommenden
Cysten manche Modificationen eintreten lassen müssen.

Wir unterscheiden vier verschiedene Arten von Cysten des breiten
Mutterbandes, nämlich:

[1] Siehe Jackson: The ovulation Theory of Menstruation. New-York
1876, p. 26.

1. Kleine stecknadel- bis erbsengrosse Cysten an dem Schmetterlingsflügel und der serösen Tubenumhüllung;
2. grössere Cysten an dem die Generationsorgane einhüllenden Peritonealabschnitte;
3. kleine Cysten embryonalen Ursprunges, d. h. Morgagnische Cysten und Endkolben;
4. grössere und grosse Cysten der am Parovarium wachsenden accessorischen Ovarien.

Die ad. 1. erwähnten Cystchen bilden ein häufiges Vorkommniss bei der Section weiblicher Generationsorgane und werden allerdings, wie Rokitansky bemerkt, vornehmlich bei älteren Individuen, jedoch nicht ausschliesslich bei solchen, angetroffen. Als einzelne, zerstreute Vesikel sind sie ausserordentlich häufig, und da ihr flüssiger Inhalt eben so oft wasserhell als roth gefärbt ist, erscheint die mit ihnen versehene Tuba oft wie mit Rubinen besetzt. Geschieht ihr Auftreten massenhaft, wie es in dem in Fig. 88 abgebildeten Präparate der Fall war, dann bildet die Ala vespertilionis und die Tuba stets den Boden, worauf sie wachsen. Ihr Vorkommen ist fast stets ein doppelseitiges; grösser als die in Fig. 88 haben wir sie niemals werden sehen; ihre Wände sind sehr derb, aus äusserst feinen Bindegewebsfibrillen bestehend.

Diese Cystchen mit Eiern in Verbindung bringen wollen, welche den Weg nach der Tuba verfehlt haben, ist offenbar eine unnöthigerweise gar zu sehr gesuchte Erklärung. Wenngleich die Möglichkeit zugegeben werden muss, dass ein Ovulum auf Irrwege gerathen, sich irgendwo anheften und eine Zeit lang daselbst wachsen kann, so scheint uns der Nachweis, dass ein solcher Vorgang auch wirklich stattgefunden hat, schwer zu führen; es wäre daher besser, denselben ganz aus dem Spiele zu lassen. Wir sind vielmehr geneigt, der Ansicht Rokitansky's beizupflichten, dass es sich hier um ähnliche Neubildungen handelt, wie sie an der Schleimhaut des Uterus und des Cervix vorkommen und in letzterm mit dem unzweckmässigen Namen der Nabothi'schen Eier belegt worden sind.

2. Die grösseren Cysten an dem die Generationsorgane einhüllenden Peritonealabschnitte sind nicht minder häufig als die eben beschriebenen. Ihre Grösse variirt von derjenigen einer grossen Erbse bis zu der einer wälschen Nuss und, wie Spencer Wells beobachtet hat, selbst einer Orange. Ihre Wandungen sind fast undurchsichtig, der Inhalt fast immer klar und die Anheftung geschieht nur in

verhältnissmässig seltenen Fällen mittelst eines Stieles, in der Regel
sitzen sie dem Boden, auf dem sie wachsen, ungestielt auf.

Dass diese Cystenart mit den Endkolben und den Morgagnischen
Hydatiden nichts gemein hat, beweist der Umstand, dass sie eben so
häufig an der Aussenfläche des Uterus, wie an allen Abschnitten der
breiten Mutterbänder, an der Albuginea der Ovarien, wie an der Peri-
tonealeinhüllung der Tuben angetroffen wird.

Ein Lieblingsstandort dieser Cysten, und das interessirt uns hier
am meisten, bildet das Abdominalende der Tuben und die Region,
welche dieses Ende mit dem Ovarium verbindet.   Ein Exemplar der
erstern Art stellt das in Fig. 89 abgebildete Präparat dar.   Dasselbe
stammt von einer im Puerperium verstorbenen Frau her und die hasel-
nussgrosse Cyste, welche vom Peritonealüberzuge der Tuba, diese vollkommen intact lassend, ausgeht, sitzt ihrem Abdominalende, unmittelbar vor dem Beginne der Fimbrien, einer Alabasterkugel gleich, auf.

Fig. 90.

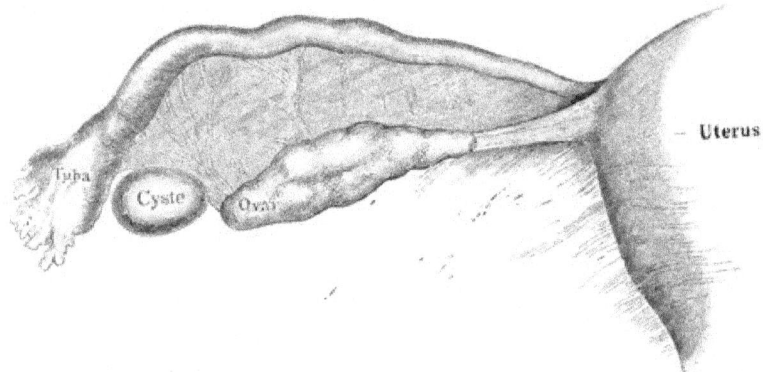

Cyste am Rande der Ala vespertilionis zwischen Abdominalostium der Tuba und dem
Ovarium. (Natürliche Grösse.)

Haftet eine solche Cyste, wie häufig geschieht, an der Ala vespertilionis, dann erweist es sich leicht, dass ihre Entwicklung in dem die
beiden Lamellen verbindenden Gewebe vor sich gegangen ist, da ihr
Verhalten demjenigen gleicht, welches eine zwischen zwei Tüchern
befindliche Kugel darbietet.

Der eben erwähnte Standort, welchen die Cysten häufig wählen,
ist rücksichtlich der Verhältnisse, welche wir im Auge haben, um
so unangenehmer, als auch der Pavillon nicht verschont bleibt und
der Rand, welcher unter normalen Verhältnissen von der Fimbria
ovarica oder dem Ligamentum tubo-ovaricum gebildet wird, einen

Lieblingssitz dieser Cysten zu bilden scheint. Dieselben bilden in diesem Falle eine Barriere zwischen der gesunden Tuba und dem gleichfalls gesunden Ovarium, welche, wie ein Blick auf Fig. 90 lehrt, absolut unüberwindlich ist.

Die Bedeutung dieser Cysten würde noch viel mehr erhöht, wenn es sich herausstellen sollte, dass ihr symmetrisches d. h. beiderseitiges Vorkommen, wie es in dem hier abgebildeten Präparate der Fall war, ein häufiges ist. In unserm Präparate fanden auf der rechten Seite ganz und gar dieselben Verhältnisse statt, wie wir sie auf der linken, hier abgebildeten Seite (Fig. 89) sehen.

3. Von den kleinen Cysten embryonalen Ursprunges, d. h. den Morgagnischen Hydatiden und Endkolben lässt sich wenig mehr sagen als was früher bereits angeführt worden, dass nämlich deren Abwesenheit zu den Ausnahmen gehört. Die ersteren wachsen bekanntlich am gefranzten Tubarende, die letzteren am Parovarium, sind stets gestielt und unterscheiden sich, abgesehen von ihren Standorten, hierdurch von den oben beschriebenen Cysten, welche des Stieles zu entbehren scheinen.

In der Regel erreichen sie keinen erwähnenswerthen Umfang, ihre Grösse bewegt sich in den Grenzen vom Umfange eines Stecknadelknopfes bis zu dem einer Erbse; nur ausnahmsweise wächst die Quantität ihres Inhaltes und dehnt die Blase so aus, dass sie bis zur Grösse einer Kirsche und selbst einer wälschen Nuss heranwächst. Der Stiel ist hohl und, wie die Blase selbst, mit Epithel bekleidet, lang ausgezogen und kann mehreren Blasen zur Anheftung dienen, so dass er am freien Ende eine traubenförmige Gestalt gewinnt.

4. Wir kommen schliesslich zu den grösseren und grossen Cysten der zuweilen am Parovarium wachsenden accessorischen Ovarien. Seitdem die Ovariotomie jene staunenswerthe Ausbildung gewonnen hat, welche sie heutzutage besitzt, sind wir mit dem Vorkommen beträchtlicher Cysten bekannt gemacht worden, welche der Operateur nach Eröffnung der Peritonealhöhle nicht ·vom Ovarium, sondern vom Ligamentum latum ausgehend gefunden hat. Eine Zusammenstellung der bis jetzt bekannt gewordenen Fälle dieser Art befindet sich in den Aufsätzen von Schatz[1]) und Gusserow[2]), auf welche wir hiermit verweisen. Die Cysten waren zum Theil von einem

[1]) Schatz, Interessante Fälle aus der gynäkologischen Klinik zu Rostock. Archiv für Gynäkologie. Bd. IX, S. 115.

[2]) Gusserow, Ueber Cysten des breiten Mutterbandes. Archiv für Gynäkologie. Bd. IX, S. 478.

Umfange, welcher mit demjenigen der Ovarialcysten in Concurrenz treten konnte.

Da es nun von den am breiten Mutterbande vorkommenden Cysten bekannt war, dass sie keine beträchtliche Grösse annehmen, recurrirte man auf das Parovarium, liess einzelne Abschnitte desselben so erkranken, dass sie zur Bildung dieser Cysten führten, daher man den letzteren auch den Namen „Parovarialcysten" beilegte, deren charakteristisches diagnostisches Merkmal darin bestehen sollte, dass ihrem Inhalte das Eiweiss gänzlich abgeht, während sich die in den Ovarialcysten enthaltene Flüssigkeit gerade durch den reichlichen Gehalt an Albumin und Paralbumin auszeichnet.

Diese Erklärung war zwar eine hypothetische, allein sie musste genügen, weil sie offenbar die beste war. Wir haben indess bereits

Fig. 91.

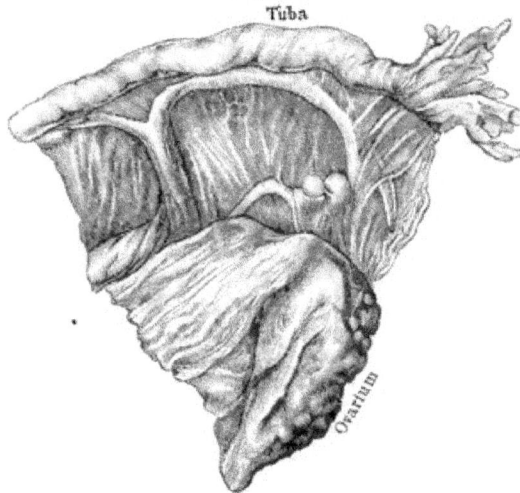

Accessorisches Ovarium am Parovarium sitzend. (Photographische Aufnahme in natürlicher Grösse.) *A* Accessorisches Ovarium. *B* Parovarium.

darauf hingewiesen, dass Meister Spencer Wells sich mit ihr nicht recht in Einklang setzen konnte, so oft er in der Lage war, mehrere grosse, von einander unabhängige Cysten zu extirpiren. Wir glauben diese Erklärung in dem Nachweise der accessorischen Ovarien gefunden zu haben. Ueber die allgemeinen Verhältnisse dieser Organe verweisen wir auf das, was wir früher bereits angeführt haben [1]. Hier

---

[1] Siehe S. 42.

darf nur noch wiederholt werden, dass dieselben nicht allein an den Ovarien, sondern auch an den Parovarien vorkommen. Ein Präparat dieser Art ist in Fig. 91 abgebildet[1]).

Auch in diesem Gebilde waren zahlreiche Follikel verschiedener Entwicklungsstadien vorhanden und ein Unterschied zwischen demselben und einem normalen Ovarium, abgesehen von der Differenz in der Grösse, rücksichtlich der Structur nicht zu constatiren. Für die Annahme, dass ein Unterschied in dem pathologischen Processe der Follikel eines accessorischen und der eines normalen Ovariums obwalten sollte, liegt durchaus kein Anhaltspunkt vor. Im Gegentheile haben uns verschiedene Präparate[2]) zu der Annahme einer cystischen Degeneration auch der accessorischen Ovarien geführt, und Spencer Wells hat uns, wie bereits bemerkt, in mündlicher Unterredung in dieser Annahme bestärkt, indem er verschiedene im Laufe seiner Praxis operirte, ihm bisher unerklärt gebliebene, Fälle auf Cystendegeneration der accessorischen Ovarien zurückführen zu müssen glaubte.

Der Ansicht fast aller Autoren gemäss bildet der Follikel die häufigste Quelle für die Entstehung der Ovarialcysten.

Da nun ein Unterschied in den Follikeln der accessorischen Ovarien nach keiner Richtung hin nachweisbar ist, so wird auch ihre Degeneration zur Cystenbildung, sei es neben dem Ovarium, sei es am Parovarium, führen. Das seltene Vorkommen der sogenannten „Parovarialcysten" steht mit der Seltenheit des Auftretens der accessorischen Ovarien am Parovarium im vollsten Einklange. Wenn das Parovarium der Ausgangspunkt dieser Cysten wäre, dann müssten wir ihnen weit häufiger begegnen, als es thatsächlich der Fall ist. Möglich, dass auch das Parovarium Cysten zu produciren im Stande ist, es scheint jedoch im höchsten Grade wahrscheinlich, dass die meisten Fälle der sogenannten Parovarialcysten, so gut wie die Cysten des Eierstocks, auf Degeneration eines Follikels, und zwar eines accessorischen Ovariums, zurückzuführen sind.

b. **Fibrome.** Fibröse Geschwülste grössern Umfanges gehören in den breiten Mutterbändern zu den Seltenheiten und selbst dann sollen sie, nach Kiwisch[3]), stets vom Seitentheile der Gebärmutter ausgehen

---

[1]) Während der Correctur kommt uns das erste Heft der neuen Ausgabe von Winkel's Pathologie der weiblichen Generationsorgane (Leipzig 1878) zu, worin er (auf S. 25) die accessorischen Ovarien als solche bespricht und unseren Beobachtungen nach eigene werthvolle hinzufügt.

[2]) Siehe Figg. 76 und 82.

[3]) Klinische Vorträge. Prag 1852. II. Abtheilung, S. 232.

und erst nachträglich zwischen die Blätter der Bänder treten, bis sie
sich endlich von der Gebärmutter so weit abschnüren, dass sie mit derselben nur noch durch einen verhältnissmässig dünnen Stiel in Verbindung bleiben. Kiwisch hat zwei derartige Geschwülste von der Grösse
zweier Fäuste beobachtet. Eine von Schetelig[1]) als Cystoma telangiectoides cavernosum beschriebene, feste Geschwulst scheint jedoch
nur vom Lig. latum ausgegangen zu sein. Virchow[2]) scheint die
Auffassung Kiwisch's zu theilen. „Bei dem Myoma der Ligamente
des Uterus", lautet sein Ausspruch, „ist wohl der grösste Theil der

Fig. 92.

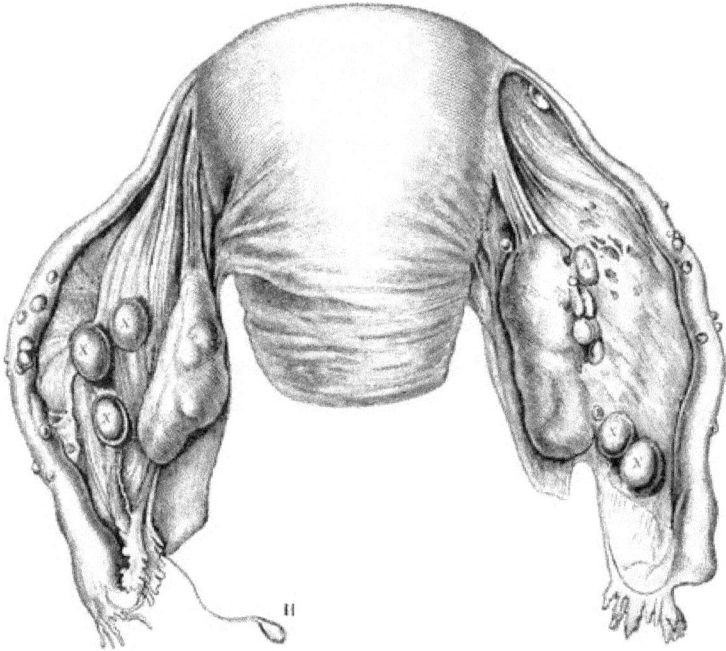

Fibrome beider Alae vespertil. *X* Fibrome. *A* Ein accessorisches Ovarium von ziemlich
beträchtlicher Grösse. *B* Ein kleineres solches. Beide Tuben ausserdem die oben beschriebenen Cystchen tragend. *H* Morgagnische Hydatiden. (Natürliche Grösse.)

angeführten Fälle auf dislocirte, intraligamentär gewordene, jedoch
ursprünglich subseröse oder intraparietale Myome zu beziehen. Indess

---

[1]) Archiv für Gynäkologie. Bd. I, S. 425.
[2]) Krankhafte Geschwülste. Bd. III, S. 221.

kommen doch Fälle vor, wo die Geschwülste so weit vom Uterus entfernt sind, dass man sie in keine Beziehung zu ihm bringen kann. In
einem Falle fand ich ein bohnengrosses Fibrom von sehr charakteristi-
schem Bau in der Ala vespertilionis dicht über dem Ligamentum ovarii,
weit vom Uterus und weit vom Eierstocke entfernt. Es war zugleich
indurative Endometritis und Oophoritis zugegen."

Nach dieser Mittheilung Virchow's müssen wir uns als vom
Glücke besonders begünstigt betrachten, auf ein Präparat gestossen zu
sein, welches zahlreiche Fibrome beider Schmetterlingsflügel zeigt.
Dasselbe befindet sich in unserer Sammlung und erscheint in Fig. 92
dargestellt. Ausser diesen Fibromen bietet der rechte Eierstock noch
eine andere Abnormität, nämlich ein grösseres gestieltes accessorisches
Ovarium (A und B) und ein zweites geringeren Umfanges dar. Die
Tuben bilden den Sitz einer Anzahl jener kleinen Cystchen, von denen
oben (S. 277) die Rede war.

Die grössten dieser Fibrome (X X etc.), deren Gesammtzahl auf
beiden Seiten zehn beträgt, haben den Umfang einer grossen Erbse. Sie
liegen zwischen den beiden Lamellen so lose eingebettet, dass beim Einschnitt in eine der letzteren der leiseste Druck genügt, um sie aus der
Oeffnung heraustreten zu lassen. Sie sind von harter Consistenz und
zeigen unter dem Mikroskope ein äusserst feines fibröses Gewebe, dessen
Schichten eine concentrische Anordnung darbieten, eine Verwechselung
aber mit jenen concentrischen Körpern, welche in anderen normalen
und pathologischen Gebilden angetroffen werden, und deren Verhalten
nicht nur dem Mikroskope, sondern ganz besonders auch chemischen
Reagenzien gegenüber ein ganz anderes ist, nicht zulassen.

V.

MECHANIK DER STERILITÄT.

In den vorangegangenen Abschnitten haben wir so zu sagen die Bausteine zusammengetragen, und es fällt uns nunmehr die Aufgabe zu, sie durch den verbindenden Kitt zu einem Ganzen zu vereinen. Das bisher Vorgetragene kann auch als die Summe der Prämissen angesehen werden, aus denen wir die Schlüsse zu ziehen haben. Diese werden um so maassgebender sein, als die ersteren, d. h. die Prämissen, nicht der klinischen Erfahrung allein entstammen, sondern zumeist der objectiven, pathologisch-anatomischen Untersuchung entsprossen sind; aus der Wechselbildung beider, d. h. der Klinik und des Secirtisches, hoffen wir auch für die Gynäkologie jene Exactität in der Untersuchung, Beurtheilung und Behandlung erwachsen zu sehen, welche als das Charakteristische der modernen Medicin angesprochen werden kann.

Die Nothwendigkeit, diesen Weg zu betreten, musste jedem Gynäkologen längst und eben so klar sein als die Ueberzeugung, dass die Untersuchung der Generationsorgane solcher Frauen, welche nicht an Erkrankung der letzteren zu Grunde gegangen sind, das vorzüglichste Mittel zur Erreichung des Zweckes sei. In diesem Sinne unternahmen wir unsere Arbeit und sind zu überraschenden Resultaten gekommen. Es hat uns daher mit grosser Befriedigung erfüllt, als wir auf der in München stattgehabten Versammlung deutscher Naturforscher und Aerzte die Wahrnehmung machten, dass ein anderer, durch seine vielfachen und vortrefflichen Arbeiten rühmlichst bekannter Gynäkologe, dass Winkel in Dresden, sich dieselbe Aufgabe gestellt hatte, welche uns

seit lange beschäftigte, und dass er zu Resultaten gekommen ist, welche
mit den unsrigen vollkommen identisch sind. Aus seiner Zusammenstellung [1]) heben wir daher folgenden Satz, welcher unsern ganzen Bei-
fall hat, hervor: „Wollen wir über die Bedeutung gewisser pathologischer
Zustände für die Sterilität ins Reine kommen, so bleibt uns ausser der
genauesten klinischen Exploration und weitern Beobachtung, da wir
sehr wichtige Theile der inneren weiblichen Genitalien, wie die Tuben,
Ovarien und Mutterbänder doch nur höchst unvollkommen in vita zu
untersuchen vermögen, kein anderer Weg, als der der anatomischen
Untersuchung jener Theile, auch bei solchen Individuen, die nicht an
Leiden der Sexualorgane verstorben sind. Durch sie allein werden
wir z. B. in den Stand gesetzt werden, zu sagen, wie oft und welche
Anomalien der Tuben, Eierstöcke und Anhänge des Uterus zur Sterilität beitragen, und mit welchen Complicationen am häufigsten die
unserer Hand und unserm Auge zugängigen Krankheiten des Uterus
verbunden sind.“

Diese Art zu Werke zu gehen, stellt die ganze Sterilitätsfrage auf
einen vollkommen veränderten, von dem bisher innegehabten gänzlich
verschiedenen, Standpunkt; sie führt uns nicht nur zur richtigen Einsicht in die ausserordentliche Häufigkeit der weiblichen Unfruchtbarkeit,
sondern zeigt uns leider auch die vielfachen Complicationen derselben
und die Schwierigkeit, ja die Unmöglichkeit, eine grosse Anzahl dieser
Fälle in vita zu erkennen, also auch zu bessern oder zu heilen.

Die therapeutischen Hoffnungen sind es namentlich, welche durch
die Resultate unserer Untersuchungen in vielen Fällen sehr herab-
gestimmt werden, dafür tauschen wir aber die wichtige Thatsache der
Erkenntniss unserer Ohnmacht ein, welche uns anspornt, auf dem
betretenen Wege des objectiven Erkennens fortzuschreiten und im
Verein mit der klinischen Erfahrung dahin zu gelangen, die bestehenden Schwierigkeiten möglichst zu heben.

Diese Art die Sterilitätsfrage zu lösen, wird sich auch nach einer
andern Richtung hin als wirksam erweisen. Nach empfangener Kenntniss über das Factum, dass einfache, nicht complicirte Fälle von Sterilität zu den Seltenheiten gehören, dass die meisten Fälle in einer Complication von ursächlichen Momenten bestehen und dass jeder primär
auftretende Zustand, welcher Sterilität zu setzen vermag, überdies noch
im Stande ist, secundäre materielle Veränderungen nach sich zu ziehen,

---

[1]) Anatomische Untersuchungen zur Aetiologie der Sterilität. Deutsche
Zeitschrift für praktische Medicin 1877, Nr. 46.

welche ihm der Sterilität gegenüber nicht nur adäquat sind, sondern
ihm sogar übertreffen, werden es die Gegner des materiellen oder
mechanischen Standpunktes nicht mehr wagen dürfen, die Richtigkeit
unserer Anschauungen mit dem Hinweis darauf zu bezweifeln, dass die
Sterilität in einem gegebenen Falle, trotz Beseitigung des für die
Ursache der Unfruchtbarkeit gehaltenen Moments, dennoch ungehoben
bleibt. Wir haben fortan kein Recht mehr, ein einzelnes Moment für
die Ursache der Sterilität einer Frau zu halten; stets müssen wir
vielmehr eine Reihe von ursächlichen Momenten voraussetzen, und nach
Wegräumung des einen Momentes, wenn die Sterilität fortbesteht, an
die Auffindung und, wo es geht, an die Beseitigung des andern
gehen und dürfen bei dieser Arbeit nicht vergessen, dass wir in sehr
vielen Fällen schliesslich auf Regionen des Genitalabschnittes verwiesen werden, welche heutigen Tages unserer manuellen Manipulation
noch nicht zugänglich sind.

Die Anatomen und Pathologen haben längst auf Thatsachen hingewiesen, welche geeignet waren, die Aufmerksamkeit der Gynäkologen
auf sich zu ziehen, allein sie gingen unbeachtet vorüber. Mögen einige
Beispiele diesen Vorwurf rechtfertigen. Johann Gottlieb Walter[1])
hat nicht nur bereits die Perioophoritis als Ursache der Sterilität angegeben, sondern auch auf die durch häufige Reizzustände herbeigeführte Perimetritis und auf die ausserordentliche Häufigkeit der Salpingitis und des Hydrops tubarum aufmerksam gemacht. Seine Beschreibung ist so charakteristisch, dass wir es uns nicht versagen
können, dieselbe hier zu wiederholen. Er sagt: „Wenn die den Eierstock umhüllende Membran widernatürlich verdickt ist, so hindert sie
ganz gewiss die Befruchtung des im Eierstock befindlichen Eies. Ich
habe öfters Eierstöcke gefunden, deren äussere Fläche voller Runzeln
und Narben war; aus der Beschaffenheit der übrigen Geburtstheile
konnte man ganz deutlich sehen, dass dergleichen Personen nie geboren
hatten. Hier war also die verdickte und zusammengefaltete Membran
des Eierstockes ganz allein die Ursache der Unfruchtbarkeit. Hieraus
lässt sich auf eine gewisse Art der Grund angeben, warum verliebte
und lustige Schwestern unfruchtbar werden können. Wenn dergleichen
Personen ihre Geburtstheile reizen, die Art wie dieses geschieht, mag
sein, welche sie wolle, oder wenn durch innere reizende und anhaltende
Vorstellungen beständig viel Blut zu den Eierstöcken hingelockt wird,

[1]) Von den Krankheiten des Bauchfelles und dem Schlagfluss. Berlin 1785.
§. 17, 18 und 22.

so kann hierdurch sehr leicht eine gelinde Art von Entzündung, und folglich auch eine Verdickung der äussern Membran des Eierstocks entstehen, und diese bewirkt sodann eine Unfruchtbarkeit." Die That- sache, dass Frauen ein oder zwei Kinder gebären, ohne dass sie oder ihre Männer sonst krank waren und der Sterilität verfallen, führt Walter gleichfalls auf die später hinzugetretene Verdickung der Mem- branen des Eierstocks zurück und führt, auf die Tuben übergehend, fort: „So hinderlich also der Eierstock der Fruchtbarkeit werden kann, eben so, ja noch viel hinderlicher, können es die Tuben werden. Es können nämlich die ausgezackten Theile der Trompete durch klebrigen Saft so zusammengebackt werden, dass sie die äussere Oeffnung ganz zuschliessen. Der zweite Fall ist dieser, wenn, wie im ersten Falle, die ausgezackten Theile der Trompete vermöge des klebrigen Saftes, der aus der äussern Membran der Trompete ausschwitzt, durch ein widernatürlich entstehendes Zellgewebe mit den Eierstöcken oder mit irgend einem andern benachbarten Theile so fest zusammen verwachsen sind, dass ihre Vereinigung nicht ohne die grösseste Gewalt, und ohne die Trompete zu zerreissen, nicht aufgehoben werden kann. Hier kann also wiederum Nichts aus der Trompete in die Mutter gelangen, und folglich ist auch in diesem zweiten Falle eine Unfruchtbarkeit vor- handen. Nicht selten wird, wenn erst die äussere Oeffnung der Trom- pete verstopft ist, auch die innere zugemacht, und alsdann erfolgt mehrentheils eine Wassersucht der Trompete."

„Man glaubt vielleicht nicht, wie häufig die Trompeten so ver- ändert, wie ich es angeführt habe, angetroffen werden. Zu meinem äussersten Verdruss habe ich dies in einigen hundert Leichen bestätigt gefunden." Indem Walter noch erklärt, dass dieser Process nament- lich bei den „lustigen Schwestern" begünstigt wird, schliesst er mit den Worten: „Ich habe viele dergleichen lustige Mädchen, deren Lebenswandel mir bekannt war, nach ihrem Tode untersucht, und allemal verstopfte oder verwachsene Trompeten angetroffen."

Virchow hat nicht minder eindringlich auf die hohe Bedeutung der perimetritischen Processe aufmerksam gemacht [1]), Rokitansky [2]) macht die ausdrückliche Bemerkung, dass die Adhäsionen mit Rücksicht auf die Sterilität der Unwegsamkeit der Tuben gleichkommen, Grohé [3])

---

[1]) Siehe S. 184.

[2]) Lehrbuch der pathol. Anatomie 1861. Bd. III, S. 438.

[3]) Ueber den Bau und das Wachsthum des menschlichen Eierstockes, und über krankhafte Störungen desselben. Virchow's Archiv 1863. Bd. XXVI, S. 271.

sagt gelegentlich der Besprechung der aus dem geplatzten Follikel
ausgehenden Degeneration: „Es ist interessant, wie auf diese Weise
schon sehr frühzeitig der Grund zu einer Reihe von Störungen
gelegt wird, der sehr wahrscheinlich vielfach die Ursache zu einem
spätern Eintritt der menstrualen Vorgänge oder auch zur Sterilität
geben kann." Klebs hat die allzugrosse Länge des Ligamentum
tubo-ovarienm als Ursache der Sterilität erwähnt [1]), ohne dass wir
seine oder die anderen, oben besprochenen veranlassenden höchst
wichtigen Momente in den gynäkologischen Lehrbüchern reproducirt
oder so gewürdigt finden, wie sie es gewiss verdienen.

Dass dem so war, kann nicht Wunder nehmen, wenn man eben
bedenkt, wie einseitig und daher wie befangen der Standpunkt war,
von welchem aus man die Sterilitätsfrage zu lösen versucht hat. Es
war zu verlockend dasjenige Hinderniss für den Eintritt der Conception
für das hauptsächlichste oder ausschliessliche zu halten, dessen Auffindung bei der Exploration möglich war. Die Therapie brachte
daher manche Enttäuschung, doch war es nicht recht, sie, wie Chrobak
that [2]), als den Prüfstein für die Richtigkeit der Diagnose zu betrachten, weil die Diagnose sich eben nur auf das uns Zugängliche beziehen
konnte. In der That finden wir in der von Chrobak aufgestellten
Tabelle seiner Fälle in der Rubrik „Diagnose" nur das aufgeführt, was
unmittelbar nachweisbar war. Das konnte auch nicht anders sein, da er
ja lebende Frauen untersucht hat. Jetzt können wir mit voller Gewissheit sagen, dass in den meisten seiner Fälle Complicationen bestanden
haben, deren Feststellung in vita allerdings wohl nur ausnahmsweise
möglich war.

Die vielfachen Enttäuschungen, welchen man bei scheinbar ganz
einfachen Fällen von Sterilität ausgesetzt war, lassen auch die Versuche
erklärlich erscheinen, sich nach neuen Gesichtspunkten umzuthun und
sie eben so rasch zu verlassen. Die klinische Beobachtung allein war
aber nicht im Stande, die Lösung der Aufgabe zu fördern, daher ist es
kaum noch nöthig, darauf hinzuweisen, dass der jüngst von Grünwald in Petersburg unternommene Versuch [3]), den Schwerpunkt der
Fortpflanzungsfähigkeit in die Tüchtigkeit des Uterus, das befruchtete
Ei der Entwicklung entgegenzuführen, zu verlegen und dem Mangel

---

[1]) Pathologische Anatomie S. 844.
[2]) Ueber weibliche Sterilität und deren Behandlung. Separatabdruck aus
der „Wiener Medicinischen Presse" 1876, S. 4.
[3]) Ueber die Sterilität geschlechtskranker Frauen. Archiv für Gynäkologie
1875. Bd. VIII, S. 414.

dieser Tüchtigkeit vorzüglich eine Erkrankung des Mesometriums zu Grunde zu legen, als vollkommen verfehlt und gescheitert angesehen werden muss. Abgesehen von den vielen anderen Einwendungen, welche gegen die Grünwald'schen Auseinandersetzungen vorgebracht werden können, und abgesehen davon, dass auch Grünwald nicht in der Lage war, die pathologischen Complicationen zu untersuchen, steht ihm schon das Factum entgegen, dass das Mesometrium fast immer erst secundär erkrankt und seine pathologischen Veränderungen, selbst wenn sie primär vorkommen sollten, objectiv nicht zu diagnosticiren sind. Nachdem sich Grünwald einmal auf den Standpunkt unrichtiger, sagen wir einseitiger, Voraussetzungen gestellt hatte, um die mechanische Auffassung der Sterilität, die einzige, welche eine wissenschaftliche Untersuchung der letzteren zulässt, musste er nothwendiger Weise auch zu irrigen Schlüssen geführt werden. „Es genügt nicht", behauptet er, „dass die Copulation von Sperma und Ovulum statthabe, um Schwangerschaft einzuleiten; der Uterus muss in seiner Textur und Ernährung so beschaffen sein, dass er die jetzt ausschliesslich zufallende Aufgabe, das befruchtete Ei weiter zu entwickeln, zu lösen im Stande ist. Betrachten wir die Beziehungen der verschiedenen Genitalerkrankungen zur Sterilität, so bemerken wir, dass die Unwegsamkeit des Cervicalcanals im Verhältniss zur Häufigkeit der Unfruchtbarkeit nur sehr selten angetroffen wird, und dass somit die Rolle der Impotentia concipiendi eine sehr untergeordnete wird gegenüber der Bedeutung der Unfähigkeit des Uterus, die Bebrütung des befruchteten Eies zu Ende zu führen." Das heisst die Thatsachen geradezu auf den Kopf stellen. Wäre es richtig, dass die Unwegsamkeit des Cervicalcanals, wie Grünwald unerklärlicher Weise annimmt, für die einzige oder auch nur die hauptsächlichste Ursache der Impotentia concipiendi ausgegeben wurde, dann wäre eine Discussion möglich; aber diese Annahme ist durchaus falsch, weil eine grosse Anzahl von Sterilitätsveranlassungen vorhanden sind, welche gänzlich ausserhalb des Cervicalcanales gelegen und nicht minder im Stande sind, den Eintritt der Conception zu verhindern, als es der Verschluss des Cervix zu thun vermag. Gerade die Fälle, auf welche Grünwald hinweist[1]), in denen Conception während des Tragens intrauteriner Pessarien (Winkel, Olshausen) oder bei hochgradiger Anteversion mit stenosirtem Orificium uteri, oder trotz eines den Muttermund obturirenden Polypen und trotz eines unverletzten Hymens mit so kleiner Oeffnung, dass nur eine feine Fischbeinsonde dieselbe passiren konnte, eingetreten ist, sollten zum Beweis für die Richtigkeit der mechanischen Auffassung der Sterilität resp. der Conception dienen; denn letztere tritt ein, wo immer ein Contact zwischen gesundem Sperma und einem gesunden Ovulum möglich ist und bildet den wesentlichsten Vorgang. So wenig ist für die Bebrütung des befruchteten Ovulums die gesunde und normale Ernährung des Uterus erforderlich, dass die weitere Entwicklung so gut von der Tuba als von der Bauchhöhle besorgt werden kann. Das beweisen die extrauterinen Schwangerschaften, das beweist namentlich auch die Thatsache, dass ein befruchtetes Ei selbst in einem Uterus, welcher fibrös degenerirt oder vom Carcinom im ausgedehnten Maasse befallen ist, also unter Verhältnissen, in denen die Textur- und Ernährungsverhältnisse des Uterus gewiss die ungünstigsten sind, der vollen Ausbildung und Ausstossung nach richtig abgelaufener Schwangerschaftszeit entgegengeführt werden kann [1]).

Dies führt uns zur Untersuchung der Bedingungen, welche für den Eintritt der Conception wesentlich oder unerlässlich sind, um sodann zur Betrachtung derjenigen Momente und ihres mechanischen Einflusses zu schreiten, welche jene Bedingungen aufheben, also die Sterilität veranlassen.

A. Die für den Eintritt der Conception erforderlichen Bedingungen.

Die geschlechtliche Copulation hat den Zweck, die beiden für die Fortpflanzung unerlässlichen Elemente, d. h. Ovulum und Sperma mit einander in Berührung zu bringen; durch diesen Contact findet eine Befruchtung des Eichens, vorausgesetzt dass es gesund und das Sperma ein normales, befruchtungsfähiges, Spermafäden enthaltendes ist, statt. Die Frau concipirt und es beginnt die Schwangerschaft, während welcher das befruchtete Ovulum sich entwickelt, bis es nach Ablauf der regelmässigen Schwangerschaft als reifes Kind ausgestossen wird.

Das erste Postulat geht also dahin, dass die beiden Elemente, Sperma und Ovulum, von normaler Beschaffenheit seien. Mit dem erstern,

---

[1]) Siehe hierüber unsere Krankheiten des weiblichen Geschlechts. Bd. II, S. 521.

von männlicher Seite zu liefernden, Producte haben wir uns nicht zu befassen. Die die Follikel enthaltenden Ovula aber liegen im Stroma des Eierstockes eingebettet und es genügt nicht, dass die Follikel sich vergrössern und die Eichen reifen, sondern es muss ihnen auch möglich werden, die Albuginea zu durchbrechen und die Ovula austreten zu lassen. Wir wissen, dass das Schicksal sehr zahlreicher Eier schon während dieses Verbreitungsstadiums entschieden wird, dass sehr viele abortiv zu Grunde gehen und eine Dehiscenz anderer, selbst nachdem sie die höchste Stufe der Reifung erlangt haben, nicht möglich wird, weil nur diejenigen eine Ruptur der Albuginea zu Stande zu bringen vermögen, welche in der Nähe derselben liegen, sie während der fortschreitenden Vergrösserung der Follikel verdünnen, bis sie endlich reisst.

Die Dehiscenz bildet für das so frei werdende Ovulum wiederum ein wichtiges, oft gefährliches Ereigniss. Die Frage ist die, ob die Umstände so günstig sind, dass sie seine Aufnahme durch die Tuba ermöglichen, oder ob sie es in die Bauchhöhle gelangen und daselbst dem Untergange durch Resorption verfallen lassen. Diesem Schicksale werden äusserst viele Ovula anheimgegeben.

Ueber die Art und Weise der Empfangnahme des Eichens Seitens des Eileiters gehen die Ansichten der Autoren noch auseinander. Das Eine ist jedoch unzweifelhaft, dass das gefranzte Tubenostium, selbst wenn die Fimbrien sich strecken und das Ovarium umfassen sollten, keineswegs im Stande ist, den ganzen Eierstock zu umgreifen, sondern nur einen Abschnitt desselben, somit sämmtliche Ovula, welche an Stellen den Eierstock verlassen, die ausserhalb dieser Zone liegen, in den Tubentrichter nicht gelangen können; es sei denn, dass sie durch irgend einen Zufall der Fimbria ovarica zugetrieben, von den Fimbrien erfasst und von den Cilien derselben weiter befördert werden. „Je mehr diese Fimbrie", sagt Henle[1]) „einer Rinne gleicht, je zahlreichere und grössere Nebenzacken sie besitzt und je näher die laterale Spitze des Ovariums dem berstenden Follikel sich befindet, um so sicherer wird es den Cilien des Infundibulums gelingen, das Ei einzufangen. Eier aus Follikeln, die der medianen Spitze des Ovariums näher stehen, können durch die Verschiebungen der Baucheingeweide, durch die eigenen Bewegungen der Ligamenta lata in das Bereich der Fimbrien gerückt werden. Freilich können sie auch die entgegen-

---

[1]) Handbuch der systematischen Anatomie des Menschen. Braunschweig 1866. Bd. II, S. 472.

gesetzte Richtung einschlagen und dadurch verloren gehen. Die Erfahrung steht damit nicht im Widerspruch, sondern sie lehrt, dass manche Begattungen unter sonst günstigen Verhältnissen unfruchtbar bleiben, und dass dies Schicksal am häufigsten den Menschen trifft, bei dem die Peritonealtasche, die das Ovarium umgiebt und die austretenden Eier zunächst aufnimmt, auf die Vorderfläche beschränkt und unvollkommener ist, als bei allen Säugethieren. Was dem menschlichen Weibe gegen die Gefahr der Graviditas abdominalis von Seiten des Oviducts Schutz verleiht, liegt nicht sowohl in den Structurverhältnissen, die die Aufnahme des Eies sichern, als in denen, welche den Samen hindern, zum Ovarium vorzudringen." Es scheint hiernach, als wäre der ganze Conceptionsvorgang auf den Zufall gestellt. Bei manchen Thieren, bei denen der letztere leicht zum Aussterben der Gattung führen könnte, weil die Brunstzeit nur in weiten Zwischenräumen wiederkehrt, musste dieser Calamität dadurch abgeholfen werden, dass der Eierstock geradezu, wie bei der Löwin, der Bärin etc. in einen mehr oder minder vollkommen geschlossenen Sack gehüllt wurde, welcher in die Tuba führt, das austretende Ovulum somit unabänderlich in die letztere hinein gelangen muss.

Beim Menschen ist die Abhilfe dadurch getroffen worden, dass eine sehr grosse Anzahl von Eiern theils durch den häufiger ausgeübten Beischlaf, theils durch die menstruale, theils durch andere Congestionen im Bereiche des Genitalapparates platzen, austreten, theils in die Bauchhöhle fallen, theils noch in hinreichender Anzahl von den Tuben aufgefangen werden, so dass sich stets welche auf der Wanderung befinden und die Befruchtung des menschlichen Weibchens zu jeder Zeit möglich machen.

Fertigt man von dem gefranzten Tubenende eines geschlechtsreifen Weibes mikroskopische Schnitte an, dann setzt uns ihr ganz ausserordentlicher Reichthum an Gefässen bei der Untersuchung in Erstaunen. Wir glauben einen wahren Schwellkörper vor uns zu haben und begreifen sehr wohl, dass hier jede Irritation eine Art Erection zu Wege bringen kann, ein Zustand, welcher die Aufnahme eines austretenden, vielleicht auch eines in der Nähe befindlichen, Eichens im hohen Grade begünstigt. Der letztere Fall wird natürlich um so problematischer, je weiter sich das aufzunehmende Object vom Ostium fimbriatum befindet. Dass die Summe der Zufälle so gross sein könnte, um ein aus einem Eierstocke ausgetretenes Eichen durch das Labyrinth der Eingeweide in die Tuba der andern Seite hinüber zu führen und daselbst befruchtet zu werden, hat auf keine grössere Wahrscheinlichkeit Anspruch, als dass es einem Blinden mit einem Zwirnsfaden in der Hand zufällig gelingen wird, so lange in einem geräumigen, ihm unbekannten Saale umherzuirren, bis er das Fadenende durch das Oehr einer an einer ihm unbekannten Stelle des Saales befindlichen Nadel geführt hat.

Jener Vorgang, welchen man die „Ueberwanderung des Eies" genannt hat, gewinnt übrigens noch dadurch an Unwahrscheinlichkeit, dass diese wunderbare Wanderung rasch geschehen müsste, weil ja sonst das Eichen, nach Bischoff's Untersuchungen, schon sehr rasch befruchtungsunfähig, resp. durch Resorption zu Grunde gehen würde. Bischoff ist nämlich der Ansicht, dass die Befruchtung in dem Eileiter zu geschehen hat, und das Eichen, wenn es — auf directem Wege — bereits in den Uterus eingetreten ist, schwerlich mehr befruchtungsfähig sei [1]).

Das Eichen, welches dem Schicksale entronnen ist, auf Irrwege zu gerathen, und glücklich Aufnahme in den gefranzten Trichter der Tuba gefunden hat, kann immer noch verschiedenen Schicksalen ausgesetzt werden. Der Bau der Tuba ist für die Weiterbeförderung in ganz vorzüglicher Weise geeignet. Die Ueppigkeit der Fimbrien, die tiefen und zahlreichen Falten, welche erst in der Nähe des Ostium uterinum flach werden, der reichliche Cilienschlag hemmt nicht nur gefährliche Rückwärtsbewegungen, sondern treibt das Ovulum nach vorn, bis es in den geräumigen Uterus tritt und, wenn ein Contact zwischen Ovulum und Sperma stattgefunden hat, an den Falten der mittlerweile zur Decidea umgewandelten Schleimhaut ein hinreichendes Vehikel für seine Anheftung findet, um nunmehr bebrütet und der vollkommenen Entwicklung entgegengeführt zu werden. Findet es auf seinem Gange durch die Tuba kein Sperma vor, dann gelangt es zwar auch in die Gebärmutterhöhle, wird aber von hier in die Vagina befördert und geht aus dieser sammt den vom Uterus und Cervix kommenden Secretionen nach aussen ab.

Als Ort der Befruchtung ist in erster Linie die Tuba zu betrachten; ob die Befruchtung auch noch im Uterus erfolgen kann, hängt lediglich von dem Zustande ab, in welchem sich die Eier beim Eintreten in die Gebärmutterhöhle befinden. Bischoff bezweifelt hier, wie gesagt, ihre Befruchtungsfähigkeit. „Die Befruchtung", sagt er [2]) „hängt vor

---

[1]) Henle und Pfeiffer's Zeitschrift für rationelle Medicin. Dritte Reihe. Bd. XXIII (1865), S. 268. Siehe auch: Entwicklungsgeschichte des Hunde-Eies, S. 29 und 30. — [2]) Loc. cit.

Allem von der Reife der Eier ab; wo aber diese reifen Eier befruchtet werden, von der Zeit der Begattung. Es kann diese erfolgen, wenn sich die Eier noch im Eierstocke befinden; geschieht aber wahrscheinlich gewöhnlich erst, nachdem sie bereits in den Eileiter eingetreten sind. In dem Uterus sind dagegen die Eier schwerlich mehr befruchtungsfähig".

Die Befruchtung eines Eies, wenn sich dasselbe noch im Ovarium befindet, können wir nur als seltene Ausnahme gelten lassen. Es gehört dazu, dass eine Ruptur des Follikels, aber keine Dehiscenz des Ovulums erfolgt, letzteres vielmehr in der Follikelmembran verbleibt, ein Fall, der selten eintreten dürfte. Das zweite Erforderniss wäre, dass die Spermafäden nicht nur durch den Uterus in die Tuben gelangen, sondern sogar bis an das Ovarium vordringen, durch die Ruptur das Innere des Follikels betreten, daselbst das zurückgebliebene Ovulum antreffen und dasselbe schliesslich befruchten. Die Möglichkeit eines solchen Vorganges muss wohl zugegeben, die Realisirung desselben aber für ausnahmsweise gehalten werden.

Nachdem wir das eine für die Conception wesentliche Element von seinem ursprünglichen Lager bis dahin begleitet haben, wo es mit dem andern, vom Manne gelieferten, in Berührung kommt und sich zur weitern Entwicklung an die veränderte Schleimhaut anheftet, liegt uns noch ob, diesem andern Elemente, dem Sperma, unsere Aufmerksamkeit zuzuwenden und die Bedingungen zu untersuchen, welche es ihm ermöglichen, bis in die Tuben vorzudringen, um die Befruchtung des Eichens zu vollziehen.

Da die anatomischen Verhältnisse der weiblichen Generationsorgane derart beschaffen sind, dass eine directe Ejaculation der Spermaflüssigkeit bis in die Eileiter unmöglich ist, die während des Coitus entleerte Quantität vielmehr zunächst in der Vagina verbleibt, handelt es sich um die Beantwortung der Frage, wie es den in der Samenflüssigkeit enthaltenen, mit Locomobilität ausgerüsteten Fäden, welche nach dem heutigen Stande unserer Wissenschaft als das eigentliche befruchtende Element angesehen werden müssen, möglich wird, aus der Scheide durch den äussern Muttermund in die Cervicalhöhle einzudringen, von hier aus durch das Os internum in die Gebärmutterhöhle und schliesslich durch das Orificium uterinum in die Tuba zu gelangen.

Es sind hierüber von den verschiedenen Forschern verschiedene Theorien aufgestellt worden. Anfangs drehte sich die Frage darum, ob der männliche Same überhaupt in den Uterus gelange oder nicht.

Obgleich schon Lecuwoenhock, welcher um die Mitte des siebenzehnten Jahrhunderts die Spermatozoen im Sperma entdeckte, — eine Entdeckung, welche auch noch Andere, obgleich mit wenig Recht, für sich in Anspruch genommen haben [1] — die Annahme zurückwies, als könnte eine Conception ohne Aufnahme des Sperma in den Uterus erfolgen, trat für die gegentheilige Ansicht sonderbarer Weise keine geringere Autorität als die von Harvey ein [2]. Den Bemühungen Haller's [3] ist es jedoch zuzuschreiben, dass der grösste Theil der Autoren auf den richtigen Weg gebracht wurde. Sodann aber entstanden neue Differenzen wegen Erklärung der Art und Weise des Vordringens der Samenflüssigkeit, Meinungsverschiedenheiten, welche auch jetzt noch nicht ausgeglichen sind, obgleich ihre Beilegung bei der Art und Weise unserer heutigen Untersuchungsmethode nicht mehr lange auf sich warten lassen kann. Johannes Müller liess den erigirten Penis mit dem, durch die während des Coitus stattfindende Irritation gleichfalls fest gewordenen Cervix eine continuirliche Röhre bilden und den erstern in dieser die Rolle eines Spritzenstempels spielen, wodurch die in die Scheide ergossene Spermaflüssigkeit in den Cervix getrieben wird [4]. Es ist wohl kaum nöthig, darauf hinzuweisen, dass die Verhältnisse zwischen Penis und Vagina denjenigen, welche zwischen Stempel und Spritze bestehen, durchaus nicht entsprechen. Uebrigens hat Eichstedt bereits mit vollem Rechte darauf hingewiesen, dass die von Müller supponirte Wirkung, selbst wenn die Verhältnisse identisch wären, illusorisch würde. „Wenn aber auch möglicher Weise durch diese Bewegungen der Eintritt des Samens in den äussern Muttermund bewirkt wäre, so müsste beim Zurückziehen des Membrums, wenn dasselbe als Stempel einer Spritze wirken sollte, der Samen aus dem Muttermunde wieder herausgesogen werden" [5]. Allerdings liesse sich hierauf der Gegeneinwand erheben, dass die Remedur in der Unvollkommenheit des Apparates bestände, welcher die Flüssigkeit, zwar nur in mangelhafter Weise, vorzuschieben, aber

---

[1] Siehe hierüber: Haller, Not. 1 ad. Boerhaave Praelect. §. 651 u. Element. Phys. XXVII 2 u. 3 und Bibl. Anat. T. I, p. 663; ebenso: Hartoeker Essay de Diopt. Art. 88, p. 227 und Philosoph. Trans. V. XII. Nr. 142, p. 1040.

[2] De Generatione Exer. 39, p. 145, 67, p. 308, 68, p. 312 und De Conceptione p 405.

[3] Elem. Phys. XXIX 1, 11 und Boerhaave, Praeleet. Not. 6 ad §. 673. T VI, p. 74.

[4] Handbuch der Physiologie 1840. Bd. II, S. 648.

[5] Eichstedt, Zeugung, Geburts-Mechanismus und einige andere geburtshilfliche Gegenstände. Greifswald 1859.

oben so mangelhaft zu entleeren vermag und, unserer heutigen Anschauung gemäss, schon wenige Samenfäden, wenn nicht gar schon ein
Faden, für die Befruchtung hinreichend sind.

Da diese, sogar noch in neuester Zeit von Leuckert[1]) mit einigen Modificationen vertretene Ansicht nicht genügte, mussten andere
Kräfte zu Hilfe gerufen werden. Searenzio[2]) nahm die Capillarität
in Anspruch, deren Wirkung durch den im Cervix vorhandenen Schleim
noch erhöht werden sollte. Ein Blick auf den anatomischen Theil
dieses Werkes wird für den Nachweis genügen, dass die hier in Anspruch genommene Wirkung auf die Höhle des Cervix und des Uterus
keine Anwendung finden kann. Dieser Theorie entgegen lässt Holst[3])
die Ejaculation des Sperma nicht in die Scheide, sondern direct durch
den während der Copulation erweiterten Cervix in die Gebärmutter hinein geschehen. Das wäre allerdings der einfachste Vorgang; leider aber
findet er nicht statt, weil die Stellung, welche der Uterus zur Scheide ein-
nimmt, es nicht gestattet, dass er stattfinde. Die Achsen beider Organe
setzen sich bekanntlich nicht senkrecht in einander fort, sondern bilden einen stumpfen Winkel[4]). Spritzt man daher, mittelst einer ungleich grössern, durch einen Spritzenstempel ausgeübten, Gewalt, als sie
bei der Ejaculatio seminis je möglich ist, eine Flüssigkeit die Scheide
entlang gegen den Uterus, so kann der Strahl unmöglich den Muttermund, sondern die vordere Lippe desselben treffen, dringt somit gar
nicht in den Cervix ein. Noch mehr. Wir haben wiederholt den Versuch gemacht, gefärbte Flüssigkeiten in den Cervix von frisch aus der
Leiche genommenen Uteris dadurch einzuspritzen, dass wir den Strahl
einer Spritze aus der Entfernung von ein bis zwei Centimeter direct
auf das Os externum wirken liessen. Auch nicht ein einziges Mal
gelang es der Flüssigkeit weiter vorzudringen, als die Oeffnung des
Os externum reichte; auch jene Uteri, welche von Frauen herrührten,
welche vielfach geboren hatten, machten hiervon keine Ausnahme.

Es war also eine Art humaner Hilfsleistung, welche Kristeller[5])
veranlasste, den Spermatozoen seinen Schleimstrang zuzuwerfen, damit
sie ihn zur Brücke machten, vermittelst welcher sie mit Sicherheit aus

---

[1]) Rud. Wagner, Handwörterbuch der Physiologie etc. Bd. IV, S. 913.
[2]) Annali universali Octobre o Nov. 1853 (citirt nach Eichstedt a. a. O.
S. 29).
[3]) Empfängniss, Schwangerschaft, Geburt und Wochenbett bei Uterus-
knickungen. Monatsschr. f. Geburtskunde 1863. Bd. XXI, S. 296.
[4]) Siehe S. 50.
[5]) Berliner klinische Wochenschrift 1871. Nr. 26 bis 28.

der Vagina in den Uterus gelangen sollten. Diesem Schleimstrange aber hat C. Mayer bereits den gerechten Vorwurf gemacht, dass er eher dazu dienen würde, den Cervix zu verstopfen, als diesen den Samenfäden leichter zugänglich zu machen.

Mehr Anhänger hat sich die, namentlich von Eichstedt[1]), Marion Sims[2]), Ruget[3]) und Anderen vertretene Saugkraft des Uterus erworben, vermöge welcher das Sperma in die Gebärmutterhöhle eingezogen werden sollte. Der zuerst genannte Autor stellt sich den Vorgang so vor, dass die Gebärmutter durch den während des Coitus vermehrten Blutandrang ihre Form verändern kann und zwar so, dass die plattgedrückte Form in eine rundliche übergeht, was nothwendiger Weise eine Vergrösserung der Gebärmutterhöhle bedingen muss. In dem Verhältnisse, wie die Höhle sich erweitert, muss eine Saugkraft ausgeübt werden und wird durch dieselbe ohne Zweifel die Flüssigkeit, welche zu dieser Zeit vor dem Muttermunde sich befindet, in denselben hineingezogen. Diese Saugkraft ist es nun aber, welche hervorgerufen durch den Coitus, den ejaculirten, vor dem Muttermunde befindlichen Samen in die Gebärmutter einzutreten zwingt.

So plausibel diese Theorie auch auf den ersten Blick erscheinen mag, so wenig entspricht sie den thatsächlichen Verhältnissen, und Eichstedt selber widerlegt dieselbe schon durch seine Bemerkung, dass diese Veränderungen in der Gebärmutter in der Regel nur dann eintreten, wenn das Weib durch den Coitus den Gipfel des Wollustgefühles erreicht hat und die Gebärmutter zu dieser Veränderung geneigt ist; dass somit der Coitus, welcher vor diesem Zeitpunkte beendet sei, ein unfruchtbarer bleiben müsse, wenn auch alle übrigen zur Befruchtung nothwendigen Verhältnisse vorhanden sind, weil die zur Aufnahme des Samens nothwendigen Bedingungen fehlen[4]). Dieser Annahme steht die tägliche Erfahrung entgegen, dass nicht nur, wie Eichstedt bereits anführt, bei Rückenmarksleiden und anderen abnormen Zuständen Conception eintreten kann, sondern dass Frauen concipiren, welche während des Coitus nicht nur sehr wenig oder gar nicht aufgeregt sind, ihn vielmehr mit Widerwillen ausüben. Wir sind wiederholt von Frauen consultirt worden, welche Mütter zahlreicher Kinder waren, und deren einzige Klage die Theilnahmlosigkeit während des Actes

---

[1]) Loc. cit.
[2]) Gebärmutter-Chirurgie. Deutsch von Dr. Hermann Beigel. 1866. S. 281.
[3]) Brown-Séquard, Journal de Physiologie. 1858. Tom. I, p. 320 u. 479.
[4]) Eichstedt, loc. cit. S. 37.

der Copulation oder ihr Widerwille gegen denselben war, Zustände, deren Beseitigung sie aus Liebe zu ihren Männern wünschten. Beweisend gegen die Eichstedt'sche Auffassung scheint entschieden auch der von Marion Sims berichtete Fall künstlicher Befruchtung zu sein, in welchem von einer Aufregung seitens der Frau gewiss nicht die Rede sein kann. Wir sind durchaus nicht der Ansicht Winkel's[1]), dass diesem Falle keine grössere Beweiskraft für die künstliche Befruchtung zukomme, als jener Pille, welche eine seiner sterilen Patientinnen auf Empfehlung eines Freundes genommen hatte und später schwanger geworden ist. Uns will es bedünken, dass zwischen dieser Pille und der Uebertragung von Sperma aus der Vagina einer sterilen Frau in deren Cervix unter Beobachtung bestimmter Cautelen ein Unterschied besteht, welcher der unpartheiischen Kritik Stand hält und denjenigen, welcher den Versuch ausgeführt hat, selbst wenn letzterer nicht von Erfolg gekrönt gewesen wäre, vor der abfälligen Bemerkung eines so ausgezeichneten Beobachters schützen sollte.

Marion Sims[2]) leitet die Saugkraft des Uterus davon her, dass der Cervix auf dem Höhenpunkte der Erregung während des Beischlafes durch den Druck, welcher in der Richtung der Längsachse, wenn diese normal verläuft, ausgeübt wird, nicht nur eine Verkürzung erleidet, sondern auch gegen die Eichel gedrückt und sein Inhalt entleert wird; dass die Theile sodann erschlaffen, der Uterus plötzlich in seinen frühern Zustand zurückkehrt und die die Vagina erfüllende Samenflüssigkeit nothwendiger Weise und durch denselben Vorgang in die Cervicalhöhle getrieben wird, durch welchen eine Flüssigkeit durch einen Kautschukballon aufgesogen wird, auf welchen vorher ein Druck ausgeübt worden ist. — Diese Theorie leidet, abgesehen davon, dass der Uterus der Tubarostien halber den Vergleich mit einem geschlossenen Kautschukballon nicht ganz verträgt, an dem Fehler, dass sie sich auf eine Reihe unerwiesener, ja gar nicht zu erweisender Vorgänge stützt, zu deren Annahme man sich allenfalls entschliesst, wenn keine handgreiflichere, einfachere, objectiv nachweisbare Erklärung vorhanden ist. Dasselbe gilt von Rouget's Theorie, welcher den Uterus sammt dem Cervix als verticales Organ auffasst, das nach vollendetem Copulationsact absehwillt und dadurch, wie auch Wernich[3]) an-

---

[1]) Deutsche Zeitschrift für praktische Medicin 1877, Nr. 46.

[2]) Gebärmutter-Chirurgie 1873, S. 309.

[3]) Wernich, Ueber die Erectionsfähigkeit des untern Uterinabschnittes und ihre Bedeutung. Beiträge zur Geburtskunde und Gynäkologie 1872. Bd. I, S. 296.

nimmt, eine Aspiration der Samenflüssigkeit ausführen muss. Welcher Werth auf die durch Litzmann[1]) und Hohl[2]) direct durch Touchiren nachgewiesene Erection des Uterus zu legen sei, wagen wir nicht zu entscheiden.

Wäre die Structur des Säugethieruterus derjenigen des Menschen gleich, dann würden die von Hoffmann und Basch[3]) gefundenen Thatsachen die Erklärung der Aufnahme des Sperma durch den sich öffnenden und schliessenden Cervix erleichtern. Aber die Identität der Structur ist nicht vorhanden und die von den genannten beiden Experimentatoren beobachteten Bewegungserscheinungen werden beim menschlichen Weibchen nur ausnahmsweise, bei dünner Beschaffenheit der Uterinwände, möglich sein. Dass sie sich einstellen können, beweist der von Wernich berichtete Fall des Dr. Beck[4]), der als Ausnahme von der Regel durchaus nichts Befremdendes hat.

Nachdem sich somit alle bisher angeführten Hypothesen über das Eindringen des Spermas in den Uterus und in die Tuben als unzulänglich erwiesen haben, bleibt nur noch eine, wie es scheint, die natürlichste Erklärung übrig, nämlich die durch die den Spermafäden eigenthümliche Locomotion. Diese Erklärung ist durchaus nicht, wie Grünwald[5]) anzunehmen scheint, erst jüngst gegeben worden, sondern datirt bereits aus früherer Zeit. Schon Astruc[6]) muthet den Spermatozoen einen förmlichen Wettkampf zu, in welchem die stärksten nicht nur den Uterus erreichen, sondern in demselben auch noch einen guten, d. h. für die Befruchtung günstigen Platz erobern. In neuerer Zeit hat Kiwisch[7]) bereits die Locomotion der Spermafäden als alleinige bewegende und fortleitende Kraft der Samenflüssigkeit in so vorzüglicher Weise gelehrt, dass es zweckmässig sein wird, seine diesbezügliche Bemerkung hier zu reproduciren. Er sagt: „Es lässt sich hier kein anderes Fortleitungselement als die eigenthümliche Bewegung der Spermatozoen in Anschlag bringen, welche in allen Richtungen hin erfolgt und somit auch in jener gegen

[1]) Wagner's Handwörterbuch der Physiologie u. s. w. Bd. III, S. 53.
[2]) Lehrbuch der Geburtshilfe, S. 125.
[3]) Siehe S. 66.
[4]) Wernich, Ueber das Verhalten des Cervix uteri während der Cohabitation. Berliner Klinische Wochenschrift 1873, S. 103.
[5]) Loc. cit.
[6]) Theoretisch-praktische Abhandlung von den Frauenzimmerkrankheiten. Aus dem Französischen übersetzt und mit Anmerkungen begleitet von Christian Friedrich Otto. Dresden 1770. 3. Theil, S. 155.
[7]) Geburtskunde 1851, S. 105.

die Gebärmutterhöhle zu stattfindet. Als begünstigendes Moment für letztere Richtung dürfte die überwiegende Contraction der Vagina in ihrem untern Theile angesehen werden, indem durch sie das Sperma immer gegen den nachgiebigen Scheidengrund und somit auch gegen den Muttermund getrieben wird. Zudem wäre die Rückenlage des Weibes insoweit auch vortheilhaft, als hierdurch das Sperma nach dem Gesetze der Schwere gegen den in der Kreuzbeinhöhlung liegenden Muttermund geleitet wird. Eine Muskelthätigkeit der Gebärmutter als förderndes Mittel für die fragliche Fortleitung anzunehmen, scheint nichts weniger als erfahrungsgemäss, indem Contractionen des Uterus unter den verschiedenartigsten Verhältnissen in der Regel nur zur Expulsion des Inhalts führen, wie man dies namentlich bei Blennorrhoeen und Metrorrhagien zu beobachten Gelegenheit finden kann. Auch die Wimperbewegung des Flimmerepitheliums im Uterus kann nicht wohl als fördernd für die Fortleitung der Spermatozoen angesehen werden, da dieselbe im Cervicaltheil grösstentheils zu fehlen scheint und höher oben und namentlich in den Tuben eine solche Richtung hat, dass sie die Bewegung in der Richtung gegen den Eierstock nicht fördern kann."

Diese Erklärung lässt kaum etwas zu wünschen übrig, nur steht die eine Frage unbeantwortet, warum die Spermafäden nicht lieber ihren Weg nach jener Richtung einschlagen, wo ihnen gar kein Widerstand geboten wird, nämlich nach dem Scheideneingange zu; was treibt sie dem äussern Muttermunde zu, da es fest steht, dass sie die gerade Richtung innehalten und vor jedem Widerstande sofort zurückweichen. „Nie sieht man", sagt F o c k e [1]), „einen Samenfaden im Kreise oder Zickzack umherirren, plötzlich still stehen, umkehren, bald langsam, bald schnell wandern, sondern immer geradeaus, bis ihm ein Hinderniss den Weg versperrt, immer im gleichen Tempo, wenn nicht nachweisbar retardirende oder beschleunigende Einflüsse auf ihn wirken." Bedenkt man, dass die Fäden von einer ausserordentlichen Kleinheit sind, indem sie nach K o e l l i k e r ' s [2]) Messungen eine Länge von 0,0016 bis 0,0024 Zoll, eine Breite von 0,0008 bis 0,0015 Zoll und eine Dicke von 0,0005 bis 0,0008 Zoll besitzen, so bleibt es, trotzdem ein Samenfaden nach H e n l e ' s [3]) Messungen den Weg von einem Zoll in 7½ Minute, nach K r a e m e r [4]) in 9 bis 22 Minuten zurücklegt, eine

---

[1]) Lehrbuch der Physiologie 1866. Bd. II, S. 1020.
[2]) Physiologische Studien über die Samenflüssigkeit. Zeitschr. für wissenschaftliche Zoologie 1856. Bd. VII, S. 254.
[3]) und [4]) F u n k e loc. cit.

Geschwindigkeit, welche sie, nach Eimer's[1]) Untersuchungen, nur durch die von ihnen ausgeführten Schraubenbewegungen zu erreichen im Stande sind, immerhin merkwürdig, dass Bischoff[2]), welcher ihrer Eigenbewegung schon im Jahre 1842 einen Hauptantheil ihres Eindringens in die weiblichen Genitalien zugeschrieben hat, dieselben bei einer Hündin bereits unmittelbar nach der ersten und einzigen Begattung bis in die obersten Spitzen des Uterus und bei einem Meerschweinchen, gleichfalls gleich nach der ersten und einzigen Begattung, sogar bis in die Mitte des Eileiters vorgedrungen fand. Diese Thatsache bleibt auch dann noch überraschend, wenn wir bedenken, worauf wir wiederholt aufmerksam gemacht haben, dass die Verhältnisse des Hundeuterus für den Fortschritt der Spermafäden weit günstiger als die des menschlichen Uterus sind. Auch hier wird es nöthig sein, dass die Spermafäden unverweilt und direct auf ihr Ziel lossteuern. Das können sie nicht nur, sondern sind sie durch die anatomische Beschaffenheit des Uterus und der Vagina des Weibes zu thun gezwungen. Wir müssen diesem Verhältnisse daher hier noch einen Augenblick der Betrachtung widmen.

Werfen wir einen Blick auf das in Fig. 93 (a. f. S.) dargestellte Präparat. Mit geringen für uns unwesentlichen Abänderungen präsentirt sich jeder Sagitaldurchschnitt durch einen normalen Uterus in Verbindung mit einer normalen Scheide in der hier dargestellten Weise. Schon ein flüchtiger Blick auf die Abbildung reicht hin, um sich davon zu überzeugen, dass sich die vordere Vaginalwand (v W) an ihrem oberen Endabschnitte nicht so an die hintere Wand (h W) legen kann, wie es sonst der ganzen Länge nach der Fall ist, wo kein Hinderniss dazwischen tritt, wie es am obern Ende durch die Vaginalportion geschieht, welche sich kegelförmig zwischen die beiden Wände einschiebt, ihren Contact verhindert und sie zwingt, einen mehr oder minder grossen Raum (R) zu bilden, welcher auf allen derartigen naturgetreuen Durchschnitten zu sehen ist, der dazu bestimmt scheint, in der Conceptionsfrage eine wichtige Rolle zu spielen und von uns mit dem Namen Receptaculum seminis belegt worden ist. Derselbe wird demnach von den beiden Muttermundslippen und den oberen End-

---

[1]) Untersuchungen über den Bau und die Bewegung der Samenfäden. Verhandlungen der Physikal.-Medicin. Gesellschaft in Würzburz 1874. Neue Folge. VI. Bd., S. 93.

[2]) Geschichtliche Bemerkungen zu der Lehre von der Befruchtung und der ersten Entwicklung des Säugethier-Eies. Wiener Medicin. Wochenschrift 1873. Nr. 8.

abschnitten der Vaginalwände begrenzt; er steht daher mit dem äussern Muttermunde in unmittelbarer Communication; in der That mündet dieser, wenn die Verhältnisse normal sind, in ihn aus. Unter abnormen Verhältnissen können nicht nur mehrere solcher Receptacula

Fig. 93.

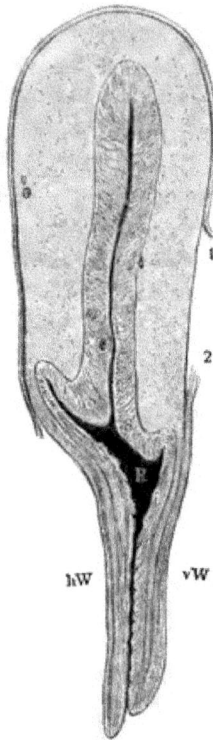

Sagitaler Durchschnitt durch Uterus und Vagina. 1 und 2 Ansatz der Harnblase. S hintere, S' vordere Muttermundslippe. v W Vordere Wand der Scheide. h W Hintere Wand der Scheide. R Receptaculum seminis. (Natürliche Grösse.)

entstehen [1]), sondern es kann eine solche Veränderung herbeigeführt werden, dass das Receptaculum zwar vorhanden ist, seine directe Communication mit dem Os externum aber verloren geht. Wir werden die Umstände noch zu untersuchen haben, welche derartige Veränderungen herbeiführen. Hier genügt es, darauf hinzuweisen, dass es namentlich Verlängerungen der einen oder andern Lippe sind, welche den Raum dadurch scheinbar aufheben, dass sie ihn ausfüllen. Dass die Verlängerung der vordern Muttermundslippe, die von uns als „schürzenförmige Vaginalportion" bezeichnete Bildung der letztern, mit Sterilität einhergeht, haben wir bereits vor langer Zeit dargethan [2]), und Eichstedt, welcher der erste war, der mit vollem Rechte auf den grossen Nutzen der Beschaffenheit der Lippen des Muttermundes für die Aufnahme des Samens in die Gebärmutterhöhle hinweist [3]), hat dasselbe für die hintere Lippe gethan [4]). „So beobachtet man gar nicht selten", bemerkt er, „dass die hintere Muttermundslippe länger als die vordere ist. Diese letztere Form des Muttermundes habe ich häufig sowohl bei Unverheiratheten, als auch bei Frauen, welche in unfruchtbarer Ehe schon mehrere Jahre gelebt hatten, gefunden. so dass sich in mir die Ansicht befestigt hat, dass die Form des Muttermundes häufig die Ursache der bestehenden Unfruchtbarkeit sei. Es ist auch leicht erklärlich, wie eine solche Form des Muttermundes Unfruchtbarkeit be-

---

[1]) Siehe Pirogoff's Atlas. Fasc. 3 A, Tab. 29, 30. Fig. 12.
[2]) Siehe S. 131. — [3]) Loc. cit. S. 41. — [4]) Loc. cit. S. 42.

dingen kann, indem bei der Rückenlage der Muttermund gegen die vordere Scheidenwand gedrückt und dadurch die Aufnahme des Samens unmöglich gemacht wird." Diese Ansicht stimmt mit den von uns gesammelten Erfahrungen überein und dient unserer Erklärung des Eintrittes der Spermafäden in den Uterus, also dem Vorgange der Conception, als wesentliche Stütze.

Derselbe ist, unserer Auffassung gemäss, ein höchst einfacher. Die Unmöglichkeit, das Sperma mittelst der Ejaculation direct in die Cervicalhöhle oder auch nur an den äussern Muttermund zu spritzen leuchtet, wie bemerkt, schon aus anatomischen Gründen ein. Es musste daher, wenn nicht die Fortpflanzung einem blossen Zufall überlassen bleiben sollte, für die Spermafäden eine zwingende Nothwendigkeit geschaffen werden, unmittelbar nach der Deposition des Samens in die Scheide durch den äussern Muttermund in den Cervix zu gelangen und von hier aus ihre weitere Wanderung nach vorwärts in gerader Richtung anzutreten, um ein etwa auf der Wanderung begriffenes Ovulum zu befruchten. Diese Absicht wird durch das Receptaculum seminis in einer ganz ausgezeichneten Weise erfüllt.

Nachdem die Spermaflüssigkeit gegen das Scheidendach und die Aussenfläche der Vaginalportion geschleudert worden ist, legt sich das erstere an die letztere, während der Penis wieder aus der Scheide entfernt wird, dicht an und presst so das zwischen beiden befindliche Sperma nach unten durch die Scheide nach aussen; von der Samenflüssigkeit bleibt nur soviel zurück, als der eben geschilderte Raum, daher Receptaculum seminis genannt, zu fassen vermag, eine Quantität, welche sich im Durchschnitt auf einige Tropfen belaufen mag. Die Spermafäden befinden sich so gewissermaassen in einem Käfig, der für sie nur einen Ausgang hat, nämlich den äussern Muttermund, welcher somit unmittelbar nach dem Coitus von Spermaflüssigkeit umspült und erfüllt wird. Diesen Ausgang betreten die Samenfäden denn auch unverweilt und nun hilft ihnen die Schnelligkeit und Zweckmässigkeit ihrer Bewegungen bald die steile Höhe des Uterus zu ersteigen und in die Tuben zu gelangen. Ob sie dabei noch Hilfen von Seiten des Cervix und des Uterus erhalten, muss dahin gestellt bleiben, unbedingt nothwendig brauchen sie dieselben nicht.

Es muss bei dieser Gelegenheit besonders hervorgehoben werden, dass bei manchen Säugethieren, wie bei den Elephanten, die Einrichtung bei den jungfräulichen Thieren derart getroffen ist, dass sie die Spermafäden zwingt, sehr weite Strecken und unter Umständen zurückzulegen, bevor sie in den Cervix eintreten können, welche keinen

Schatten eines Zweifels darüber aufkommen lassen, dass jene Strecken lediglich durch die Locomotion der Fäden zurückgelegt werden müssen[1]).

Von dem Vorhandensein des Receptaculum seminis kann man sich, wie bemerkt, durch jeden Sagitalschnitt durch Uterus und Scheide überzeugen; die wichtige Rolle, welche ihm während des Coitus zugewiesen ist, scheint nicht minder einleuchtend; ihre Bedeutung wächst namentlich bei Personen, welche noch nicht geboren haben, deren Muttermund also noch eng, deren Muttermundslippen klein sind. Das einmalige oder wiederholte Durchtreten einer Frucht und die dadurch erweiterten räumlichen Verhältnisse des Mutterhalses können sowohl fördernd als hindernd für künftige Conception wirken. Es ist nicht zu bezweifeln, dass die durch die Erweiterung herbeigeführte veränderte Stellung des Os externum zum Receptaculum hierbei bestimmend ist, indem dieselbe verbessert, aber auch verschlimmert werden kann. In der von Pfannkuchen[2]) gemachten, sehr interessanten statistischen Zusammenstellung über den Einfluss des Puerperiums auf die Conceptionsfähigkeit wird manches der erwähnten Ergebnisse im Lichte der von uns gegebenen Darstellung über den Eintritt des Sperma in den Uterus seine Erklärung finden.

Die wiederholt constatirten Fälle, in denen Conception bei äusserst geringer Oeffnung des Hymens, bei fast vollkommenem Verschluss der Scheide etc. stattgefunden hat, thut unserer Theorie nicht nur keinen Eintrag, sondern beweist nur die grosse Fähigkeit der Spermafäden, Locomotionen auszuführen. Wichtiger und beweiskräftiger ist die Thatsache, dass diejenigen Frauen, bei denen die Vaginalportion mangelt, auch steril sind.

Die hier geschilderten Vorgänge sind diejenigen, wie sie unter normalen Verhältnissen stattfinden und dem Zwecke der Conception dienen. Damit soll durchaus nicht gesagt sein, dass die letztere nur unter diesen Verhältnissen möglich sei; wir wissen im Gegentheile sehr wohl, dass Empfängniss eintreten kann, wenn das Receptaculum aufgehoben ist, wenn die Spermafäden während ihres Vordringens Hindernisse zu überwinden haben, wenn die Fortleitung des Ovulums auf Schwierigkeiten stösst und dergleichen mehr. Allein alles Das fällt nicht mehr in das Bereich der regelmässigen Ereignisse und hat mindestens eine Erschwerung der Befruchtung zur Folge.

---

[1]) Siehe hierüber: Beigel, Krankheiten des weiblichen Geschlechts. Bd. II, S. 803.

[2]) Archiv für Gynäkologie 1877. Bd. XI, S. 367.

Ueberblicken wir daher die Bedingungen, welche für die normale Conception erforderlich erscheinen, dann lassen sie sich folgendermaassen gruppiren:

1. Es muss die Keimbereitung ungestört vor sich gehen.
2. Dem zur Reife gediehenen Keime (Ovulum) muss die Möglichkeit gegeben sein, den Eierstock verlassen zu können.
3. Dem aus dem Eierstock getretenen Ovulum muss die Möglichkeit gegeben sein, in den Eileiter zu gelangen.
4. Der Eileiter muss die Fähigkeit besitzen, das Ovulum in den Uterus zu befördern.
5. Andererseits müssen die weiblichen Genitalien so beschaffen sein, dass sie die Ausführung des Begattungsactes gestatten, es also ermöglichen, dass die befruchtende Flüssigkeit, das Sperma, seitens des Mannes in die Scheide deponirt werde.
6. Es müssen die Verhältnisse so beschaffen sein, dass die Spermafäden nicht durch chemische Agentien vernichtet werden.
7. Die Spermafäden müssen gezwungen werden, in den Cervix einzuwandern.
8. Die Spermafäden dürfen in ihrem Vordringen nach der Gebärmutterhöhle und von hier in die Tuben auf kein unüberwindliches Hinderniss stossen.
9. Auf dem Wege zwischen Abdominalostium der Tuba und dem innern Muttermunde muss ein Contact zwischen Samenfäden und einem Ovulum zu Stande kommen.
10. Der Uterus muss im Stande sein, das so befruchtete Ovulum bis zur Ausbildung des Fötus und Ausstossung desselben nach erlangter Reife zu beherbergen (zu bebrüten).

Alle diese Postulate können entweder in ungehöriger oder ungenügender oder in gar dem Zwecke widersprechender Weise erfüllt werden und die Conception erschweren oder gänzlich vereiteln. Sehen wir zu, durch welche Umstände das geschehen kann.

B. Verhältnisse, welche die Conception erschweren (bedingte Sterilität) oder ganz verhindern können (absolute Sterilität).

Die Umstände, welche geeignet sind, die Conception zu erschweren oder sie gänzlich unmöglich zu machen, bieten nicht nur vom Standpunkte der Sterilitätsfrage ein sehr grosses Interesse dar, sondern verdienen auch nach einer ganz entgegengesetzten Richtung hin, von Seiten der Nationalökonomie aller Länder die eingehendste Beachtung.

Wir haben auf die ausserordentlich grosse Menge von Eiern aufmerksam gemacht, welche sich bereits im Ovarium des neugeborenen Kindes vorfinden, eine Einrichtung, welche den offenbaren Zweck hat, das menschliche Weibchen dadurch zu jeder Zeit befruchtungsfähig zu machen, dass sich ununterbrochen Ovula auf der Wanderung befinden, welche mit Spermafäden in Contact gerathen können. Hat die Ausstossung eines reifen Fötus stattgefunden, so steht der baldigen Befruchtung eines andern Eies nichts im Wege, und Fälle von Conceptionen, welche bereits während des Puerperiums eingetreten sind, finden wir wiederholt verzeichnet [1]. Wenn sämmtliche Ovula der Frauen, deren Befruchtung und Entwicklung möglich erscheint, wirklich der Reife entgegengeführt werden sollten, dann würde die Erde in kürzester Zeit einer Uebervölkerung ausgesetzt sein, deren Folgen unberechenbar erscheinen. Man bedenke, dass das durchschnittliche Alter, in welchem Frauen die Ehe eingehen, etwa das zwanzigste Jahr ist, dass sich die Zeit der Fruchtbarkeit bis in das vierzigste bis fünfundvierzigste Jahr erstreckt, dass somit die Durchschnittszahl der Kinder einer Familie mindestens fünfzehn bis zwanzig betragen würde, während sie in der That zwischen zwei und vier schwankt und sich selten auf fünf erhebt oder gar noch einen Bruchtheil höher steigt.

Herr Dr. Schimmer, Regierungs-Rath im k. k. statistischen Bureau in Wien, hatte die Güte, für uns einige Durchschnittszahlen der Kinder einer Familie in den verschiedenen Ländern Oesterreichs und Oesterreich-Ungarns zusammenstellen zu lassen, welche auch mit Rücksicht auf andere Fragen ein so hohes Interesse darbieten, dass wir es uns nicht versagen können, dieselben an dieser Stelle zu reproduciren.

---

[1] Siehe Meissner, Archiv für Gynäkologie. Bd. XI, S. 401.

I. Eheliche Fruchtbarkeit [1] (Oesterreich).

Länder	1861 bis 1865	1866 bis 1870	1871 bis 1875
Oesterreich unter der Enns	3,5	2,9	3,0
Oesterreich ob der Enns	3,4	3,2	3,3
Salzburg	3,7	3,3	3,1
Steiermark	3,5	3,0	3,0
Kärnten	3,8	3,4	3,2
Krain	4,5	3,9	4,1
Küstenland	4,6	3,9	4,2
Tirol und Vorarlberg	4,5	4,2	4,1
Böhmen	4,0	3,8	3,8
Mähren	3,9	3,3	4,1
Schlesien	3,9	3,6	4,3
Galizien	4,4	4,0	4,2
Bukowina	4,6	3,4	4,0
Dalmatien	4,5	3,9	4,3
Summa	4,1	3,7	3,9

[1] Nach den im „statistischen Jahrbuche, Jahrgang 1861 bis 1875, enthaltenen Angaben über Trauungen und ehelich Geborene.

II. Eheliche Fruchtbarkeit[1]) (Oesterreich-Ungarn).

Länder	1852 bis 1854	1855 bis 1857	1858 bis 1859
	Kinder auf eine Ehe		
Oesterreich unter der Enns	3,4	3,9	3,6
Oesterreich ob der Enns	4,2	4,2	3,4
Salzburg	4,6	5,0	4,2
Steiermark	3,7	4,0	3,7
Kärnten	4,1	4,2	3,9
Krain	4,8	4,8	5,2
Küstenland	4,5	4,1	4,9
Tirol	5,1	5,1	4,5
Böhmen	4,6	4,5	4,3
Mähren	4,7	4,5	4,6
Schlesien	4,7	4,2	4,2
Galizien	4,6	4,3	3,7
Bukowina	4,1	4,9	5,1
Dalmatien	3,5	4,0	4,6
Lombardei , ...	4,7	—	4,8
Venedig	4,6	4,4	—
Ungarn	4,7	5,0	5,4
Serb. Wojwodschaft u. dem Temeschev-Banate	4,1	4,5	5,6
Kroatien-Slavonien	3,4 [2])	3,4	—
Siebenbürgen	4,3	4,3	4,6
Militärgrenze	3,0	3,3	4,1
Monarchie	**4,4**	**4,4**	4,7
Cisleithanien nach dem derzeitigen Umfange	4,5	**4,2**	4,4

Diese Zahlen wurden durch Division der in einem Quinquennium geborenen Kinder durch die Zahl der in demselben Zeitraume geschlossenen Ehen gewonnen. Führt man die Division der in einem Quinquennium geborenen Kinder durch die im vorangegangenen Quinquennium geschlossenen Ehen aus, dann rückt man der Wahrheit offenbar noch näher. Die folgende Tabelle ist durch diese Manipulation entstanden.

----

[1]) Aus den Tafeln zur Statistik der österreichischen Monarchie. Neue Folge. Bd. II bis IV. Erläuterungen zur Tafel III, Bewegung der Bevölkerung.

[2]) Nur 1854.

III. Eheliche Fruchtbarkeit mit Zugrundelegung der jeweilig im Quinquennium vorangehenden Trauungen.

Länder	1861 bis 1865	1866 bis 1870	1871 bis 1875
Niederösterreich	3,6	3,6	3,6
Oberösterreich	3,6	3,4	3,5
Salzburg	4,3	3,6	3,7
Steiermark	3,7	3,6	3,4
Kärnten	3,9	3,6	3,6
Krain	4,7	4,7	4,4
Küstenland	4,4	4,8	4,3
Tirol-Vorarlberg	4,6	4,4	4,4
Böhmen	4,3	4,0	4,2
Mähren	4,3	4,2	3,7
Schlesien	4,3	4,4	4,3
Galizien	4,9	4,6	4,2
Bukowina	5,1	4,4	4,0
Dalmatien	4,1	4,6	3,9
Summa	4,4	4,2	4,0

Es scheint somit dafür gesorgt zu sein, dass die Bäume nicht in den Himmel wachsen, denn es treten Regulatoren auf, welche viel wirksamer arbeiten, als die hier und da gegen die Ueberpopulation empfohlenen es je zu thun vermöchten. Es stellen sich der Keimbereitung und der Befruchtung des fertigen Keimes so mannigfache und effectvolle Hindernisse in den Weg, dass es nicht Wunder nehmen kann, wenn die Durchschnittszahl Kinder, mit denen die Familie gesegnet wird, eine so beschränkte bleibt, wie wir sie überall, mit seltenen Ausnahmen einer luxuriösen Fruchtbarkeit, sehen. Man hat die Kriege und Epidemien als nothwendige Ventilatoren für die Ueberpopulation, welche ohne sie eintreten würde, angesehen. Wir können ihnen diese wichtige Rolle nicht zuerkennen; diese gebührt unstreitig den Conceptionshindernissen. Die perimetritischen Processe einerseits, welche einmal das Platzen reifer Follikel verhindern, sodann aber auch den Eileiter unfähig machen, ein entleertes Ei in Empfang zu nehmen, in Verbindung mit der abortiven Rückbildung der Follikel andererseits sind die beiden hauptsächlichsten Regulatoren der Population auf der Erde, und verhindern in einem einzigen Jahre die Bildung einer weit grössern Zahl menschlicher Individuen als die Kriege und Epidemien von Jahrhunderten deren zu vernichten im Stande sind.

Ausser diesen Hauptregulatoren giebt es noch eine zahlreiche Reihe anderer Conceptionshindernisse, welche sich aus der Zusammenstellung der für die Empfängniss erforderlichen Bedingungen von selbst ergeben. Es können nämlich die folgenden Ereignisse eintreten:

1. Die Keimbereitung kann von vornherein Störungen erleiden oder nicht zu jener Reife gedeihen, welche für die Ruptur der Follikel erforderlich ist.

2. Die Reifung kann in normaler Weise statthaben, allein die Dehiscenz der Ovula wird verhindert.

3. Die Dehiscenz findet statt, allein das entleerte Ovulum gelangt nicht in die Tuba.

4. Die Empfangnahme des Ovulums seitens der Tuba erfolgt, allein der letztern wird es nicht möglich, dasselbe in die Uterinhöhle zu befördern.

5. Die Cohabitation, also das Einbringen von Sperma in die Scheide, kann ganz unmöglich sein. Oder es gelangt Sperma in die Vagina — allein

6. Die Samenfäden werden durch chemische oder andere Agentien befruchtungsunfähig.

7. Die Spermafäden sind nicht gezwungen, aus der Vagina in den Cervix einzutreten.

8. Dieser Eintritt findet wohl statt, allein dem weitern Vordringen der befruchtenden Flüssigkeit stellen sich Hindernisse entgegen, welche nicht überwunden werden können, so dass es zu einem Contact zwischen Sperma und Ovulum gar nicht kommen kann.

9. Dieser Contact kommt zu Stande, das Eichen kommt befruchtet in der Uterinhöhle an, allein die Beschaffenheit der Gebärmutter ist eine solche, dass die weitere Entwicklung des Keimes entweder gar nicht oder nur während einer ungenügend langen Zeit statthaben kann, dann aber ausgestossen wird (Abortus).

Jedes der hier aufgestellten Hindernisse ist für sich allein schon im Stande, die Conception zu erschweren oder gänzlich zu vereiteln, wird in seiner Wirkung aber um so mehr verstärkt, wenn eine Combination verschiedener Conceptionshindernisse von vornherein besteht oder sich im Laufe der Zeit erst herausbildet. Letzteres ist, wie auch Winkel hervorhebt [1]), in der bei Weitem grössten Mehrzahl der Fälle vorhanden, während die Sterilität aus einer einzigen Ursache zu den verhältnissmässig seltenen Ausnahmen gehört.

Gehen wir nunmehr zur Betrachtung der Mechanik der Sterilität in der hier aufgestellten Reihenfolge der Conceptionshindernisse über.

a. Die Keimbereitung kann von vornherein Störungen erleiden, oder nicht zu jener Reife gedeihen, welche für die Ruptur der Follikel erforderlich ist.

Ueber die bei der Keimbereitung stattfindenden Vorgänge besitzen wir sehr geringe Kenntnisse; von den pathologischen Zuständen der Keime selbst wissen wir durch directe Untersuchung garnichts, nur durch Schlüsse a posteriori gelangen wir zu der Ueberzeugung, dass in ihnen die Richtung für die hauptsächlichsten Eigenschaften für Form und Qualität des zukünftigen Individuums gelegen ist, und dass diese Richtung nicht von ihnen allein abhängt, sondern auch durch das andere Element, das Sperma, bedingt wird. Bald macht sich der Einfluss des einen, bald der des andern Elementes in überwiegender Weise geltend und verleiht dem neuen Individuum eine grössere Aehnlichkeit mit dem Vater oder der Mutter. Diese Art von Erblichkeit steht unzweifelhaft fest, denn sie basirt auf Thatsachen, welche ununterbrochen unter unseren Augen eintreten. Schwieriger ist die Beantwortung der Frage, ob auch eine Vererbung pathologischer Verhältnisse seitens der Eltern stattfindet, denn eine solche wäre ja auch nur ab Ovo denkbar. In dieser Richtung gehen die Ansichten der Beobachter weit aus einander. Ohne uns auf eine Erörterung dieser verlockenden Frage einzulassen, können wir doch nicht umhin, darauf hinzuweisen, dass der Annahme einer abnormen oder krankhaften, durch unsere gegenwärtigen Untersuchungsmittel nicht nachweisbaren, Bildung der Keime durchaus nichts im Wege steht. Hierbei haben wir nicht jene molecularen Zustände im Sinne, deren Endresultat sich in einer krankhaften Beschaffenheit des Fötus manifestirt oder erst post partum in die Erscheinung tritt und als vererbt aufgefasst wird, sondern

---

[1]) Loc. cit. S. 525.

wir meinen Zustände, welche in den Primordialeiern bereits gelegen sind und diesen schon die Fähigkeit rauben, sich bis zur befruchtungsfähigen Reife fortzuentwickeln.

Es ist bekannt, dass man in der neuesten Zeit nicht nur die Erkrankungen der Ovula betont, sondern auch den Versuch gemacht hat, nachzuweisen, dass sie, bei der Syphilis zum Beispiele, bereits ansteckungsfähig sind, so dass eine Mutter diese Krankheit durch die Conception erworben kann. Diday[1]), welcher diese Behauptung aufstellt, führt 26 Fälle an, die er theils selbst beobachtet, theils von Autoren entlehnt hat, denen er volles Vertrauen schenkt. Nicht der überzeugenden Kraft halber, sondern wegen der Neuheit des Gegenstandes wollen wir den von dem genannten Autor innegehabten Gedankengang wiedergeben. Die hier in Betracht kommenden Fälle sind folgendermaassen geartet:

Eine gesunde Frau lebt in Ehe mit einem Manne, der syphilitisch ist oder gewesen ist. Der eheliche Verkehr findet monate-, jahrelang statt, die Frau bleibt gesund, sicher gesund, denn viele derselben werden von den besorgten Ehemännern unter gute und häufig gepflogene ärztliche Controle gestellt. Endlich werden sie schwanger und im Verlaufe der ersten Schwangerschaft, gleich im Beginne derselben oder später, oder nach der Entbindung erfolgt eine syphilitische Eruption, ganz gewiss die erste und nachdem ganz gewiss keine Primäraffection vorausgegangen ist.

Ein Moment, das Diday als sehr beweisend für den Mangel einer Primäraffection anführt, selbstverständlich neben dem Umstande, dass die beste und genaueste ärztliche Beobachtung dieselbe vermisst hat, soll darin liegen, dass an keinem der Orte, wo man eine Primäraffection vermuthen müsste, die entsprechenden Drüsenanschwellungen zu finden sind. „Pas d'adénopathie, donc pas de chancre."

Ein anderes Moment liegt nach Diday darin, dass die schuldigen Ehemänner zu keiner Zeit nach ihrer Verheirathung überhaupt irgend eine Lesion gehabt oder sie doch nicht an einer solchen Körperstelle gehabt haben sollen, von der eine Primäraffection bei den Frauen hätte abgeleitet werden können.

Die Einwendung, dass solche Mütter, denen er eine Syphilis par conception zuerkennt, mitunter Kinder geboren haben, welche erst einige Wochen nach der Geburt als syphilitisch erkannt werden konn-

[1]) Annales de Dermatologie et Syphilographie, Bd. 8, 3. Heft und Wiener medicin. Wochenschrift 1877, S. 662.

ten, glaubt Diday damit beseitigen zu können, dass schon das Ei und der Embryo die Syphilis im Momente der Zeugung vom Vater erhalten habe und dadurch unter allen Umständen in der Lage war, sie auf die Mutter zu übertragen.

Wenn man demnach von Frauen hört, dass sie in der Ehe mit syphilitisch gewesenen Männern syphilitisch geworden sind, ohne eine Primäraffection überstanden zu haben, so verliert diese Thatsache alles Räthselhafte.

Forscht man genauer nach, so wird sich herausstellen, dass bei solchen Frauen ein oder das andere Mal die Menses einige Monate oder auch nur einige Wochen lang sistirt hatten und dann unter geringfügigen Kolikschmerzen, etwa mit Abgang einiger Blutgerinnsel, wieder erschienen sind.

Nach Diday bedeutet dies, diese Frauen haben abortirt und die Syphilis par conception acquirirt.

Wenn weiterhin eingewendet wird, dass man zu erwarten berechtigt wäre, die Syphilis par conception müsse die Regel bilden, während sie ja doch thatsächlich nur ausnahmsweise vorkommt, so entgegnet Diday: Der Fötus übt entweder auf die Mutter eine starke Wirkung aus, dann wird sie syphilitisch, oder eine schwache, dann wird sie bloss immun gegen die Syphilis.

Schwach oder stark ist die Wirkung des syphilitischen Fötus nach unbekannten Gesetzen, für die überdies sich einige physiologische Analogien auffinden lassen.

Die Sache hat vorläufig ein theoretisches Interesse, welches namentlich darin liegt, dass es uns bis zu den Keimlagern zurückführt und uns nach Virchow's grossartigen Bestrebungen [1]) anregt, die Erkrankungen der Zelle zu studiren. Vom praktischen Standpunkte aus lässt sich die Beweisführung des Autors, wie von anderer Seite bereits mit Recht hervorgehoben worden ist [2]), vielfach anfechten.

Wenn wir demnach rücksichtlich der Keimbereitung auf den Boden der Hypothese verwiesen sind, befinden wir uns bereits in weit vortheilhafteren Verhältnissen, wenn es sich um die Fortentwicklung des bereits gebildeten Keimes handelt. Es ist zwar unzweifelhaft, dass sich auch hier noch eine ganze Reihe von Einflüssen und Zuständen unserer

---

[1]) Die Cellularpathologie in ihrer Begründung auf physiologische und pathologische Gewebelehre, dargestellt von Rudolph Virchow. Vierte Auflage. Berlin 1871.

[2]) Wiener medicinische Wochenschrift 1877, S. 662.

Beobachtung selbst post mortem entzieht, allein eine andere Reihe
ist doch bereits mikro- und makroskopisch nachweisbar. Die hauptsächlichsten Vertreter dieser Reihe sind: die abortive Rückbildung
der Follikel, die Degeneration derselben und die cystiöse
und colloide Entartung der Eierstöcke.

Wir haben demjenigen, was wir über diese Zustände im pathologischen Theile dieses Werkes gesagt, nur wenig hinzuzufügen. Das
Schicksal der meisten Follikel wird von der Lage bestimmt, welche sie
im Eierstocke einnehmen. Ist dieselbe von der Albuginea soweit entfernt, dass diese nicht durchbrochen werden kann, nachdem der Follikel zur höchsten Reife gediehen ist, dann ist das darin befindliche
Ovulum dem Untergange geweiht; manche Follikel gehen früher schon,
von ihrer Umgebung mechanisch beeinflusst, zu Grunde. Merkwürdig
ist, dass manche Ovula diesen Einflüssen lange zu widerstehen vermögen, so dass sie zuletzt den abortiven Angriffen unterliegen, während
andere mit einer viel geringern Widerstandskraft ausgerüstet zu sein
scheinen, so dass der Process der Rückbildung an ihnen zu allererst
wahrnehmbar ist. Ob sämmtliche Follikel eines Eierstockes dem
Schicksale unterworfen sind, auf dem Wege dieses Processes zu Grunde
zu gehen, wenn ihnen die Möglichkeit benommen ist, die Albuginea zu
durchbrechen, ein Zustand, welcher absolute Sterilität zur Folge haben
würde, ist uns nicht bekannt. Wahrscheinlich tritt dieser Zustand
nicht ein, sondern die Follikel oder doch sehr viele derselben entwickeln sich regelmässig, werden sodann aber Degenerationen anderer
Art (Cystovarium, Tumoren etc.) unterworfen.

Von den in der Nähe der Albuginea gelegenen Follikeln ist nachgewiesen, dass sie selbständig erkranken können. Die Erkrankung
beginnt in der Regel mit der Ansammlung abnormer Flüssigkeits-
mengen im Follikel, deren Druck die Membrana granulosa auflöst
und zum körnigen Zerfall des Ovulums führt.

Für die Frage der Sterilität bleibt dabei der Umfang maassgebend,
in welchem die Follikel der Zerstörung unterworfen werden. Man findet
im Eierstocke, neben weiten, in dieser Weise steril gewordenen Strecken,
andere, in denen die Follikel intact geblieben sind. In diesem Falle
wird somit nur gesagt werden können, dass die Fruchtbarkeit des betreffenden Individuums durch die Zahl der zu Grunde gegangenen
Follikel einen Eintrag erlitten hat, während diejenige Degeneration,
welche alle Follikel des Eierstocks befallen kann, wenn sie sich beiderseits geltend macht, die absolute Sterilität zur Folge haben muss. Dasselbe muss von der cystischen, namentlich aber der colloiden Degeneration

gesagt werden, welche wir beschrieben haben [1]). Da sich die letztere
dadurch charakterisirt, dass weder von dem Vorhandensein einer Spur
des Eierstockparenchyms, noch von einem Follikel die Rede sein kann,
dürfte dieser Zustand der Eierstöcke als der allerungünstigste, jede
Möglichkeit einer Befruchtung ausschliessende angesehen werden, mit
dem nur der gänzliche Mangel der Eierstöcke concurriren könnte,
wenn er bei Erwachsenen vorkäme.

Eine höchst interessante Frage, welche spätere Untersuchungen
entscheiden müssen, bezieht sich auf das Verhältniss der accessorischen
zu den normalen Ovarien in Erkrankungsfällen der letzteren. Es handelt
sich darum, ob die hier besprochenen, das ganze Ovarium ergreifenden
Degenerationen, auch die accessorischen Ovarien, wenn sie eben vorhanden sind, nothwendigerweise in den Process einbeziehen. Für die Tuberculose können wir diese Frage bereits verneinen; denn in unserer Sammlung befindet sich ein Präparat, welches von einer an hochgradiger
Tuberculose verstorbenen Person stammt. Der Bezirk der Generationsorgane war gleichfalls stark tuberculos inficirt, die Aussenfläche beider
Eierstöcke von Tuberkelknötchen so dicht besäet, dass auch nicht die
geringste freie Stelle zu entdecken war. Nur das an dem einen Eierstocke an der gewöhnlichen Stelle befindliche accessorische Ovarium
war von dem Processe ganz und gar ausgeschlossen. Das Factum ist
sehr interessant und weist darauf hin, dass eine sonst wahrscheinlich
sterile tuberculöse Frau durch das Vorhandensein eines accessorischen
Ovariums im Zustande der Fruchtbarkeit verbleiben kann. Wir werden
auf das Verhalten der Tuberculose gegenüber der Sterilität noch zu
sprechen kommen.

Das Studium der hier besprochenen Verhältnisse ist selbstverständlich nur am Secirtische möglich; sie bei den Lebenden zu diagnosticiren, sind wir heute noch nicht im Stande; da man aber, durch gewisse Symptome geleitet, bereits beginnt, den cystisch degenerirten, in
ihrem normalen Umfange nur wenig veränderten Ovarien auf operativem Wege zu Leibe zu gehen — allerdings vorläufig bloss, um sie zu
extirpiren — so ist die Möglichkeit nicht ausgeschlossen, dass wir
Mittel kennen lernen werden, welche es gestatten, ihnen vielleicht auch
für conservative Zwecke näher treten zu können.

Völlig verschieden von diesen, innerhalb der Eierstöcke vor sich
gehenden, äusserlich an denselben kaum oder nur unmerklich wahr-

---

[1]) Siehe S. 237.

nehmbaren Processen verhält sich die Cystendegeneration dieser
Organe, jener pathologischen Veränderung, welche, gewöhnlich von
einem oder mehreren Follikeln ausgehend, zur Bildung von Geschwülsten führt, welche zu den grössten gezählt werden, welche im Becken
vorkommen. Diese lassen sehr häufig noch so viel des gesunden
Ovariums zurück, als zur Bildung einer hinreichenden Anzahl von Eiern
erforderlich ist, um keine absolute Sterilität eintreten zu lassen. Die
Zahl der veröffentlichten Fälle von durchgreifender Erkrankung und
fast vollständiger Cystendegeneration beider Ovarien und dabei eingetretener Schwangerschaft ist eine beträchtliche. Ja wir haben sogar
den Nachweis geliefert[1]), dass die mit den Ovarialgeschwülsten einhergehenden inflammatorischen Phänomene den Ovulationsprocess von
Neuem anregen und die Eibildung zu einer üppigen gestalten kann.
Wenn nichtsdestoweniger die Frauen, welche an grossen Eierstocks-
geschwülsten leiden, nur ausnahmsweise concipiren, so tragen andere
mechanische Verhältnisse die Schuld daran. Abgesehen von dem Einflusse der Tumoren als fremde Körper, welchen dieselben auf ihre Umgebung ausüben, haben wir früher bereits die Thatsache kennen gelernt,
dass eine an einer Stelle des Generationsapparates gesetzte Irritation im
Stande ist, an anderen Abschnitten Processe auszulösen, welche dem
Eintritte der Conception gefährlich werden. So vermag eine Geschwulst
des Eierstocks nicht nur das Ostium abdominale der Tuba so zusam-
menzudrücken, dass die Wirkung mit der der Obliteration identisch
wird, die Tuba selbst so zu verlagern oder sie in ihrem Verlaufe so
zu knicken, dass sie für ihre Function ganz und gar untüchtig wird,
sondern sie ist auch im Stande, Entzündungen zu setzen, welche von
den schwersten und mannigfachsten Folgen begleitet sind. So kann
der Tumor perioophoritische, perisalpingitische und perimetritische
Processe setzen, welche einerseits das Platzen der Follikel verhindern
können, andererseits den Verschluss des gefranzten Tubenendes oder
Fixation einer verlagerten Tuba veranlassen, so dass sie selbst nach
der operativen Entfernung der Geschwulst nicht mehr im Stande ist,
ihre Function auszuüben, lauter Zustände, welche relative oder absolute
Sterilität bedingen. In anderen Fällen wieder sind wohl hier und da
Ovula im Tumor aufzufinden, allein dieselben befinden sich in Situatio-
nen, welche es ihnen absolut unmöglich machen, aus dem Labyrinthe
der Cystensäcke heraus und auf jene Bahn zu gelangen, welche in
das Ostium abdominale des Eileiters führt.

---

[1]) Siehe S. 248.

b. **Die Reifung der Follikel geht in normaler Weise vor sich, allein die Dehiscenz der Ovula wird verhindert.**

Wenn die Bildung der Follikel aber auch unbehindert von Statten geht und die in der äussern Zone des Eierstockes gelegenen die höchste Reife erreichen und sich in unmittelbarer Nähe der Tunica albuginea befinden, so können immerhin noch Umstände obwalten, welche die Dehiscenz der Ovula verhindern, also Sterilität bedingen. In diesem Falle bleibt den Follikeln nichts übrig, als sich während der weiteren geschlechtlichen Impulse der retrograden Entwicklung zu unterwerfen, da sie die abnormen Verhältnisse in eine Situation hineingedrängt haben, derjenigen gleich, in welcher sich die von der Albuginea weit entfernten Follikel befinden, denen jede Aussicht auf eine Ruptur völlig geraubt ist.

Bei der Untersuchung solcher Ovarien findet man daher zahlreiche Follikel in der Nähe der äussern Ovarialfläche, welche theils reif, theils in der Rückbildung begriffen oder anderweitigen Degenerationen unterworfen sind.

Die Hindernisse für die Dehiscenz sind aber zweifacher Art. Es kann nämlich die Albuginea an und für sich eine so derbe Beschaffenheit haben, dass es entweder nur ab und zu einem Follikel gelingt, sie durch den Druck, welchen er ausübt, dermaassen zu verdünnen, dass sie endlich den Durchbruch gestattet, oder der Widerstand ist überall ein so effectvoller, dass er die Ruptur verhindert. Dieses Verhalten ist für den speciellen Fall entscheidend, ob relative oder absolute Sterilität vorhanden ist; die Eierstöcke solcher Individuen zeichnen sich, selbst wenn letztere bereits an der Grenze des Geschlechtslebens angelangt sind, durch eine auffallend glatte Oberfläche aus, welche weder durch Narben noch durch Runzeln unterbrochen erscheint.

Das andere Hinderniss besteht in den durch perioophoritische Processe gebildeten Pseudomembranen. Wir haben gesehen, dass diese einmal in schwartenförmigen Auflagerungen an verschiedenen Punkten der Aussenfläche der Eierstöcke oder in einem mehr oder minder gleichmässigen Ueberzuge derselben bestehen können. Ein anderes Mal wieder gestalten sie sich zu dicken, resistenten, vollkommen geschlossenen Säcken, welche das gesunde oder degenerirte Ovarium allein oder sammt dem Eileiter umhüllen. Der Eierstock vermag unter solchen Umständen ganz in der normalen Weise zu

functioniren; die Follikel entwickeln sich in gehöriger Weise und
an gehöriger Stelle, bilden auch jene Körper, welchen man als
Corpora lutea vera auf Grund unrichtiger Voraussetzungen eine
Bedeutung beigelegt hat, welche sie ganz gewiss nicht verdienen[1]).
Allein trotzdem gelingt es den Eiern nicht, nach aussen zu treten und
in die Wege zu gelangen, auf denen eine Befruchtung allein möglich
ist.   Die pseudomembranösen Massen bilden einen Panzer um das
Ovarium, gegen welchen die geschlechtlichen und anderweitig auftretenden Congestionen vergebens ankämpfen.   Theils fehlt es ihnen
an der nöthigen Elasticität, welche die Verdünnung und endliche Ruptur der Albuginea zur Voraussetzung hat, theils sind auch die auf-
gelagerten Schwarten zu dick, als dass ihr Durchbruch seitens des
Follikels leicht bewerkstelligt werden könnte; und gelingt ein solcher
ja an einer vielleicht dünnern Stelle, so ist das Ereigniss ein zu
sporadisches, um gleich von Erfolg gekrönt zu sein.   Immerhin bleibt
die Möglichkeit desselben nicht ausgeschlossen; tritt es ein, dann hatten
wir es wieder mit einem Falle der relativen, nicht der absoluten Sterilität zu thun.

Wir haben gesehen, dass die perioopheritischen Processe nicht
allein vom Eierstocke ihren Ausgang nehmen können, sondern dass sie,
— und das ist das bei Weitem häufigere Vorkommen — sowohl vom
Peritoneum als auch von den Tuben, vom Uterus wie vom Cervix und
sogar von der Vagina aus in Anregung gebracht oder sich unmittelbar
auf das Ovarium zu verpflanzen vermögen, ja dass sie eine häufige
Complication gewisser Processe bilden, welche an entlegenen Stellen
des Genitalbezirkes verlaufen.   Unter solchen Umständen kann es
durchaus nicht Wunder nehmen, wenn die Sterilität aus perioopho-
ritischen Anlässen zu den allerhäufigsten Vorkommnissen gehört.   Ob
die Sterilität eine relative oder absolute ist, hängt von den obwaltenden Umständen ab.   Hier wird eine minutiöse Erwägung der durch
das Krankenexamen sich ergebenden Umstände, manchmal auch die
objective Untersuchung zur Vermuthung oder directen Feststellung
des richtigen Thatbestandes führen.   Zwar befinden wir uns auch
diesen Conceptionshindernissen gegenüber rücksichtlich unserer therapeutischen Eingriffe in keiner besonders günstigen Lage, allein die
richtige Erkenntniss der obwaltenden Umstände wird uns jedenfalls
davor schützen, uns und die Patientin in unerfüllbaren Hoffnungen zu
wiegen.   Uebrigens wird der veränderte Standpunkt, auf welchen die

---

[1]) Siehe: Beigel, Zur Naturgeschichte des Corpus luteum. Archiv für
Gynäkologie Bd. XIII, Heft 1.

Anschauungen über die Sterilitätsfrage sich begeben müssen, die Nothwendigkeit nahe legen, auch das Gebiet der therapeutischen Maassnahmen zu erweitern, und da glauben wir, dass die letzteren sich gerade mit Rücksicht auf die soeben besprochenen, die Conception hindernden Verhältnisse, nach einer Richtung hin wirksam herausbilden werde, welche bisher noch gar nicht versucht worden ist.

c. **Die Dehiscenz findet statt, allein das Ovulum gelangt nicht in die Tuba.**

Dem aus dem rupturirten Follikel entleerten Ovulum können noch manche Hindernisse entgegentreten, welche dessen Aufnahme durch die Tuba unmöglich machen. Diese Hindernisse können sowohl von dem Ovarium, wie von der Tuba ausgehen, und brauchen nicht immer pathologischer Natur zu sein.

Wir haben die ausserordentlich weiten Grenzen kennen gelernt, innerhalb welcher die normale Form und Grösse der Ovarien variirt. Hinsichtlich ihrer Kleinheit gehen sie bis zum Umfange einer Bohne oder Erbse herab und steigen nach der andern Richtung, wie in Fig. 94 (a. f. S.), bis zu der Ausdehnung einer Niere an, ohne dass das eine oder andere Extrem als abnorm oder vielmehr als pathologisch bezeichnet werden könnte, da die Architectur beider die dem Ovarium eigenthümliche ist, und jeder Anhalt für die Annahme eines krankhaften Vorganges mangelt. Besagte Extreme stehen auch nicht etwa unvermittelt einander gegenüber, sondern bilden die Endglieder einer langen Kette von Uebergängen der verschiedensten Art, wie sie sich bereits durch eine Betrachtung der in diesem Werke abgebildeten Präparate präsentirt. Diese Bemerkung bezieht sich nicht allein auf den Umfang, sondern auch auf die Form der Ovarien, welche vom regelmässigen Dreiecke (Fig. 69) bis zum fast vollendeten Kreise (Fig. 68) variirt. Wir könnten auch die Anheftung der Ovarien und das Verhältniss zu ihren Tuben einer ähnlichen Beurtheilung unterwerfen, allein wir haben bereits an einer andern Stelle die Gelegenheit ergriffen, darauf hinzuweisen [1]), dass dasselbe mit Rücksicht auf das hier verhandelte Thema als pathologisch angesehen werden darf.

Nun bedarf es kaum noch einer besondern Auseinandersetzung darüber, dass mit der Zunahme der Grösse des Eierstocks die Zahl der

---

[1]) Siehe S. 228.

von ihm gelieferten reifen Eier wächst, welche zwar aus dem geplatzten Follikel treten, aber nicht in die Tuba gelangen, sondern in die
Bauchhöhle fallen. Nach der gegenwärtig herrschenden Ansicht legt
sich das gefranzte Ende des Eileiters an das Ovarium und nimmt das
Ovulum in Empfang, wenn nämlich zufällig an der belegten Stelle ein

Fig. 94.

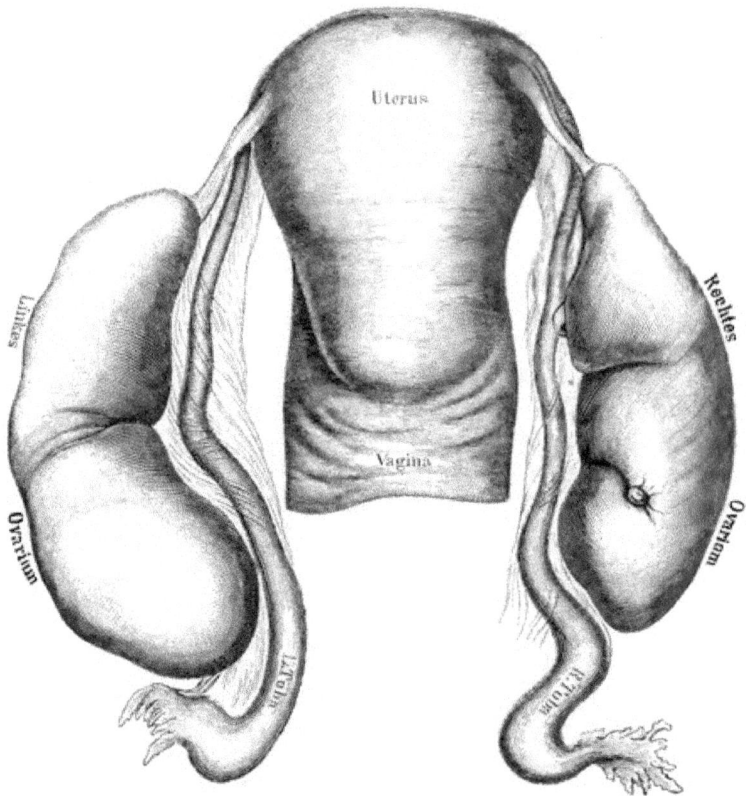

Abnorm grosse Ovarien.   (Natürliche Grösse.)

Follikel platzt. Geschieht die Ruptur an einer andern, unbelegten
Stelle, dann war die Bemühung der Tuba umsonst und das Ovulum
wandert unmittelbar in das Gewühl der Eingeweide, um dort unter-
zugehen. Je grösser nun der Eierstock ist, desto grösser wird das
Missverhältniss zwischen der unbelegten Area und derjenigen, welche
das Abdominalostium zu belegen im Stande ist, folglich auch das Miss-

verhältniss zwischen der Zahl der in den Eileiter und der in die Bauchhöhle gelangten Eier. Wir wissen sehr wohl, dass der Verlust nur
ein relativer ist, da sich der Eileiter der Area gegenüber, welche er
eben zu belegen vermag, immer noch unter so günstigen Verhältnissen wie bei einem Eierstock geringern Umfanges befindet, allein
dieser relative Verlust muss nichtsdestoweniger bei der Betrachtung der Oeconomie des keimbereitenden Organes in Betracht gezogen
werden.

Viel grösser ist die Zahl der dem Eintritte des Ovulums in das
Tubenostium sich entgegenstellenden Hindernisse, welche seitens des
Eileiters und seiner unmittelbaren Umgebung geliefert werden.

Bevor wir aber an eine Erwägung derselben treten, müssen wir
noch einen Moment bei jenen Hindernissen verweilen, welche sich

Fig. 95.

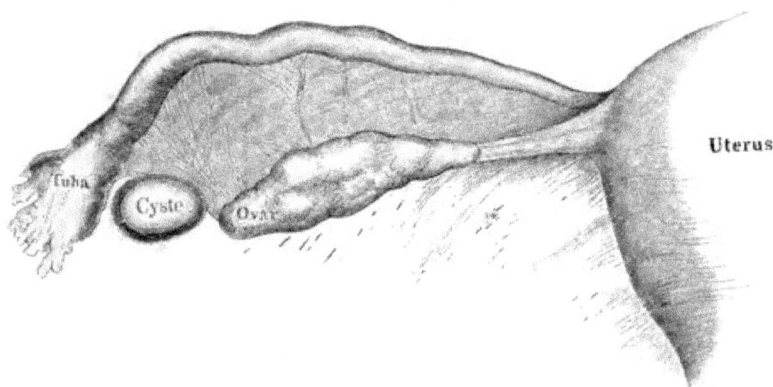

Cyste zwischen Tuba und Ovarium. (Natürliche Grösse.)

zwischen die gesunde Tuba und das gesunde Ovarium stellen und die
Annäherung beider verhindern. Hier spielen die grösseren und kleineren, am Ligamentum latum und namentlich an der Ala vespertilionis
vorkommenden, Cystchen die Hauptrolle. Sie können nach einer doppelten Richtung hin einen störenden Einfluss ausüben. Einmal sind
sie im Stande, als mehr oder minder grosse solitäre Cysten ihren Standpunkt an dem freien Rande der Schmetterlingsflügel in der Weise zu
nehmen, wie es an dem in Fig. 95 abgebildeten Präparate der Fall
ist. Die Tuba ist ihrer ganzen Länge nach wegsam und überhaupt
nach jeder Richtung hin normal beschaffen. Vom Eierstocke muss das-

selbe ausgesagt werden. Allein zwischen beiden wächst die Cyste und verhindert den Eileiter, sich der Tuba zu nähern, so dass jedes aus dem Ovarium dieser Seite tretende Ovulum unrettbar verloren ist und in die Bauchhöhle fallen muss. Dass derartige Cysten, wenn sie an beiden Seiten vorkommen, absolute Sterilität bedingen, bedarf kaum der besondern Erwähnung; einseitig werden sie bloss als solche Hindernisse anzusehen sein, welche die Conception erschweren, da die Zahl der aus nur einem Ovarium gelieferten Eier offenbar geringere Aussicht hat, befruchtet in die Gebärmutterhöhle zu gelangen, als das aus beiden Eierstöcken gelieferte Product. Wie weit Morgagnische Hyda-

Fig. 96.

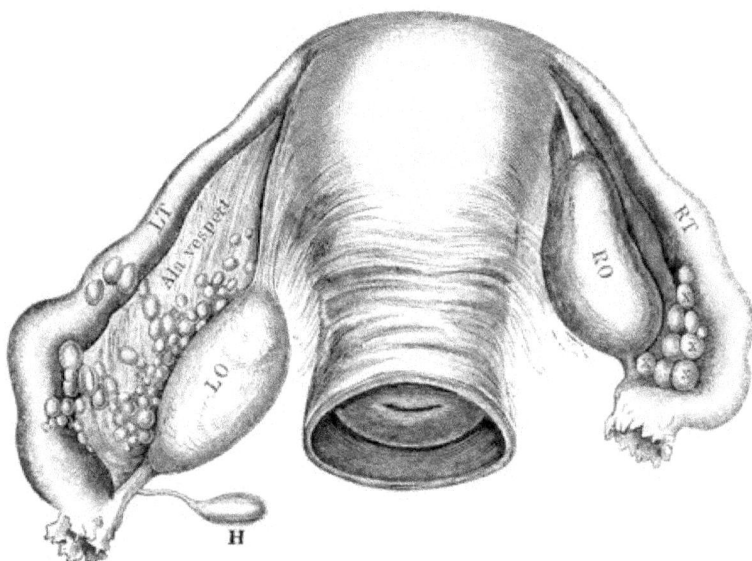

Massenhafte Bildung kleiner Cystchen an der Ala vespertilionis und der Tuba. *R T* Rechte Tuba. *L T* Linke Tuba. *R O* Rechtes Ovarium. *L O* Linkes Ovarium. (Natürliche Grösse.)

tiden und Endkölbchen, namentlich wenn sie einen grössern Umfang gewinnen, im Stande sind, bei der Erection der Tuben in den gefranzten Becher zu gelangen und das Lumen der Eileiter zu verstopfen, ist nicht eruirt. Theoretisch steht dieser Möglichkeit nichts entgegen. Das Ereigniss ist aber im Stande, dem Ovulum den Eintritt in die Tuben zu wehren. Was von den Morgagnischen Hydatiden und den Endkölbehen gilt, findet auch auf die anderen, an den Fimbrien vorkommenden kleinen Geschwülste und Anhängsel Anwendung [1]).

Sodann kann auch das massenhafte Auftreten kleiner Cystchen an der Tuba und in der unmittelbaren Nähe derselben, wie es in dem in Fig. 96 dargestellten Präparate der Fall ist, die Beziehungen zwischen Tuba und Ovarium so nachtheilig beeinflussen, dass sie als Veranlassung der relativen oder absoluten Sterilität angesehen werden müssen. Wenn es richtig ist, dass die Tuba eine Bewegung ausführen muss, um sich an das Ovarium anzulegen und möglicher Weise ein Ovulum zu erhaschen, dann muss ihr eine gewisse Beweglichkeit zugesprochen werden. Dieselbe ist sogar gelegentlich der Laparothomie direct als pristaltische Bewegung beobachtet worden. Vielleicht befördert sie auf diese Weise das Ovulum in die Gebärmutterhöhle. Ist die Tuba aber an ihrer Aussenfläche mit Bläschen, Cystchen, oder circumscripten Hypertrophien besetzt, oder hat die Ala vespertilionis durch derartige kleine Gebilde ihre Geschmeidigkeit verloren, dann muss der Eileiter in seiner Beweglichkeit beeinträchtigt werden und es wird dann von der Ausdehnung der Entartung, sowie von anderen Umständen, z. B. ob sie sich auf eine Seite beschränkt oder beiderseits besteht, abhängen, ob dadurch die Conception nur erschwert oder gänzlich verhindert wird. Die Nachtheile, welche kleine Cysten zu bringen im Stande sind, haften soliden kleinen Tumoren, wenn sie sich in derselben Localität entwickeln (Fig. 92), in einem noch höhern Maasse an.

In ähnlicher Weise wirkt eine einzige grössere Cyste, welche sich in der Nähe des Ostium abdominale an der Aussenfläche des Eileiters entwickelt, wie es in dem in Fig. 97 (a. f. S.) abgebildeten Präparate der Fall ist. Die mit Flüssigkeit gefüllte Cyste sitzt dem Eileiter als Gewicht auf und muss dessen Mobilität in einem hohen Grade beeinträchtigen, somit die Ausübung seiner für die Conception nöthigen Function erschweren oder ganz aufheben.

Was die Tuben selbst betrifft, so sind die Conceptionshindernisse, welche von ihnen ausgehen können, wie bemerkt, mannigfacher Art. Sie werfen unter normalen Verhältnissen, so zu sagen, eine Brücke zu den Ovarien, um den Eiern, welche von dem gefranzten Ostium nicht unmittelbar in Empfang genommen werden und in der Nähe desselben den Eierstock verlassen, die Gelegenheit zum Eintritt in das becherförmige Ostium zu verschaffen. Diese Brücke wird von der Fimbria ovarica gebildet, und es ist bereits darauf hingewiesen worden, dass

[1]) Siehe Hennig: Krankheiten der Eileiter. S. 152.

21*

die Sicherheit des für das Eichen zu passirenden Weges wächst, je vollständiger diese Fimbria die Rinnenform gewinnt [1]). Die letztere wird jedoch sehr häufig vermisst und die veränderten Verhältnisse bilden unserer Ansicht nach eine der allerhäufigsten Veranlassung dafür, dass Ovula nicht in die richtigen Wege gelangen, sondern in die Bauchhöhle fallen. Die erste Abweichung von der Regel besteht darin, dass die Fimbria ovarica sich nicht nur verlängert, sondern ihre Eigen-

Fig. 97.

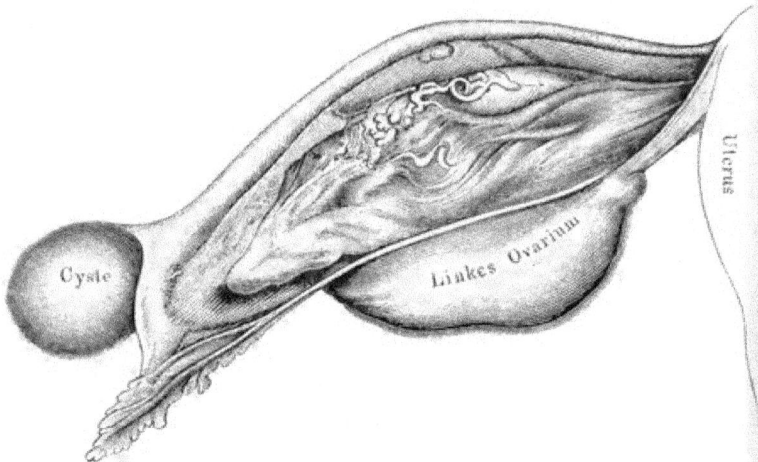

Cyste an der Aussenfläche der Tuba, in der Nähe des Ostium abdominale sitzend.
(Natürliche Grösse.)

schaft als Fimbrie gänzlich verliert, somit glatt erscheint, ungefaltet ist und an der glatten Fläche kein Flimmerepithel besitzt. Hier erwächst für das Ovulum nicht nur die Misslichkeit einer längern Bahn, sondern auch die Gefahr der Glätte derselben, von welcher es leicht in den Abgrund der Abdominalhöhle stürzt, während es bei der rinnenförmigen Beschaffenheit der Ovarialfimbrie so sicher ist wie eine Kugel in der Rinne einer Kegelbahn, wenn dieser Vergleich gestattet wäre.

Dieses Verhältniss kann sich noch wesentlich verschlimmern, wenn die Ausdehnung des Ligamentum Tubo-Ovaricum noch wächst, der Abstand zwischen Ostium abdominale der Tuben und dem Eierstocke somit grösser wird und andere complicirende Momente, wie Cysten,

---

[1]) Siehe Figg. 2 und 3, *F O*, und Fig. 95.

massenhafte Vesikelbildung, kleinere oder grössere Tumoren oder auch, wie in dem in Fig. 98 abgebildeten Präparate, eine ungewöhnliche Form oder Stellung des Ovariums hinzutreten. Ein Blick auf die Abbildung zeigt, dass die Entfernung zwischen Eierstock und Tubenostium nicht allein mehr als das doppelte des normalen Abstandes beträgt, sondern dass die zwischen O'' und O' liegende Strecke vollkommen glatt ist und ein das Ovarium verlassendes Eichen kaum eine Aussicht hat, die Tuba zu erreichen.

Am ungünstigsten dürfte das Verhältniss sein, wie es bei dem in Fig. 99 dargestellten Präparate auffällt. Hier· ist nicht nur die Bahn zwischen Tuba und Ovarium eine ungewöhnlich lange, sondern sie zeichnet sich durchweg durch den Mangel an Fimbrien, also durch eine besondere Glätte, aus. Dazu tritt noch die That-

Fig. 98.

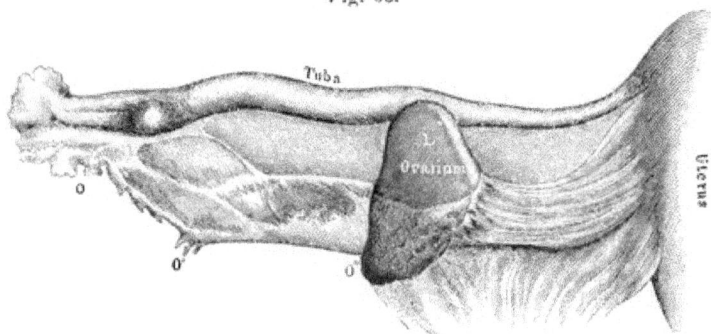

Verlängerung des Abstandes zwischen Tuba und Ovarium, Querstellung des Ovariums, das Ligamentum Tubo-Ovaricum nur theilweise gefranzt. (Natürliche Grösse.)

sache hinzu, dass dieses zwischen Eierstock und Eileiter obwaltende Verhältniss in der Regel auf beiden Seiten dasselbe ist; ein Fall, welcher sich durch eine solche Beschaffenheit der vom Ovulum zurückzulegenden Bahn auszeichnet, muss als ein fast·absolut steriler angesehen werden, da es dem Eichen nur in höchst seltenen Ausnahmen gelingen dürfte, den oben geschilderten gefährlichen Weg zurückzulegen.

In die Categorie dieser Fälle dürfte auch die abnorme Länge der Tuben gehören [1]. Die Abnormität der letzteren bedingt an und für sich schon eine ungewöhnliche Ausdehnung der Ligamenta Tubo-

[1] Siehe Fig. 22, S. 48.

Ovarica, zugleich aber scheint hier auch die Möglichkeit der directen Aufnahme eines Ovulums durch Anlagerung oder Annäherung des Infundibulums an das Ovarium zu fehlen. Denn selbst wenn man der Bewegungsfähigkeit des Eileiters den möglichst freien Spielraum lässt, muss derselbe doch seine durch die anatomischen Verhältnisse der in Betracht kommenden Localität gebotenen Grenzen haben, und eine Excursion der Tuba, wie z. B. der rechten des in Fig. 22 abgebildeten Präparates, zum Zwecke der Anlagerung ihres gefranzten Endes an den Eierstock erscheint geradeswegs undenkbar. Wir dürfen uns daher nicht erst auf die Erörterung der Frage einlassen, ob eine solche Bewegung nicht nothwendiger Weise eine Knickung des Eileiters be-

Fig. 99.

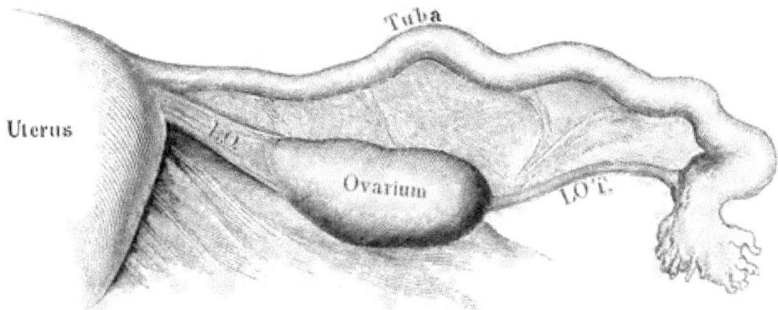

Ungewöhnliche Länge des Ligamentum Tubo-Ovaricum, welches durchweg glatt erscheint.

dingen würde, welche den Zweck der Anlagerung vollkommen vereiteln müsste.

Wenn aber die Tuben an und für sich von normaler Beschaffenheit sind, so können sie dennoch von ihrer Nachbarschaft so beeinflusst werden, dass an eine Ausübung ihrer Function gar nicht gedacht werden kann. Die wiederholt besprochenen perimetritischen Processe spielen dabei eine so überaus wichtige Rolle, dass alle anderen Schädlichkeiten von ihnen gänzlich in den Schatten gestellt werden. Ein einziges, winziges Fädchen vermag, wie wir gesehen haben, einen Eileiter, der vollkommen wegsam und in jeder Beziehung functionsfähig ist, absolut lahm zu legen, für immer ausser Thätigkeit zu setzen. Dazu kommt, dass derartige perimetritische Processe sich durch geringe Verletzungen oder längere Zeit andauernde Irritationen ausbilden und unmerklich verlaufen können, so dass sie die allerhäufigsten Befunde sowohl kranker als sonst gesunder Generationsorgane bilden,

und dass ihre Erkennung in vita zu den Unmöglichkeiten gehört.
Alles das zusammengenommen drückt ihnen den Stempel der unver-
söhnlichen Feindschaft gegen den normalen Fortgang des Geschlechtslebens auf; und wie sie im Stande sind dieses zu vereiteln, so können
sie uns auch zu Täuschungen in der Prognose und in den Heilerfolgen
führen. Denn was nützt unsere erfolgreichste Einrichtung eines krank-
haft gelagerten Uterus, was nutzt die geschickteste Entfernung eines
Polypen oder Tumors aus der Höhle des Cervix oder der Gebärmutter,
welche wir scheinbar als Conceptionshindernisse anzusehen Veran-

Fig. 100.

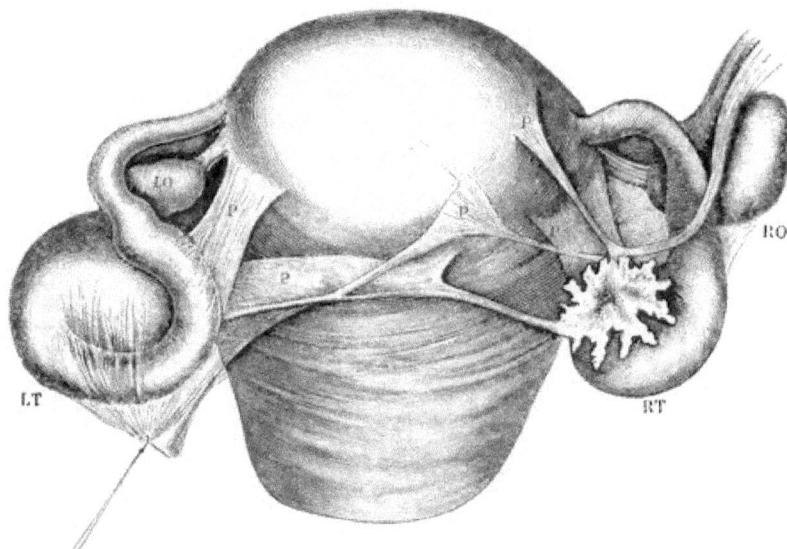

Festlöthung einer Tuba durch einige feine Pseudomembranfäden, die andere Tuba zugleich
obliterirt.

lassung haben, wenn mittlerweile die schleichenden perimetritischen
Processe heimtückisch ihre Fangarme ausgestreckt haben, um die
Tuben zu fixiren oder anderes derartiges Unheil zu stiften.

An dem in Fig. 100 abgebildeten Präparate [1]) wird das Gesagte
klar, es zeigt, wie das Hoffen und das Glück unzähliger Familien durch
derlei winzige Fädchen vernichtet wird. Findet die Fixation nur einer
Tuba statt, während die andere intact bleibt, dann ist die Conception

---

[1]) Siehe auch Figg. 51 und 56.

immer noch möglich, sind aber beide Eileiter in abnorme Lagen gebracht und festgebannt, oder ist der eine fixirt und der andere noch obendrein obliterirt, dann ist absolute Sterilität die nothwendige Folge.

Hieran reihen sich naturgemäss jene Conceptionshindernisse, in Folge welcher der Eintritt des Ovulums in den Tubentrichter darum nicht geschehen kann, weil es, so zu sagen, die Thür vermauert findet, d. h. das Ostium abdominale in Folge der im pathologischen Abschnitte beschriebenen salpingitischen und perisalpingitischen Processe eine Obliteration erfahren hat [1]. Erreicht ein Eichen das Abdominalende, bevor ein vollkommener Verschluss desselben erfolgt ist, besteht also noch die Möglichkeit, in den Eileiter zu gelangen, und tritt es wirklich in diesen ein, dann kann die Obliteration hinterher erfolgen, es kann sich auch das Ostium uterinum verschliessen und man kommt, wenn eine Befruchtung des Ovulums stattgefunden hat, zu dem merkwürdigen Befunde einer Tubenschwangerschaft bei obliterirten Ostien. Einen solchen seltenen Fall demonstrirte jüngst Davaine [2] in der Societé de Biologie zu Paris.

Eine Frau starb unter Erscheinungen innerer Blutung kurze Zeit nach dem Eintritt in das Krankenhaus. Bei der Section fand man die Bauchhöhle voll Blut, die rechte Tuba an ihrem äussern Ende hühnereigross erweitert und in derselben eine Rissöffnung, aus der Blut ausfloss.

Das entsprechende Ovarium zeigte einen sehr grossen gelben Körper, das linke ebenfalls einen solchen aber viel kleinern Körper. Der Uterus war normal, beide Tuben obliterirt. Im Innern der Tubenhöhle fand man Placenta und Eihäute und in denselben einen 2,5 cm langen Fötus.

d. **Die Empfangnahme des Ovulums seitens der Tuba findet statt, allein der letztern wird es nicht möglich, dasselbe in die Uterinhöhle zu befördern.**

Wenn die bisher besprochenen Hindernisse nicht bestehen, kann ein aus dem Eierstocke tretendes Ovulum unter günstigen obwaltenden Verhältnissen in das Infundibulum der Tuba gelangen und es handelt

---

[1] Siehe Figg. 51, 54, 61, 82 u. 84.
[2] Annal. de Gynaecolog. Febr. 1877.

sich nunmehr darum, dass sich dasselbe den Eileiter entlang fortbewegen und durch das Ostium tubae uterinum in die Gebärmutterhöhle gelangen kann, um sich hier, wenn seine Befruchtung stattgefunden hat, fortzuentwickeln.

Allein schon am Beginn seiner Bahn lauert die Gefahr, wenn ein
accessorisches Tubenostium vorhanden ist [1]). Zwar spricht Rokitansky die Vermuthung aus, dass ein Ovulum kaum durch die secundäre Oeffnung in die Bauchhöhle fallen dürfte, allein er giebt für
diese Vermuthung keinen Grund an. Uns scheint diese Abnormität vielmehr in eminenter Weise dazu angethan, das Eichen, nachdem es das
Zwischenstück, welches die beiden Ostien mit einander verbindet,
zurückgelegt hat, aus der zweiten Oeffnung zu treten und in die Bauchhöhle zu fallen. Unbedingt nothwendig ist dieses Ereigniss nicht,
allein der Möglichkeit seines Eintrittes steht durchaus Nichts im Wege.
Hat eine Befruchtung des Ovulums während seines in der Regel kurzen
Laufes noch nicht stattgehabt, dann hat die ganze Sache keinerlei
Bedeutung; ist das Eichen in der Tuba aber bereits auf Spermafäden
gestossen, dann geht seine Entwicklung, nach dem Falle in die Abdominalhöhle in dieser ungestört fort, es findet eine Abdominalschwanger-
schaft statt, welche das Leben der so Geschwängerten während ihrer
ganzen Dauer in Gefahr erhält.

Ueber das Schicksal eines Eichens, welches in eine Tuba gelangt
und befruchtet wird, deren Ostien sich hinterher verschliessen, haben
wir bereits gesprochen. Somit muss die Salpingitis und Perisalpingitis
als Factor aufgefasst werden, welcher bei der Conceptions- oder Sterilitätsfrage eine bedeutende Rolle spielt; denn beide können, selbst
wenn kein Verschluss der Tubenostien zu Stande kommt, noch in einer
andern Weise störend wirken. Während nämlich die Perisalpingitis
durch pseudomembranöse Auflagerungen die Mobilität der erkrankten
Tuba ganz so zu beeinträchtigen vermag, wie es durch locale Hyperplasie
oder durch die Entwicklung von Pseudoplasmen an der Aussenfläche
geschehen kann, beraubt die Salpingitis die Tuba ihres Flimmerepithels,
zerstört die Längsleisten und Falten und setzt das Ei durch die dermaassen geschaffene Glättung des innern Tubarlumens nicht nur der
Gefahr der Rückgleitung aus, sondern verstopft demselben durch die
Ausfüllung des Lumens mittelst der mit Detritus und Schleim gemischten Massen der abgelösten Zellen den Weg nach der Uterinhöhle in
ganz directer, undurchdringlicher Weise. Uebrigens genügt der Tuben-

---

[1]) Siehe Figg. 34, 53, 78 und 79.

catarrh schon, da er mit Schwellung und Lockerung der Schleimhaut
des Eileiters einhergeht, um das Uterinostium so vollkommen zu verstopfen, dass ein Ovulum dasselbe nicht zu passiren im Stande ist.

Von der Ausstopfung der Tuben und Zerstörung derselben durch
Tuberkelmasse haben wir bereits gesprochen [1]). Die Tuberculose spielt
in der Conceptionsfrage eine Rolle, welche alle Abschnitte des Generationsapparates gleichmässig tangirt. Um also Wiederholungen zu
vermeiden, wollen wir derselben gleich an dieser Stelle näher treten.
Es ist allerdings richtig, dass dem tuberculösen Process als solchem
eine Bedeutung zukommt, gegen welche die Theilnahme des Genitalbezirkes, wenigstens im vorgerückten Stadium der Krankheit, gänzlich
in den Hintergrund tritt. Allein nichtsdestoweniger dringt die Frage
auf eine Antwort, woher es denn komme, dass von den an Tuberculose
leidenden Frauen ein grosser Theil concipirt und nach abgelaufener
regelmässiger Schwangerschaft Kinder gebärt, ein anderer wohl concipirt, die Früchte aber vorzeitig verliert und wieder ein anderer ganz
und gar der Sterilität verfällt. Die Antwort wird durch die Art und
Weise gegeben, wie die in Rede stehende Krankheit sich, nachdem
sie sich an irgend einer Stelle localisirt hat, auf andere Organe und
in specie auf die Organe der Generation fortpflanzt, oder wie sie in
den äusserst seltenen Fällen, in denen sie primär in den weiblichen
Generationsorganen auftritt, ihre Invasion in dieselben vollbringt.

Hat sich die Krankheit in den Lungen localisirt, so kann sie gleichzeitig oder erst in einem spätern Stadium auch die Generationsorgane
befallen und wir haben gesehen [2]), dass sie zunächst und lange auf
den peritonealen Ueberzug derselben beschränkt zu bleiben vermag.
In diesem Falle können die Verhältnisse derart beschaffen sein, dass
sie nicht nur dem Eintritte der Conception kein Hinderniss entgegensetzen, sondern die Austragung und Ausstossung eines reifen Kindes
gestatten. Ist es ja doch bekannt, dass sich die Aerzte während einer
langen Zeit der vollkommen irrigen Ansicht hingegeben haben, dass
die Schwangerschaft den Verlauf der Tuberculose hemmt, bis Grisolle [3])
diesem Vorurtheile an der Hand sorgfältiger Untersuchungen erfolg-
reich entgegengetreten ist. Seine Schlussfolgerungen lauten folgendermaassen: Frauen werden selten bei deutlich ausgesprochener Schwind-
sucht schwanger, aber nicht selten entwickelt sich diese im Laufe der

---

[1]) Siehe S. 267.
[2]) Siehe S. 216, Fig. 65.
[3]) Archives générales de medecine. IV. Série, Tom. XXII 1856, p. 41.

Schwangerschaft, welche dann als bestimmende Ursache wirkt und die bestehende Prädisposition in die wirkliche Krankheit überführt. Die Tuberculose hat nicht blos in der Schwangerschaft keinen langsamern, sondern eher einen schnellern Verlauf, als ausserhalb derselben, während nach der Entbindung die Krankheit eher stationär bleibt oder wieder langsamer verläuft. Die Tuberculose selbst stört wenig den Verlauf der Schwangerschaft.

In anderen Fällen beginnt die Invasion gleich in den Uterus hinein, die Gebärmutterhöhle wird zunächst ergriffen und bleibt entweder während einer längern oder kürzern Zeit der einzig befallene Theil, oder die Ausbreitung erfolgt gleichzeitig oder bald darauf auch auf die Schleimhaut der Tuben, auf die Vagina und deren Umgebung. Gehen die Eileiter zunächst unbetheiligt aus und hat die Affection der Uterinschleimhaut keine besondere Intensität erlangt, dann steht dem Eintritte der Conception nichts im Wege, und von der Beschaffenheit der Schleimhaut, oder vielmehr von dem Verhalten der Krankheit im weitern Verlaufe wird es abhängen, ob die Beherbergung der Frucht bis zur erlangten Reife im Uterus möglich sein oder ob dieser unfähig wird, die Bebrütung zu Ende zu führen, in welchem Falle es zum Abortus kommen muss, ein Vorgang, welcher sich so oft wiederholen kann, als sich die Bedingungen für die Möglichkeit der Conception nicht ändern.

Macht die Krankheit weitere Fortschritte oder werden die Tuben schon in einem frühen Stadium derart in Mitleidenschaft gezogen, dass eine Verstopfung ihres Lumens oder des Ostiums erfolgt, dann ist damit auch jede Aussicht auf Conception geschwunden. Die tuberculöse Zerstörung im Uterus übt, wie die meisten Geschwülste es thun, ihre hemmende Wirkung nicht nur gegen ein etwaiges anrückendes Ovulum, sondern auch gegen das Vordringen der Spermafäden aus.

Auf Grundlage der hier vorgebrachten Thatsachen können wir uns daher der sechsten der von Lebert aufgestellten Schlussfolgerungen anschliessen, welche dahin geht, dass vorgerückte Phthisis die Conception nicht hindere, frühe Phasen der Tuberculose sie nicht verhindern und meist den vollständigen Verlauf der Schwangerschaft erlauben [1]).

Beim gesunden Zustande der Eileiter befördern dieselben ein in das Infundibulum gelangtes Eichen durch die Länge ihres Gebietes,

---

[1]) Lebert, Ueber Tuberculose der weiblichen Geschlechtsorgane. Archiv für Gynäkologie 1872. Bd. IV, S. 457.

also bis zum Ostium uterinum, und nun beginnt die Herrschaft der Gebärmutterhöhle, von deren Beschaffenheit es abhängt, ob dem Ovulum der ·Eintritt in dieselbe möglich ist oder nicht.

Eine hervorragende Rolle spielen jene metritischen Processe, bei denen die Uterinschleimhaut betheiligt ist. Wie beim Tubencatarrh die Auflockerung der Schleimhaut des Eileiters hinreicht, um das Ostium uterinum zu verstopfen und dasselbe so lange unwegsam zu erhalten, als die Schwellung der Schleimhaut dauert, so kann dasselbe Ereigniss eintreten, wenn sich die Schleimhaut der Gebärmutterhöhle im Zustande der catarrhalischen Affection befindet, oder wenn eine allgemeine Hypertrophie der Uteringewebe eingetreten ist. Hierdurch wird die wichtige Frage über das Verhalten der chronischen Metritis zur Sterilität zum Theil erledigt.

Ganz wie beim tuberculösen Process finden wir unter den an chronischer Metritis leidenden Frauen eine Reihe, welche, trotz der obwaltenden ungünstigen Verhältnisse, concipirt und eine regelmässige Schwangerschaft durchmacht, während es bei einer andern Reihe zur Conception nicht kommt. Die hier in Betracht kommenden, durch die Metritis gesetzten Conceptionshindernisse sind verschiedener Art. Die Krankheit geht mit Hypertrophie des Gebärorganes einher, welches zu einer Lageveränderung — gewöhnlich Senkung und Version — gezwungen wird, sobald die Vergrösserung einen gewissen Grad erreicht hat. Die Malposition hebt aber Bedingungen auf, welche wir als für die Conception wesentlich erachten. Wir werden darauf bald zu sprechen kommen.

An dieser Stelle interessiren uns diejenigen Fälle der chronischen Metritis, in denen die Lage des Uterus im Becken noch keine abnorme geworden ist. Bei diesen fällt einzig und allein der Umstand die Entscheidung, ob das Ostium tubae abdominale wegsam ist oder nicht; im erstern Falle wird das heranrückende Ovulum in die Uterinhöhle gelangen, im letztern wird dasselbe in der Tuba verbleiben, und falls eine Befruchtung desselben stattgefunden hat, Tubenschwangerschaft zur Folge haben. Dieses Ereigniss würde zur Voraussetzung haben, dass die Occlusion des Ostium eine ganz recente, und dass Sperma in die Tuba gelangt sei, bevor der Verschluss perfect geworden ist.

Die Bedeutung dieses Ostienverschlusses steht derjenigen des Ostium abdominale, wie es eintreten muss, wenn sich Hydro-, Pyo- oder Haemato-salpinx bilden soll, ganz ausserordentlich nach. Beim Ostium abdominale handelt es sich um nichts weniger, denn um einen Verschluss durch Ausfüllung des Lumens mittelst verdickter Schleimhaut; vielmehr

tritt hier eine wirkliche organische Verbindung ein, eine Verwachsung
in Folge inflammatorischer Vorgänge und eine Occlusion, welche sich
nimmermehr löst. Zwar kann dieser Process auch am Uterinostium
auftreten, in der Regel thut er es aber nicht, und in den meisten Fällen von Hydrosalpinx lässt sich der Verschluss dieses Ostiums als ein
mechanischer, durch Auflockerung der Schleimhaut herbeigeführter,
nachweisen. So ist es auch bei der Metritis. Ein solcher Verschluss
kann sich temporär oder permanent lösen, wenn die Auflockerung der
Gewebe aufhört, ein Vorgang, welcher jene Fälle erklärt, in denen
Frauen, welche an chronischer Metritis leiden und nachdem sie lange
steril waren, einmal oder wiederholt in langen Zwischenräumen
schwanger werden. Es handelt sich eben nur um den Eintritt der
Conception, für die Bebrütung des befruchteten Ovulums ist selbst ein
in chronischer Entzündung befindlicher Uterus vollkommen tüchtig.

Das scheinbar grundlose Aufhören des sterilen Zustandes, wo er
viele Jahre bestanden hat, ist ausnahmslos auf das Verschwinden eines
mechanischen Conceptionshindernisses zurückzuführen, gleichgiltig
ob dasselbe nachweisbar war oder nicht. Wir sind nunmehr genügend
darüber unterrichtet, dass die bei Weitem grösste Mehrzahl dieser
mechanischen Hindernisse durch die Hilfsmittel, welche uns gegenwärtig zu Gebote stehen, gar nicht nachzuweisen ist, und es ist durchaus nicht einzusehen, warum einige winzige pseudomembranöse Fäden,
welche die Tuben fixiren, oder ein winziges Schleimpfröpfchen, welches ihr Ostium uterinum verstopft und die betreffende Frau steril
macht, sich nicht zurückbilden oder auflösen und die Frau in den Zustand versetzen sollen, concipiren zu können.

Neben der Parametritis, auf deren häufiges Vorkommen bei öffentlichen Dirnen sowohl Walther als Virchow aufmerksam gemacht
haben [1]), ist es die Metritis chronica, welche eine Antwort auf die
Frage ertheilt, warum jene Personen so ausserordentlich selten concipiren. Ein gesunder Uterus gehört bei ihnen eben zu den Seltenheiten. Während unserer langjährigen Thätigkeit in einem Londoner
Hospitale, in welchem wir eine sehr grosse Anzahl Freudenmädchen zu
untersuchen Gelegenheit hatten, hat sich uns die Ueberzeugung auf-
gedrängt, dass selten eines dieser Individuen von Metritiden befreit
ist, denn es war uns die Gelegenheit geboten, auch solche in sehr
grosser Anzahl der Untersuchung zu unterziehen, welche wegen Krankheiten anderer Organe als der der Generation das Hospital besuchten.

---

[1]) Siehe S. 185.

Nicht die von jenen Personen angewendeten Mittel sind es, welche ihnen eine Immunität gegen Conception verleihen, sondern die pathologischen, durch allzuhäufigen localen Reiz gesetzten Zustände, an denen sie leiden und unter denen die Metritis chronica eine Hauptrolle spielt, durch welche der Empfängniss diejenigen Hindernisse, und zwar ohne auffallende Symptome, erwachsen, welche wir in diesem Abschnitte besprochen haben. Dass diese mechanischen Impedimente theils einen temporären Bestand haben, theils permanent bleiben können, geht aus der Thatsache hervor, dass ein Theil der Dirnen, wenn sie später die Ehe eingehen, Kinder gebären, ein anderer steril bleibt.

Uebrigens ist es durchaus nicht nöthig, dass es zur chronischen Entzündung und Vergrösserung des Gebärorganes kommt, es genügt schon der catarrhalische Zustand der Gebärmutter nebst der mit demselben einhergehenden abnormen Secretion, um das Ostium entweder durch Auflockerung der secernirenden Membran oder durch ein zufällig gegen dasselbe hingeschwemmtes Schleimflöckchen, welches sich unter gewissen Umständen verdichten und ein Pfröpfchen bilden kann, vollkommen zu verstopfen. Jede andere pathologische Alteration in der Structur der Uterinschleimhaut kann, sei es durch locale Hyperplasie, sei es durch Erregung abnormer Secretion, dieselben Consequenzen nach sich ziehen.

Das Lumen der Tuba kann aber von normaler Beschaffenheit und vollkommen permeabel sein, und dennoch vermag das Ovulum nicht in die Uterinhöhle zu gelangen. Dabei können wiederum verschiedene Hindernisse in Concurrenz treten.

So kann sich zum Beispiel ganz oben im Winkel der Uterinhöhle und unmittelbar vor dem Ostium uterinum ein Polyp oder ein kleines Fibroid in der Weise ausbilden, wie es in dem in Fig. 101 dargestellten Präparate der Fall ist. Die Neubildung stellt einen förmlichen Deckel dar, welcher die Eileitermündung fast hermetisch verschliesst. Die Localität, an welcher er sich befindet, schützt ihn ziemlich sicher vor Entdeckung, und der Fall imponirt bei ungenügender Untersuchung als Sterilität ohne nachweisbare, also aus „dynamischer" Veranlassung. Derartige Fälle sind überaus häufig. Ist der Zustand einseitig, dann kann die Sterilität eine relative, ist er beiderseitig, dann muss die Sterilität eine absolute sein. Unter den von uns post mortem untersuchten Fällen haben wir wiederholt solche der letzteren Categorie zu beobachten Gelegenheit gehabt.

Am schlimmsten ist das Vorkommen kleinerer oder grösserer Polypen oder Myome, welche mit breiter Basis vom Fundus ausgehend oder

sonstwie in das Uterincavum hineinwachsen und sich diesem so plastisch
anschmiegen, dass sie mit einem Gypsausgusse desselben identisch
sind. Die Wände der Gebärmutterhöhle können die Neubildung so fest
umschliessen, dass sie gewissermaassen e i n e solide Masse darstellen.
Dass die Tubenostien hierdurch so bedeckt werden, dass selbst einem
Ovulum der Durchtritt durch dieselbe unmöglich wird, ist einleuchtend [1]).

Bei den grossen intrauterinen Polypen und Tumoren [2]) wird es
von ihrer Grösse und ebenfalls von ihrem Verhalten den Uterinostien

Fig. 101.

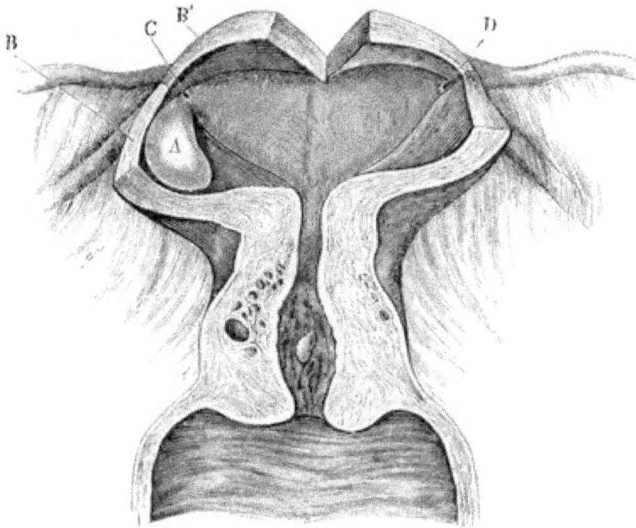

Verlegung eines sonst gesunden Ostiums der Tuba durch einen Polypen. (Die Bezeichnungen wie in Fig. 57.)

gegenüber abhängen, ob sie auch nach der hier in Rede stehenden Seite
hin als Conceptionshinderniss auftreten können. Wie sie das nach einer
andern Richtung hin zu thun vermögen, werden wir bald kennen lernen. Schliesslich sei noch darauf hingewiesen, dass wir die Conception
für ein so sehr auf mechanischen Vorgängen beruhendes Ereigniss halten, dass wir sie selbst im Falle einer vollständigen Transformation des
Uterus, wie in dem in Fig. 62 dargestellten Präparate, für möglich halten, da die Ovarien normal geblieben, die eine Tuba durchweg per-

[1]) Siehe Figg. 40, 58, 59.
[2]) Siehe Fig. 60.

meabel, sogar ungewöhnlich weit und mit der Cervicalhöhle im Zusammenhange geblieben ist. Dass in diesem Falle die Bebrütung eines befruchteten Ovulums unmöglich wäre, versteht sich von selbst, für den Contact zwischen Sperma und Ovulum aber besteht kein Hinderniss.

c. Die Bedingungen für die Deposition von Sperma in die Scheide, d. h. die Cohabitation, können unmöglich sein.

Nachdem wir diejenigen Momente kennen gelernt haben, welche die Entwicklung des Follikels stören, oder ein aus demselben getretenes Ovulum verhindern können, den Ort seiner Bestimmung, nämlich die Utrinhöhle, zu erreichen, wollen wir nunmehr diejenigen Störungen untersuchen, welche geeignet sind, das Einbringen von Sperma in die Scheide, d. h. die Cohabitation, unmöglich zu machen, oder wenn diese erfolgt, das Eintreten der Spermafäden in den Cervix, oder aber das weitere Vordringen von hier aus zu erschweren oder gänzlich zu vereiteln, d. h. also den Contact zwischen Ovulum und Sperma, also die Befruchtung, nicht zu Stande kommen zu lassen.

Die Zustände, welche die Impotentia coeundi seitens des Weibes bedingen, bestehen theils in directen Verschlüssen oder Verengerungen der der immissio penis dienenden Wege, theils in pathologischen Alterationen, welche auf mittelbarem Wege, z. B. wegen allzuheftiger Schmerzen, welche die Annäherungen des Mannes wachrufen, diese unmöglich machen. Die Hindernisse, welche seitens des Mannes geliefert werden, also die männliche Sterilität, als Unfähigkeit befruchtungsfähigen Samen zu produciren, sowie die männliche Impotenz, als Unfähigkeit den Beischlaf auszuführen, sowie die zeitweise Bildung von Sperma, dessen Beschaffenheit derart ist, dass sie die Bewegung der Spermafäden hemmt [1]), schliessen wir natürlich aus dem Kreise unserer Beobachtungen aus; bemerken wollen wir jedoch, dass wir uns mit der Erfahrung Courty's [2]) rücksichtlich der Seltenheit der männlichen Unfruchtbarkeit in Uebereinstimmung befinden, der zufolge unter zehn unfruchtbaren Ehen die Ursache neun Male in der Frau gelegen sei.

---

[1]) Beigel, Krankheiten des weiblichen Geschlechts. Bd. II, S. 794.
[2]) Traité pratique des maladies de l'Uterus. Paris 1872, p. 1147.

Zunächst kommen die Anomalien der Entwicklung, und zwar die allgemeine Kleinheit der Vulva, in Betracht. Wenn diese Anomalie in so hohem Grade vorhanden ist, dass an die Möglichkeit einer immissio penis gar nicht gedacht werden kann, dann sind auch die übrigen, den weiblichen Generationsapparat zusammensetzenden, Theile so verbildet, dass sie die Conception ausschliessen. Handelt es sich aber nur um geringere räumliche Verhältnisse, als sie normaliter angetroffen werden, dann werden nicht selten die relativen Proportionen zwischen den männlichen und den weiblichen Theilen entscheidend sein, und es wird ein Ausgleich, selbst wenn dieselben Anfangs sehr ungünstig erscheinen, dennoch durch wiederholte Versuche oder durch Kunsthilfe zu Stande kommen können.

Als ein verhältnissmässig häufiges Hinderniss tritt die sogenannte Atresia vulvae auf. Besteht dieselbe auch nur in einer Verklebung der grossen Schamlefzen, so kann sie doch so fest und ergiebig sein, dass alle Anstrengungen seitens des Mannes vergebens sind, bis ihm der Eintritt durch die Hand des Arztes ermöglicht wird. In einem derartigen von uns beobachteten Falle war die Verklebung eine so feste, dass sie über Jahr und Tag einen erfolgreichen Widerstand zu leisten vermochte. Das Merkwürdige dabei war, dass die so aneinander adhärirenden Labien sich durch die Begattungsversuche verlängerten und während des Actes die Bildung einer so tiefen Grube ermöglichten, dass das junge und kräftige Ehepaar der Meinung lebte, der Fortgang des Beischlafes sei ein ziemlich normaler, dass die Frau aber steril sei. Die Untersuchung legte die obwaltenden Umstände klar, die Lösung der Atresie, welche eine vollkommene war, hatte durchaus keine Schwierigkeiten und die Dame wurde sehr bald schwanger.

Das durch die Rigidität des Hymen gesetzte Cohabitationshinderniss ist ein ziemlich häufiges Vorkommniss. Diese Membran ist in einem noch weit höherm Grade geeignet sich zu dehnen, sich durch die Cohabitationsversuche bedeutend zu verlängern und durch das männliche Glied so in die Scheide einschieben zu lassen, dass es dem letztern wie ein Condom anliegt. Wir haben mehrere Fälle beobachtet, in denen die beutelförmige Dehnung des Hymen eine ganz auffallende war. Es ist bekannt, dass die Spermatozoen selbst durch die feinsten Oeffnungen des Hymen, welche in manchen Fällen nur eine sehr dünne Sonde hindurchlassen, ihren Weg in die Vagina, den Uterus und die Tuben finden, dass die Conception also bei fast gänzlich verschlossener Vagina eintritt und die Trennung der Membran vorgenommen werden muss, um die Geburt des Kindes zu ermöglichen.

Die angeborene Vergrösserung der Labien und der Clitoris ist selten von einer solchen Art, dass sie im Stande wäre, den Coitus zu verhindern, hingegen vermag sie diesen Act in manchen Fällen zu erschweren. Anders verhält es sich mit den pathologischen Vergrösserungen dieser Theile, die sich nach einer doppelten Richtung hin als Cohabitationshindernisse geltend machen können; einmal indem sie, wie bei der Elephantiasis, eine Grösse zu gewinnen vermögen, welche eine intime Annäherung an die Vulva entweder gar nicht oder nur in sehr unvollkommener Weise gestatten, sodann indem die mit diesem Processe einhergehende Entzündung und Infiltration der Nachbarschaft im Stande ist, den Introitus vaginae so hart und unnachgiebig zu machen, als wäre er von Eisen. In diesem Zustande, bei welchem sogar die Digitalexploration unmöglich wird, ist die Ausübung des Coitus gänzlich ausgeschlossen.

Den entzündlichen Erscheinungen der Vulva kommt überhaupt eine grössere Bedeutung zu, als den meisten Bildungsanomalien, welche hier in Concurrenz treten. Es ist nicht die Vulvitis, selbst wenn das acute Stadium ins Auge gefasst wird, welche als hervorragender Factor auftritt; denn sie kann den geschlechtlichen Verkehr nur, theils durch profuse Secretion, theils durch Schmerzhaftigkeit der Theile bei deren Berührung, unangenehm machen oder erschweren, aufheben aber wohl nie oder doch nur in seltenen Ausnahmefällen; vielmehr ist es die entzündliche Beschaffenheit gewisser Partien, welche ihren Einfluss in einer Weise geltend machen können, welche die Ausübung des Coitus zur absoluten Unmöglichkeit gestaltet. Wir nennen vor Allem die Entzündung jener warzenförmigen Ueberreste des einstmaligen Hymen, welche als Carunculae myrtiformes bekannt sind. Ihre Schmerzhaftigkeit kann eine so ausserordentliche Intensität erreichen, dass die leiseste Berührung, die stürmischsten und mit ausserordentlichen Schmerzen verbundenen Contractionen des Scheideschliessmuskels auslöst. Da dieser Zustand die bereits erfolgte Sprengung des Hymen voraussetzt, kommt er auch in den meisten Fällen bei jungverheiratheten Frauen vor, bei denen nicht nur die besagte Sprengung ausgeführt worden ist, sondern die fraglichen Theile hinterher noch öfteren Insulten ausgesetzt waren. Wir haben aber Fälle beobachtet, in denen der erste Coitus anstandslos vor sich gegangen, jede weitere Annäherung seitens des Mannes wegen der allzugrossen Schmerzhaftigkeit der Hymenreste unmöglich war.

Seltener zwar, jedoch nicht minder energisch, kommt das hier in Rede stehende Begattungshinderniss bei Frauen vor, welche Jahre lang in der Ehe gelebt und Kinder geboren haben, indem sich ein oder mehrere jener Caruncnlae entzünden und so lange zum Sitze grosser Schmerzen werden als die Entzündung besteht.

Ganz in derselben Weise kann die Entzündung des Hymen und anderer in der Nachbarschaft liegender Theile als Cohabitationshinderniss auftreten. Wir nennen die sogenannten Carunculae urethrae, die Fissura ani und die Coccygodynie, welche in Verbindung mit der Hyperästhesie des Hymen und der Clitoris diejenigen krankhaften Erscheinungen ausmachen, in welche sich der als „Vaginismus" beschriebene, die Ausübung des Beischlafes in fast absoluter Weise verhindernde, Zustand auflöst, da die mit ihm behafteten Frauen nicht allein bei dem leisesten Contacte, sondern schon bei dem Gedanken an einen solchen von Krämpfen befallen werden können. Die Furcht vor der Untersuchung hält derartige Patientinnen nicht selten Jahre lang ab, ärztliche Hilfe aufzusuchen, und veranlasst sie, trotz des sehnlichsten Wunsches nach Nachkommenschaft, lieber viele Jahre in kinderloser Ehe zu leben, als ihre Vorstellung von den Schmerzen aufzugeben, welche sie bei der Untersuchung aushalten zu müssen glauben.

Die Entzündung der Bartholinischen Drüsen kann anfangs durch die mit der Entzündung einhergehenden Schmerzen als Hinderniss auftreten, später aber kann der Umfang der erkrankten Labien ein so beträchtlicher werden, dass er, wie wir zu beobachten Gelegenheit hatten, die Annäherung absolut unmöglich macht. Natürlich ist dieses Hinderniss stets ein temporäres, welches so lange bestehen bleibt, als nicht zur Eröffnung des Abscesses geschritten wird.

Ob der Pruritus vulvae im Stande ist, den Beischlaf unmöglich zu machen, vermögen wir nicht zu entscheiden, da sämmtliche von uns beobachteten Patientinnen, welche dieser Krankheit unterworfen waren, bereits im vorgerückten Alter standen, so dass die Verhältnisse des Geschlechtslebens ihren Klimax längst überschritten hatten. Die eine unserer Patientinnen gab jedoch positiv an, dass sie die Annäherungen ihres Mannes fürchte, weil der Act mit beträchtlichen Schmerzen verbunden sei, und nach dessen Beendigung sich fast constant ein äusserst heftiger Juckanfall einstellt, welcher beide Eheleute zwingt, die Befriedigung ihres Geschlechtstriebes auf das allergeringste Maass zu reduciren.

Mit dem Pruritus können die ganz kleinen Neurome in Concurrenz treten; allein abgesehen von der differenten Art der Schmerzen in beiden Affectionen, wird die Auffindung einer kleinen circumscripten Stelle, oft ein winziges Knötchen enthaltend, von dem der Schmerz ausgeht und auf welche er beschränkt bleibt, die obwaltenden Verhältnisse klarlegen.

Was die in der Vulva vorkommenden Neubildungen betrifft, so wird es von der Natur ihrer Zusammensetzung, ihrem Sitze und Umfange, sowie davon, ob ihre Oberfläche intact oder ulcerirt ist, abhängen, ob sie das Cohabitationsgeschäft nur zu erschweren im Stande sind, oder ob sie dasselbe gänzlich unausführbar machen können.

Die Darmrisse endlich kommen nur insofern in Frage, als sie Scheide und Rectum in eine Cloake umzubilden und die ganze Gegend zu einem höchst unbegehrenswürdigen Terrain umzugestalten vermögen und, selbst wenn sie nur unvollständige Risse bilden, zu häufigen Entzündungen der von dem frühern Damme zurückgebliebenen Fetzen und deren Umgebung führen, während welcher der geschlechtliche Verkehr oft eingestellt werden muss. Ausserdem aber können sie sicherlich, wenn es zur Cloakenbildung und zur schleimigen oder eitrigen Secretion gekommen ist, einen nachtheiligen Einfluss auf die Spermafäden ausüben.

Die effectvolle Ausübung des Coitus wird in vollkommenster Weise verhindert, wenn die Vagina gänzlich mangelt oder nur durch eine unansehnliche, überdies noch solide, Bandmasse repräsentirt erscheint. Dabei kann die Vulva sonst normal beschaffen sein, und den Beischlaf durch den muschelförmigen Blindsack in genügender Weise vermitteln, von welchem aus jedoch kein Weg zur Muttermundsöffnung des Uterus führt. In manchen Fällen ist eine feine Oeffnung in diesem blindsackförmigen Grunde der Vulva zu entdecken, aus welcher zur Menstruationszeit Blut fliesst. Die Möglichkeit einer Conception ist in solchen Fällen zwar nicht ausgeschlossen, uns ist jedoch kein Fall bekannt geworden, in welchem eine solche eingetreten wäre. Wie sich das Verhältniss in den Fällen gestalten dürfte, in denen die Scheide wohl vorhanden, ihr Lumen aber der ganzen Länge nach durch Hypertrophie der Vaginalwandungen äusserst verengt ist[1]), lässt sich nicht ermessen, da bis jetzt nur der einzige derartige, von uns beobachtete, Fall vorliegt.

Die anderen Vaginal-Stenosen werden, mit Rücksicht darauf, ob der Geschlechtsverkehr durch sie gänzlich verhindert oder nur

---

[1]) Siehe S. 108.

erschwert wird, je nach ihrem Sitze und dem Grade des durch sie entstandenen Verschlusses, sowie der Möglichkeit ihrer dauernden oder vorübergehenden Lösung, zu beurtheilen sein. Im Allgemeinen darf wohl behauptet werden, dass eine Stenose — der uns hier beschäftigenden Frage gegenüber — um so ungünstigere Aussichten bietet, je höher ihr Sitz in der Scheide und je dicker ein etwa vorhandener und die Verengerung erzeugender Gewebsring ist.

Die fleischartigen Stränge und Bänder, welche manchmal die Scheide durchkreuzend gefunden werden, heben den Geschlechtsverkehr nicht auf, sondern bilden nur ein Hinderniss für denselben, welches so leicht sein kann, dass die Bänder während der Cohabitation entweder ausweichen oder reissen und schliesslich bei Wiederholung der sie treffenden Insulte gänzlich beseitigt werden. Sie können aber auch von einer Beschaffenheit sein, welche ihnen gestattet, den Versuchen seitens des Mannes, die Vagina bahnfrei zu machen, effectvollen Widerstand zu leisten, so dass zu deren Entfernung mittelst Messer und Scheere geschritten werden muss.

Dieselbe Beurtheilung ist auf die in der Scheide vorkommenden Geschwülste und Cysten anwendbar. Dass auch die letzteren so gross werden können, dass sie ein Cohabitationshinderniss abgeben, beweist der von Credé am 1. Mai 1875 operirte Fall[1]), eine achtzehn Jahre alte Frau betreffend, welche die Bemerkung machte, dass beim Husten eine etwa taubeneigrosse Geschwulst zur Schamspalte heraustrat und innerhalb eines halben Jahres zu so bedeutender Grösse anwuchs, dass der Coitus unmöglich wurde. Als die Patientin die Klinik aufsuchte, wurde eine vor der Schamspalte aus der Scheide heraushängende, über faustgrosse fluctuirende Geschwulst vorgefunden.

Bei anderen in der Vagina wachsenden Neubildungen ist im Allgemeinen ihr Umfang darüber entscheidend, wie weit sie durch die veränderten räumlichen Verhältnisse das Begattungsgeschäft zu verhindern oder zu erschweren vermögen. Das bezieht sich sowohl auf diejenigen Neubildungen, welche ihren Ursprung in der Vagina selbst haben, als auch auf jene, deren Ursprung in der Uterinhöhle zu suchen ist, von wo aus sie durch den Mutterhals in die Scheide herabsteigen, diese nicht nur ausfüllen, sondern auch bedeutend erweitern und aus derselben sogar heraustreten können, so dass die Annäherung eines Mannes gänzlich ausgeschlossen bleibt.

---

[1]) Archiv für Gynäkologie, 1876, Bd. IX, S. 324.

Der Einfluss der grossen Tumoren sowohl als der kleinen in der
Scheide wachsenden oder in dieselbe hineinragenden Schleimhautpolypen macht sich auch nach einer andern Richtung hin geltend. Bekanntlich sind die letzteren besonders zu Blutungen geneigt, die entweder
spontan auftreten oder sich nach jedem Coitus, durch die mechanischen Insulte veranlasst, und zwar sowohl in profuser als in kaum
nennenswerther Weise, einstellen können. Die Frauen erschreckt
aber nichts so sehr als aussermenstruale Blutungen aus den Genitalien, selbst wenn es sich nur um den Verlust weniger Tropfen
handelt, sobald er oft vorkommt. Bei ängstlichen Eheleuten können
diese Neubildungen also insofern Cohabitationshindernisse werden, als
sie zum Entschlusse zu führen im Stande sind, auf die Freuden der
Ehe Verzicht zu leisten. Uns ist ein derartiger Fall bei einem jungen,
lebensfrohen, sehr wohlhabenden und einander sehr liebenden Ehepaar vorgekommen. Die Frau zählte erst fünfundzwanzig Jahre und
hatte einmal geboren. Da machte sie die Bemerkung, dass sich
nach jeder Umarmung ein Blutabgang zeigte, welcher zwei bis drei
Tage anhielt und äusserst mässig, eigentlich nur an wenigen Blut-
spuren in der Wäsche, bemerkbar war. Nachdem sich diese Erscheinung mehrere Monate lang wiederholt hatte, bildete sich die Frau
ein, am Gebärmutterkrebse zu leiden, und verfiel in eine förmlich
melancholische Gemüthsstimmung. Dabei war sie von einer Scham-
haftigkeit, dass sie sich selbst ihrer eigenen Mutter nicht anvertrauen
wollte, aus Furcht, diese würde auf eine ärztliche Untersuchung
dringen. Der Ehemann aber, welcher seine Frau zärtlich liebte, gab
jeden Cohabitationsversuch auf und so lebten beide zwei Jahre lang
in Kummer und Keuschheit. Die geistige Verstimmung der sonst
sehr lebhaften Dame, das Herabkommen in körperlicher Beziehung
bestärkte sie in ihrer Einbildung bis die Mutter endlich energisch
dazwischentrat und auf eine Untersuchung bestand, welche von uns
vorgenommen wurde. Bei dieser wurde ein in die Vagina hineinragen-
der von der Cervicalschleimhaut aus wachsender länglicher Polyp,
entdeckt, welcher entfernt wurde. Der Coitus ging fortan anstandslos
vor sich, die Dame erholte sich rasch und wurde besonders durch die
bald darauf folgende Schwangerschaft von ihrer Einbildung radical
geheilt.

Die Lageveränderungen der Scheide als solche können
als Cohabitationshinderniss nicht angesehen werden, wenn sie reponibel
sind und bei ruhiger Lage im Bette sich entweder selbst einrichten
oder von den Patientinnen reponirt werden, um den Männern die An-

näherung zu gestatten. Nur alte Scheidevorfälle machen hiervon insofern eine Ausnahme, als die Vagina hochgradig hypertrophisch zu werden pflegt und in ihrer Textur überdies bedeutend verändert werden kann, diese Alteration aber das Verhältniss der Scheide zum Uterus resp. zur Vaginalportion so zu verrücken im Stande ist, dass auch der Eintritt des Sperma in den Muttermund behindert wird.

Die grossen Tumoren in und um den Uterus verdienen hier erwähnt zu werden, weil sie durch den Druck, welchen sie ausüben, den Prolapsus vaginae veranlassen können. Auch der Entzündungen der Scheide muss gedacht werden, obgleich sich ihre hauptsächlichste Wirkung nach einer andern, bald zu besprechenden, Richtung geltend macht. Es darf jedoch nicht ausser Acht gelassen werden, dass sie unter Umständen geeignet sind in directer Weise als Begattungshinderniss aufzutreten, da ihre Schmerzhaftigkeit eine Höhe erreichen kann, welche den Coitus unmöglich macht.

Endlich ist noch die Hyperaesthesia vaginalis zu nennen. Alles darauf Bezügliche ist in dem pathologisch-anatomischen Abschnitte gesagt worden [1]). Wenn alle zur Beobachtung gelangenden Fälle mit denselben Symptomen einhergehen sollten, durch welche sich die von uns beobachteten ausgezeichnet haben, dann muss diese Affection, so lange sie eben besteht, als ein absolutes Begattungshinderniss angesprochen werden.

f. Der Coitus ist unbehindert, es gelangt Sperma in die Vagina, allein die Samenfäden werden durch chemische oder andere Agentien befruchtungsunfähig.

Das Verhalten der Spermafäden gegenüber chemischen und physikalischen Einflüssen ist ein ganz eigenthümliches. Während ganz indifferente Stoffe ihre Bewegungsfähigkeit beinträchtigen oder gänzlich aufheben, wird letztere durch viele differente und den Geweben sonst schädliche Körper gefördert, oder wenn sie bereits ermattet ist, von Neuem angefacht. Dieselben Stoffe, welche in einer gewissen Concentration die Fäden augenblicklich zum Stillstand bringen, erwecken sie in anderen Concentrationsverhältnissen aus ihrer Lethargie oder machen ihre Bewegungen lebhafter. Unter den vielfachen Ver-

[1]) Siehe S. 123.

diensten, welche sich Kölliker um die Wissenschaft erworben, ist
es der geringste nicht, dass er dem Einflusse gewisser Agentien
auf die Spermatozoen seine besondere Aufmerksamkeit zugewendet
hat [1]).

Aus den Resultaten, zu denen dieser Forscher gelangt ist, muss
zunächst als wesentliche Thatsache hervorgehoben werden, dass der
Concentrationsgrad der Flüssigkeiten eine auffallende Rolle rücksichtlich der Behinderung oder Förderung der von den Spermafäden ausgeführten Bewegungen spielt. Die chemische Zusammensetzung
scheint gar nicht in Betracht zu kommen, denn höchst indifferente
Stoffe, wie Gummi, Dextrin und Pflanzenschleim, wirken absolut
schädlich, gleichgültig ob sie im Zustand hoher Concentration oder
in verdünnter Lösung zur Anwendung kommen, während die kausti-
schen Alkalien kräftige Erreger sind.

Nach den bisher aufgefundenen Thatsachen könnte man die
Körper bezüglich ihres Verhaltens zu den Samenfäden eintheilen in:
1) unschädliche; 2) absolut schädliche; 3) schädliche, wenn sie in
starker Concentration zur Anwendung kommen; 4) die Energie der
Bewegung fördernde und 5) die bereits zur Ruhe gekommenen Fäden
wieder erweckende.

Zu den unschädlichen gehört der normale Harn; nur wenn er
sauer reagirt oder stark ammoniakalisch geworden ist, übt er eine
schädliche Wirkung aus. Dieser Umstand erklärt es hinlänglich,
warum manche mit Scheidenfisteln behafteten Frauen schwanger werden, andere nicht. Ferner gehört der alkalische Schleim zu den
unschädlichen Agentien, vorausgesetzt, dass er nicht zu sehr concen-
trirt ist, desgleichen alkalische Milch. Der Harnstoff, Amygdalin, Zucker, Glycerin und Salicin wirken auf die Bewegung
nicht nachtheilig, wenn sie in mässiger Concentration angewendet
werden; ist letztere stark, dann werden die Bewegungen aufgehoben.

In der Reihe der absolut schädlichen Körper steht das reine
Wasser oben an; dann folgen Speichel, saure Milch, Alkohol,
Aether, Chloroform, Kreosot, Tannin, Essigsäure, Metall-
salze, ätherische Oele und Mineralsäuren in verschiedenen
Graden der Schädlichkeit. Die Mineralsäuren üben auch dann ihre

---

[1]) Kölliker: Beiträge zur Kenntniss der Samenfäden etc. S. 66; ferner:
Ueber die Vitalität und die Entwicklung der Samenfäden. Verhandl. der Würz-
burger Gesellsch. 1855; ebenso: Physiologische Studien über die Samenflüssigkeit. Zeitschr. für wissenschaftl. Zoologie. Bd. VII, S. 201.

nachtheilige Wirkung aus, wenn sie zu $^1/_{5:00}$ einer günstigen Zuckerlösung zugesetzt werden [1]).

Zu den in starken Concentrationen schädlichen Stoffen gehören
mehrere der bisher bereits genannten. Es giebt deren aber noch
eine ganze Reihe. So fand Kölliker z. B., dass in Traubenzucker-
lösungen von 30 Proc. die Sämenfäden aller Säugethiere stillstehen,
sich in Lösungen von 15 Proc. oder 1060 specifischen Gewichts lebhaft
bewegen, dass sie dagegen wenn das specifische Gewicht auf 1010
sinkt, unter Oesenbildung zur Ruhe kommen.

Die Energie der Bewegungen fördern alle neutralen Alkalien und
Erdsalze in mässiger Concentration. Der günstigste Concentrationsgrad ist bei verschiedenen Salzen verschieden; so wirken von den chlor-
und salpetersauren Alkalien Lösungen von 1 Proc. am günstigsten, während in solchen von 2 bis 3 Proc. oder von $^1/_2$ Proc. nur vereinzelte
schwache Bewegungen bemerkbar sind; phosphorsaures und schwefel-
saures Natron, schwefelsaure Magnesia und Chlorbaryum dagegen bedürfen einer Concentration von 5 Proc. um günstig zu wirken, während
Lösungen über 10 Proc. und unter 2 Proc. hier absolut schädlich sind.
Die kohlensauren Alkalien erregen in Lösungen von 1 bis 3 Proc. sehr
energische, lebhafte, aber nur wenige Minuten anhaltende Bewegungen. Von allen Salzen, welche in gewissen Concentrationen günstig
wirken, verhalten sich verdünnte Lösungen wie Wasser, hemmen die
Bewegung unter Oesenbildung, doch so, dass dieselbe durch Zusatz
stärker concentrirter Lösungen des betreffenden Salzes (oder auch
concentrirter indifferenter Stoffe) wieder hervorgerufen wird. Umgekehrt lassen sich die Bewegungen, wenn sie durch zu concentrirte
Lösungen sistirt worden sind, durch Verdünnung mit Wasser wieder
erwecken [2]).

Die zur Ruhe gekommenen Fäden wieder zu Bewegungen an-
fachenden Mittel sind, wenn erstere durch Wasser bewegungslos geworden, Lösungen von Zucker, Eiweiss, Harnstoff zu 10, 15 und 30 Proc.;
ebenso concentrirte Lösungen von Glycerin, Amygdalin, phosphor-
saurem Natron zu 5 bis 10 Proc., Kochsalz zu 1 bis 10 Proc., Zucker
mit Zusatz von $^1/_{1000}$ Kali. Setzt man, nach Funke, Aetzkali in äusserst
geringen Mengen ($^1/_{1000}$ bis $^1/_{2000}$) zu günstigen Zuckerlösungen, so
erhält man eine Flüssigkeit, in welcher die Samenfädenbewegungen
sich ausserordentlich lange und lebhaft erhalten, länger als in der

---

[1]) Funke, Lehrbuch der Physiologie, 1866, Bd. II, S. 1025.
[2]) Ibidem S. 1024.

gleichen Zuckerlösung ohne Kali. Natron und Ammoniak verhalten sich in jeder Beziehung wie Kali.

Die Kenntniss dieser Thatsachen ist nicht nur im Stande, bei Beurtheilung specieller Fälle von Sterilität wichtige Aufschlüsse zu ertheilen, sondern wird sich auch bei den therapeutischen Maassregeln als sehr werthvoll erweisen.

Hat das Sperma den Ort seiner Bereitung verlassen und ist dasselbe in die Vagina transferirt worden, so wird es vollkommen veränderten Verhältnissen ausgesetzt. Von den Secreten, welche dem Sperma beigemischt sind, der Samenbläschen, der Prostata und der Cowper'schen Drüse, ist bekannt, dass sie gleich dem Blutserum, der Lymphe, dem Hühnereiweiss, dem Humor vitreus, der Samenfäden-bewegung sehr förderlich sind und dazu beitragen, die letztere durch mehrere Tage in der Vagina, dem Uterus und den Tuben zu erhalten, wenn eben keine störenden Agentien dazwischen treten. Derlei können aber in grosser Anzahl in Action gerufen werden. Vom sauren Vaginalschleime wissen wir, dass er, gleich dem zähen Secrete des Cervix, die Bewegungen der Samenfäden aufhebt. Allein der Gegenstand ist noch wenig studirt und fordert dringend seine Erledigung, da er sowohl in den diagnostischen als therapeutischen Theil der Sterilitätsfrage tief eingreift.

Wir haben dem Gegenstande vor Jahren bereits unsere Aufmerksamkeit zugewendet, und mehrere Hunderte von Frauen, welche vor und nach der Verheirathung, vor und nach der ersten Geburt an Fluor albus gelitten hatten, auf diese Frage hin untersucht und beobachtet. Es stellte sich jedoch kein Anhaltspunkt heraus, welcher geeignet gewesen wäre, zu bestimmten Schlüssen zu führen. Frauen, welche Jahre lang an äusserst profusen „Flüssen" leiden, welche auf Reinlichkeit nicht achten, empfangen und gebären Kinder, während andere, bei denen die grösste Reinlichkeit herrscht und die Secretion eine normale ist, steril bleiben. Diese sind allerdings nicht maassgebend, weil bei ihnen gewiss andere Sterilitätsgründe obwalten, allein die ersteren sind es, denn es handelt sich bei ihnen nicht allein um eine Hypersecretion, sondern oft ist das Secret bereits zersetzt, im hohen Grade übelriechend, und dennoch hebt es die Bewegungen der Samenfäden nicht auf, sondern gestattet, wenn sonst Alles in Ordnung ist, den Eintritt der Conception. Als hervorragender Repräsentant dieses Zustandes darf wohl das Carcinom der Genitalien angesehen werden. Da bildet die Scheide nicht selten einen Behälter für abscheulich riechende Gase und für abnorme Secretionen, und Zersetzung der letzteren findet an allen Stellen statt, in der Scheide sowohl als im Cervix und Uterus; und dennoch büssen die Spermafäden ihre Locomobilität nicht ein, sondern dringen, wenn die Bahn nur frei ist, vor, befruchten ein Eichen, wenn sie auf ein solches stossen, und die Schwangerschaft geht entweder in normaler Weise vor sich oder sie gedeiht so weit, als der Zustand des Uterus es gestattet [1]. In anderen Fällen hingegen kann die Secretion sich auf einem mässigen Grade erhalten oder ebenfalls in profuser Weise auftreten, allein schon wenige Stunden, ja schon wenige Minuten nach erfolgtem Beischlaf finden wir keinen Samenfaden mehr in Bewegung, sondern mit der charakteristischen Schleife am Schwanzende und regungslos. Das Sperma kann zwar an und für sich eine Concentration haben, welche die Bewegung der Spermafäden aufhebt oder hindert [2], allein wir haben uns oft davon überzeugt, dass die in die Scheide ejaculirten Fäden rasch unbeweglich wurden, während die aus der Harnröhre des Mannes unmittelbar nach dem Coitus herausgedrückten an Lebhaftigkeit der Bewegung nichts zu wünschen übrig liessen, dass es somit die Secretion der Scheide oder des Uterus war, welche sich als schädlich erwiesen, eine Thatsache, welche nach den von Kölliker angestellten Untersuchungen nichts Ueberraschendes hat, wenngleich wir gegenwärtig darüber noch nicht unterrichtet sind, ob es die Concentration der in der Scheide vorhandenen Secretionen oder ob deren Zersetzungsproducte und welche? oder ob gar beide als die in Betracht kommenden Schädlichkeiten in Anspruch zu nehmen sind.

Wir müssen uns demnach vor der Hand mit dem Factum begnügen, dass die Spermafäden durch die Flüssigkeiten, welche sie in der Scheide antreffen, unter uns noch unbekannten Umständen, ihrer Bewegungsfähigkeit beraubt werden können. Hieraus folgt aber, dass alle denjenigen Affectionen der Scheide, des Uterus und der Tuben, welche mit Hypersecretion oder Eiterungen einhergehen, an und für sich als bedingte oder unbedingte Conceptionshindernisse anzusehen sind, da die von ihnen gelieferten Producte die Bewegungen der Spermafäden entweder verlangsamen oder ganz aufheben können.

Da die Spermafäden möglicherweise den Weg bis in die Tuben hinein zurücklegen müssen bevor sie auf ein Ovulum stossen, sind sie, wenn sie der Gefahr des Verlustes ihrer Bewegungsfähigkeit in der Scheide glücklich entronnen, derselben immer noch, sowohl im Cervix als im

---

[1] Siehe: Beigel, Krankheiten des weiblichen Geschlechts, Bd. II, S. 521.
[2] Ibid. S. 794.

Uterus und in den Tuben, ausgesetzt. In jedem dieser Abschnitte können sie noch den Kampf mit Hypersecretion, Concentration der Secretionsproducte oder deren Zersetzung zu bestehen haben. Dass hohe und niedere Temperaturen die Samenfäden lähmen, ist bekannt. Alles das aber mahnt zur Vorsicht, welche unter Umständen, z. B. bei Frauen, welche die Gewohnheit haben, mehrere Stunden nach vollbrachtem Coitus die Douche anzuwenden, um die Theile zu reinigen, nützlich werden kann.

g. Die Samenfäden werden nicht gezwungen, aus der Vagina in den Cervix einzuwandern.

Wir sind hier bei dem kritischsten Punkte des ganzen Befruchtungsvorganges angelangt. Angenommen also, dass die Cohabitation regelmässig vor sich geht, und dass gesundes, befruchtungfähiges Sperma in der Scheide deponirt wird, so bleibt den Spermafäden die Wahl, sich in den sehr weiten Räumen der Vagina zu bewegen oder den viel engeren äusseren Muttermund aufzusuchen, um durch ihn hindurchzutreten, in den Cervix, Uterus und endlich in die Tuben zu gelangen. Hätten sie diese Wahl wirklich, dann würde wohl selten ein Samenfaden die Schwelle des äussern Muttermundes betreten. Allein diese Wahl ist ihnen benommen, die Spermafäden werden, wie wir gezeigt haben[1]), gefangen gehalten bis sie ihren Obliegenheiten Genüge geleistet haben; das Gefängniss bildet das Receptaculum seminis, in welchem sie inhaftirt bleiben bis alle oder die meisten den einen ihnen zu Gebote stehenden Ausweg wählen, nämlich das Os externum, von wo aus sie dann auf gerader Bahn in den Cervix, den Uterus und in die Tuben gelangen. Allein dieses Gefängniss kann zerstört oder der Ausweg verschlossen werden; diejenigen Momente, welche die Zerstörung oder den Verschluss herbeizuführen im Stande sind, wollen wir nunmehr in Erwägung ziehen.

Alles, was im Stande ist, die abgestutzte Kegelform der Vaginalportion zu verändern, wird auch eine Veränderung des Receptaculum herbeiführen können. Hier stossen wir auf eine ganze Reihe von Conceptionshindernissen, welche beim gänzlichen Mangel der Portio

[1]) Siehe S. 301.

vaginalis (Fig. 102) beginnt, durch den infantilen Uterus hindurchgeht und mit der conischen Verlängerung endet. Die abgestutzte Kegelform, deren abgestutzte Fläche den Muttermund trägt, ist in eminenter Weise dazu angethan, zu verhindern, dass die Vaginalwände sich fest anschliessend vor den Muttermund legen, vielmehr werden sie vor dem letztern aus einander gehalten, um das Receptaculum zu bilden, in welches der Muttermund gewissermaassen hineintunkt, wenn es mit Samenflüssigkeit gefüllt ist. Haben wir es nun mit einem Falle von Defectus portio-

Fig. 102.

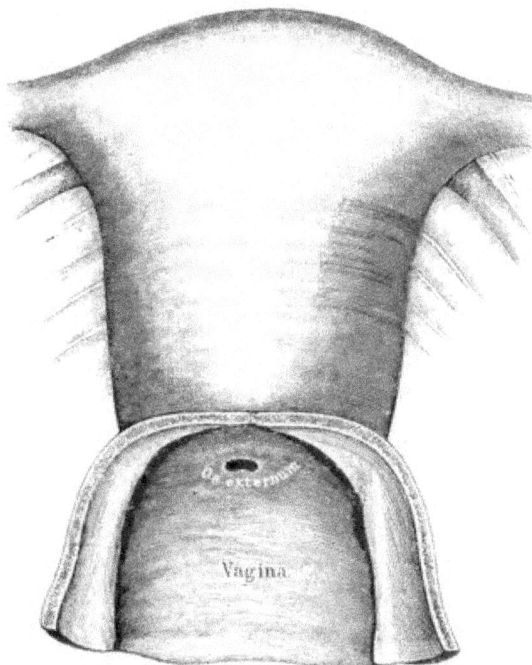

Defect der Vaginalportion. (Natürliche Grösse.)

nis vaginalis zu thun (Fig. 102), so steht der festen Aneinanderlagerung der Vaginalwände durchaus nichts im Wege, das Sperma fliesst nach unten ab und die an den Wandungen haften bleibenden Fäden haben durchaus keine Veranlassung, die Oeffnung, welche das Os externum repräsentirt, aufzusuchen, sondern bleiben lieber in der Vagina, wo sie zu Grunde gehen. Die Möglichkeit, dass Fäden in das Os hineingelangen, ist wohl nicht ausgeschlossen, so dass dieser Defect nur als relatives, nicht als absolutes, Conceptionshinderniss angesehen werden kann.

Jedenfalls steht es fest, dass in den wenigen Fällen, in denen diese Anomalie bisher beobachtet worden ist, die betreffenden Personen steril waren.

Auch beim infantilen Uterus scheint uns das damit einhergehende Verschwinden des „Samenbehälters" eine wichtige Rolle zu spielen. Sind die Verhältnisse z. B. der Art, wie sie in dem in Fig. 30 [1] abgebildeten Präparate bestanden haben, so können wir in der blossen Kleinheit des Uterus durchaus kein stichhaltiges Moment gegen den Eintritt der Conception erblicken; ob nach erfolgter Befruchtung ein solcher Uterus im Stande sei, die Frucht bis zur vollendeten Reife zu beherbergen, ist eine andere Frage. Allein alle bekannten Beobachtungen von Uterus infantilis stimmen darin überein, dass die betreffenden Personen steril waren. Eierstöcke und Tuben können, wie in Fig. 30, normal beschaffen, der kleine Uterus kann vollkommen wegsam sein; dass die in den Ovarien befindlichen Eier weder in der Form noch in der Entwicklung etwas Abnormes darbieten, ist ausser Zweifel gestellt, so dass keine der für die Befruchtung nothwendigen Bedingungen fehlt, mit alleiniger Ausnahme, dass die winzige Vaginalportion, wenn eine solche überhaupt vorhanden ist, so beschaffen ist, dass es zur Bildung des Receptaculum seminis nicht kommt, die Spermafäden nicht gezwungen werden, in das Os externum einzudringen, somit in der Scheide wirkungslos zu Grunde gehen.

Die conische Verlängerung der Vaginalportion ist, wie Marion Sims nachgewiesen hat, eine häufige Veranlassung für die Sterilität. Hier handelt es sich um einen Zustand, in welchem die Vaginalportion vorhanden, aber verlängert ist, so zwar, dass sie einen langen, spitzen Kegel bildet, dessen Verjüngung von der am Fornix vagina sitzenden Basis langsam geschieht, bis es zur Bildung einer scharfen Spitze gekommen, in welcher sich der stenosirte äussere Muttermund befindet, der also in der Regel nahe dem Scheideeingange liegt. Wir können uns der Ansicht Sim's nicht anschliessen, dass der Sterilitätsgrund in der Stenose gelegen sei, vielmehr theilen wir die Ansicht Winkel's [2]), dass, wenn die Verengerung auch bis unter den Durchmesser eines Uterinsondenknopfes steigt, dadurch allein noch keineswegs Sterilität bedingt wird, weil ja das Sperma durch die

----

[1]) Siehe S. 127.
[2]) Winkel, Anatomische Untersuchungen zur Aetiologie der Sterilität. Deutsche Zeitschrift für praktische Medicin, 1877, Nr. 46, S. 522.

noch weit engeren uterinen Ostien der Tuben recht gut seinen Weg
zum Ovarium zu finden vermag. Vielmehr legen sich die Vaginalwände
dermaassen an den conischen Cervix an, dass sie sich unmittelbar
vor dessen Spitze berühren, ohne einen Raum zwischen sich zu lassen;
und zwar geschieht diese Anlagerung um so perfecter, je länger,
steiler und spitzer der Kegel ist. Die Stenose spielt dabei eine untergeordnete Rolle; und selbst wenn sie, wie in Fällen von Narbenbil-

Fig. 103.

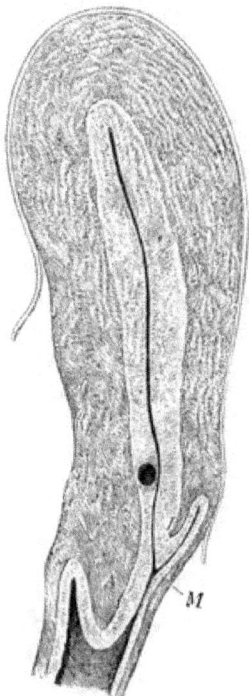

dung am Os externum an sonst wohl-
gestalteten Vaginalportionen vorkommt,
wird sie wohl als ein die Conception
erschwerendes, niemals aber als ein
dieselbe gänzlich verhinderndes Moment auftreten können.

Ist eine Muttermundslippe, sei
es von Geburt an, sei es durch Hypertrophie oder andere Erkrankungen,
derartig gestaltet, dass sie die andere
an Länge bedeutend übertrifft, dann
kann ihre Projection in die Scheide
hinein derart geschehen, dass dadurch
der Samenbehälter vollkommen aufgehoben ist.

Wir haben diese Form der Vaginalportion die „schürzenförmige"
genannt und halten sie für ein absolutes
Conceptionshinderniss, weil das Os externum so sehr verlegt erscheint, dass
den Spermafäden jede Aussicht genommen ist, in dasselbe hineinzugelangen.
Seitdem wir diese Beschaffenheit der
Muttermundslippe zuerst zu beobachten Gelegenheit hatten, ist uns eine
nicht unbeträchtliche Anzahl von Fällen zu Gesicht gekommen; in allen

Schürzenförmige Vaginalportion.
A. vordere, B. hintere Muttermundslippe.
Das Receptaculum seminis, welches bei M.
hätte liegen sollen, ganz geschwunden.
(Natürliche Grösse.)

waren die betreffenden Individuen steril. Während seiner Anwesenheit in Wien hat uns Marion Sims die Abbildung eines von ihm
operirten Falles gezeigt, der hier erwähnt zu werden verdient. Die
vordere Lippe der Patientin war der Ausgangspunkt eines Cancroides, die hintere war verlängert. Die Abtragung der Neubildung
geschah in der Höhe des Os externum. Nach der Heilung aber hing

die hintere Lippe schürzenförmig über das Os und es ist fraglich, ob unter solchen Umständen eine Conception eintreten kann.

Dieselben Folgen, welche die Verlängerung der Lippen nach sich zu ziehen vermag, können sich auch durch grössere oder kleinere von der letzteren oder von der Cervicalhöhle aus wachsenden Polypen geltend machen, indem sie entweder die Bildung des Samenbehälters vereiteln oder letztern, wenn die Wucherungen klein sind, ganz ausfüllen, den Spermafäden gewissermaassen den Weg verlegen.

Die Hypertrophie des Uterus haben wir auf ihre Schädlichkeit nach einer andern Richtung hin bereits geprüft. Sie macht ihren Einfluss aber auch bezüglich der hier in Rede stehenden Frage geltend; der Grad ihrer Schädlichkeit hängt von dem Umfange ab, welchen die Vaginalportion gewinnt. In den höheren und höchsten Graden kann ihr Wachsthum grosse Dimensionen annehmen, so dass sie als dicke, harte Kugel in der Scheide gefühlt wird. Unter diesen Umständen reicht der Durchmesser der hypertrophirten Vaginalportion schon hin, die Vaginalwände weit auseinander zu halten; es wird somit umgekehrt der unter normalen Verhältnissen wenig umfangreiche Samenbehälter in einen weiten Raum umgewandelt, so dass der Muttermund vom Niveau des Sperma sehr weit entfernt bleibt.

Aehnlich der Hypertrophie dürfte das Ectropium der Cervicalschleimhaut wirken; dasselbe ist fast immer die Folge einer Verletzung während des Geburtsactes und hat die Eigenthümlichkeit, dass es als hypertrophischer Cervix imponiren kann, während der Cervix eigentlich verloren gegangen ist, da die Lippen sich nach geschehenem Einrisse nach hinten und vorn, dem Zuge der Muskelelemente folgend, schneckenförmig aufrollen, zu allerlei Irritationserscheinungen Veranlassung geben, die Schleimhaut hypertrophirt, ulzerirt, Blutungen erzeugt und profuse Secretionen nach sich zieht. „Sobald die Lappen", sagt Emmet, welcher diesen Zustand heilen lehrte [1]), „die durch die Zerreissung sich bilden, einmal sich von einander kehren, wird die Richtung ihres Auseinanderweichens immer grösser, weil der vordere Lappen nach vorn in der Axe der Vagina, nach dem Ausgange zu, in die Richtung des geringsten Widerstandes gedrängt wird, während dieselbe Kraft naturgemäss den hintern Lappen rückwärts in den cul-de-sac treibt. Durch dieses gewaltsame Auseinandertreiben der Lap-

---

[1]) Emmet, Risse des Cervix als eine häufige und nicht erkannte Krankheitsursache. Uebersetzt von Dr. med. Vogel. Mit einem Vorworte von Prof. Dr. Breisky in Prag. Berlin 1878, S. 17.

pen entsteht sofort eine Quelle von Reizung, welche die Involution des
Organes anhält, und der Winkel des Einrisses wird der Sitz oder
Ausgangspunkt für eine Erosion, die sich allmälig über die ganze aus-
wärtsgedrehte Oberfläche ausdehnt. Mit vergrösserter Masse und
vermehrtem Gewicht, wie sie durch Congestion des Uterus auftreten,
rollen die Gewebe allmälig auswärts bis zum Os internum. Indem nun
das ganze Organ einem Zustande fettiger Degeneration verfällt und
die Gewebe des Gebärmutterhalses weich werden, flachen sich diese
Lappen an der hintern Wand der Vagina und ihrem Boden so ab, dass
aller Anschein von Rissen verloren geht. So vollkommen ist die
Täuschung, dass es für einen mit den Verhältnissen nicht ganz Ver-
trauten häufig unmöglich ist, die Existenz solcher Risse durch Ocular-
inspection allein zu erkennen."

Wir haben es demnach hier mit einem Zustande zu thun, welcher
unsere volle Aufmerksamkeit verdient. Nicht nur hebt derselbe den
Samenbehälter vollkommen auf, sondern er ruft noch andere Alterationen der Cervicalschleimhaut wach, welche im Stande sind, die Bewegungsfähigkeit der Spermafäden im hohen Grade zu beeinträchtigen.
Die genaue Untersuchung und Erwägung der obwaltenden Verhältnisse
muss umsomehr betont werden, als der leicht zu begehende Irrthum,
das Ectropium für Hypertrophie zu halten, wie Emmet nachweist,
zur Eröffnung des Peritoneums führen kann, wenn man sich entschliesst, zur Amputation der, fälschlich für den hypertrophischen Cervix gehaltenen, aufgerollten Wülste zu schreiten. Endlich kommt dem
hier in Rede stehenden Zustande auch darum eine besondere Wichtigkeit zu, weil er einerseits, abgesehen von anderen, sehr schweren
Folgezuständen, welche er zu setzen im Stande ist, Sterilität bedingt,
andererseits leicht und sicher beseitigt werden kann.

Mit den vollkommenen Verschlüssen des Os externum geht in
der Regel auch der Samenbehälter verloren. Sind derlei Stenosen
durch Narbenbildung entstanden, dann findet in der Regel auch eine
mehr oder minder deutlich ausgesprochene Verzerrung der Vaginalportion statt, wodurch das Receptaculum verloren geht.

Aber auch dort, wo die Obliteration, wie in Fig. 104 (a. f. S), als angeboren betrachtet werden muss, und die Formenverhältnisse mehr die
regelmässige Gestalt beibehalten haben, kann das Receptaculum aufgehoben sein. Allerdings spielt dieses dann keine Rolle mehr, da sein
Zweck der totalen Obliteration gegenüber verfehlt ist. Allein wir erwähnen dessen hier dennoch, weil bei der Erwägung operativer Ein-

griffe die Frage leicht aufgeworfen werden könnte, ob die Herstellung
des Samenbehälters sich als möglich herausstellen wird.

Die Lageveränderungen zeigen dem Receptaculum gegenüber
ein ganz verschiedenes Verhalten, je nach der Form der Malposition,
der Art und Höhe ihrer Ausbildung. Am schlimmsten sind die Versionen, sei es, dass sie Ante-, Retro- oder Lateroversionen sind. Da es
sich dabei immer um Bewegungen des ganzen Uterus handelt, somit
schon eine leichte Richtungsänderung des Fundus nach der einen oder
andern Seite hin die entsprechende Bewegung der Portio vaginalis nach
der entgegengesetzten Richtung bedingt, wird schon eine verhältniss-

Fig. 104.

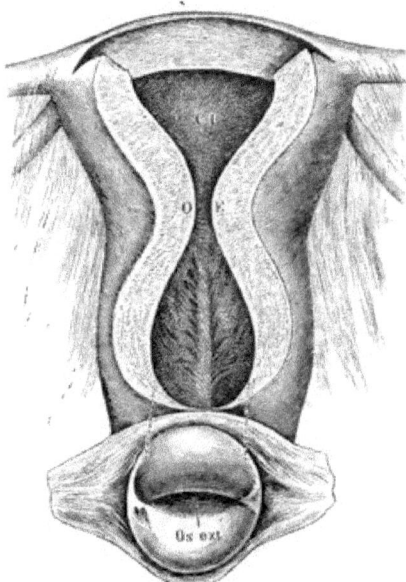

Obliteration des Os externum und des Cervicalcanales. (Natürliche Grösse.)

mässig geringe Version genügen, den Samenbehälter aufzuheben. In
den höheren und höchsten Graden dieser Malpositionen deckt das
Scheidengewölbe der einen oder andern Seite ganz kappenförmig das
Os externum[1] und tritt nach verschiedenen Richtungen hin als Conceptionshinderniss auf. Es hat daher nichts Ueberraschendes, wenn
wir finden, dass namentlich die hochgradigen Versionen häufiger von

---

[1] Siehe Fig. 66, S. 219.

Sterilität begleitet werden, als es bei den Flexionen der Fall ist. Diese können die Verhältnisse der Vaginalportion zur Scheide fast im normalen Zustande verharren, d. h. das Receptaculum seminis intact lassen. In diesem Falle werden die Spermafäden jedenfalls gezwungen, das Os externum zu betreten. Ob sie aber weiter vordringen können, hängt vom Grade der Knickung ab, und ob durch dieselbe an irgend einer Stelle des Cervical- oder Uterincanales ein Verschluss herbeigeführt worden ist. Das ist durchaus nicht immer der Fall, denn die Krümmung kann so regelmässig und allmälig geschehen, dass die Permeabilität des Canals nicht gestört ist; eine solche Störung geht mit einem acuten Knickungswinkel einher. Die Gefahr der meisten Knickungen liegt nicht allein in der Communicationsstörung, sondern in den Folgezuständen, welche sie bei längerm Bestande nach sich ziehen und in den Para- und Perimetritiden ihren höchsten Ausdruck finden. Hieraus erwächst aber die Lehre, darauf zu halten, dass Knickungen so früh als möglich und so radical als möglich beseitigt werden.

Von der Malposition nach unten erweist sich die Senkung als die schlimmere. Der Grund ist leicht ersichtlich. Da in diesen Fällen das Os externum nicht weit vom Scheideneingange liegt, wird der Same in den gleichfalls nach unten gerückten hintern oder vordern Cul-de-sac ejaculirt, von wo er, da die Bildung eines Samenbehälters geradeswegs unmöglich ist, wieder ganz direct nach aussen abfliesst, ohne den Muttermund zu berühren. Der Prolapsus aber wird in der Regel von den Frauen vor dem Coitus so weit als möglich zurückgestossen. Zwar sind die Verhältnisse immer noch ungünstig, aber weit weniger ungünstig, als sie bei der blossen Senkung obwalten; ja wir haben die Beobachtung anderer Autoren zu bestätigen Gelegenheit gehabt, welcher gemäss Conception bei völlig prolabirtem Uterus zu Stande kommen kann.

Die Inversion tritt schon in ihrem niedrigsten Grade als fast absolutes Conceptionshinderniss auf, weil sie schon frühzeitig die Unwegsamkeit der Ostia uterina tubarum herbeiführt. Das Receptaculum hebt sie erst in den höheren Graden auf, in denen sie aus verschiedenen Gründen absolute Sterilität setzt, indem sie einerseits die Tuben, andererseits den Cervix verschliesst, und nicht nur den Samenbehälter zerstört, sondern überdies die Uterinhöhle mehr oder minder vollkommen unzugänglich und unwegsam macht.

h. **Der Eintritt des Sperma in den äussern Muttermund findet statt, allein dem weitern Vordringen der Spermafäden stellen sich unüberwindliche Hindernisse entgegen, so dass es zu einem Contacte zwischen Sperma und Ovulum nicht kommen kann.**

Die Spermafäden müssen, um aus dem Receptaculum in die Tuben vorzudringen, gewissermaassen drei Pforten passiren, nämlich: das Os externum, das Os internum und das Orificium uterinum tubae. An sämmtlichen drei Stellen können Hindernisse für das Vordringen erwachsen, wenn diese Pforten nicht gar vollkommen verschlossen sind. Aber auch in den weiteren Räumen, nämlich dem Canal des Cervix und der Höhle des Uterus, können sich Schwierigkeiten für die Passage oder gänzliche Absperrungen derselben herausbilden. Ueber die Verengerungen (Stenosis) und Verwachsungen (Atresie) des äussern Muttermundes haben wir bereits gesprochen; ebenso haben wir die Verengerungen und Verschlüsse der Einmündungen der Eileiter in die Gebärmutterhöhle in Erwägung gezogen, als wir die Hindernisse betrachtet haben, welche sich dem vorrückenden Ovulum entgegenstellen können. Es genügt daher, an dieser Stelle darauf hinzuweisen, dass Alles, was geeignet ist, das Vordringen des Eichens längs der Tuba und dessen Eintritt in das Cavum uteri aufzuhalten oder zu verhindern, auch angethan ist, den Durchtritt der Spermafäden durch das Ostium abdominale tubae oder die Vorwärtsbewegungen längs des Eileiters zu hemmen oder unmöglich zu machen. Wir wollen uns daher zur Betrachtung derjenigen Hindernisse wenden, welche auf der Bahn längs des Cervix bis am Fundus uteri anzutreffen sind. Es wird sich hier lediglich um die mechanischen Impedimente handeln, da wir jene Momente, welche die Bewegungsfähigkeit der Spermafäden auf chemischem Wege aufheben, bereits abgehandelt haben. Zersetzte Secrete, faulende Geschwülste im Uterus oder Cervix werden rücksichtlich ihrer Wirkung auf die Spermafäden derselben Beurtheilung unterliegen wie jene, welche wir in der Scheide angetroffen haben. Dasselbe gilt von den entzündlichen Erscheinungen, die sowohl chemisch durch ihre Secretionsproducte, als mechanisch durch Verschlüsse, welche sie temporär oder permanent setzen können, wirken. Beide sind bereits besprochen und können nunmehr von unserer Betrachtung ausgeschlossen werden. Es bleiben somit nur noch die Neubildungen übrig, welche im Cervicalcanale und in der Uterinhöhle anzutreffen sind.

Gewissermaassen als Vermittlungsglied zwischen beiden tritt jene vesiculäre Degeneration der Cervicalschleimhaut auf, welche wir in den Figg. 34, 35 und 36 wiedergegeben haben. Wenngleich dieselbe nur verhältnissmässig selten einen so hohen Grad erreicht und die Blasenbildung selten eine so umfangreiche, wie in Fig. 36, wird, dass sie den innern Muttermund vollkommen verschliesst, somit, so lange sie in dieser Ausdehnung besteht, als absolutes Conceptionshinderniss angesehen werden muss, sind doch auch die häufig vorkommenden geringern Grade dieser Degeneration als Hindernisse für die normale Fortbewegung der Spermafäden anzusehen. Ganz besonders darf man bei der Untersuchung derartiger Fälle jene massenhafte Bläschenbildung am innern Muttermunde nicht vergessen, welche sich nach Art der Zona ausbilden und geeignet sind, das Os internum hochgradig zu stenosiren oder ganz und gar zu verschliessen. Es sind dies Fälle, in denen an und für sich geringfügige Ursachen grosse Wirkungen haben, Fälle, in denen der Arzt sich lange abmühen kann, ohne die dysmenorrhoischen Beschwerden zu beseitigen oder die Sterilität zu heben, wenn er nicht mit grosser Sorgfalt, mit Pressschwämmen und anderen Dilatatorien untersucht, bis es ihm gelingt, die wahre Natur der Erkrankung aufzufinden, da die Beseitigung der letztern keinen besonderen Schwierigkeiten unterliegt.

Der sehr profusen Secretionen, welche mit der Krankheit, namentlich wenn es zur Blasenbildung höhern Grades gekommen ist, einhergehen, ist bereits gedacht worden.

In derselben Weise wie die vesiculäre Degeneration kann auch die Endocervicitis[1]) dem Vordringen der Spermafäden hinderlich werden, indem sie einerseits den Canal verengen oder verstopfen, andererseits Secretionen liefern kann, welche sowohl durch ihren Concentrationsgrad, als durch ihre Zersetzungsproducte die Bewegungsfähigkeit der Spermafäden zu hindern oder aufzuheben im Stande sind.

Hingegen verhalten sich hypertrophische Rugae des Cervicalcanales[2]) ganz wie Neubildungen, welche den letztern mehr oder minder vollständig ausfüllen. Hat die Vergrösserung der Palmae plicatae in einer so hochgradigen Weise stattgehabt, wie es in dem in Fig. 33 dargestellten Falle geschehen ist, dann erfolgt der Verschluss in einer so

---

[1]) Siehe Fig. 37 auf S. 141.
[2]) Siehe Fig. 33 auf S. 135.

vollkommenen Weise, dass man, wie wir uns bei mehreren Patientinnen
zu überzeugen Gelegenheit hatten, nicht im Stande ist, eine feine
Sonde durch die Cervicalhöhle zu führen.   In einem dieser Fälle hatten wir ganz den Eindruck einer erfolgten Polypenbildung, bis es uns
gelungen ist, die Dilatation auszuführen und uns von dem wahren
Sachverhalte zu überzeugen.

Den Geschwülsten der Gebärmutter kommt unter allen Umständen eine grosse Bedeutung zu, da sie ihren Einfluss nach ver-

Fig. 105.

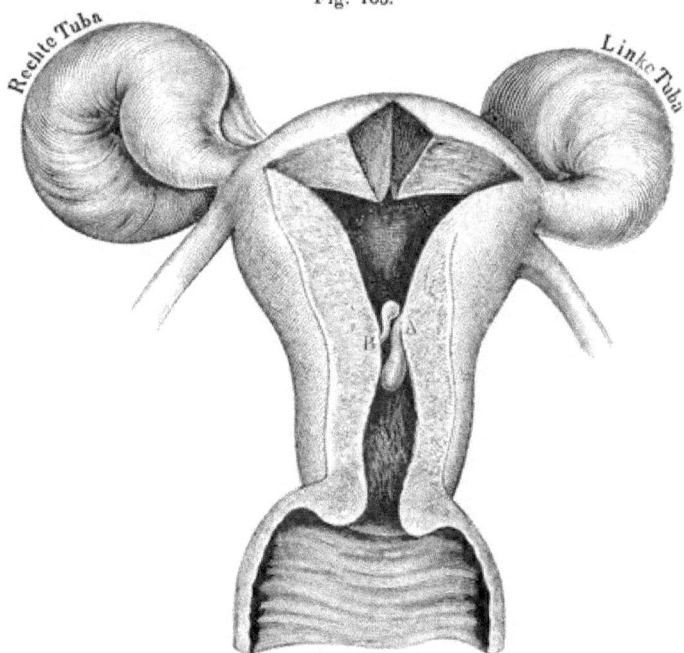

Zwei Polypen, *A* und *B*, am innern Muttermunde; ausserdem beiderseitige Salpingitis mit
Verschluss des gefranzten Ostiums. (Natürliche Grösse.)

schiedenen Richtungen hin geltend machen können.   Dabei ist theilweise ihr Umfang, theilweise der Ort maassgebend, an welchem sie sich
entwickeln, so dass nicht selten ganz winzige Polypen einen weit
grössern Schaden anzurichten im Stande sind, als weit grössere
Fibrome es zu thun vermögen.   Betrachten wir z. B. das in Fig. 105
abgebildete Präparat.   Die beiden Polypen (*A* und *B*) hätten kaum
eine Bedeutung, wenn ihr Standort höher oben in der Gebärmutter-

höhle gelegen wäre. Höchstens könnten sie zur Quelle menorrhagischer Beschwerden werden. Sie sitzen aber am innern Muttermunde, so zwar, dass *A* in den Cervicalcanal hineinreicht, während *B* sich in das Cavum uteri hinein erstreckt. Jeder der beiden Polypen wäre für sich allein im Stande, das Os internum ganz zu verschliessen. Allein eine nähere Betrachtung wird zu der Ueberzeugung führen, dass *B* allein nur im Stande gewesen wäre, die Passage aus der Gebärmutterhöhle nach dem Cervicalcanale zu hemmen, während umgekehrt *A* allein die Passage von der Cervicalhöhle nach dem Cavum uteri hätte hemmen können. Demgemäss würde sich die Existenz von *B* durch dysmenorrhoische Beschwerden verrathen, da das Menstruationssecret den Durchgang durch das Os internum versperrt gefunden hatte, während Flüssigkeiten aus dem Cervix die Gebärmutterhöhle ungehindert passiren könnten. Der Polyp *A* hingegen würde unbedingt — wir nehmen den Zustand der Tuben als gesund an — Sterilität setzen, weil umgekehrt die aus der Gebärmutterhöhle kommenden Flüssigkeiten bei ihrem Uebertritt in den Cervix kein Hinderniss vorfinden würden, während solchen vom Cervicalcanale kommenden der Durchtritt durch das Os internum durch den Polypen *A* unbedingt verwehrt würde. Beide Polypen zusammen heben den Verkehr nach beiden Richtungen hin auf.

Wir haben wiederholt Veranlassung genommen, darauf hinzuweisen, dass Irritationen innerhalb des Cervical- oder Uterincanales, wenn sie, wie z. B. durch Polypen oder andere Neubildungen, eine lange Zeit hindurch ausgeübt werden, im Stande sind, in entlegenen Theilen des Genitalapparates Veränderungen wachzurufen, welche folgenschwerer sein können, als die irritirenden Körper selbst es sind. Die Thatsache ist so wichtig, dass wir auf dieselbe, selbst auf die Gefahr hin, uns Wiederholungen zu Schulden kommen zu lassen, hier noch einmal eindringlichst verweisen möchten.

Kommt ein Fall, wie der in Fig. 105 abgebildete, zur Untersuchung, so glauben wir ein volles Recht zu haben, den so eminenten Verschluss des innern Muttermundes für die Ursache der Sterilität ansprechen und von der leicht zu bewirkenden Lösung des Verschlusses die Beseitigung der Unfruchtbarkeit hoffen oder sie gar der Patientin in sichere Aussicht stellen zu können. Hiergegen zu warnen ist der Zweck dieser Bemerkung. Nach dem, was wir in dem pathologisch-anatomischen Theile auseinander gesetzt haben, sind wir in keinem einzigen Falle von Sterilität berechtigt, die Beseitigung der Sterilität in sichere Aussicht zu stellen, weil wir niemals wissen, ob uns alle Conceptionshinder-

nisse bekannt sind, wir aber höchstens in der Lage sind, die uns bekannten und zugänglichen zu beseitigen.

Bei der Untersuchung des erwähnten Falles (Fig. 105) stellt er
sich als einer für die Beseitigung der Unfruchtbarkeit höchst günstiger
dar. Complicationen scheinen nicht vorhanden, und der Uterus ist
von normaler Beschaffenheit, denn er trägt folgende Maasse an sich:

		Mm.
1. Gesammtlänge des Uterus		74
2. Länge des Körpers		25
3. „ „ Halses		25
4. Breite des Fundus		40
5. Breite der Uterinhöhle		22
6. „ des Os intern.		4
7. „ der Cervicalhöhle		8
8. „ des Os extern.		1
9. Dicke des Fundus (aussen) . . .		24
10. „ des Körpers (aussen) . . .		27
11. „ der vordern Wandung:		
a) am Fundus		16
b) „ Corpus		15
c) „ Cervix		11
12. Dicke der hintern Wandung:		
a) am Fundus		14
b) „ Corpus		16
c) „ Cervix		15
13. Dicke des Fundusdaches		14
14. Länge der vordern Lippe		9
15. Dicke „ „ „		8
16. Länge der hintern Lippe		12
17. Dicke „ „ „		8
18. Capacität der Uterushöhle . . .	20 bis 25 Tropfen	
19. Rechter Eierstock:		
a) Länge		
b) Breite		
c) Dicke		
20. Linker Eierstock:		
a) Länge	Konnte nicht gemessen werden.	
b) Breite		
c) Dicke		
21. Länge der rechten Tuba		
22. „ „ linken „		
23. Entfernung der beiden Ost. Tub. abdom.		

Demnach wird unter den scheinbar günstigsten Auspicien zur
Entfernung der beiden Polypen geschritten, die ja anstandslos erfolgen

kann. Allein der wirkliche Erfolg, die Hebung der Sterilität bleibt aus, wie das ja nach dem Zustande der Tuben, welcher absolute, und es muss hinzugefügt werden, unheilbare Sterilität bedingt, nicht anders sein kann. Hat sich der Arzt nun die Möglichkeiten nicht vergegenwärtigt, welche obwalten können, und hat er die Aufmerksamkeit der Patientin auf diese Möglichkeiten nicht von vornherein gelenkt, dann wird er Enttäuschungen erfahren, welche er vermeiden kann. Vielleicht schiebt er die Schuld gar auf die mechanische Erklärung der Conceptionshindernisse, die er richtig zu interpretiren unterlassen hat, denn die Verhältnisse können noch weit complicirter als in dem eben erwähnten Falle sein. Es kann zum Beispiel ein Polyp im Cervix oder am innern Muttermunde als Sterilitätsgrund imponiren, dabei können noch weiter oben grössere [1]) oder winzige, nur äusserst schwer auffindbare, Adenome oder Fibrome sitzen, welche die Orificia uterina tubarum verschliessen und die Tuben selbst überdies noch durch perimetritische Stränge derart beeinflusst sein, dass sie schon an und für sich die Conception zur Unmöglichkeit machen; oder es combiniren sich pathologische Verhältnisse der Ovarien [2]) mit den Polypen, welche zu demselben Resultate führen.

Die Gebärmuttergeschwülste können im Allgemeinen nach den folgenden Richtungen hin als mechanische Conceptionshindernisse auftreten:

1. Sie können die Orificien des Uterus (Os externum, Os internum und Orificia uterina tubarum) einzeln oder alle drei zugleich gänzlich verschliessen. Welche von beiden Eventualitäten eintritt, hängt von der Form und Grösse der Tumoren ab.

2. Sie können die beiden Höhlen der Gebärmutter ausfüllen [3]).

3. Sie können die letzteren durch Transformation des Uterus in eine solide Geschwulstmasse [4]) gänzlich verschwinden machen.

4. Sie können den Uterus und seine Adnexa so verlagern, dass Verschlüsse in der einen oder der andern Höhle oder aber in beiden entstehen, welche die Conception unmöglich machen. Das ist namentlich bei den grossen subperitonealen Tumoren der Fall. Die Verschlüsse können auch die Ostien oder Lumina die Tuben betreffen.

---

[1]) Siehe Fig. 57, S. 192.
[2]) Siehe Fig. 43, S. 152.
[3]) Siehe Figg. 58, 59, 60.
[4]) Siehe Fig. 62.

Dass auch hierbei die verschiedenartigsten Complicationen auftreten können und leider aufzutreten pflegen, ist selbstverständlich. Die letzteren sind es, welche den weniger umfangreichen, so häufig vorkommenden intramuralen Geschwülsten eine eminente Bedeutung als Conceptionshindernisse verleihen.

Das in Fig. 106 dargestellte Präparat ist dasselbe, welches wir bereits auf S. 190 kennen gelernt haben. Dort waren es namentlich

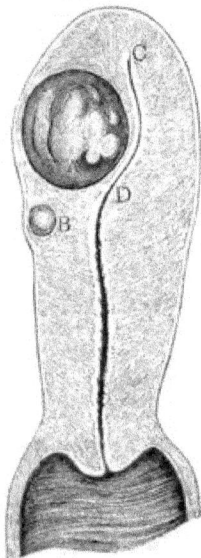

Fig. 106.

die Fixirungsverhältnisse einer Tuba, welche gezeigt werden sollten, und welche allein genügen, um eine Conception, insoweit das diesseitige Ovarium und die Tuba dabei eine Rolle spielt, zur absoluten Unmöglichkeit zu machen. Da die auseinandergesetzten Verhältnisse nur auf einer Seite bestehen, würde die andere die Conception immerhin noch gestatten. Allein das an und für sich bedeutungslose Fibroid (*A*) setzt durch die Art und Weise seines Wachsthums schon allein absolute Sterilität, da es den obern Abschnitt der Gebärmutterhöhle (*DC*) so comprimirt, dass er für Ovulum und Sperma unpassirbar wird. Der in den Uterus eingeführten Sonde aber wird er ausweichen und sich der Entdeckung so lange entziehen können, als nicht eine gehörige Dilatation stattgefunden hat, welche dem Finger gestattet, in die Gebärmutterhöhle einzudringen und mit dem Fibroide in Contact zu kommen.

A ein grösseres, *B* ein kleineres intramurales Fibrom. (Natürliche Grösse.)

Die Sache steht demnach so, dass die Tumoren des Uterus, und ganz besonders die Fibromyome, an und für sich, vorausgesetzt, dass Complicationen nicht bestehen, nur in soweit ein Hinderniss abgeben, als sie — was allerdings in der überwiegend grossen Mehrzahl der Fälle geschieht — die Passage hemmen oder dem Uterus eine solche Richtung geben, dass dadurch die für den Eintritt des Sperma in den Cervix günstigen Bedingungen aufgehoben werden. Dahin ist auch die von Heer[1]) gemachte Angabe zu berichtigen, dass die Entwicklung von Fibrocysten des Uterus nicht besonders zur Sterilität zu dis-

---

[1]) Heer, Ueber Fibrocysten des Uterus. Zürich 1874, S. 71.

poniren scheint. Auffallend ist es, dass sich unter den von Michels zusammengestellten [1] 127 mit Fibroiden behafteten verheiratheten Frauen nur 26 sterile befunden haben. Seine Behauptung, welche vor langer Zeit schon von anderer Seite aufgestellt worden ist, dass in jedem Falle die Fibromyome sowohl die Ursache, als auch die Folge der Sterilität sein können, ist uns nicht recht einleuchtend. Die Sterilität ist bekanntlich keine Krankheit, sondern eine Folge einer ganzen Reihe anderer Erkrankungen. Wie diese Folge zur Quelle für die Entwicklung für Neubildungen werden soll ist uns, wie gesagt, nicht recht einleuchtend.

Der Lageveränderungen der Gebärmutter und der Complicationen, welche sie hervorzurufen im Stande sind, ist wiederholt gedacht worden. Es erübrigt an dieser Stelle, nur noch im Allgemeinen darauf hinzuweisen, dass die Stellung der Flexionen zu demjenigen Theile der Sterilitätsfrage, welcher hier in Betracht kommt, lediglich davon abhängt, ob durch die Deviation eine Unterbrechung des Uterincanales herbeigeführt wird oder nicht. Diese Unterbrechung kann entweder in directer Weise durch die Abknickung selber oder in mittelbarer Weise herbeigeführt werden, indem in Folge der tiefen Lagerung des Fundus uteri Menstrualblut in ihm zurückbleibt, welches sowohl im flüssigen als im geronnenen Zustande die Uterinostien der Eileiter hermetisch verschliesst und dermaassen sowohl für den Eintritt des Ovulums in die Gebärmutterhöhle als für das Vordringen der Spermafäden in die Tuben eine unüberwindliche Barriere bildet. Ueberblicken wir Alles, was über die Lageveränderungen des Uterus gesagt worden ist, dann stellt es sich heraus, dass dieselben nach den verschiedensten Richtungen hin die Conception zu verhindern im Stande sind, und dass namentlich den Versionen und Flexionen in der Mechanik der Sterilität eine Bedeutung zukommt, welche diejenige Würdigung noch nicht erfahren hat, welche ihnen gebührt. Wichtig ist es, zu wissen, dass die Flexionen, selbst wenn der Uterincanal vollkommen durchgängig gefunden wird und die Stellung des Os externum keine wesentliche Veränderung erfahren hat, noch durch die Folgezustände absolute, permanente oder temporäre Sterilität zu setzen vermögen.

Die Kenntniss dieser Thatsache hat nicht nur für die Pathologie und Prognose ihre Wichtigkeit, sondern ist im hohen Maasse für unser therapeutisches Eingreifen bestimmend. Die Gründe hierfür werden im Abschnitte über die Behandlung der Sterilität zur Sprache kommen.

---

[1] Michels, Die Fibromyome des Uterus. Stuttgart 1877.

i. Es findet die Befruchtung eines Eichens statt, also die Conception erfolgt, allein die Beschaffenheit der Gebärmutter ist eine derartige, dass die Entwicklung des in die Uterinhöhle gelangten befruchteten Ovulums entweder gar nicht oder nur während einer ungenügend langen Zeit statthaben kann, dann aber ausgestossen wird (Abortus).

Die Verhältnisse, welche in diesem Abschnitte bisher den Gegenstand unserer Betrachtung gebildet, haben sich auf die Impotentia concipiendi bezogen; es erübrigt daher nur noch, jene in Erwägung zu ziehen, welche die Impotentia gestandi bedingen. Wir können uns dabei sehr kurz fassen; denn es kann offenbar nicht unsere Aufgabe sein, in eine Untersuchung über den Abortus einzutreten; eine solche gehört in die Lehrbücher der Geburtshilfe. Uns interessiren vielmehr nur jene pathologischen Zustände des Uterus, welche diesen unfähig machen, das in seiner Höhle befruchtete, oder in dieselbe bereits im befruchteten Zustande eingetretene Ovulum zu bebrüten. Demnach sind sowohl die Erkrankungen der Frucht, als auch die Allgemeinerkrankungen der Mutter, welche zum Abortus führen, wie z. B. Anämie, Syphilis, traumatische Einflüsse u. s. w., von unserer Betrachtung ausgeschlossen.

Unter den Verhältnissen, welche sich der Anheftung des Ovulums im Uterus ungünstig erweisen, spielt die chronische Metritis eine hervorragende Rolle. Wir haben gesehen, dass sich die Schleimhaut des Uterus in dieser Krankheit so verändern kann, dass ihre ursprünglichen Charaktere gänzlich verloren gehen; die Drüsen schwinden, das Flimmerepithel kann durch eine Art Pflasterepithel ersetzt und die Auskleidung der Gebärmutterhöhle unfähig werden, sich zur Decidua umzubilden. Gelangt nun ein befruchtetes Ovulum in ein so geartetes Cavum uteri, dann fehlen alle Bedingungen für seine Einbettung und es geht nach aussen ab. Aber selbst unter günstigeren Bedingungen kann seine Existenz im Uterus eine sehr precäre werden. Wir erinnern an jene Form der Endometritis, welche wir Endometritis exfoliativa genannt haben und gemeinhin als Decidua menstrualis bekannt ist.

Wir haben gezeigt, dass die Uterinschleimhaut dabei ihren normalen Charakter behalten kann, allein bei jeder Menstruation entweder als zusammenhängende Fetzen oder gar als Sack abgeht. Findet man nach Beendigung einer Menstruationsperiode Conception statt, dann wird das Ei während der nächsten ausgestossen. Nur ausnahmsweise kommt es unter diesen Umständen zur Austragung des Fötus bis zur normalen Geburt. Wir haben in diesem Momente eine 26 Jahre alte Frau in Behandlung, welche wir in Gemeinschaft mit Marion Sims untersucht haben. Dieselbe ist seit sieben Jahren verheirathet, hat während dieser Zeit ein reifes Kind zur Welt gebracht und zweimal abortirt. In der Zwischenzeit aber hatte sich die Menstruation allmonatlich eingestellt, während welcher grosse Deciduafetzen unter heftigen, krampfartigen Schmerzen ausgestossen wurden.

Die Neigung des Uterus, nachdem er einmal abortirt hat, diesen Process immer wieder durchzumachen, ist nicht recht aufgeklärt. „Es ist bekannt“, sagt Spiegelberg[1]), „dass Frauen, die einmal abortirt haben, leicht in folgenden Schwangerschaften, und zwar so ziemlich um dieselbe Zeit, wie früher, wieder fehlgebären (habitueller Abort und Frühgeburt). So weit nicht habitueller Fruchttod dem zu Grunde liegt, beruht diese Impotentia gestandi entweder auf Fortwirken der auch dem ersten Missfalle zu Grunde liegenden Ursache (Retroflexion, Uterintumor, Schleimhauterkrankung), oder auf einer dem ersten accidentellen Abort folgenden Genitalkrankheit; denn der Abort selbst ist an und für sich keine Ursache seiner Wiederkehr, wie man bisweilen angenommen hat. Als eine letzte und wohl seltene Ursache der wiederholten Frühgeburt muss nach vorliegenden Einzelbeobachtungen eine unbestimmte, allgemein individuelle Reizbarkeit des Uterus, welche ihn nur zu einem gewissen Grade von Entwicklung kommen lässt, betrachtet werden.“

Alle pathologischen Zustände des Uterus, welche im Stande sind, diesen zu verhindern, dass er sich in dem für die Entwicklung des Fötus nöthigen Umfange erweitere, werden zur Ausstossung der Frucht führen. Hier spielen die Lageveränderungen und die Tumoren die Hauptrolle. Unter den ersteren sind es wiederum die Flexionen, welche sich am schädlichsten erweisen; darin stimmen alle Beobachter überein. „Von den Lageveränderungen“, sagt Schroeder[2]), „sind es vorzugsweise die Retroflexion und der Prolapsus. Die Anteflexion führt für sich nicht leicht den Abortus herbei, sondern gewöhnlich nur, wenn sie mit chronischer Metritis verbunden ist. Diese letztere aber

[1]) Lehrbuch der Geburtshilfe. Lahr 1878. S. 375.
[2]) Lehrbuch der Geburtshilfe. Bonn 1872. S. 244.

ist überhaupt eine häufige Ursache zum Abort." Die Erklärung für
das verschiedene Verhalten der beiden Flexionsarten ist in den
anatomischen Verhältnissen gegeben, welche es dem Uterus gestatten,
viel tiefer nach rückwärts als nach vorn zu fallen. Demgemäss werden sich die Nutritionsverhältnisse, welche im Uterus in Folge einer
Retroflexion herbeigeführt werden, weit ungünstiger als die durch die
Anteflexion herbeigeführten gestalten. Ebenso leuchtet es ein, dass
eine Version der Entwicklung des Fötus keine wesentlichen Hindernisse
entgegenstellen wird.

Die Schädlichkeit der Tumoren hängt sowohl von ihrer Grösse
als von ihrem Sitze ab. Solitäre kleine Neubildungen sind in der
Regel unschädlich; nur wenn sie massenhaft auftreten und die Uteruswände in dichten Gruppen durchsetzen, werden sie deren Ausdehnung
beeinträchtigen und den Abortus schon früh oder erst in einer spätern
Schwangerschaftsperiode veranlassen. Denn die Wände der Gebärmutter können sich Monate lang selbst den ungünstigsten Verhältnissen accommodiren, bis endlich die Grenze des Möglichen erreicht
ist und eine weitere Vergrösserung unmöglich erscheint.

Die grösseren oder ganz grossen Tumoren können nicht nur die
Ausdehnung des Gebärorganes verhindern, sondern dasselbe aus seiner
Lage drängen oder es durch ihr blosses Gewicht zwingen, seinen Inhalt zu entleeren. Wie sehr es sich jedoch unter Umständen den
gegebenen Verhältnissen anzupassen vermag, beweisen jene Fälle normaler Schwangerschaft und Geburt, trotz des gleichzeitigen Vorhandenseins sehr umfangreicher Ovarialcysten.

Interessant ist die Bemerkung Spiegelberg's, dass in den Fällen
eingelagerter Tumoren der Abort an eine bestimmte Grösse des Eies,
weil an eine solche des Uteruswachsthums, gebunden ist, und dass
er desshalb bei ihnen überall ziemlich zu derselben Zeit erfolgt; diese
ist meist mit dem dritten bis vierten Monate gegeben, da bei längerer
Schwangerschaftsdauer Deviationen überwunden sind, die durch Uterus-
tumor gegebene Formanomalie meist sich den Verhältnissen angepasst
haben muss. Ist demnach der vierte Monat glücklich überstanden, so
ist die Gefahr viel geringer, wenn auch noch nicht ganz geschwunden,
da die kranke Uterinwand auch bei weiterm Eiwachsthum immer
noch ungleichmässig gedehnt, gezerrt und so auch später noch vorzeitig zur Contraction gebracht werden kann [1]).

---

[1]) Spiegelberg, loc. cit. S. 374.

Kleinere Geschwülste, namentlich Polypen, können durch Blutungen, welche sie während der Schwangerschaft veranlassen, gefährlich werden.

Selbst der von Krebs und Tuberculose befallene Uterus erfüllt seine Pflicht so lange, als ihm dies zu thun nur irgend möglich ist. Hat das Carcinom das Corpus ergriffen, dann ist der Abort, selbst wenn das befallene Terrain nur wenig ausgedehnt ist, unvermeidlich. Bildet der Cervix aber den ergriffenen Theil, dann kann die Schwangerschaft ihr normales Ende erreichen und die Möglichkeit eintreten, die Vaginalportion erst durch operative Eingriffe vorzubereiten, um die Geburt des Kindes zu ermöglichen.

VI.

BEHANDLUNG DER STERILITÄT.

Wir haben die pathologischen Zustände auseinandergesetzt, welche auf die Sterilität ihren Einfluss üben und das mechanische Moment in Betracht gezogen, welches dabei maassgebend ist und die Art und Weise wie dies geschieht. Dabei sind wir zu der Ueberzeugung gelangt, dass sich die ursächlichen Verhältnisse der weiblichen Unfruchtbarkeit weit complicirter gestalten als bisher angenommen wurde, und dass der Kampf, in welchen die Therapie einzutreten hat, ein weit schwierigerer und hoffnungsloserer ist, als man ihn bisher gehalten hat. Wollte Jemand aber aus diesem Umstande den Schluss ziehen, dass wir dieserhalb die Hände in den Schooss zu legen und die sterilen Frauen ihrem Schicksal zu überlassen haben, dann hätte er uns gewaltig missverstanden. Eine solche Ansicht liegt uns sogar jenen, allerdings ungünstigsten, Fällen gegenüber fern, in denen wir den Grund der Sterilität in der unseren Manipulationen unzugänglichen Adnexis der Gebärmutter erkannt haben oder nur vermuthen.

Die Schwierigkeiten, welche sich der Conception entgegenstellen können, vermögen sich, wie wir gesehen haben, nach zwei Richtungen hin geltend zu machen, indem sie entweder die Bildung, den Austritt oder die Fortbewegung des Ovulums dermaassen nachtheilig beeinflussen, dass es zu einer Befruchtung gar nicht kommt, oder indem sie die Samenflüssigkeit am Vordringen in der Richtung des entgegenwandernden Eies hindern, und somit den Contact zwischen beiden Elementen zur Unmöglichkeit gestalten. Dass beide Schwierigkeiten gleichzeitig bestehen können, ist selbstverständlich.

Die Art und Weise der Behandlung der Sterilität ergiebt sich
daher von selbst; sie wird nach der einen oder der andern oder nach
beiden Seiten der hier angedeuteten Schädlichkeiten hin gerichtet werden müssen. Der zuerst genannten Schädlichkeitsgruppe gegenüber,
derjenigen nämlich, welche das Ovulum betrifft, wird sie sich allerdings
wenig eingreifend, und daher auch wenig wirksam, verhalten können.
Dafür ist ein doppelter Grund vorhanden. Einmal wird man die
meisten der hier wirkenden Schädlichkeiten gar nicht zu diagnosticiren
im Stande sein. Sodann aber sind die meisten derjenigen, welche wir
erkennen oder vermuthen, derart, dass wir uns nicht in der Lage befinden, dieselben der unmittelbaren Wirkung unserer therapeutischen
Agentien zu unterwerfen.

Wenn wir dennoch auch dieser Reihe gegenüber die Waffen nicht
zu strecken gewillt sind, so geschieht es aus dem Grunde, weil wir
wissen, dass viele derselben sich erst in secundärer Weise durch
pathologische Zustände in jenen Regionen des Generationsapparates
herausbilden, welche unserm directen Angriffe unterstehen. Da wir gesehen haben, dass Irritationen der äusseren Geschlechtsorgane und der
Scheide sowohl als des Cervix und des Uterus, wenn sie lange und an-
haltend wirken, Conceptionshindernisse in den entfernteren Regionen,
Ovarien, Tuben, breiten Mutterbändern, bedingen können, so erwächst
hieraus der erste und hauptsächlichste, für die Therapie der Sterilität
maassgebende, Grundsatz: gegen dergleichen Irritationen, bald
nachdem sie aufgefunden werden, anzukämpfen und sie so
rasch als möglich zu beseitigen. Das wird um so dringender
geboten sein, als die pathologischen Verhältnisse selbst, welche die
Quellen jener Irritationen bilden, zumeist auch in erster Linie als Ursache der Sterilität in Anspruch genommen werden dürfen.

Der andern Reihe von Schädlichkeiten, gegen welche wir somit
den therapeutischen Apparat in directer Weise zur Anwendung bringen können, stehen wir weit günstiger gegenüber; sie war es auch,
gegen welche bisher fast ausschliesslich gekämpft wurde, und welche
unserm Handeln zwar manche Erfolge geliefert, aber auch viele Enttäuschungen eingebracht hat, weil wir uns zu sehr gewöhnt hatten,
ein einmal aufgefundenes Conceptionshinderniss als das alleinige anzusehen, mit dessen Beseitigung, nach dem richtigen Grundsatze: ces-
sante causa cessat effectus, auch die Sterilität gehoben sein müsse.
Dieser Irrthum wird fortan aufhören müssen und damit wird den
Gegnern der mechanischen Behandlung der Sterilität ihre Hauptwaffe
entwunden werden.

Wie aus dem pathologischen Theile dieses Werkes und aus dem Abschnitte über die Mechanik der Sterilität hervorgeht, können fast alle Krankheiten im Bereiche der Genitalsphäre, von dem einfachen Katarrh der Scheide oder der Hyperästhesie eines Nerven bis zur Entwicklung der mächtigen Abdominaltumoren, zur Unfruchtbarkeit führen. Es kann jedoch hier unmöglich die Absicht obwalten, die Therapie aller jener Krankheiten abzuhandeln, welche im Stande sind, den Eintritt der Conception resp. die Entwicklung des befruchteten Eies zu verhindern. Wir müssen uns vielmehr damit begnügen, dieselben hervorgehoben und die Art und Weise ihrer Wirkung auseinandergesetzt zu haben. Die Behandlung der meisten bildet einen Verwurf der chirurgischen und gynäkologischen Lehrbücher. Das Ovarium z. B. kann in verschiedener Weise erkranken und Sterilität veranlassen; es können sich aus ihm jene umfangreichen cystischen oder soliden Tumoren entwickeln, deren Extirpation zu den schönsten Errungenschaften der operativen Gynäkologie zählt. Doch würden wir die Grenzen dieses Werkes weit überschreiten, wollten wir uns hier auf eine Erörterung der Ovariotomie einlassen. Dasselbe gilt von den grossen Tumoren des Uterus, von dem Mangel der Scheide und Bildung einer solchen auf operativem Wege u. s. w.

Worauf es uns hier lediglich ankommen kann, ist, in eine Besprechung jener Manipulationen zu treten, welche sich durch die eigene Art der Localität, in welcher sie ausgeführt werden müssen, selber eigenthümlich gestalten und in unmittelbarem Zusammenhange mit den aufgefundenen Conceptionshindernissen stehen. Es wird daher auch nicht erforderlich sein, alle die krankhaften Zustände, welche Sterilität veranlassen können, der Reihe nach zu wiederholen und die für sie erforderliche Therapie zu besprechen; vielmehr wird es genügen, die beiden Schädlichkeitsgruppen, diejenige, welche ihren Einfluss auf das Ovulum, und jene, welche ihn auf das Sperma ausübt, derart in therapeutischer Beziehung zu besprechen, dass auch hierbei in der Regel nur allgemeine Maassregeln in Betracht gezogen werden.

Bevor wir an die Lösung dieser Aufgabe gehen, wird es zweckmässig sein, noch einige Bemerkungen an

die Untersuchung steriler Frauen

zu knüpfen, da von deren exacten Ausführung die diagnostische Beurtheilung und von letzterer die einzuleitende Behandlung des Falles abhängt. Es giebt vielleicht im ganzen Bereiche der Medicin kein Gebiet, auf welchem das Individualisiren zu einer so gebieterischen Pflicht wird, als es in der Gynäkologie im Allgemeinen und in der Sterilität insbesondere der Fall ist, und auf dem eine Vernachlässigung dieser Pflicht sich so schwer wie hier rächt. Nach dem, was bisher vorgetragen wurde, ist das auch leicht begreiflich. Wir richten z. B. durchaus keinen Schaden an, wenn wir unter anderen Umständen der Beschaffenheit und dem Sitze eines Polypen oder eines winzigen Tumors nur eine geringe Aufmerksamkeit zuwenden. Handelt es sich aber um eine sterile Patientin, dann fügen wir ihr dadurch einen geradezu vitalen Schaden zu, da wir möglicherweise die eigentliche Ursache ihres Unglückes übersehen und Jahre lang an ihr herumcuriren, ohne ihr den geringsten Vortheil zu verschaffen, während eine gehörige Aufmerksamkeit unsererseits sie möglicherweise zur raschen Erfüllung ihrer sehnlichsten Wünsche geführt hätte. Wir halten es daher für absolut unerlässlich, dass ein Arzt, welcher dazu berufen ist, sein Urtheil über einen Fall von Sterilität abzugeben oder therapeutisch gegen denselben einzuschreiten, vor Allem die Fähigkeit besitzen und ausüben muss, die Beckenorgane, soweit die Umstände es nur immer gestatten, nach allen Richtungen hin so auszutasten, dass ihm über die Beschaffenheit keines derselben ein Zweifel übrig bleibt.

Der Gang der Untersuchung wäre etwa folgender. Zwar haben wir es besonders betont, dass die Ursache der Sterilität nur selten im Manne zu suchen sei, allein bevor wir uns ein endgültiges Urtheil über einen speciellen Fall bilden können, wird es doch unerlässlich sein, darüber absolute Gewissheit zu erlangen, ob männlicherseits jedes Conceptionshinderniss ausgeschlossen werden kann, um so mehr, als es vorkommen kann, dass beide Theile derlei Hindernisse darbieten können, somit die Wegräumung der Hindernisse seitens der Frau immer noch ohne Erfolg bleibt. Einen sehr interessanten derartigen Fall, welcher des Lehrreichen viel darbietet, haben wir beschrieben [1]).

Die samenbereitenden Apparate müssen also normal functioniren, d. h. gesundes Sperma liefern, sodann muss der Mann die Potenz haben, dieses Product durch den Coitus in die Scheide zu befördern. Ueber die zuletzt genannte Potenz wird das Examen, über die Beschaffenheit des Spermas das Mikroskop die erforderlichen Aufschlüsse ertheilen. Das Object für die mikroskopische Untersuchung wird ent-

---

[1]) Krankheiten des weiblichen Geschlechts, Bd. II, S. 790.

weder unmittelbar aus der Harnröhre entnommen, aus welcher
gleich nach der Begattung noch mehrere Tropfen mit Leichtigkeit herausgedrückt werden können; oder dasselbe wird mit
einem in reinem Wasser ausgewaschenen, nicht gestärkten, Lein-
wandläppchen aufgefangen, eingetrocknet und dem Arzte zur Untersuchung übersendet.   Ein solches Läppchen wird über ein Uhrglas
ausgebreitet, mit destillirtem Wasser benetzt und nach wenigen
Minuten leicht ausgedrückt.   Von der abfliessenden Flüssigkeit wird
ein Tropfen auf einen Objectträger gebracht, wie gewöhnlich mit einem
Deckgläschen bedeckt und der Untersuchung unterworfen, wobei man,
wenn das Sperma von normaler Beschaffenheit ist, zahlreiche Spermafäden nebst Trümmern solcher, wahrnimmt.   Wir haben in dieser
Weise noch nach Verlauf vieler Monate grosse Mengen von Spermafäden nachweisen können.

   Dieser Theil der Untersuchung ist durchaus nicht zu vernach-
lässigen, weil sich dabei möglicherweise das wichtige Factum herausstellen kann, dass das Medium, in welchem sich die Spermafäden bewegen, eine zu dickflüssige Beschaffenheit hat und die Bewegungsfähigkeit derselben hemmt.   Gelingt es uns diese Thatsache zu eruiren,
dann sind wir möglicherweise, wie uns das einmal gelungen ist[1]),
durch Einspritzung in die Scheide post coitum einer jener Flüssigkeiten, die wir als solche kennen gelernt haben, welche die Bewegungsfähigkeit der Samenfäden erhalten oder stärken, schon im Stande,
das betreffende Conceptionshinderniss zu heben.   Natürlich handelt es
sich dabei nicht um die Hilfe, welche wir der Bewegung der Fäden an
und für sich geben, sondern hauptsächlich um die Verdünnung des
Mediums, in welchem sie sich zu bewegen haben.

   Die Untersuchung der Frau wird am zweckmässigsten auf einem
einfachen, festen, viereckigen Tische ausgeführt, über welchen eine
wollene oder Steppdecke ausgebreitet wird.   Den complicirten Unter-
suchungstischen haben wir niemals, weder für klinische Zwecke noch
für die Privatpraxis, das Wort geredet.

   Die Lage, welche die Patientin einzunehmen hat, spielt bei der
Untersuchung zum Zwecke der Feststellung der Sterilitätsursachen
eine wichtigere Rolle, als wenn die Exploration gynäkologische Verhältnisse anderer Art eruiren soll.   Für letztere erweist sich die von
Sims eingeführte linke Seitenlage als die zweckmässigste und ist fast

---

[1]) Siehe: Krankheiten des weiblichen Geschlechts, Bd. II, S. 794.

immer ausreichend. Nur selten stellt sich die Nothwendigkeit heraus, die zu Untersuchende aus der Seiten- in die Rücken- oder Knieellenbogenlage zu bringen, was ja übrigens leicht bewerkstelligt werden kann.

Soll die Seitenlage eingenommen werden, dann ist es unerlässlich, die von Sims vorgeschriebenen Regeln genau zu beachten, wenn man der mit dieser Position verbundenen Vortheile nicht verlustig gehen soll. Diese Regeln laufen darauf hinaus, dass die Patientin mit ihrer Brust flach aufliegen muss; unter letzterer darf sich durchaus keine Unterlage befinden, während der Kopf beliebig erhöht liegen darf. Der linke Arm der zu Untersuchenden wird links längs des Körpers derselben gelegt, der Steiss muss auf der der linken Seite des vor dem Tische stehenden Arztes zugekehrten Tischecke liegen, die Knice werden etwa im rechten Winkel angezogen und die Unterschenkel durch einen kleinern Tisch unterstützt. Es ist, wie gesagt, wichtig, alle diese Punkte genau zu beobachten.

Bei der Rückenlage rückt der Steiss an die Tischecke so weit als möglich gegen den davor stehenden oder sitzenden Arzt vor, die Knice werden, wie zum Steinschnitte gebogen, die Fussplatten stehen auf dem Tische fest auf und werden am besten durch Assistenten unterstützt.

Die Knieellenbogenlage bedarf keiner weitern Erläuterung.

Die ersten durch die Untersuchung festzustellenden Thatsachen beziehen sich auf die Beschaffenheit, Länge, Weite, Richtung, Temperatur, Feuchtigkeit und Wegsamkeit der Scheide, das Verhältniss der Vaginalportion zu derselben, also die Richtung der letztern, Grösse und Form der Muttermundslippen, Zustand des äussern Muttermundes und alle jene Zustände, welche im Stande sind, den für uns so wichtigen Raum zu begünstigen oder zu beeinträchtigen, welchen wir als Receptaculum seminis kennen gelernt haben.

Von fast allen diesen Zuständen werden wir uns nur dann eine richtige Vorstellung zu machen im Stande sein, wenn wir die Patientin zum Zwecke der Untersuchung in die Rückenlage bringen, in diejenige Lage also, welche sie auch während des Copulationsactes inne hat. Die Untersuchung in aufrechter Stellung, welche sich in manchen Fällen gleichfalls als zweckmässig erweisen kann, mag die Verhältnisse normal erscheinen lassen, die sich aber sofort ganz anders gestalten, wenn die Patientin sich auf den Rücken legt. Von der Seiten- und Knieellenbogenlage sprechen wir rücksichtlich der Zwecke, welche wir in diesem Momente verfolgen, nicht weiter, da diesen Positionen geradezu die Aufgabe zugewiesen ist, veränderte Lagerungsverhältnisse der Scheide und des Uterus, also auch des äussern Muttermundes, herbeizuführen. Dieser Theil der Untersuchung darf nur durch den Finger ausgeführt werden. Mit der Einführung des Speculums in die Vagina haben wir bereits einen künstlichen Zustand geschaffen, welcher uns auf das Bestimmteste verbietet, irgend welche Schlüsse zu ziehen, deren Vordersätze das Lumen oder die Richtung der Scheide, so wie deren Verhältniss zur Vaginalportion und namentlich zum äussern Muttermunde zur Voraussetzung haben. Der Zweck des Speculums ist ja gerade, die Scheide künstlich zu erweitern, damit wir einen Einblick in dieselbe gewinnen; diese Erweiterung muss aber eine Verkürzung des Scheidenrohres zur Folge haben und diese wiederum zwingt die Gebärmutter ihre Richtung zu ändern. Zwar stellen sich auch schon bei der Einführung des Fingers ähnliche Veränderungen ein, allein sie nähern sich mehr denen, welche sich während des Coitus herstellen.

Jedenfalls folgt aus dieser Betrachtung, dass die Einführung des Fingers so vorsichtig als möglich zu geschehen hat, wobei sowohl der Introitus vaginae als die Scheide selber nach allen Richtungen hin erforscht wird, um dieselben Untersuchungen an der Vaginalportion, namentlich aber an deren Muttermundslippen und deren Verhältniss zur hintern Scheidenwand, fortzusetzen und mit der Exploration des vordern und hintern Scheidengewölbes zu schliessen. Für diesen letztern Zweck ist es erforderlich, bei eingeführtem Zeigefinger der linken oder rechten Hand die Knöchel der drei eingeschlagenen, d. h. des Mittel-, Ring- und kleinen Fingers, längs des Dammes zu legen und diesen, mittelst derselben, da die Erhaltung der normalen Verhältnisse in der Scheide nicht mehr wesentlich ist, vor sich her zu stossen, wodurch es dem Zeigefinger leicht gelingt eine weit grössere Strecke vorzudringen, als es ihm sonst ohne diese Hilfe möglich wäre.

Nach alledem, was uns über die für die Sterilität maassgebenden pathologischen Verhältnisse bekannt geworden ist, dürfen wir uns selbst dann noch nicht für befriedigt und der weitern Untersuchung enthoben erachten, wenn wir in irgend einem Stadium der letztern auf Verhältnisse stossen, welche uns als eine hinreichende Erklärung für die bestehende Unfruchtbarkeit erscheinen. Wir erachten es vielmehr als unerlässlich, die Exploration zu Ende, d. h. bis dahin zu führen, wo es uns gelungen ist, sämmtliche uns zugängliche Abschnitte des Geschlechtsapparates unter Anwendung aller jener Hilfsmittel, welche uns die fortgeschrittene Wissenschaft darbietet, auf ihre Beschaffenheit zu prüfen. Andernfalls sind wir durchaus nicht in der Lage, ein

maassgebendes Urtheil über den speciellen Fall abzugeben, und es
giebt der Fälle nicht wenige, in denen unsere prognostische Thätigkeit eine grössere Rolle spielt als die therapeutische.

Nach Beendigung der Digitalexploration wird es, da sich der Finger einmal in der Scheide befindet, am zweckmässigsten sein, zur bimanuellen Untersuchung überzugehen. Zu diesem Zweck wird die
freie, flache Hand so auf die Bauchdecke über den Rand des Scham-
beins gelegt, dass die Fingerspitzen bei Ausübung eines Druckes auf
die Abdominalwand an den Fundus uteri rücken, die Gebärmutter sich
demnach zwischen den Fingerspitzen der äusseren und der Spitze des
in die Scheide eingeführten Zeigefingers der andern Hand befindet.
Unter günstigen Verhältnissen, d. h. wenn die Bauchdecken durch kein
besonders reiches Fettpolster ausgezeichnet sind, lässt sich der Uterus, und oft thun es auch seine Adnexa, durch diesen Doppelgriff so
vollständig austasten, dass über dessen Form und Grösse nicht die geringsten Zweifel übrig bleiben.

Ueber die allgemeine Beschaffenheit seiner Höhle giebt die Uterussonde, dieses von mancher Seite über Gebühr geschmähte, von
anderer Seite vielleicht auch über Gebühr gepriesene Instrument, Aufschluss. Man hat sich in der Discussion über Zweckmässigkeit, Art
der Anwendung, ob unter Leitung des Fingers oder des Speculums u. s. w., über Gebühr erhitzt, und es muss Thomas eine Minute
heitern Lächelns eingebracht haben, als er, bekanntlich einer der erfahrensten und geschicktesten Gynäkologen, den ihm von Dr. Ludwig
Joseph gemachten Vorwurf las [1]), dass er, Thomas nämlich, seine
Hände wohl noch nicht in möglichst vollkommenster Weise zu gebrauchen verstehe, weil er den Gebrauch der Sonde unter Anwendung
des Mutterspiegels lehrt.

Irren wir nicht, so hat sich die Wuth, welche sich von mancher
Seite her gegen die Sonde geltend gemacht hat, gelegt; wir unsererseits
schliessen uns rückhaltslos denjenigen an, welche in der Sonde eines
der werthvollsten gynäkologischen Instrumente erblicken, dessen man
sich nur in wenigen, seltenen Fällen wird entschlagen können. Dass
eine unvorsichtige oder ungeschickte Anwendung derselben Unheil anrichten kann, ist ganz ausser Zweifel; allein wer in dieser Weise zu
ihrem Gebrauch schreitet, hat überhaupt in der Gebärmutterhöhle
nichts zu suchen, gleichgiltig ob er sich des Fingers oder des Spiegels

[1]) Joseph, Thomas und die Uterussonde. Beiträge zur Geburtshilfe und
Gynäkologie. Berlin 1874, Bd. III, S. 23.

als Leiter bedient. Besondere Regeln aufzustellen scheint überflüssig. Wenn das Speculum einmal in der Scheide liegt und sich die Noth- wendigkeit zum Sondengebrauch herausstellt, führen wir das Instrument durch den Spiegel ein; dadurch erwächst uns der Vortheil, etwaige Fungositäten, Auflockerungen der Schleimhaut am Muttermunde oder im Cervix gründlicher beurtheilen zu können. Wem die Untersuchung aber ohne das Speculum leichter vorkommt, der entferne es einfach. Es kommt dabei viel auf Uebung und Gewohnheit an; nie sündige er aber gegen die beiden für den Gebrauch der Sonde maassgebenden ausnahmelosen Regeln, nämlich:

1. Die Sonde darf nur dort angewendet werden, wo nicht der Schatten des Verdachtes einer bestehen- den Schwangerschaft obwaltet;

2. Die Einführung der Sonde darf unter keinen Um- ständen eine irgendwie gewaltsame sein, das Instru- ment muss bei jedem Hindernisse, welches sich ihm darbietet, zurückgezogen werden und erst wieder zur Anwendung kommen, wenn dieses Hin- derniss entweder nicht mehr besteht oder sich als sehr leicht überwindlich erwiesen hat. Denn die Sonde ist nicht dazu da, Hindernisse aus dem Wege zu räumen, sondern dieselben nachzuweisen.

Unter Anwendung dieser Vorsichtsmaassregeln halten wir die Sonde für ein unschädliches, für die gründliche gynäkologische Untersuchung unentbehrliches Instrument. Dass man sich heutzutage nicht mehr der harten, sondern der leicht biegsamen Sonde bedienen wird, ist eben so einleuchtend, als dass man mit einer Krümmung derselben nicht auskommen kann, letztere vielmehr der Richtung des Gebär- muttercanals anpassen muss. Aus diesem Grunde wird es auch zweck- mässig sein, der Sondirung die bimanuelle Untersuchung vorangehen zu lassen, weil diese wichtige Aufschlüsse über die Axe der Gebär- mutter zu geben im Stande ist, welche bei Einführung der Sonde verwerthet werden können.

Das Speculum kann entweder unmittelbar nach der Digital- untersuchung oder erst nach geschehener Sondirung eingeführt wer- den. Der specielle Fall entscheidet sowohl darüber als auch über die Wahl des Instrumentes. Wo man über einen Assistenten zu ver- fügen hat, wird das Sims'sche unter Zuhilfenahme seines oder eines andern Depressors den Vorzug verdienen; wo die Assistenz fehlt, wird der Spiegel von Cusco oder der von Sims mit der zur Selbstbefestigung angebrachten Modification genügen [1]). Für die Zwecke, welche wir verfolgen, dürften wir durch den Mutterspiegel nur wenige Aufschlüsse erhalten, welche uns nicht bereits durch die Digitaluntersuchung zu Theil geworden sind.

Es erübrigt nur noch, uns eine Einsicht in die Höhle des Cervix und des Uterus zu verschaffen, ohne welche die Untersuchung für unsere Zwecke unvollständig genannt werden müsste. Ueber die räumliche Beschaffenheit der Höhle hat uns die Sonde im Allgemeinen belehrt; kommt es nur darauf an, dieselbe zu messen, dann bedienen wir uns eines der für diesen Zweck construirten Instrumente. Am einfachsten scheint uns das von Kugelmann in Hannover angegebene. Dasselbe besteht aus einer Uterussonde, welche in einem Schlitten läuft. Nach erfolgter Einführung der erstern rückt das vordere Ende des Schlittens an den äussern Muttermund und zeigt durch eine am Sondegriff angebrachte Scala die Entfernung des Sondenendes vom Schlittenende, d. h. die Länge des Canals an[2]).

Zu einem klaren Einblicke in alle in den beiden Höhlen obwaltenden Verhältnisse werden wir aber nur dann gelangen, wenn wir zur Dilatation derselben schreiten. Wir haben gesehen, wie häufig die Gegend des innern Muttermundes und des Fundus der Sitz winziger Polypen oder Bläschen bildet, welche sich der Untersuchung leicht entziehen und dennoch die Veranlassung absoluter Sterilität bilden können. Diese müssen, soweit es irgend möglich, durch die directe Inspection aufgefunden oder ausgeschlossen werden und das kann nur durch die künstliche Erweiterung geschehen.

Dieselbe kann auf blutigem und unblutigem Wege herbeigeführt werden. Zum Zwecke der Diagnose haben wir es in der Regel nur mit der letztern zu thun. Zur Ausführung derselben bedient man sich bekanntlich gewisser aufquellender Körper, wie des Pressschwammes, der Laminaria und dergleichen oder graduirter Stahldilatatoren. Die Anwendung dieser Dilatationsmittel ist bekannt; jedes trägt neben seinen Vortheilen auch seine besonderen Nachtheile an sich. Das jüngst erst von Marion Sims angegebene Instrument (Fig. 107 und 108) scheint aber die Vortheile aller in sich zu vereinigen. Dasselbe ist aus Stahl gearbeitet und hat im geschlossenen Zustande am obern Abschnitte (Fig. 107 *a* — *b*) die Form einer Uterussonde. Bei *b* befindet sich eine ringförmige Erhabenheit,

---

[1]) Siehe über die verschiedenen Mutterspiegel den betreffenden Abschnitt in unserm Werke: Die Krankheiten des weiblichen Geschlechts. Bd. I, S. 173.

[2]) Siehe ibid. Bd. II, Fig. 79, S. 252.

Fig. 107.   Fig. 108.

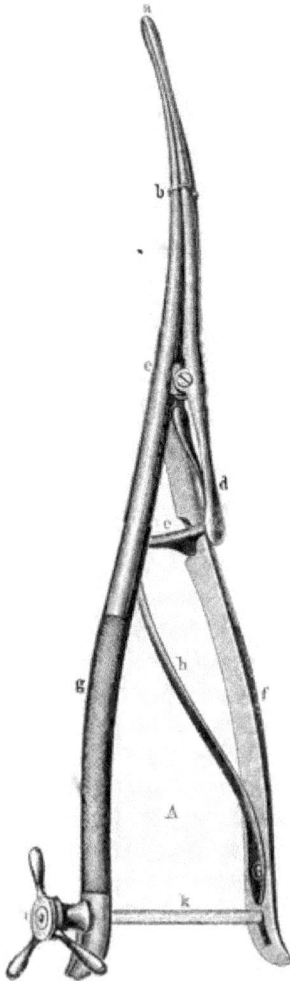
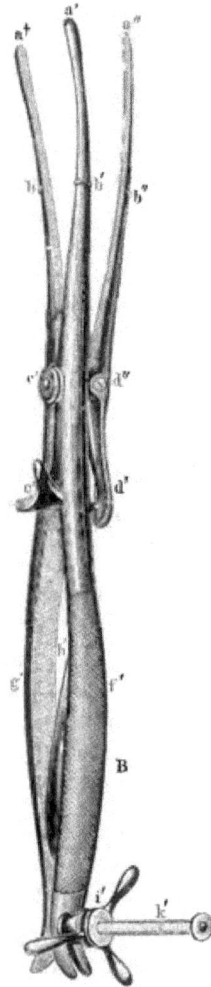

Marion Sims' Dilatator im
geschlossenen   und   geöffneten
Zustande (halbe natürliche Grösse) [1].

---

[1] Die in diesem Werke erwähnten oder abgebildeten Instrumente werden von dem hiesigen Instrumentenmacher Herrn Reiner (IX. Bezirk, Van Swietengasse Nr. 10) angefertigt.

welche beim Einführen des Instrumentes an den Muttermund rückt. Dieser obere Theil setzt sich aus 3 Stäben zusammen (Fig. 108, $a' - b'$, $a'' - b''$, $a^\dagger - b$). Zwei derselben laufen unten in die beiden, den Griff bildenden Branchen aus (Fig. 107 f g und Fig. 108 f' g'). Letztere können sowohl durch den Druck der Hand als auch mittelst der an der Schraubenstange (Fig. 107 k, Fig. 108 k') laufenden Schraubenmutter (Fig. 107 i, Fig. 108 i') beliebig nahe, bis zur Berührung, aneinander gebracht werden. Hierdurch weichen in demselben Maasse aber nicht nur a' und $a^\dagger$ (Fig. 108) auseinander, sondern es wird auch der mit dem dritten Stabe a'' bei d'' fest verbundene Keil c' vorgetrieben, wodurch er, indem er das untere Ende des dritten Stabes d' nach sich zieht, das obere Ende desselben (Fig. 108, a'') zwingt, sich in entgegengesetzter Richtung zu bewegen, so dass alle drei, bei Fig. 107 in c und bei Fig. 108 in c' d'' ihr Punctum fixum habenden Stäbe symmetrisch auseinanderweichen, d. h. dass sich die in Fig. 107 abgebildete geschlossene Form des Instrumentes in die in Fig. 108 dargestellte offene verwandelt. Zwischen den beiden Armen befindet sich eine Feder (Fig. 107 h und Fig. 108 h'), welche beim Oeffnen der Branchen diese zwingt, wieder auseinanderzuweichen; der dritte Stab wird zu derselben Bewegung durch eine kleinere, zwischen c d befindliche Feder, veranlasst.

Die Vorzüge, durch welche sich dieses Instrument auszeichnet, sind mannichfacher Art. Vor allem ist die solide Beschaffenheit aller seiner Theile zu erwähnen, wodurch es möglich wird, eine beträchtliche Expansion auszuüben, somit erforderlichen Falles eine ausgiebige Dilatation zu erzielen. Von grosser Wichtigkeit ist es sodann, dass man die Kraft sowohl mittelst der Hand als der Schraube so allmälig oder rasch als die Umstände es erheischen, wirken lassen kann, ohne der Unannehmlichkeit ausgesetzt zu sein, welche z. B. dem Pressschwamme dadurch anhaftet, dass sich letzterer während der Expansion tief in das Gewebe hineindrückt und bei der Entfernung Schleimhautfetzen ablöst, was äusserst missliche Zufälle nach sich ziehen kann. Der Laminaria haften zwar diese Nachtheile nicht an, allein ihre Expansionsfähigkeit ist eine geringere und ungleichmässigere, und ihre Entfernung bedarf unter Umständen, gleich der des Pressschwammes, grosse Vorsicht, wenn kein Nachtheil gestiftet werden soll. Die graduirten Metalldilatatoren leisten gute Dienste. Allein, abgesehen davon, dass man immer eine Anzahl derselben in Vorrath zu halten gezwungen ist, bilden sie immer gegebene Grössen, welche die allmälige, sanfte Erweiterung nicht ge-

statten, welche bei einer gewissen Beschaffenheit der in Frage kommenden Gewebe aber von grossem Werthe sein kann.

Da die Fälle, welche wir im Auge haben, nur selten zur Eile
mahnen, sind wir in der Lage, die ergiebige Erweiterung der Cervical-
und Uterinhöhle ohne Schmerzen für die Patientin so weit auszuführen, dass wir beide entweder überblicken oder mittelst des Fingers
nach allen Richtungen hin erforschen können.

Ob eine dringende Veranlassung für die Untersuchung per Rectum, gegen welche die Frauen ausnahmslos einen grossen Widerwillen hegen, vorhanden ist, muss der specielle Fall lehren.

Schliesslich wollen wir nur beiläufig der diaphanoskopischen
Untersuchung der weiblichen Beckenorgane erwähnen, welche
jüngst durch Lazarewitsch und Schramm¹) in Anregung gekommen ist, sich aber, wie es scheint, noch nicht als brauchbar erwiesen
hat. Dieselbe besteht in einer auf elektrischem Wege nach Art der
Geissler'schen Röhren zu erleuchtende Glasröhre, welche in die
Scheide bis in den hintern Cul-de-sac eingeführt wird und in er-
leuchtetem Zustande die Beckenorgane durch die Bauchdecken hindurch erkennen lassen soll. Leider konnte Schramm die Angaben
Lazarewitsch's nicht bestätigen und so müssen wir warten, bis
diese, wenn sie sich als brauchbar erweisen sollte, schöne und effectvolle Methode jenen Grad der Vollkommenheit erlangt haben wird,
welcher sie für eine praktische, allgemeine Verwendung geeignet
macht.

Nachdem durch die Untersuchung evident oder muthmaasslich
festgestellt worden ist, dass das Conceptionshinderniss entweder das
Ovulum und dessen Fortbewegung oder das Sperma und das Vordringen der Spermafäden betrifft, wird die Behandlung dem entsprechend eingerichtet werden müssen. Die erste Eventualität wird
nur selten ein directes Eingreifen gestatten, es sei denn, dass grössere
Abdominaltumoren als Sterilitätsursachen angesehen werden, deren
Extirpation in den meisten Fällen ja auch aus anderen Gründen
wünschenswerth erscheinen dürfte. Die für die Entfernung derlei
Tumoren erforderlichen Methoden gehören in die Lehrbücher der
Gynäkologie.

Sonst aber nehmen zwei Processe unsere besondere Aufmerksamkeit im hohen Grade in Anspruch, nämlich jene cystischen Degenerationen der Eierstöcke, wobei die letzteren nicht zu umfangreichen

¹) Separat-Abdruck aus der „Deutschen Zeitschrift für praktische Medicin".

Tumoren degeneriren und die Entzündungsprocesse, welche mit der Bildung pseudomembranöser Bänder und Fäden einhergehen, welche die sonst normalen Tuben und Ovarien derart fixiren, dass dadurch relative oder absolute Sterilität bedingt wird.

Was **die cystische Degeneration der** Eierstöcke betrifft, so ist sie noch nicht hinlänglich klinisch studirt, um sie mit Sicherheit diagnosticiren zu können. Sie kann jedoch mit ziemlicher Sicherheit als vorhanden angesehen werden, sobald sich äusserst heftige Schmerzen in der Ovarialgegend geltend machen, wenn ferner die Ovarien vergrössert gefunden werden und, worauf ein ganz besonderer Nachdruck gelegt werden muss, wenn sie sich ausserdem bei der Berührung als intensiv schmerzhaft erweisen. Derartig entartete Ovarien können das Leben der Patientin geradeswegs unerträglich machen und die Annäherung des Mannes zur absoluten Unmöglichkeit gestalten.

Dieser letztere Umstand ist es einerseits, welcher uns an dieser Stelle interessirt, andererseits drängt sich uns noch eine andere, wichtigere Erwägung auf. In der Regel werden beide Ovarien von der cystischen Degeneration befallen. Diese Regel hat aber ihre Ausnahmen. Es kann der eine Eierstock allein oder vornehmlich ergriffen sein und die alleinige Quelle aller Schmerzempfindungen bilden, während der andere noch nicht nachweisbar erkrankt ist und sich schmerzlos verhält. Hier kann die Frage der Extirpation des erkrankten Ovariums dringend geboten sein, einmal um die Patientin zur Erfüllung der ehelichen Pflichten tüchtig zu machen, sodann um einer Erkrankung des andern Ovariums entweder vorzubeugen, oder wenn eine solche bereits begonnen, das Weiterschreiten derselben möglicherweise zu verhindern. Die Extirpation cystisch degenerirter Ovarien ist in der jüngsten Zeit bekanntlich auch für andere, und zwar für therapeutische Zwecke ausgeführt worden, welche für uns darum ein besonderes Interesse haben, weil sie sich zum Theil auf ein Thema stützen, welches wir in einem frühern Abschnitte ausführlich erörtert haben. Der Gegenstand ist so überaus wichtig, dass wir es für geboten erachten, denselben einer ausführlichen Besprechung zu unterwerfen.

Ueber die Extirpation der Ovarien als therapeutisches Mittel.

Seit etwa einem Jahre werden nämlich von Gynäkologen in Deutschland und Amerika Fälle veröffentlicht, in denen functionsfähige

Eierstöcke zu dem Zwecke extirpirt worden sind, um entweder durch Fibroide veranlassten und sonst nicht zu stillenden Blutungen Einhalt zu thun oder um unerträglichen, von den Ovarien ausgehenden Schmerzen, welche allen Mitteln Trotz bieten, ein Ende zu machen.

Wie es scheint, hatten Hegar in Freiburg und Battey in Amerika zur selben Zeit, aber unabhängig von einander, die Idee zu dieser Operation gefasst, denn ersterer führte dieselbe zuerst am 27. Juli 1872, letzterer am 17. August desselben Jahres aus. Publicirt aber hat Battey zuerst, da er seinen im ersten Bande der von der amerikanischen gynäkologischen Gesellschaft herausgegebenen Verhandlungen pro 1877 befindlichen Aufsatz [1]) mit dem Hinweis darauf beginnt, dass er vor etwa vier Jahren in dem „Atlanta Medical and Surgical Journal" die Aufmerksamkeit der Berufsgenossen auf die hier in Rede stehende Operation gelenkt habe [2]). Hegar's erste Publication datirt aus dem Jahre 1876 [3]). Sodann hat er seine Erfahrung in einem sehr gründlichen Vortrage den zur Naturforscherversammlung in München erschienenen Gynäkologen mitgetheilt und diesen Vortrag im Centralblatt für Gynäkologie veröffentlicht [4]).

Die Prioritätsfrage müssen wir unter solchen Umständen unentschieden lassen, obgleich Marion Sims dieselbe in einer soeben erschienenen Arbeit über den hier in Rede stehenden Gegenstand [5]) in so entschiedener Weise für Battey in Anspruch nimmt, dass er den Vorschlag macht, die Operation fortan als „Battey's Operation" zu bezeichnen.

Die Zahl der bisher von den folgenden Operateuren ausgeführten Operationen beläuft sich nach Sims' Zusammenstellung auf 28, welche folgendermaassen vertheilt sind:

[1]) Extirpation of the functionally active ovaries for the remedy of otherwise incurable diseases, by Robert Battey M. D. Transactions of the American Gynaecological Society. Boston 1877. Vol. I, p. 101.

[2]) Während der Corrector sendet uns Dr. Battey ausser diesem seinem ersten Aufsatz noch: „Normal Ovariotomy" Separatabdr. aus demselben Journal 1873; ferner: „Is there a propre field for Battey's Operation?" und „Battey's Operation" von Dr. Yandell und Dr. Mc Clellan.

[3]) Der anticipirte Klimax durch Extirpation der Ovarien bei Fibroiden des Uterus. Mittheilung aus der gynäkologischen Klinik in Freiburg i. B. Von Dr. Carl Stahl, Assistent dortselbst.

[4]) Ueber die Extirpation normaler und nicht zu umfänglichen Tumoren degenerirter Eierstöcke. Centralblatt für Gynäkologie. 1877 Nr. 17, und 1878 Nr. 2. Siehe auch: Hegar's Aufsatz: Extirpation des Uterus und der Eierstöcke durch die Laparotomie. Separatabdr. aus „Wiener med. Presse 1877.

[5]) Battey's Operation. Separatabdruck aus dem British med. Journal, Dec. 1877. London 1878.

	Anzahl der Operirten	Hiervon gestorben
Dr. Battey	12	2
„ Hegar	2	0
„ Trenholme	2	0
„ Gilmore	1	0
„ Thomas	2	1
„ Peaslee	1	1
„ Sabine	1	0
„ Sims	7	1
Zusammen .	28	5

Hierzu kommen noch zwei Fälle, welche Hegar im August 1872 und zwei andere, welche er noch später, alle wegen Fibrom und damit verbundener lebensgefährlicher Blutung operirte. „Später machten auch Kaltenbach und Freund einen Eingriff der Art“, so dass die Gesammtzahl der bis heute operirten Fälle 33 beträgt.

Die bisher bekannt gewordenen Fälle lassen sich in zwei Categorien trennen, deren eine die Reihe umfasst, in welcher gesunde Ovarien in der Voraussetzung extirpirt worden sind, dass der functionelle Klimax, wie Hegar sich ausdrückt, anticipirt, ein im Uterus wachsendes Fibroid sich dadurch verkleinere oder die durch dasselbe veranlasste lebensgefährliche Blutung aufhören werde.

Die andere Categorie hingegen begreift jene Reihe in sich, in welcher die Ovarien wirklich erkrankt, pathologisch degenerirt und der Sitz unerträglicher dysmenorrhoischer oder mit der Menstruation nur mittelbar zusammenhängender Schmerzen sind, welche keinem andern Mittel weichen und die Extirpation der erkrankten Ovarien als letzte Rettung erscheinen lassen.

So weit wir einen Einblick in die vorhandene Literatur haben gewinnen können, scheinen Hegar und Trenholme bisher die einzigen gewesen zu sein, welche gesunde Ovarien extirpirt, also die wirkliche Castration ausgeführt haben, um durch Fibroide veranlasste lebensgefährliche Blutungen zum Stillstande zu bringen, resp. die Tumoren zu heilen.

Diese Idee [setzt den Zusammenhang der Ovulation und Menstruation als unleugbare, positiv erwiesene Thatsache voraus, welche, wenn nicht gerade eine Indicatio vitalis vorhanden ist, allein die

Vornahme der gefährlichen und, wie obige Tabelle zeigt, hohe Mortalitätsverhältnisse aufweisenden Operation, selbst als letzte Zuflucht, rechtfertigen würde.

Ein solcher Zusammenhang zwischen Ovulation und Menstruation ist aber nicht nur nicht erwiesen, sondern wird von guten Beobachtern gänzlich in Abrede gestellt und die Thatsachen mehren sich von Tag zu Tage, welche die von Négrier aufgestellte Behauptung, dass bei jeder Menstruation ein Graaf'scher Follikel platze und ein Ovulum sich entleere, als eine unerwiesene Hypothese erweisen, gegen welche, wie bereits hervorgehoben, gleich von vornherein Forscher von dem Range Remak's und Bischoff's Protest erhoben haben.

Wir haben an anderer Stelle die Gründe angegeben [1]), welche uns zu der unerschütterlichen Ueberzeugung geführt haben, dass die Phänomene der Ovulation mit denen der Menstruation Nichts gemein haben, sondern unabhängig von und neben einander vor sich gehen.

Die Thatsache lässt sich heute nicht mehr anzweifeln, dass die Menstruation trotz beiderseitiger Ovariotomie, wenigstens in sehr vielen Fällen, ungehindert ihren Fortgang nimmt.

Die Anhänger des Zusammenhanges zwischen Ovulation und Menstruation nehmen an, dass die Extirpation in solchen Fällen keine radicale war, dass Reste des Ovariums zurückgelassen wurden und dass ein oder wenige Follikel hinreichen, um die Menstruationsphänomene ungeschwächt fortzusetzen. Es ist hier nicht der Ort, diese, jede positive Basis entbehrende Annahme auf ihre Richtigkeit zu prüfen. Wäre sie aber wahr, dann würde sie vor Allem dazu beitragen, die Unzulässigkeit des anticipirten Klimax zu erweisen. Denn grosse Fibrome, selbst wenn sie keine umfangreichen Adhäsionen darbieten, werden selten gestatten, beide gesunde Ovarien, deren Auffindung allein schon mit grossen Schwierigkeiten verbunden sein kann, so radical zu entfernen, dass nicht möglicherweise ein Follikel zurückbleibt. Die Verhältnisse sind hier bei Weitem schwieriger als bei der Extirpation selbst sehr grosser Ovarialcysten.

Das hat selbst ein so gewandter und ausgezeichneter Operateur wie Hegar in seinem ersten Falle schon erfahren und ist dadurch veranlasst worden, als erste Bedingung der Operation aufzustellen, dass die Eierstöcke vorher gefühlt werden müssen. „Ich wenigstens", lauten seine Worte, „würde nicht leicht mehr operiren, wenn dies nicht geschehen ist. Ist es nicht geschehen, so könnte man z. B. bei rudimentärem Uterus in Gefahr kommen, die Ovarien nicht zu finden,

[1]) Siehe S. 68.

weil sie nicht da sind. Man hat fälschlicherweise die Symptome und Beschwerden der Ovulation zugeschrieben, während sie in Wirklichkeit anderen Ursachen ihre Entstehung verdanken. Bei Fibromen läuft man grosse Gefahr, dass die Eierstöcke ihrer versteckten Lage wegen gar nicht erreicht werden können oder der Eingriff dabei ein zu bedeutender wird" [1]).

Da nun die Operation nicht nur die unmittelbare, durch Blutung in Folge Fibroms bedingte, Lebensgefahr beseitigen, sondern auch die Wiederkehr derselben durch Menstruationsvorgänge verhindern soll, die letzteren aber, nach Ansicht der Ovulations-Menstruations-Anhänger, selbst wenn ein winziger zurückgelassener Eierstocksrest, sobald er ein Ovulum enthält, gerade so vor sich gehen, als wären beide Eierstöcke noch vorhanden, muss jede Operation als eine verfehlte angesehen werden, durch welche die Ovarien nicht bis auf die allergeringsten Spuren entfernt worden sind. Wenn daher manche Autoren ausser Beseitigung der lebensgefährlichen Blutungen auch noch Verkleinerung der Tumoren beobachtet haben, so kann Beides nicht überraschen, wenn man bedenkt, dass der operative Eingriff allein schon ein so gewaltiger ist, dass sich in Folge desselben wichtige veränderte Circulationsverhältnisse etabliren können. Ueberdies werden durch die angelegten Ligaturen bedeutende Gefässe zur Obliteration gebracht, welche in der Nutrition der Tumoren wesentliche Veränderungen erzeugen. Die durch Beobachtung erwiesene Thatsache [2]), dass Uterus-Tumoren nach Entbindungen sich verkleinern oder ganz verschwinden, muss auf ähnliche veränderte Ernährungsverhältnisse zurückgeführt werden.

In einem von Battey operirten Falle (Fall III) hat sich dieser Einfluss sogar noch nach Jahr und Tag bei einer 38jährigen Patientin in einer höchst merkwürdigen Weise geltend gemacht, indem der Uterus, welcher bei der Operation von normaler Grösse gefunden wurde, sich nach erfolgter Extirpation beider Ovarien nach und nach so verkleinerte, dass er zur Grösse der Gebärmutter eines sechsjährigen Kindes reducirt war.

Diese Thatsachen dürften, in Verbindung mit der Erfahrung, dass lebensgefährliche Blutungen bei Fibroiden nicht gerade immer in die Zeit der Menstruation fallen, genügen, um zu der Ueberzeugung zu führen, dass die Extirpation gesunder Eierstöcke zu dem Zwecke, den Klimax zu anticipiren und so indirect eine therapeutische Wirkung zu

---

[1]) Centralblatt für Gynäkologie 1878. Nr. 2. (Separatabdruck S. 3.)
[2]) Siehe: Gordon, John Williams u. A. in den Transactions of the Obstetrical Society of London, Vol. XIX, p. 112.

erzielen, es sei denn, dass, wie in den Fällen von Hegar, ein indicatio vitalis bestehe, durchaus unzulässig sei.

Eine vollkommen andere Beurtheilung verdient die zweite Reihe, diejenigen Fälle umfassend, in denen die Operation unternommen wird, um Eierstöcke, welche zu nicht umfänglichen Tumoren degenerirt sind, zu entfernen. Wer sich dem Studium des histologischen Verhaltens der Ovarien hingiebt, kann seine Verwunderung über die, von uns übrigens im pathologisch-anatomischen Abschnitte nachgewiesene, Häufigkeit und Mannigfaltigkeit der Erkrankungen dieser Organe nicht unterdrücken, welche entweder nur mikroskopisch nachweisbar oder auch makroskopisch erkennbar, bei der Lebenden jedoch oft gar nicht oder nur schwer diagnosticirbar sind.

In der zweiten Categorie der Fälle befinden sich die Ovarien also nicht in ihrem normalen Zustande, sondern sind krank, sehr krank, die Follikel sind geschwunden, das Parenchym ist meist cystisch degenerirt, die Organe bilden den Sitz grosser, oft fürchterlicher, bis zur Unerträglichkeit gesteigerter Schmerzen, gegen welche der therapeutische Apparat ganz vergebens ins Feld rückt; war dieser erschöpft, dann wurden die Patientinnen bis vor wenigen Jahren ihrem Schicksale überlassen; dasselbe war der Tod oder eine bejammernswerthe Existenz; an eine Operation konnte allerdings erst gedacht werden, nachdem wir durch die Ovariotomie mit der verhältnissmässigen Ungefährlichkeit der Eröffnung des Peritonealsackes bekannt gemacht wurden. Hegar und Battey gebührt das grosse und unbestrittene Verdienst, unsere Aufmerksamkeit auf die Möglichkeit einer radicalen Behandlung dieses Uebels gelenkt zu haben.

In der überwiegenden Mehrzahl dieser Fälle haben sich die Ovarien bei der Untersuchung nach der Extirpation als cystisch degenerirt erwiesen, und dort, wo die Diagnose auf „nervöse Schmerzen in der Ovarialregion" gestellt war, wo eine materielle Erkrankung nicht ausdrücklich angegeben wird, hat eine Untersuchung nicht stattgehabt. Es ist überhaupt bedauerlich, dass manche Berichte, z. B. diejenigen von Battey, an einer Unvollständigkeit leiden, welche sie für die wissenschaftliche Verwerthung fast unbrauchbar macht.

Die Sympathie, welche zwischen den beiden Eierstöcken für gewisse Erkrankungen besteht, ist bekannt. Ihr scheint die von Sims betonte therapeutische Lehre zu erwachsen, in allen Fällen beide Ovarien zu entfernen. Der Unterlassung dieser Regel schreibt Sims geradezu den Misserfolg in einem seiner Fälle zu. Für diejenigen Operateure, welche den Klimax anticipiren zu können glauben, ist diese Regel selbstverständlich. Wir aber können ihr nur eine bedingte Geltung zusprechen.

Was die von Marion Sims und Hegar für die Operation aufgestellten Indicationen betrifft, so verhält es sich damit, wie folgt:

Sims hält die Operation in folgenden Fällen für indicirt:

1. Amenorrhoe bei mangelndem oder rudimentären Uterus oder unlösbare Atresia uteri mit so heftigen Moliminis menstr., dass sie das Leben oder die Gesundheit bedrohen.

2. Langes körperliches oder Gemüthsleiden, begleitet von hochgradiger nervöser und vasculärer Erregung und veranlasst durch Menstruationsbeschwerden, sei es, dass die Menstruation selbst besteht oder gestört ist, wenn alle andern Mittel sich nutzlos erweisen.

3. Beginnende Geistesstörung oder Epilepsie, wenn sie von ovarialer oder uteriner Erkrankung abhängen und alle anderen Heilversuche misslingen.

4. Fibroide des Uterus, begleitet von unstillbaren lebensgefährlichen Blutungen, wenn die Enucleation der Geschwulst nicht möglich ist.

5. Chronische Beckencellulitis und recurrirende Hämatocele, wenn die Anfälle sich auf Menstrualanomalien zurückführen lassen.

Hegar stellt sechs Indicationen auf, deren wesentlichsten mit den vorhergehenden übereinstimmen, nämlich:

1. Ovarialhernien mit Einklemmungs- und Entzündungserscheinungen, sobald die gewöhnliche Antiphlogose und Versuche der Reposition nicht zum Ziele führen, ferner solche Hernien, bei welchen der Eierstock sich in beginnender Cystendegeneration befindet.

2. Intumescenz der Ovarien mit Irritationserscheinungen, starker Schmerzhaftigkeit gegen Druck bei normaler Lage oder Dislocation in den Douglas, chronische Oophoritis und Perioophoritis, beginnende Cystendegeneration.

3. Zustände des Uterus, welche das Zustandekommen der menstruellen Ausscheidungen unmöglich machen oder äusserst erschweren, während die Eierstöcke vorhanden sind, functioniren.

4. Atresien des Uterus und der Scheide mit Zurückhaltung des Menstrualblutes, bei Unmöglichkeit, die natürlichen Wege zu öffnen oder einen andern Weg zu schaffen.

5. Chronische Entzündungsprocesse der Tuben, des Beckenbauch-
   felles und Parametriums, welche, wenn auch nicht primär
   durch pathologische Vorgänge in den Ovarien entstanden,
   doch durch die selbst vollständig normale Ovulation stets von
   Neuem angeregt werden und recidiviren.
6. Erkrankungen der Gebärmutter, wie insbesondere Fibrome,
   chronische Infarcte, besonders solche mit schwer zu stillenden
   Blutungen verbunden, Retro- und Anteflexion, überhaupt alle
   pathologischen Veränderungen des Organs, sobald sie zu den
   in der allgemeinen Indication angeführten Consequenzen führen und erfahrungsgemäss durch den natürlichen Klimax eine
   bedeutende Besserung oder selbst Heilung erfahren.

Unsere Stellung den Indicationen der beiden Autoritäten gegenüber wird durch Das präcisirt, was wir über das Verhältniss gesagt
haben, welches zwischen Menstruation und Ovulation obwaltet. Da
wir den Zusammenhang zwischen beiden entschieden in Abrede stellen,
müssen wir uns selbstverständlich gegen die Formulirung aller jener
Indicationen aussprechen, welche auf Grund dieses Zusammenhanges
gestellt werden. Die Operation bei Atresia uteri und der Vagina in
der sub. 4 von Battey aufgestellten und von Hegar adoptirten Weise
müssen wir daher geradeswegs für unzulässig halten. Dasselbe gilt
von Sims' unter 3. angeführten Indication. Fibroide des Uterus
schliessen wir, wenn keine Indicatio vitalis vorhanden ist, von den Indicationen gänzlich aus. Die Extirpation der Eierstöcke zum Zwecke der
Verkleinerung derartiger Tumoren oder der menstruellen Blutstillung
hat, unserer Ueberzeugung nach, keine andere Wirkung, als die weit
ungefährlichere, von Baker Brown empfohlene und mit Erfolg ausgeführte, ergiebige Incision des Cervix, um die Blutzufuhr zu den Tumoren zu vermindern und dadurch deren Nutrition zu beeinträchtigen.

Wir würden beim heutigen Stande der Frage überhaupt von der
Aufstellung specieller Indicationen abstehen und uns für die von
Hegar aufgestellte allgemeine Indication aussprechen, wenn in
derselben eine einzige Modification eintreten würde. Dieselbe lautet:
„Die Extirpation der Ovarien ist indicirt bei unmittelbar lebensgefährlichen, in kurzer Frist zum Tode führenden oder solchen Anomalien
und Erkrankungen, welche ein langdauerndes, fortschreitendes, qual-
volles, den Lebensgenuss und die Beschäftigung hinderndes Siechthum
bedingen, sobald andere Heilverfahren ohne Erfolg angewandt wurden,
während der Wegfall der Keimdrüse Heilung verspricht."

Wir halten diese allgemeine Indication für ganz vortrefflich formulirt und die einzige Modification, welche wir wünschten, wäre, dass es anstatt „der Keimdrüse" hiesse: „der erkrankten Keimdrüse". Diese Modification würde voraussetzen, dass die Ovarien durch die objective Untersuchung als materiell erkrankt und als der Ausgangspunkt der in der Indication angeführten Zustände in unzweifelhafter Weise nachgewiesen wurden, bevor die Operation in den Kreis der therapeutischen Erwägungen gezogen wird.

Die Operation selbst unterliegt, wenn sie für den Zweck und unter den Umständen, welche wir im Auge und oben gekennzeichnet haben, unternommen wird, keinen wesentlichen Schwierigkeiten. In den bisher operirten Fällen hat die Entfernung der Ovarien theils per vaginam, theils durch einen Schnitt durch die Linea alba, theils durch einen von Hegar erfundenen und von ihm so benannten Flankenschnitt stattgefunden. Der letztere beginnt etwa 5 cm entfernt von der Linea alba, 3 cm oberhalb der Schoossfuge und läuft oberhalb des Lig. Poupart. nach der Spina il. ant. sup. Man kann ihn im Nothfalle 6 cm lang machen, wobei man die Aponeurose der Obliquus externus, Fasern des Obliquus internus und transversus, durchschneidet.

Die Epigastrica bleibt medianwärts liegen. Man hat eine kürzere Entfernung von dem Schnitt bis zur gewöhnlichen Stelle des Ovariums. Auch werden Lig. infundibulo-pelv. und Spermaticalgefässe weniger gespannt. Dagegen ist dieser Schnitt unter den Verhältnissen, in welchen die Incision in der Linea alba Vortheile bietet, unpassend. So die Angaben Hegar's.

Der Vaginalschnitt, welcher nach Battey in der Mittellinie des hintern Scheidengewölbes in der Längsrichtung in der Ausdehnung von etwa 2 cm bis 3 cm gemacht wird, hat sich selbst unter den geübten Händen von Battey und Marion Sims als unpraktisch erwiesen, und die Erfahrung von Thomas, welcher vergeblich von der Scheide aus ein allerdings adhärentes, entartetes und hühnereigrosses Ovarium herauszunehmen versuchte und endlich doch zum Einschnitt in die Linea alba greifen musste, worauf die Patientin nach 56 Stunden starb, ist, wie Hegar richtig bemerkt, nicht gerade einladend. Battey verlor zwei Patientinnen, und die von ihm per vaginam ausgeführten Operationen machen nichts weniger als einen angenehmen Eindruck. Er wühlte mit dem eingeführten Finger in einer pseudomembranösen Masse herum, holte Stücke der erkrankten Ovarien heraus und hatte von den zurückgelassenen Resten keine rechte Vorstellung. Aehnliches passirte Sims, welcher sich deshalb auch vorgenommen hat, die Extirpation nie wieder per vaginam auszuführen.

Es bleibt somit der Schnitt durch die Linea alba als die einzige zu empfehlende Methode. Derselbe wird in der Länge von einigen Centimetern, nämlich in hinreichender Ausdehnung geführt, um einen oder zwei Finger hindurch zu lassen, welche den erkrankten Eierstock aufsuchen, um zu beurtheilen ob derselbe durch die Incision leicht passiren kann, weil die letztere sonst hinreichend verlängert werden muss. Für ausserordentlich wichtig hält Hegar die Unterstützung des eingeführten Fingers durch die andere Hand. „Beim Vaginalschnitt muss sie vom Abdomen aus den Uterus fixiren, etwas tiefer drücken oder direct den Eierstock selbst dem aufsuchenden Finger entgegenführen. Bei dem Bauchschnitt haben die in die Scheide oder den Mastdarm eingeführten Finger eine entsprechende Function. Man muss sich diese Hand nur sehr sorgfältig reinigen, wenn man sie weiterhin bei der Operation noch gebrauchen will. Es gilt dies besonders von der Einführung in den Mastdarm. Die Scheide kann man schon vorher durch eine desinfizirende Ausspülung säubern; beim Mastdarm ist dies wohl gut, aber nicht genügend.“

Die Abtragung des Eierstockes und Behandlung des Stieles, welcher nach erfolgter Unterbindung durch Seide oder Catgut in die Beckenhöhle versenkt wird, unterliegt keiner Schwierigkeit. Die Toilette des Bauchfelles, sowie die Nachbehandlung geschieht ganz so wie bei der Ovariotomie.

Die Behandlung der Residuen perimetritischer, **perioophoritischer und perisalpingitischer Entzündungen,** welche die zweite wichtige Gruppe jener Conceptionshindernisse betreffen, welche das Vorrücken des Ovulums hindern, wäre in den meisten Fällen leicht und radical, wenn dieser Fall sicher diagnosticirbar und direct angreifbar wäre, da es sich häufig nur darum handelt, ein feines Fädchen oder ein unscheinbares Band zu zerstören. Beides sind wir aber zu thun nicht im Stande. Bezüglich der Diagnose sind wir rein auf den unerquicklichen Boden der Vermuthungen gestellt. Wenn wir sonst bestehende Hindernisse aus dem Wege geräumt haben, ohne zum Ziele zu gelangen, wenn diese Hindernisse derart gewesen sind, dass sie einen anhaltenden Reiz auf die Wandungen des Cervix oder des Uterus ausgeübt haben, oder wenn die Krankengeschichte Anhaltspunkte für die Annahme einer abgelaufenen acuten oder chronischen Entzündung in den Adnexen des Uterus und deren Umgebung liefert, oder aber wenn letztere, nämlich eine chronische Entzündung, gar noch schleichend ihr Wesen treibt und Sterilität besteht, dann ist die Vermuthung pseudomembranöser Bänder als Ursache derselben gerechtfertigt. Damit ist

leider noch wenig gewonnen. Dennoch sollte man auch hier noch
nicht die Hände in den Schooss legen. Es verlohnt sich, die in
neuerer Zeit mit Recht zu Ehren gekommene Massage zu versuchen.
Manipulationen mittelst des bimanuellen Griffes, oder passive Bewegungen des Uterus durch das Scheidengewölbe und die Bauchdecke
ausgeführt und jeden zweiten oder dritten Tag wiederholt, bergen die
Möglichkeit in sich, einen pseudomembranösen Faden, wenn es sich um
einen solchen handelt, zu zerreissen und eine fixirte Tuba zu befreien.
Es wird aber angezeigt sein, die Patientin mit den zweifelhaften Resultaten dieser Art von Therapie bekannt zu machen, damit sie
sich keinen sanguinischen Hoffnungen hingebe. Es wäre nicht un-
rationell, da wo die Verhältnisse darnach angethan sind, Reiten und
Turnen zu empfehlen, sobald dagegen keine Contraindicationen, wie
entzündliche Processe, Lageveränderungen etc. bestehen.

Diese Fälle sind auch in eminenter Weise für die jod- und brom-
haltigen Bäder, sowie für den Aufenthalt an der See geeignet; da unter
Anwendung des daselbst üblichen Apparates, regelmässig vorzuneh-
mender Bewegungen, Beachtung einer zweckmässigen Diät, Baden des
Körpers etc. zuweilen Exsudate und sogar Geschwülste sich verkleinern
oder ganz zum Schwinden gebracht werden, ist die Möglichkeit nicht ausgeschlossen, dass auch Pseudomembranen demselben Schicksale anheim-
fallen und dadurch die Ursachen der Sterilität beseitigt werden könnten.

Gehen wir zu derjenigen Reihe von Conceptionshindernissen über,
welche sich auf das Sperma beziehen, d. h. welche verhindern, dass
die Samenflüssigkeit in die Vagina oder von hier in den Uterus und
in die Tuben gelange. Hier befinden wir uns unter weit günstigeren
Verhältnissen, da wir oft in directester Weise an die Beseitigung jener
Hindernisse gehen und die Sterilität, wenn sonst keine Complicationen
bestehen, in der That heben können. Wir werden die hierauf bezügliche Therapie in drei Abtheilungen bringen, deren erste sich mit der
Behandlung jener Hindernisse befassen soll, welche das Einbringen des Samens in die Scheide, also den Coitus, seitens
der Frau erschweren oder gänzlich unmöglich machen; im
zweiten wird von der Beseitigung jener Factoren gehandelt
werden, welche die Bewegungsfähigkeit der Spermafäden
lähmen oder gänzlich aufheben, während der dritte sich
mit der Behandlung jener Hindernisse zu befassen haben
wird, welche das Vordringen der Samenfäden aus der Scheide
durch den Cervix in die Gebärmutterhöhle und Tuba erschweren oder unmöglich machen.

1. Behandlung jener Hindernisse, welche das Einbringen des Samens in die Scheide, also den Coitus, seitens der Frau erschweren oder gänzlich unmöglich machen.

Schon die äusseren Geschlechtstheile können derartige Hindernisse in grosser Zahl darbieten. Dabei wird es sich hauptsächlich um Neubildungen, Entzündungsvorgänge oder nervöse Affectionen handeln. In keinem Falle wird die Therapie auf unüberwindliche Schwierigkeiten stossen, es sei denn, dass sie gegen ausgedehnten Krebs oder gewisse Formen weit verbreiteter Elephantiasis der Vulva zu Felde ziehen muss. Kleinere und mehr circumscripte Neubildungen werden durch Sitz, Grösse oder Irritabilität die Cohabitation in der Regel nur erschweren, nicht aber, wie die zuerst genannten Krankheiten es oft thun, gänzlich unmöglich machen. Uebrigens sind sie ohne Schwierigkeiten mit Messer und Scheere abzutragen. Ihre Therapie ist den allgemeinen Regeln der Chirurgie unterworfen.

Auch die entzündlichen Erscheinungen werden den antiphlogistischen Maassregeln weichen. Die scrupulöseste Reinhaltung der Vulva, die selbst in bessern Ständen oft vernachlässigt wird, kann nicht dringend genug anempfohlen werden. Waschungen mit Seifenwasser und darauffolgende durch adstringirende Lösungen feucht erhaltene Compressen, die Application des Eisbeutels und nöthigenfalls die Anwendung von Aetzmitteln, selbst des Höllensteinstiftes, werden ausreichen, um Entzündung und Hypersecretion zu beseitigen, welche im Stande sind, die Annäherung seitens des Mannes äusserst unangenehm zu machen oder dieselbe ganz zu verbieten.

Zwei Affectionen sind es, welche unsere besondere Aufmerksamkeit in Anspruch nehmen, nämlich: der als Vaginismus bekannte Symptomencomplex und der Pruritus vulvae.

Als man noch in dem Irrthum befangen war, dass der Vaginismus entweder in einer entzündlichen, oder in einer nervösen Affection des Hymen begründet sei, musste sich die Therapie dieses Leidens grösseren Schwierigkeiten entgegensetzen als heute, wo wir wissen, dass alle möglichen Affectionen im Bereiche des Generationsapparates und auch ausserhalb desselben, sich in Krampf des Scheidenschliessmuskels auslösen können, welcher in den meisten Fällen ein absolutes Hinderniss für die Begattung abgiebt. Hieraus erwächst

die unabweisliche Pflicht einer scrupulösen Diagnose. Es wäre geradeswegs thöricht, einen Behandlungsplan zu entwerfen, ohne vorher
zweifellos festgestellt zu haben, gegen welches ursächliche Moment derselbe zu richten sei; und letzteres kann glücklicherweise stets eruirt
werden; bevor dieses geschehen ist, darf man mit der Exploration, zunächst der Vulva und ihrer Umgebung, nicht aufhören.

Ergiebt sich nun, dass z. B. eine Caruncula myrtiformis die
Quelle des Uebels bildet, so ist sie zu zerstören oder abzutragen.
Dafür, wie für alle zum Zwecke der Untersuchung und Heilung des
Vaginismus erforderlichen Manipulationen, wird die Chloroformnarcose
nöthig sein, weil sich die Schmerzen bei der Berührung, wie bereits
bemerkt, oft bis zur Unerträglichkeit steigern und allgemeine Krämpfe
der intensivsten Art hervorrufen.

Die Untersuchung des Anus darf bei der Feststellung der Ursache
des Vaginismus niemals unterlassen werden; denn die Fissura ani bildet nicht nur eine häufige Veranlassung, sondern entzieht sich leicht
der Entdeckung, da es gerade die ganz kleinen Risse oder Sprünge sind,
welche sich am schmerzhaftesten erweisen. Glücklicherweise genügt
ein ergiebiger Einschnitt nebst Regelung der bestehenden Stuhlver-
stopfung, in Folge deren die Einrisse oft entstehen, fast immer, um
Heilung zu erzielen.

Ergiebt es sich, dass die Ursache des Vaginismus in einem speciellen Falle in bestehender Coccygodynie oder in einer Caruncula
urethrae zu suchen sei, dann wird letztere entfernt und bei ersterer
untersucht, ob sie in einer Luxation der Coccyx, in Entzündung oder in
sonstigen pathologischen Veränderungen derselben ihre Begründung findet, und demgemäss behandelt. Solange sich uns materielle Anhaltspunkte für das in Rede stehende Uebel darbieten, werden wir direct
auf die Beseitigung derselben lossteuern; auf die Application nar-
cotischer und aller anderen legionenweise empfohlenen medicamen-
tösen Stoffe verzichten wir selbst in denjenigen Fällen, in denen sich
solche Anhaltspuncte nicht darbieten und beschränken uns auf den
Gebrauch des Morphiums in der subcutanen Anwendungsform, welches
allerdings im Stande ist, nicht nur vorübergehend die Schmerzen zu
stillen, sondern das Uebel, wenn es rein nervöser Natur ist, radical zu
heilen. Hier müssen wir eine Mahnung wiederholen, welche wir bereits im
Jahre 1866 [1]) ergehen liessen, ohne dass sie die ihr gebührende Beach-

---

[1]) Beigel, Ueber hypodermatische Injectionen. Berliner klinische Wochenschrift 1866 und On hypodermatic injections in Medical Mirror. London. 1866.
Vol. III, p. 14 u. 84.

tung gefunden hätte. Wir meinen die Verhinderung des Erbrechens, welches den Injectionen des Morphiums so häufig und intensiv folgt, durch den Zusatz eines Milligramms Atropin aber sicher beseitigt wird.

Die Unterscheidung der rein nervösen von gewissen entzündlichen Fällen des Vaginismus erfordert, wenn beide ihren Sitz am Hymen haben, grosse Vorsicht. In beiden Fällen vermag sich dieser Sitz auf eine kleine Stelle zu beschränken, bei deren Berührung die Krampfphänomene sich am intensivsten äussern. Im erstern Falle kann an dieser Stelle ein kleines Neurom, im letztern eine deutliche Röthung aufgefunden werden. In der Regel aber betrifft die Entzündung den ganzen Hymen, zumal wenn sie durch erfolglose, oft wiederholte Begattungsversuche hervorgerufen ist.

Wenn wir es mit keiner messerscheuen Patientin zu thun haben, ist es stets am zweckmässigsten, die Abtragung des Hymen in der von Sims vorgeschlagenen Weise auszuführen. Will sich die Patientin zu dieser Operation nicht entschliessen, dann greife man zur Application der Kälte, zur Anwendung der Narcotica oder gehe gleich mit Dilatationsversuchen vor, von denen bald die Rede sein wird. In einem Falle von Vaginismus reiner nervöser Art gelang uns die gänzliche Beseitigung durch wiederholte Anwendung der localen Anästhesie mittelst des Richardson'schen Apparates auf den Hymen angewendet. Ein anderer Fall wurde durch Application des Ferrum candens auf die Kreuzgegend rasch und gänzlich geheilt. Es wurden auf letztere mehrere Striche gezogen, da sich weder die Patientin noch ihr Gatte zu einer „Operation" entschliessen konnten.

Es dürfte zweckmässig sein, gleich hier einige Worte über dieses für die Behandlung der Frauenkrankheiten überhaupt so wichtige Agens, das Cauterium actuale, anzuführen. Wir haben bisher der Galvanocaustic das unbedingte Wort geredet und nur bedauert, dass die Instandhaltung der Elemente sowie die für die letzteren erforderlichen Säuren den sonst so ausgezeichneten Apparat wenig transportabel machen und, abgesehen vom immerhin nicht unbedeutenden Preise, seiner allgemeinen Einführung in der Praxis stets hinderlich bleiben werden. Diesen Uebelständen hat Paquelin durch den Thermo-cautère, welcher in Fig. 109 abgebildet ist, zum grossen Theile abgeholfen und uns so ein Instrument geliefert, welches, bei einer ungemeinen Handlichkeit, in den meisten Fällen, wo es darauf ankommt zu kautrisiren, Gewebe gründlich zu zerstören, zu bremsen, zu schneiden etc., nichts zu wünschen übrig lässt. Nur in denjenigen wichtigen Fällen kann dieser Apparat den galvanocaustischen nicht verdrängen, in denen es

darauf ankommt, den kalten Draht, sei es in die Scheide, sei es in
den Cervix oder in den Uterus, einzuführen, ihn zuerst vorsichtig um
eine Geschwulst zu legen und denselben erst nach gehöriger Adap-
tation um den abzutragenden Tumoren in den glühenden Zustand zu
versetzen. Hier wird die Galvanocaustic, wie gesagt, schwerlich einen
Ersatz finden.

Fig. 109.

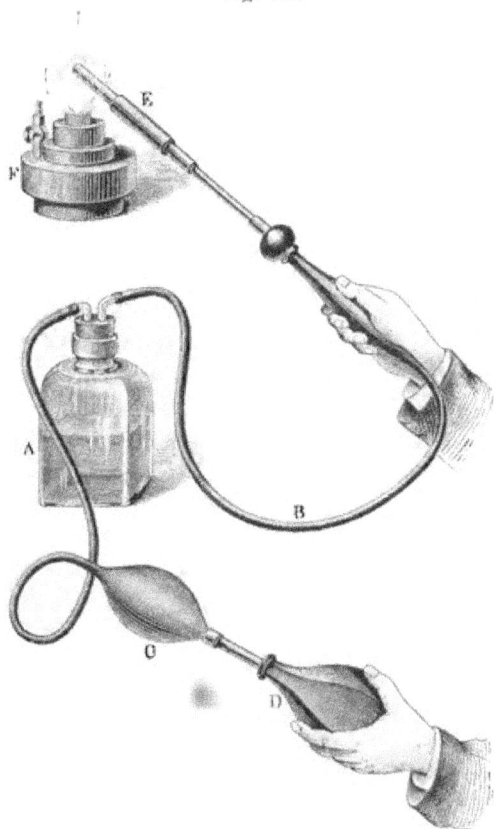

Paquelin's Thermo-cautère.

Der Thermo-cautère beruht auf der Eigenschaft des Platina und
anderer Metalle derselben Ordnung, dass sie, einmal in mässiger Weise
erwärmt, sofort zum Glühen gebracht und bis zur Weissglühhitze gesteigert werden können, sobald sie mit einem Gemisch in Berührung
kommen, welches aus athmosphärischer Luft und Kohlenhydraten im
gasförmigen Zustande besteht.

Der Apparat (Fig. 109) ist folgendermaassen construirt. Eine Flasche (A) mit durchbohrtem Korke steht einerseits mit einem Blasebalge nebst Windkessel (C und D) in Verbindung und geht andererseits in einen Schlauch (B) aus, welcher einen Ansatz (E) trägt, dessen Ende einen aus Platina bestehenden, geschlossenen Hohlcylinder bildet. Der ganze Apparat ist, wie man sieht, mit der von uns angegebenen Uterusdouche [1] identisch, nur dass keine Röhre auf den Boden der Flasche (A) geht und der Vaginalansatz durch den Platinaansatz substituirt ist. Füllt man nun die Flasche etwa zur Hälfte mit dem sich sehr leicht verflüchtigenden Petroleumäther, dann wird sich der über dem Niveau der Flüssigkeit befindliche Raum nach Verschliessung der Flasche durch den Stöpsel mit Petroleumätherdämpfen füllen. Wird nun das Platinaende des Ansatzes (E) in der Flamme einer Spirituslampe (F) leicht erwärmt, und der Blasebalg (D) in Bewegung gesetzt, dann wird der Dampf mit athmosphärischer Luft geschwängert und das Gemisch in den Ansatz getrieben, wodurch das Platinaende bald die Weissglühhitze annimmt und dieselbe nach Entfernung aus der Flamme so lange behält, als das Gemisch in ihm kreist. Findet eine Abkühlung statt, dann genügen einige wenige Bewegungen des Blasebalges, um sofort wieder die Weissglühhitze zu erzeugen, die übrigens nach Belieben in die Roth- und Blauglühhitze verwandelt werden kann, je nachdem die Bewegungen des Blasebalges rascher oder langsamer erfolgen. So kann man den Apparat stundenlang in Action erhalten. Derselbe muss daher als eine äusserst werthvolle Bereicherung der Chirurgie im Allgemeinen und der Gynäkologie insbesondere angesehen werden, mit welchem man leichter und bequemer zum Ziele kommt, als es auf irgend einem andern Wege möglich ist.

Kehren wir nunmehr zur Behandlung des Vaginismus zurück. Mit der Auffindung und Entfernung der Ursachen dieser Affection ist diese noch nicht in allen Fällen beseitigt. Sie kann entweder mit geringerer Intensität oder ungeschwächt fortbestehen und die Anwendung weiterer mechanischer Mittel erfordern. Dieselben bestehen in der Application von Dilatatorien. Schon Sims hat sich solcher aus Glas gefertigter, bedient. Sie erweisen sich in der That als die zweckmässigsten, da sie den Vortheil besitzen, leicht eingelegt und entfernt und ohne Mühe sehr rein gehalten werden zu können. Man muss deren verschiedenen Kalibers haben; die erste Anwendung wird unter der Chloroformnarcose geschehen müssen und es empfiehlt sich, selbst

---

[1] Siehe: Krankheiten des weiblichen Geschlechts, Bd. I, Fig. 129, S. 238.

in denjenigen Fällen, in denen der Uebergang vom geringern zum grössern Kaliber keinen Schwierigkeiten unterliegt, denselben nicht zu forciren, da wir in einem derartigen raschen Vorgehen schlimme Zufälle gesehen haben. Bei einer Patientin stellten sich epilepsieartige Paroxysmen ein, welche mehrere Male in einer Woche wiederkehrten. Der Scheidenschliessmuskel ist im Stande, einen so heftigen Widerstand zu leisten, dass er selbst während der Narcose das Einlegen der Dilatatorien bedeutend erschwert. Gerade in solchen Fällen ist die Anwendung grosser Gewalt abzurathen. Geduld führt immer sicher zum Ziele. Das Dilatatorium kann mehrere Stunden liegen bleiben, dann entfernt werden. Wenn keine entzündlichen Erscheinungen auftreten, kann die Wiederholung alle vierundzwanzig Stunden geschehen. Während des Dilatationsverfahrens rathe man von jedem Cohabitationsversuche ab, die Frauen fürchten denselben und sollten dessen Effect vergessen. Erst nachdem sie sich überzeugen, dass nicht nur der Finger leicht in die Vagina dringt und das Speculum in dieselbe eingeführt werden kann, ein Ereigniss, von welchem vor der Behandlung gar keine Rede sein konnte, gewinnen sie Vertrauen, fassen sie Muth und geben sich den Umarmungen furchtlos hin. In seltenen Fällen kehrt der Vaginismus wieder und macht wiederum die Anwendung der Dilatatorien nöthig; ja er tritt sogar bei Frauen auf, welche bereits Kinder geboren haben, und widerlegt so die Ansicht Jener, welche ungeschickte Cohabitationsversuche als alleinige Ursache desselben ansehen.

Die Behandlung des Pruritus vulvae wird, nach der Auffassung, welche wir von dieser Krankheit haben, mit derjenigen hyperästhetischer Affectionen überhaupt zusammenfallen. Doch werden wir auch hier von der Darreichung innerer Arzneimittel absehen und uns auf die Localbehandlung beschränken. Auch hier schätzen wir die subcutanen Morphiuminjectionen hoch; jedenfalls werden sie momentane Ruhe bringen; sie sind aber auch zu heilen im Stande, das wissen wir aus eigener Erfahrung. Die methodische Einreibung der juckenden Parthien mit grüner Seife bis die Epidermis sich in grossen Fetzen ablöst, können wir empfehlen, ebenso Bähungen mittelst Carbolsäurelösungen, etwa in dem Verhältnisse von einem Theile Carbolsäure in hundert bis zweihundert Theilen Wasser. Von der Bestreichung der juckenden Stellen mit Ungt. Belladonnae mit oder ohne Zusatz von Adstringentien haben wir keinen Vortheil gesehen, hingegen erzielten wir bei Patientinnen, welche qualvolle Nächte verbrachten, durch einen längern Aufenthalt in warmen Vollbädern den ersehnten Schlaf. Auftragung von Jodtinctur auf die juckenden Stellen, möglichst heisse

Bähungen, Application des Richardson'schen Gefrierapparates können wir dringend empfehlen. Wo bei jüngeren Individuen zugleich Neigung zur Masturbation vorhanden war, liess Hildebrandt[1]) mehrmals am Tage und zur Nacht eine Mischung von Kali. brom. 2,0, Lupulin 2,0, Calomel 0,3, Oleum Olivar. 30,0 auf die juckenden Stellen auftragen; mit welchem Erfolge, wird nicht angeführt, Hildebrandt glaubt jedoch in Fällen, in denen trotz dieser localen Mittel der Schlaf ausblieb, weil theils Jucken, theils die allgemeine Aufregung die Patientin nicht zur Ruhe kommen liess, von der Darreichung der Tinct. Cannabis Indicae zu 10 bis 20 Tropfen mehr Nutzen gesehen zu haben, als sich beim Gebrauche der Belladonna, des Opiums, des Morphiums und des Chlorals erzielen liess.

Kräftige Gegenreize, die Anwendung des Lapis oder des Thermocantère's können unter Umständen zweckmässig sein. Alles das kommt jedoch erst dann in Betracht, wenn sich innerhalb der Genitalsphäre keine Affection auffinden lässt, von welcher der Pruritus abhängt; wird eine solche entdeckt, dann werden unsere therapeutischen Eingriffe zunächst auf die Beseitigung derselben gerichtet werden müssen.

Ueber die **Behandlung der Hyperästhesie der Scheide,** einer Affection, welche den Coitus unmöglich machen kann, haben wir noch keine sicheren Gesichtspunkte gewinnen können. Da es sich dabei, wie die wenigen von uns beobachteten Fälle lehren, um eine circumscripte Entzündung mit mehr oder minder grosser Schwellung des Papillarkörpers handelt, dürfte man mit der Anwendung des Eisbeutels oder der kalten Douche, nöthigenfalls mit der Anwendung adstringirender Lösungen oder von Aetzmitteln auskommen.

Die sonstigen hauptsächlichsten Cohabitationshindernisse, welche seitens der Scheide geliefert werden, bestehen in Stenosen und Atresien am Eingange oder im Verlaufe des Scheidenrohres, oder in Neubildungen, welche dieses verengern. Die Therapie wird es hier also mit Spaltung oder Abtragung des Hymens mit Dilatation des Introitus in der oben bezeichneten Weise, beziehungsweise mit der Bildung einer neuen Scheide zu thun haben. Cysten oder Tumoren werden, gleich wie Bindegewebsstränge, welche die Vagina durchkreuzen, beseitigt werden müssen, und gegen Fisteln, welche namentlich durch ihre Folgezustände, Incrustationen, Narbenbildungen etc. den Beischlaf unmöglich machen können, wird man nach den Regeln der Chirurgie vorschreiten, um sie zur Heilung zu bringen. Die acuten Entzündun-

---

[1]) Die Krankheiten der äusseren weiblichen Genitalien, S. 125.

gen sind gleichfalls als zur Classe der hier in Rede stehenden Hindernisse gehörig aufzufassen. Sie werden wie bekannt, durch häufiges Ausspülen der Scheide mit darauffolgender Application adstringirender Lösungen, nöthigenfalls durch Aetzmittel, Kälte und locale Blutanziehungen beseitigt.

2. Beseitigung jener Factoren, welche die Bewegungsfähigkeit der Spermafäden beeinträchtigen oder gänzlich aufheben.

Holen wir einen Tropfen Vaginal- oder Cervicalschleim aus der Vagina oder Cervix einer gesunden Frau einige Stunden nach stattgehabter Begattung derselben und unterwerfen ihn der mikroskopischen Untersuchung, dann finden wir ihn von grösseren oder geringeren Mengen von Spermafäden erfüllt, welche sich in mehr oder minder lebhafter Bewegung befinden. Selbst noch nach mehreren Tagen kann man einzelne derartige Fäden entdecken. Wir haben jedoch bereits darauf hingewiesen, dass schon in dem samenbereitenden Apparate das Fluidum, welches die Spermafäden enthält, eine solche Beschaffenheit haben kann, dass es die Bewegungen der letzteren unmöglich macht.

Aber auch seitens der weiblichen Generationsorgane können Secretions- oder Zersetzungsproducte geliefert werden, welche dasselbe bewirken, d. h. die Bewegungsfähigkeit der Fäden schwächen oder gänzlich aufheben. Die Beantwortung der Frage, ob die Samenflüssigkeit mit den erwähnten schädlichen Eigenschaften bereits aus ihrer Bereitungsstelle beim Manne kommt, oder ob sie diese Eigenschaft erst annimmt, nachdem sie in die Scheide gelangt, unterliegt nicht der geringsten Schwierigkeit, da ein nach dem Coitus aus der Harnröhre gepresster Tropfen darüber klare Aufschlüsse ertheilt.

Für unsere Zwecke ist die Quelle des Uebels gleichgiltig; uns genügt es zu wissen, dass die Spermafäden sich in der Scheide nicht fortbewegen können. In diesen Zustand können sie durch Producte versetzt werden, welche die Scheide, der Cervix, der Uterus und die Tuben zu liefern vermögen. Vor Allem sind es die entzündlichen Processe der eben genannten Genitalabschnitte, welche mit Hypersecretion einhergehen, welche an und für sich als Schädlichkeiten auftreten können, im erhöhten Maasse es aber noch in Folge eintretender Zersetzung zu thun

im Stande sind. Dasselbe gilt von den Tumoren, welche einerseits zu
Entzündungen ihrer Umgebung und abnormer Secretion neigen, andererseits selber sich entzünden und zersetzen können. Welcher Art die
Secretions- oder Zersetzungsproducte sein müssen, um einen schädlichen Einfluss auf die Spermafäden auszuüben, ist uns nicht bekannt.
Wir haben aber bereits oben gesehen, wie äusserst leicht die letzteren
sowohl durch gewisse Stoffe, als auch durch gewisse Concentrations-
grade beeinflusst, wie ihre Bewegungen dadurch nur vorübergehend
gehemmt oder ganz und gar aufgehoben werden.

Thatsache ist, dass wir diese eigenthümlichen Gebilde zuweilen
unmittelbar nachdem sie in die Vagina gelangt sind, im Zustande vollkommener Ruhe antreffen. Dabei braucht die Secretion keine besonders profuse zu sein, zumal uns ja andere Fälle, in denen die ungünstigsten Verhältnisse obwalten, die Secretionsproducte nicht nur in der
profusesten Weise fliessen, sondern durch ihre Zersetzungsproducte
die unangenehmsten Düfte verbreiten und die von ihnen bespülten
Theile stark ätzen, durch eintretende Schwangerschaft aber den Beweis
liefern, dass alle diese Umstände nicht im Stande sind, die Locomobilität der Fäden wesentlich zu beeinträchtigen. Das wird uns auch
nicht Wunder nehmen, wenn wir uns die Thatsache ins Gedächtniss
rufen, dass höchst indifferente Stoffe, wie Wasser, Gummi, Dextrin etc.
sich für die Spermafäden als höchst gefährliche Körper erweisen, während äusserst differente, wie Kali, Ammoniak etc. für sie äusserst be-
lebende Elemente bilden.

Dieses Verhalten bestimmter Stoffe muss auch unser Führer in
der Bekämpfung der hier in Betracht kommenden Factoren bilden.
Vor Allem wird es sich naturgemäss um die Beseitigung der schädlichen Ursachen, wo sie aufgefunden und beseitigt werden können,
handeln. Wir könnten uns damit begnügen anzuführen, dass Tumoren
zu entfernen und Entzündungen zu beseitigen sind, wenn wir nicht
die Absicht hätten, einige wenige Bemerkungen über das Heilverfahren gegen die letzteren zu machen. Hierbei werden wir durch zwei
Gründe geleitet. Einmal wissen wir durch die Erfahrung, dass die
hier in Betracht kommenden entzündlichen Processe nicht selten mit
Eifer und Geduld seitens des Arztes sowohl, als der Patientinnen behandelt werden, ohne zum Ziele zu kommen, lediglich weil manche
Umstände, welche Aufmerksamkeit erfordern, ausser Acht gelassen
werden.

Sodann aber ist es, wie wir gesehen haben, in den Fällen, in denen
die Sterilitätsfrage im Vordergrunde steht, durchaus nicht gleichgiltig,

welche Stoffe mit der Schleimhaut der Vagina und des Uterus in Berührung kommen und zu welcher Zeit sie applicirt werden. Ein Beispiel wird genügen, das klar zu machen. Tannin ist bekanntlich ein Mittel, welches zum Zwecke von Injectionen in die Scheide äusserst häufig in Anwendung kommt. Nun haben wir aber erfahren, dass dieser Körper sich den Bewegungen der Spermafäden gegenüber sehr feindlich verhält. Ganz ebenso verhält es sich mit anderen Stoffen. Daraus erwächst für den Arzt aber die Pflicht, bei der Anwendung der Vaginaldouche oder bei Injectionen in den Cervix und Uterus, wenn es sich um sterile Patientinnen handelt, Dinge in Erwägung zu ziehen, welche bei anderen Frauen gar nicht in Betracht kommen.

Wenden wir zunächst dem zuerst erwähnten Grunde unsere Aufmerksamkeit zu. Unter den Mitteln, welche uns bei der Behandlung der entzündlichen Processe der Schleimhaut des Genitaltractes, namentlich bei den chronischen Katarrhen, zu Gebote stehen, kommt den Injectionen mit vollem Rechte eine grosse Bedeutung zu. Es wird für diese Betrachtung zweckmässig sein, die Einspritzungen in die Vagina von denen des Uterus zu trennen.

Die Vaginaldouche, sei es, dass sie als einfacher Wasserstrahl, sei es, dass sie als Lösung gewisser medicamentöser Stoffe zur Anwendung kommt, ist allein im Stande, eine grosse Anzahl von Fällen sogenannter Leucorrhoe oder des Fluor albus zur Heilung zu führen, wenn sie in gehöriger Weise applicirt wird. Dem gewöhnlichen Schlendrian gemäss, erhält die Patientin das Recept für eine Lösung oder für einen Arzneistoff, welcher aufgelöst und in die Vagina eingespritzt werden soll. Ueber das zu benutzende Instrument, sowie über die Art und Weise der Application erhält sie keine Belehrung. Beides aber ist für den Erfolg von entscheidender Wichtigkeit. Eine Vaginalspritze, welche nicht im Stande ist, eine längere Zeit hindurch einen continuirlichen Strahl zu liefern, sollte aus der Praxis verbannt werden. Die von einer adhärirenden, aus mehr oder minder zähem, meist mit Eiter gemischtem Schleime bestehende, Decke überzogene atonische Schleimhaut fordert vor Allem eine gründliche, häufig alle Stunde zu wiederholende, Reinigung, und diese kann nur durch einen längere Zeit hindurch wirkenden continuirlichen Wasserstrahl in gründlicher Weise geschehen, und medicamentöse Stoffe können nur wirken, wenn sie mit reinen Geweben in Berührung gebracht werden. Auf die Wahl der zu applicirenden Stoffe werden wir bald zu sprechen kommen. Wir legen demnach ein grosses Gewicht darauf, dass nicht nur die Patientin über die Art und Weise der Anwendung der Vaginaldouche belehrt werde, sondern, dass sich der Arzt davon überzeuge, dass der Apparat ein zweckmässiger sei, und dass seine Verordnungen in der gehörigen Weise zur Ausführung kommen.

Rücksichtlich der Injectionen in die Uterinhöhle möchten wir nur auf einen vielfach discutirten Punct, nämlich auf die Möglichkeit zurückkommen, dass die injicirten Flüssigkeiten durch die Tuben in die Peritonealhöhle gelangen und daselbst gefährliche Processe veranlassen können.

Wir haben eine Anzahl normaler Uteri so behandelt, dass eine mehrere hundert Gramm fassende Spritze in den Cervix dicht eingebunden und der aus einer roth oder blau gefärbten Flüssigkeit bestehende Inhalt derselben gezwungen wurde, durch den Uterus in die Tuben und aus den Abdominalostien wiederum nach aussen zu treten.

Bei Kinderuteris gelingt das sehr leicht, weil die Eileiter sowohl als ihre Uterinostien verhältnissmässig viel geräumiger als bei Erwachsenen sind. Hat die Gebärmutter aber erst jene dickwandige Beschaffenheit angenommen, wie wir sie bei erwachsenen Nulli- oder Multiparen antreffen, dann misslingt das Experiment stets, wenn eben keine abnormen Verhältnisse irgend eines Theiles obwalten. Selbst unter Anwendung einer beträchtlichen Gewalt, gelingt es nicht, den Stempel weiter vorzutreiben, als es nöthig ist, die Uterinhöhle mit der gefärbten Flüssigkeit zu füllen. Ist dies geschehen, dann bleibt der Stempel der Spritze stehen und in die Tuben gelangt keine Flüssigkeit. Nur ein- oder zweimal gelang es uns, dieselbe unter Anwendung aller einem sehr kräftigen Manne zu Gebote stehenden Gewalt, etwa einen halben Centimeter weit in die Tuben hineinzupressen.

Man wende nicht ein, dass dergleichen, an der Leiche angestellten Experimente für die Lebenden nicht maassgebend sein können, weil die unter beiden Umständen obwaltenden Verhältnisse verschieden seien. Man sollte meinen, dass die post mortem stattfindende Relaxation der Gewebe dem Experiment eher günstig sei, allein ein endgiltiges Urtheil wollen wir nicht abgeben. Jedenfalls scheint uns aus den Versuchen hervorzugehen, dass eine Gefahr für die Patientin durch intrauterine Injectionen unter normalen Verhältnissen nicht leicht erwachsen kann, zumal die Umstände, unter denen derlei Einspritzungen ausgeführt werden, weit günstiger als bei den Experimenten sind, bei welchen das Os externum nicht nur fest verschlossen ist, sondern die Flüssigkeit überdies noch mittelst einer bedeutenden Gewalt in die Uterinhöhle getrieben wird.

Die Resultate der Praxis stimmen denn auch in einer auffallenden Weise mit denen des Experimentes überein. Wir haben die intrauterinen Injectionen ganz ausserordentlich häufig bei Nulliparen sowohl als bei Frauen, welche wiederholt geboren hatten, angewendet, theils um die Uterinhöhle auszuwaschen, theils um medicamentöse Lösungen mit der Uterinschleimhaut in Berührung zu bringen, und wir erinnern uns nur eines einzigen Falles, in welchem sich unmittelbar nach der Injection, welche bei der betreffenden Patientin übrigens nicht die erste war, intensive kolikartige Schmerzen eingestellt haben, welche trotz Einführung des Gebärmutterspeculums, mehrere Stunden anhielten, dann aber verschwanden.

Die einzige Regel, auf welche beim Gebrauche intrauteriner Injectionen gehalten werden muss, ist die, den Cervicalcanal, namentlich aber das Os internum, ergiebig zu erweitern, bevor man zur Einspritzung schreitet, um den freien Abfluss der injicirten Flüssigkeit zu ermöglichen; denn vertrauenswürdige Autoritäten haben über heftige Zufälle berichtet, welche sie nach den Injectionen gesehen haben, und welche sie dem Umstande zuschreiben, dass einige Tropfen der Flüssigkeit in der Uterinhöhle zurückgeblieben waren.

Kehren wir zu unserm eigentlichen Thema zurück. Wo es sich um Ansammlungen von Schleimmassen in der Vagina handelt, gleichgiltig ob dieselben in der letztern producirt werden oder in dieselbe aus höher gelegenen Regionen herabfliessen, sei man mit der Anwendung der Douche nicht sparsam, sondern sorge dafür, dass die grösstmögliche Reinlichkeit im Uterus und der Scheide herrsche, d. h. dass deren Schleimhaut von keinem Schleimüberzuge bedeckt bleibe. Als Injectionsmasse bediene man sich stets einer 10 percentigen Zucker- oder einer 5 percentigen Kochsalzlösung. Ganz besonders verbiete man einen oder mehrere Tage nach dem Coitus die reine Wasserinjection, da wir von ihr wissen, dass sie die Beweglichkeit der Spermafäden lähmt.

Die Carbolsäure ist für secernirende Flächen, für Reinigung und Desinficirung eines der werthvollsten Mittel. In der gynäkologischen Praxis aber, wenigstens soweit die Behandlung der Sterilität dabei concurrirt, ist sie unbedingt untersagt, da schon sehr geringe Spuren derselben, die Spermafäden bewegungsunfähig machen. Dasselbe gilt von den Metallsalzen, und vom Sublimate ist es erwiesen, dass es diesen Effect bereits auszuüben im Stande ist, wenn der zehntausendste Theil desselben einer Lösung beigemischt ist. Der Gerbsäure haben wir bereits gedacht, auch sie sollte bei sterilen Frauen nur mit Vorsicht angewendet werden.

Was über die Schädlichkeit gewisser Stoffe gesagt worden ist, gilt von ihnen auch, wenn sie nicht als Strahl, sondern in irgend einer andern Form zur localen Anwendung gelangen. Bei dieser Gelegenheit wollen wir auf eine von dem hiesigen Apotheker Herrn Grohs (IX. Bezirk, Währingerstrasse Nr. 22) hergestellte Gelatine aufmerksam machen, welcher jedes beliebige Medicament in beliebiger Menge beigemischt werden kann. Aus dieser durchsichtigen, in der Hand nicht zerfliessenden, elastischen und leicht resorbirbaren Mischung werden Bougis, Kugeln (Globuli majores vel. minores), Ringe und Scheiben, Suppositorien etc. verfertigt, welche sich zur Application für die Scheide, Vaginalportion, Urethra etc. im hohen Grade eignen.

Alle rücksichtlich der Medicamente gegebenen Regeln sind mit doppelter Strenge zu beobachten, wenn die Untersuchung ergeben hat, dass die Bewegung der Samenfäden, nachdem diese in die Vagina gelangt sind, an Lebhaftigkeit einbüsst oder wenn diese gar aufhört. In diesem Falle setze man zu der oben genannten Zucker- oder Kochsalzlösung $^1/_{1000}$ bis $^1/_{2000}$ Proc. Aetzkali, Natron oder Ammoniak hinzu, wodurch wir eine Flüssigkeit erhalten, von welcher experimentell nachgewiesen ist, dass sie im Stande sei, bereits zur Ruhe gekommene Samenfäden zu neuer Bewegung anzuregen und diese sehr lange und lebhaft zu erhalten.

Handelt es sich demnach um Fälle, auf welche wir gelegentlich stossen, in denen kein anderer Grund für die Sterilität obwaltet, als dass Umstände vorhanden sind, welche die Spermafäden in ihrer Locomobilität beeinträchtigen, dann wird sich die Beobachtung der hier aufgestellten Gesichtspunkte sowohl durch die Abhaltung schädlicher Einflüsse, als durch die directe chemische oder physikalische Einwirkung auf die Samenfäden als zweckmässig erweisen.

3. Behandlung jener Hindernisse, welche das Vordringen der Spermafäden durch den Cervix in die Gebärmutterhöhle und Tuba erschweren oder unmöglich machen.

Wir glauben den Nachweis geliefert zu haben, dass die anatomische Beschaffenheit der Vaginalportion und ihr Verhältniss zur hintern Scheidewand den Zweck hat, einen Theil des Sperma nach vollendetem

Coitus vor dem Os externum so anzusammeln, dass letzteres in die Flüssigkeit taucht und die Spermafäden geradeswegs gezwungen werden, in den äussern Muttermund zu treten. Jede Störung dieses Verhältnisses macht die Conception problematisch, und die Herstellung desselben, wenn es gestört ist, bildet einen Hauptmoment in der Therapie der Sterilität. Eine solche Störung geht in der überwiegend grössten Mehrzahl der Fälle vom Uterus und nur sehr selten von der Scheide aus. Sie kann namentlich herbeigeführt werden: durch Atresie oder Stenose des Os externum, durch abnorme Beschaffenheit der Portio vaginalis und durch Lageveränderungen derselben.

Abgesehen von den seltenen Fällen angeborener Atresia uteri bildet sich dieser Zustand erst später, grösstentheils durch Narbenbildung in Folge von Operationen am Cervix, oder von Application von Aetzmitteln auf denselben und die Möglichkeit seiner Beseitigung, so wie die Art und Weise, dieselbe vorzunehmen, hängt von dem speciellen Falle ab.

Die Stenose des äussern Muttermundes bildet, wie bereits hervorgehoben worden ist, an und für sich kein Conceptionshinderniss, obgleich die operative Lösung derselben fast immer in der unrichtigen Voraussetzung unternommen zu werden pflegt, dass die Spermafäden den engen Muttermund nicht zu passiren vermögen. Wir haben auf die Grundlosigkeit einer solchen Annahme bereits hingewiesen. Nichtsdestoweniger befürworten wir die Lösung der Stenose durch einen operativen Eingriff ganz unbedingt. Wir lassen uns dabei von der Annahme leiten, dass das Receptaculum bei vorhandener Stenose nicht bestehen kann, weil die beiden Muttermundslippen, welche es wesentlich bilden helfen, fehlen. Erst nach gehörig ausgeführter Incision erscheinen sie und mit ihnen der Samenbehälter. Sind keine Complicationen vorhanden, ist der specielle Fall ein einfacher, dann liegt in der Operation die Wahrscheinlichkeit, dass Conception eintreten werde. Wir halten daher die Incision des Cervix zu dem eben erwähnten Zwecke für eine der wichtigsten Operationen für die Heilung der Sterilität. Es ist noch in Aller Gedächtniss, wie sie nach dem Erscheinen der Sims'schen „Gebärmutter-Chirurgie" zu einer Art Modeoperation geworden ist, welche viele Enttäuschungen im Gefolge hatte, einmal weil sie nicht immer nach der für dieselbe aufgestellten Regel zur Ausführung gekommen ist, sodann weil man sie in Fällen unternommen hatte, in denen sie gar nicht angezeigt war, endlich aber auch, weil die Anschauungen über die Sterilität noch nicht hinlänglich gereift waren, um zu erkennen, dass neben der Stenose häufig noch andere Veranlassungen zu bestehen pflegen, welche die Sterilität forterhalten.

Fig. 110.

Die Operation ist eine sehr einfache. Die Patientin befindet sich in der linken Seitenlage, das Sims'sche Speculum wird eingeführt und der Uterus mittelst eines Häkchens oder einer amerikanischen Kugelzange so nach unten dislocirt, dass der Cervix leicht und bequem zugänglich wird. Nun wird die eine Branche der für diesen Zweck hergerichteten Richter'schen Scheere in den Cervix bis zum Os internum gestossen, während die Schneide der andern an die Aussenfläche des Cervix gelegt wird, so dass sich die Cervicalwand zwischen der Scheere befindet und mittelst eines kräftigen Schnittes getrennt wird. Dasselbe geschieht mit der Cervicalwand der entgegengesetzten Seite.

Da die Scheere während des Schnittes etwas zurückweicht, somit nicht alles zwischen ihr befindlich gewesene Gewebe trennt, ist es am zweckmässigsten, den Rest mittelst eines Messers zu trennen. Der Finger dringt sodann in den Cervix ein und entscheidet über die Beschaffenheit des innern Muttermundes, welcher, wenn er sich gleichfalls im stenosirten Zustande befindet, durch das Messer incidirt wird.

Sims, in welchem diese Operation ihren geschicktesten und energischsten Vertreter gefunden, hatte von vornherein das Bedürf-

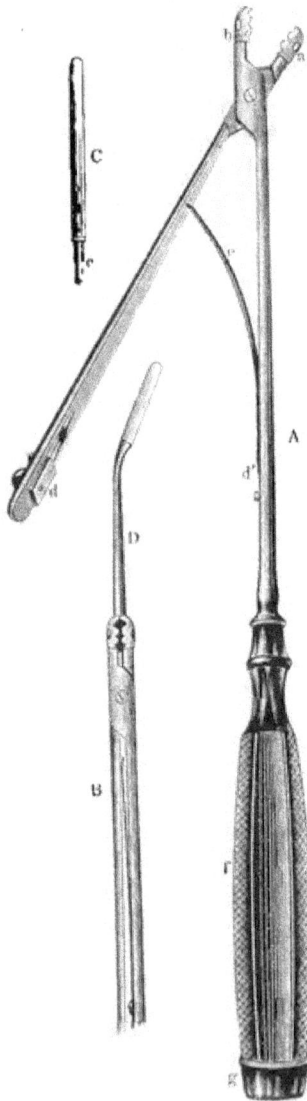

Sim's Messer neuester Construction.
(³/₄ natürlicher Grösse.)

niss nach einem Messer gefühlt, dessen Klinge rasch nach den verschiedensten Seiten hin beweglich ist und in jeden beliebigen Winkel zum Stiele gebracht werden kann. Das erste derartige Instrument, welches er angab, erfüllte seine Aufgabe bereits in einem hohen Grade. Die spätere Modification erhöhte seine Brauchbarkeit und seine jetzige in Fig. 110 dargestellte Form muss geradeswegs als eine vollendete angesehen werden. A stellt den geöffneten Griff dar; er besteht aus zwei Armen, einem längern und einem kurzern, welche bei $d\,d'$ mittelst eines Schlosses, nach Art einer Schieberpincette, geschlossen werden können. Bei Eröffnung des Schlosses entfernt die Feder e die Arme von einander. Der längere Arm hat einen Griff f, welcher hohl ist und eine Anzahl spitzer, stumpfer etc. Messerklingen in derselben Weise in seinem Innern beherbergt, wie das Ansatzrohr einer Clystierspritze in dem Griffe des Stempels verborgen ist. In Fig. 110 stellt g die Metallkapsel dar, welche die Höhlung verschliesst; $C\,c$ ist eines dieser an der Spitze abgestumpften Messer, dessen unterer Absatz zwischen a und b gebracht und nach jeder Richtung hin stellbar ist. Werden die beiden Arme durch den Riegel bei d geschlossen, also Klinge und Griff vereinigt, dann hat das dadurch gebildete Messer die in $B\,D$ abgebildete Form, welches sich nicht nur für die Incision des Muttermundes, sondern auch für viele andere am Cervix und Uterus, so wie in der Vagina auszuführende Operationen in einem sehr hohen Grade eignet. Für die Operation der Scheidenfistel z. B. macht es alle die verschieden gebogenen Messer überflüssig, deren man eine merkliche Anzahl in Vorrath halten muss.

Würde man den durch die Operation erweiterten äussern Muttermund seinem Schicksale überlassen, dann würde gar bald eine vollständige Verwachsung bis auf den ursprünglichen Umfang stattfinden. Um dieses zu verhindern, legt man unmittelbar nach der Incision einen Glasstift von der Form eines intrauterinen Pessarstiftes ein, welcher die Blutung stillt, sehr rein ist und zur Verhütung der Verwachsung vollkommen ausreicht. Derselbe kann nach acht bis zehn Tagen entfernt und nöthigenfalls durch einen dickern ersetzt werden, bis Lippen und Muttermund jene Form und jenen Umfang erreicht haben, welchen wir für wünschenswerth halten.

Die Ausführung der Operation in dieser Weise ist die einfachste und daher die zweckmässigste. Nichtsdestoweniger haben es manche Gynäkologen für nothwendig erachtet, Instrumente zur Ausführung derselben zu erfinden, sogenannte Uterotome, welche eine (Simpson) oder zwei Klingen (Greenhalgh) haben, welche beim Einführen des

Instrumentes in den Cervix verborgen bleiben und erst beim Zurückziehen schneiden. Das zweischneidige Uterotom von Greenhalgh

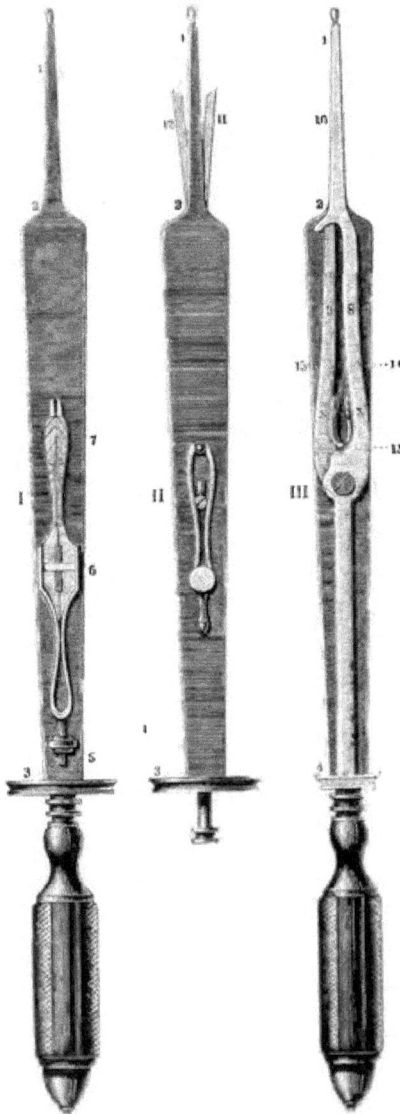

Fig. 111.

Uterotom von Greenhalgh, modificirt von Reiner.
(Halbe natürliche Grösse.)

ist das zweckmässigste
und hier nach der vom
hiesigen Instrumenten-
macher Reiner an ihm
angebrachten Modifi-
cation in Fig. 111 ab-
gebildet. Dasselbe be-
sitzt eine sondenför-
mige Spitze (1 bis 2),
in welcher die beiden
Messer (11 und 12
in II) verborgen sind.
Dieselben sind durch
die Schraube 5 (I)
stellbar und der Grad
der Stellbarkeit an
einer bei 6 in I (An-
sicht des Instrumentes
im geschlossenen Zu-
stande) angebrachten
Scala abzulesen. Bei
7 (I) befinden sich zwei
Arme, deren End-
punkte durch einen
Spalt hindurch die
beiden Stifte x und x'
in III (innere Ansicht
des Instrumentes) tra-
gen und welche die
beiden Messer, indem
sie beim Herabziehen
des Griffes den mit
Federn (14 bis 15 III)
versehenen Arm des-
selben (8 und 9 III)
auseinanderdrängen,
zwingen, aus ihrem
Versteck zu treten

(11 und 12 II) und das daran befindliche Gewebe einzuschneiden. Die grosse Schraube (3) dient einerseits dem Blatt II zur Befestigung, andererseits dem Griff, wenn er zurückgezogen wird, als Halt und dem Daumen als Stütze, während die Faust den Griff zurückzieht. Das Instrument bietet dem Ungeübten wohl manche Vortheile, theilt aber mit allen cachirten Instrumenten den Nachtheil, dass der Operateur nicht Herr seiner Klinge ist und daher leicht Schaden anrichten kann.

Rücksichtlich der **abnormen Beschaffenheit der Vaginalportion** müssen wir auf den betreffenden Abschnitt über die Mechanik der Sterilität verweisen, woselbst wir eine ganze Reihe pathologischer Verhältnisse aufgeführt haben, welche im Stande sind, den Samenbehälter aufzuheben und damit die Conception zu erschweren oder gänzlich zu verhindern. An dieser Stelle interessiren uns in hervorragender Weise die infantile Kleinheit, die conische Verlängerung, die schürzenförmige Beschaffenheit, die Alteration der Vaginalportion, welche sie durch Neubildungen erfährt und das Narben-Ectropium des Muttermundes.

Die **infantile Kleinheit der Vaginalportion** kommt fast nur zugleich mit dem infantilen Uterus vor. Wenn die bisher beobachteten Fälle mit Sterilität einhergingen, so dürfte weniger die Beschaffenheit der Wandungen des Uterus, als der Vaginalportion die Schuld daran tragen, da sie derart ist, dass der Samenbehälter nicht gebildet werden kann. Es tritt ja nicht etwa Conception ein und der kleine Uterus erweist sich als für die Bebrütung untüchtig, sondern es kommt zur Empfängniss gar nicht.

Es dürfte sich jedenfalls der Mühe lohnen, derartige Fälle dem Einflusse des constanten Stromes zu unterwerfen. Die Entwicklung des Uterus ist unter dessen Einfluss, nach der Analogie anderer Gewebe des Körpers zu schliessen, durchaus nicht unmöglich.

Die **conische Verlängerung der Vaginalportion** wirkt in doppelter Weise der Bildung des Samenbehälters entgegen, einmal durch den tiefen Stand des Muttermundes, sodann durch die Form desselben. Beide Uebelstände werden durch die Amputation des verlängerten Conus bis zu einem gewissen Grade beseitigt. Die Operation ist durchaus keine umständliche. Der Cervix wird fixirt und mit Messer oder Scheere entfernt. Die Blutung ist selten so profus, dass zu ihrer Stillung noch andere Maassregeln erforderlich wären als Kälte und nöthigenfalls in Chloreisen getränkte Charpie. Das beste Blutstillungsmittel bleibt hier immer die von Sims empfohlene Bedeckung der Schnittfläche mit Schleimhaut, Vereinigung der Schleimhautränder

mittelst einiger Nähte mit Ausnahme der dem Os externum entsprechenden Mitte, durch welche man einen Glasstift, wie bei der
Incision des Cervix zum Zwecke des Offenerhaltens des Muttermundes
einlegt. Der Cervix wird mit einem Chloreisenläppchen bedeckt und
letzteres durch einen carbolisirten Tampon gestützt. Die Patientin
bleibt im Bette; der Verband kann täglich gewechselt und die Scheide
gereinigt werden. Die Entfernung der Nähte geschieht nach fünf bis
sechs Tagen. Erweist es sich nach Verlauf mehrerer Monate, dass
der Muttermund die gewünschte Form nicht gewonnen hat, dann kann
hinterher noch die Incision des Cervix als zweckmässige Maassregel
in Betracht kommen, deren Ausführung sodann in der gewöhnlichen
Weise geschieht.

Durch die **schürzenförmige Vaginalportion** wird der Samenbehälter nicht sowohl aufgehoben, als durch die verlängerte und nicht
selten hypertrophirte vordere Muttermundslippe complet ausgefüllt. Da
alle Frauen, welche mit einem derartigen Zustande der Vaginalportion
behaftet, zur Beobachtung gekommen sind, steril waren, liegt der Gedanke nahe, dass sich die Abtragung der vergrösserten vordern Lippe, mit
oder ohne darauf folgende Correction, zweckmässig erweisen werde.

**Die durch Neubildungen erzeugten Alterationen der
Vaginalportion** werden das therapeutische Verfahren durch die
Natur, sowie durch die Form der Neubildungen bestimmen. Da wir es
hier lediglich mit dem Verhalten der letzteren der Sterilität gegenüber
zu thun haben, wird es sich darum handeln, ob ein operativer Eingriff
im Stande sein werde, die veränderten Verhältnisse des Os externum,
oder vielmehr der dasselbe bildenden Muttermundslippen auf jene Form
zurückzuführen, welche erforderlich ist, wenn die Conception ermöglicht werden soll. Die einfache **Hypertrophie der Vaginalportion**
unterliegt derselben Beurtheilung.

Neben den grösseren Tumoren, welche die störenden Formver-
änderungen des Scheidentheils veranlassen können, ziehen die am Muttermunde, auch in den Cervix hinein wuchernden Fungositäten unsere
Aufmerksamkeit in einem hohen Grade auf sich, da sie nicht allein im
Stande sind, den Samenbehälter zu benachtheiligen, sondern eine
directe Verstopfung der Oeffnung und des Canales zu bewirken. Ihre
Auffindung ist daher von grosser Wichtigkeit, zumal manche derselben
schon unter dem Einflusse des Pressschwammes oder der Laminaria
temporär oder gänzlich schwinden. Andere erfordern die Ausschabung
mittelst des Simon'schen Löffels oder der Curette. Erweisen sich
derartige Wucherungen unter dem Mikroskope als **cancroide Ge-**

bilde, dann ist es einleuchtend, dass ihre Entfernung eine weit höhere Bedeutung gewinnt, als dem Eintritte der Conception zukommt, da die frühzeitige gründliche Ausrottung dieser Gebilde der Patientin möglicherweise das Leben retten oder die Zahl ihrer Lebensjahre vermehren kann.

Die bereits weiter fortgeschrittene Krebserkrankung des Cervix gehört zwar nicht direct hierher, doch wollen wir bei der operativen Behandlung derselben dennoch einen Moment verweilen, weil dieselbe in der allerneuesten Zeit durch Marion Sims eine Erweiterung erfahren hat, welche als eine sehr werthvolle Bereicherung der operativen Gynäkologie angesehen werden muss.

Bisher hat man sich in derartigen Fällen bekanntlich mit dem Ausschaben der erkrankten Parthien mit darauf folgender Aetzung mittelst alkoholischer Bromlösung begnügt. Hiergegen ist die, namentlich von Hegar [1]) cultivirte, trichterförmige Excision des supravaginalen Collums als Fortschritt anzusehen. Die Methode von Sims kann als die radicalste Ausführung dieser Excision angesehen werden; er hat dieselbe vor einigen Monaten auf den Abtheilungen der Herren Professoren Böhm, Salzer und Spaeth in Wien ausgeführt und sich die Anerkennung der zahlreichen dabei anwesenden Aerzte erworben. Bevor wir an die Beschreibung seiner Methode gehen, müssen wir darauf hinweisen, dass dieselbe in der Regel nur für solche Fälle passt, in denen sich die Krankheit lediglich auf den Uterus beschränkt, das Scheidengewölbe aber noch intact geblieben ist. In dem Falle, welchen Sims auf der Abtheilung des Professors Salzer operirt hat, war der hintere Cul-de-sac bereits in die Krankheit involvirt; während der Operation riss das Scheidengewölbe in Folge der Spannung durch das Speculum einer- und des Häkchens am Cervix andererseits, eröffnete somit die Peritonealhöhle und machte zunächst die Vereinigung durch Drahtsuturen nöthig. Die Patientin ist nichtsdestoweniger bereits entlassen worden.

Zum Zwecke der Operation wird die Patientin in die linke Seitenlage gebracht, das Sims'sche Speculum eingeführt, die Scheide gereinigt und der durch Häkchen fixirte Uterus so weit herabgezogen, dass er den Manipulationen leicht zugänglich wird. Der Operateur sitzt rechts zu Füssen der Patientin, hält mit seiner linken Hand den Uterus mittelst eines Häkchens fest und führt mittelst des stellbaren Messers (Fig. 110) bei gerader Richtung der oben abgestumpften Klinge

---

[1]) Hegar, Operative Gynäkologie. 1874, S. 241.

einen vom äussern bis zum innern Muttermunde reichenden, schräg vom erstern zum letztern verlaufenden kreisrunden Schnitt, durch welchen ein conisches Stück aus dem Cervix entfernt wird, die Höhle des letztern somit eine trichterförmige Gestalt erhält. Nunmehr schälte Sims solange mittelst des Messers erkrankte Gewebslagen aus dem Cervix, bis sich sein eigener und die Finger mehrerer anwesender Chirurgen davon überzeugt hatten, dass nirgends mehr eine Verhärtung bestehe. In dem auf der Abtheilung des Professors Späth operirten Falle wurden die zuletzt entfernten Gewebslagen einer mikroskopischen Untersuchung unterworfen, welche lediglich normale Elemente nachzuweisen im Stande war. Dieser Fall ist noch dadurch bemerkenswerth, dass die Ausschälung eine so gründliche und auch auf das Corpus sich erstreckende war, dass fast nur ein leerer, vom Peritonealüberzuge gebildeter Sack übrig blieb, wie sich das, da die Kranke gestorben ist, bei der Section herausgestellt hat.

Findet Sims demnach im Laufe der Operation, dass die Krankheit am innern Muttermunde sich nicht abgrenzt, sondern weiter hinauf in den Uterus zieht, dann lässt er nicht ab, sie zu verfolgen, bis er jede Spur in der angegebenen Weise vertilgt hat. Die Blutung ist in der Regel sehr profus, und es bedarf eines aufmerksamen und geschickten Assistenten, um das Operationsfeld erträglich rein und übersichtlich zu erhalten. Als bestes Mittel sie zu stillen erweist sich neben kalten Injectionen das Tamponiren der Uterus-, resp. Cervicalhöhle mittelst Eisenwatte. Die Vagina wird mit reiner carbolisirter Watte ausgefüllt, welche die Beobachtung einer hinterher eintretenden Blutung leichter gestattet. Die Bewachung der letztern bildet die Hauptaufgabe der Nachbehandlung unmittelbar nach der Operation. Tritt Blutung ein, dann ist die Scheide von ihrem Inhalte zu befreien, der Tampon aus der Höhle zu entfernen und die Blutstillung in directer Weise zu besorgen. Nachdem dies geschehen, wird die Tamponade in der vorher beschriebenen Weise erneuert. Wenn Alles in Ordnung ist, kann die Watte bereits nach 24 Stunden aus der Vagina entfernt werden. Die Patientin erhält dadurch eine merkliche Erleichterung, da der durch den Tampon auf das Rectum ausgeübte Druck Tenesmus hervorruft und die Patientin sehr beunruhigt. Die in der Uterushöhle befindliche Chloreisenwatte verbleibt daselbst bis sie ausgestossen wird. Eine vorzeitige Entfernung derselben könnte neuerdings unangenehme Blutungen veranlassen.

Ist Alles glücklich verlaufen, dann ist es nöthig, dass die Operirte sich etwa allmonatlich dem Arzte vorstelle, damit dieser nachsehe, ob sich keine neuen Wucherungen bemerklich machen, welche sofort und gründlich zerstört werden müssen. Sims hat diese Operation, wie er uns mündlich mittheilt, in zahlreichen Fällen und grösstentheils mit glücklichem Erfolge ausgeführt. Von den drei Fällen, welche er in Wien operirte, sind jedoch zwei letal verlaufen. Wenngleich eine so geringe Anzahl kein berechtigtes Urtheil gestattet, so scheinen doch Alle, welche die Operation zu sehen Gelegenheit hatten, den Eindruck empfangen zu haben, dass sie den richtigen Weg zur Bekämpfung einer der fürchterlichsten Krankheit des weiblichen Geschlechts bildet, welche ihre Opfer in verhältnissmässig kurzer Zeit dahinrafft.

Operation des Narbenectropiums des Muttermundes. Es ist das Verdienst Emmet's, das Narbenectropium des Muttermundes, eines sehr häufig vorkommenden, die Gesundheit der Frau stark beeinträchtigenden, lange unerkannt gebliebenen Zustandes, aufgefunden und für dessen Beseitigung eine erfolgreiche Operation angegeben zu haben [1]. Dieselbe ist von Breisky in Prag, Bandl u. A. wiederholt worden und hat sich auch in ihren Händen bewährt.

Die Behandlung zerfällt in zwei Abschnitte, nämlich in die Vorbehandlung und in die Operation sammt der dazu gehörigen Nachbehandlung. Die vorbereitende Behandlung nimmt einen Zeitraum von einem bis drei Monate in Anspruch und hat den Zweck, den durch die abnorm schweren, auf dem Beckenboden aufliegenden und durch Zug an den oberflächlichen und tieferen Bindegeweben die Circulation hemmenden Uterus in dem Organe selbst und in dem Nachbargewebe erzeugten Congestionszustand zu beseitigen. Das geschieht durch Vaginalinjectionen von heissem Wasser, welche der Patientin in der Rückenlage, unter Benutzung einer Bettpfanne Morgens und Abends in der Quantität von wenigstens einer Gallone (ca. 4 Liter) und einer Temperatur von 37 bis 38° C. verabfolgt werden. Sodann muss der Uterus durch einen aufgeblasenen Gummiring vom Beckenboden emporgelüftet und in dieser Position unter Anteversionsstellung erhalten werden. Der Ring wird so eingeführt, dass er mit den gerissenen Lappen leicht in Berührung liegt und der Uterus zugleich etwas antevertirt wird, die Lappen nicht wieder auseinander gehen können.

Neben der Vaginalinjection besteht die Localbehandlung in der Application einer Lösung von Tannin und Glycerin einen Tag um den andern und in dem einmal wöchentlich zu verabreichenden milden Abführungsmittel.

[1] Emmet, Risse des Cervix uteri als eine häufig nicht erkannte Krankheitsursache. Uebersetzt von Vogel. Berlin 1878.

Wenn die Patientin während der Vorbereitungscur keine Ruhe halten kann, ist es gut, in den hintern Cul-de-sac einen Tampon von feuchter Baumwolle zu placiren und einen andern vor die vordere Lippe. Diese Baumwollentampons sollen für einen oder zwei Tage die Stelle des Instrumentes versehen, das durch Berührung mit Eisenappli- cationen verderben würde. In der Regel lässt Emmet den Tampon 48 Stunden liegen und setzt die Vaginalinjectionen während dieser Zeit aus. Diese Behandlung sollte mindestens einen Monat fortgesetzt, die Operation aber nach Ablauf einer Menstruationsperiode vorgenommen werden. Vor der Vornahme derselben ist jedoch unzweifelhaft fest- zustellen, dass die Theile auf Fingerdruck auch nicht im geringsten empfindlich sind, ganz besonders, wenn zu irgend einer Zeit vor der Operation Cellulitis existirt hat, da sie beinahe jedesmal nach der Operation wieder auftreten wird, wenn man operirt, bevor auch die geringste Spur von Entzündung verschwunden ist.

Ein wichtiger Schritt in der vorbereitenden Behandlung ist die Erleichterung der vorhandenen Stauungsschwellung durch Punction der Cysten, welche sich, nach Emmet, aus den Schleimfollikel der Vaginalschleimhaut gebildet haben sollen. Man geht zu diesem Zwecke mit einem kleinen lanzettförmigen Messer mit kleinen Stichen in jeder Richtung über die ganze wunde Oberfläche, wobei kaum 40 Gramm Blut verloren gehen, die Lappen nichtsdestoweniger ganz bedeutend schrumpfen. Nach Application von Churchill's Jod- tinctur auf den Uterincanal und die Oberfläche, „soweit eben Cysten geöffnet sind“, bringt man die Lappen zusammen und erhält sie durch etwas mit Glycerin getränkte Baumwolle in Berührung. Die- selbe soll zugleich das Collum in den hintern Cul-de-sac drängen. Dieser Baumwollentampon wird mit einem Faden versehen und nach fünf bis sechs Stunden, ehe er noch trocken wird und irritirt, entfernt.

Die Operation besteht in der Anfrischung der Lappen und An- legung der Naht. Die Anfrischung geschieht in ovaler Form so, dass ein unangefrischter Streifen in der Mitte zwischen beiden Lappen stehen bleibt, welcher den nun herzustellenden Canal bilden soll, so- mit von der Oeffnung des Uterus bis zum Rande je eines Lappens derart verläuft, dass er sich gegen den Rand hin erweitert, wodurch er eine trompetenförmige Gestalt gewinnt. Hören wir Emmet's eigene Worte: „Dieser unangefrischte Streifen wird auf jeden Lappen correspondirend dem der entgegengesetzten Seite angelegt und so, dass er von innen nach aussen, von dem Uterincanal nach der äussern Kante der gerissenen Cervicalportion zu langsam an Breite zunimmt.

Danach wird also, wenn die Lappen zusammengeklappt werden, der neue Canal durch den Cervix trompetenförmig sein. Kehrt nun der Uterus allmälig zur normalen Grösse zurück, so wird, da die Veränderung im Cervix am ausgesprochensten ist, dann der Canal von natürlichem und gleichmässigem Durchmesser ausfallen. Um dem Canal schliesslich überhaupt die richtige Grösse zu geben, müssen wir uns nach dem Grade der Hypertrophie in den Lappen richten. Er muss in einem gewissen Verhältniss zur abnormen Vergrösserung der Lappen stehen, und er muss trompetenförmig sein, weil die Hypertrophie zunimmt vom Grunde der Zerreissung nach den äusseren Rändern der Lappen zu."

Für die Controle der Blutung bediente sich Emmet zuerst einer Drahtschlinge, welche durch eine Canüle gesteckt war, vor der Operation über die Lappen gestreift wurde, wobei diese mit einer Portion Vaginalgewebe herausgezogen wurden, die gross genug war, die Schlinge am Abgleiten zu verhindern. Später liess er sich ein Instrument anfertigen, welches aus einer Uhrfeder bestand, welche mittelst eines Ecraseurtriebwerkes angezogen wurde. Neuerdings hat er jedoch gefunden, dass man das Instrument in vielen Fällen ganz entbehren kann, da eine reichliche Injection von heissem Wasser, kurz vor der Operation applicirt, auf die Rissfläche so weit zusammenziehend zu wirken scheint, dass nur ein mässiger Blutverlust stattfindet. Selbst in den Fällen, in denen nach Beendigung der Operation und Entfernung des Cervicaltourniquets profuse Blutungen aufgetreten waren, hat die Injection von heissem Wasser zu ihrer prompten Stillung hingereicht. Bei Anlegung der Nähte ist, wie bei der Blasenscheidenfistel, auf genaueste Vereinigung und auch darauf zu sehen, dass die Drähte nicht zu fest geschnürt werden.

Die Nachbehandlung besteht in ruhiger Lage der Patientin im Bette während zwei bis drei Wochen. Liegt kein besonderer Grund vor, dann ist es nicht nöthig, strenge Diät halten zu lassen oder den Stuhl zu retardiren. Die Blase sollte durch den Katheter entleert werden, da Emmet es für nöthig hält, dass die Patientin nicht vor dem zehnten oder zwölften Tage nach der Operation im Bette aufsitzt. Die Ausserachtlassung dieser Regel könnte den Erfolg der Operation gänzlich vereiteln. Vom zweiten oder dritten Tage an nach der Operation werden täglich einmal, und wenn der Ausfluss stark ist, zweimal Vaginalinjectionen von warmem Wasser verabreicht. Die Nähte entfernt man am siebenten Tage und beobachtet dabei dieselbe Vorsicht, welche bei der gleichen Gelegenheit in der Nachbehandlung der

Scheidenfisteln angezeigt ist, damit die Vereinigung bei der Herausnahme der Drähte nicht wieder gelockert werde.

Von den Zuständen, welche im Stande sind, das Receptaculum seminis aufzuheben oder aus seiner normalen Lage zu verrücken, sind noch die Lageveränderungen des Cervix in Erwägung zu ziehen.

Die Behandlung der Lageveränderungen wird sich an dieser Stelle jedoch hauptsächlich mit den Versionen befassen, weil die Flexionen in der Regel den Cervix zu keinen wesentlichen Diversionen veranlassen, sie überhaupt den Versionen rücksichtlich ihrer Bedeutung für die Sterilität weit nachstehen. Von der Behandlung des Descensus und des Prolapsus werden wir gänzlich absehen müssen, weil dieselben sich der Sterilität gegenüber nicht anders gestalten, als wenn sie unabhängig von der letztern therapeutisch angegriffen werden sollen.

Wie wir gezeigt haben, gestalten die Versionen, selbst wenn sie noch wenig hochgradig sind, die Verhältnisse so um, dass die Conception sehr erschwert ist, bei hochgradiger Entwicklung aber geradezu unmöglich wird.

Es wird also unsere Aufgabe sein, für die Rückführung des Uterus auf seine normalen Verhältnisse wenigstens während des Coitus zu sorgen. Zu diesem Zwecke ist es nöthig, die Patientin sowohl in der aufrechten Stellung als in der Rücken- und nöthigenfalls in der Knieellenbogenlage zu untersuchen, einerseits um das Maass der Devation festzustellen, andererseits um zur Erkenntniss der zweckmässigsten Lage zu gelangen, welche die Patientin während des Coitus einzunehmen hat. Wir können die Erfahrung Eichstedt's durch unsere eigene darin unterstützen, dass wir manche Fälle schon hierdurch allein heilen, dadurch nämlich, dass wir der Patientin resp. ihrem Manne nach Maassgabe des von uns festgestellten Befundes den Rath ertheilen, den Coitus in der Rücken- Seiten- oder Knieellenbogenlage auszuführen. Wo die Verhältnisse so ungünstig sind, dass sich etwas dem Samenbehälter Aehnliches nicht herstellt, kann man die Armirung des Cervix mit einem Ringe vornehmen, wie er in Fig. 112 abgebildet ist. Derselbe muss, da er durchaus nicht den Zweck hat, das Scheidengewölbe zu extendiren, nur eine so grosse Oeffnung besitzen, dass der Cervix in dieselbe hineinpasst. Der Ring hat den Zweck, die Scheidenwände zu verhindern, sich unmittelbar vor dem Os externum an einander zu legen. Unter normalen Verhältnissen besorgen das ja eben die beiden Muttermundslippen, welche demnach durch den Ring ersetzt werden sollen. Letzterer besteht aus Kautschuk mit eingelegter Uhrfeder, welche den kleinen Apparat so elastisch macht, dass er leicht applicirt

und entfernt werden kann, indem er mittelst Daumen und Zeigefinger
zusammengedrückt (Fig. 113), durch die Scheide bis zur Vaginalportion
geführt und um die letztere gelegt wird. Ist er gut adaptirt, dann darf
er von der Patientin nicht gefühlt werden und kann eine beliebig lange
Zeit liegen bleiben. Den Mann stört er durchaus nicht. Da es am
zweckmässigsten ist, den Ring für jeden Fall besonders anfertigen zu
lassen, wird es leicht, die eine oder andere Parthie desselben, je nachdem die Umstände es erheischen, dicker als die andere zu gestalten,
um dadurch den Cervix mehr nach der einen oder andern Seite hin
stellen zu können. Der fleissige Gebrauch der Vaginaldouche nach den
oben für dieselbe aufgestellten Regeln ist nebenher zu empfehlen.

Soweit die Hindernisse, welche dem Eintritte der Spermafäden in
den äussern Muttermund im Wege stehen. Hat dieser Eintritt aber

Fig. 112.   Fig. 113.

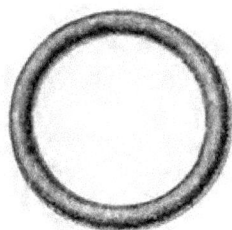
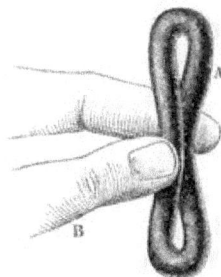

Elastischer Cervicalring

geöffnet   zum Einführen.

auch stattgefunden, dann können sich im Verlaufe des Cervicalcanales
und der Uterinhöhle noch viele Hemmnisse entgegenstellen, welche
die Fortbewegung der Fäden erschweren oder gänzlich unmöglich
machen. Die bedeutendsten Impedimente bilden die Neubildungen
und die Flexionen. Die Therapie hat die allgemeine Indication zu erfüllen: jedes Hinderniss, wenn es erreichbar und angreifbar ist, aus
dem Wege zu räumen. Demnach werden Polypen abzutragen, hypertrophische Rugae oder sonstige Degenerationen der Schleimhaut aus-
zuschaben sein; der stenosirte innere Muttermund wird, nach den oben
gegebenen Regeln, zu erweitern, grössere oder geringere Tumoren
mit Messer, Scheere oder Ecraseur zu entfernen sein.

Auch die Flexionen könnten summarisch abgethan werden, wenn
wir es nicht für geboten erachteten, auf einige wesentliche Puncte auf-

merksam zu machen, zu denen wir im Laufe dieser Untersuchungen gelangt sind.

Zunächst haben wir die Schädlichkeiten kennen gelernt, welche die Flexionen in anderen Gebieten zu setzen vermögen. Da diese Schädlichkeiten unbemerkt entstehen und verlaufen können, einmal entstanden aber unseren Manipulationen fast gänzlich unzugänglich sind, uns aber kein Mittel zu Gebote steht, über die Zeit ihrer Entstehung ins Reine zu kommen, erwächst für uns die unabweisliche Pflicht, in Fällen von Sterilität etwa bestehende Flexionen, seien sie hochgradig oder nicht, mögen sie den Cervical- oder Uterincanal ganz, theilweise oder gar nicht verschliessen, so früh als möglich aufzurichten. Wie das zu geschehen hat, ist für uns nicht zweifelhaft. Wir können nur dem intrauterinen Stift die Fähigkeit zusprechen, Gebärmutterknickungen dauernd zu heilen. Durch Vaginalpessarien, mögen sie einen Namen haben, welchen sie wollen, kann sich die Lage eines geknickten Uterus wohl bessern, den Canal aber gerade zu strecken vermögen sie nicht. Das wird einleuchtend, wenn man bedenkt, dass sie, wenn der Knickungswinkel fest, unnachgiebig ist, den Uterus in toto bewegen, den Canal also nicht gerade richten und nur in jenen Fällen den zurück- oder vorgefallenen Fundus mehr oder minder hoch zu halten vermögen, wo Uterus und Cervix in einem losen, schlaffen, leicht beweglichen Verhältnisse zu einander stehen. Derlei Fälle sind für die Heilung ungünstig; wo die Verhältnisse anders liegen, wird es oft einer längern Vorbereitung bedürfen, manuelle Manipulation, häufiger Gebrauch der warmen Vaginaldouche etc., bevor es gelingt, das geknickte Gebärorgan soweit aufzurichten, als nöthig ist, um den Stift einführen zu können. Sind Adhäsionen vorhanden, dann gelingt die Aufrichtung meist überhaupt nicht.

Die Application des Stiftes ist aber der zweite Punkt, auf den wir aufmerksam machen wollten. Bisher pflegten wir die Praxis zu üben, den einmal eingelegten Stift lange, Monate ja Jahre liegen zu lassen, und es sind mehrere Fälle bekannt, in denen Frauen mit dem Stift im Uterus concipirt haben. Nach den Resultaten, zu denen wir durch die pathologisch-anatomischen Untersuchungen gelangt sind, halten wir dieses Verfahren nicht mehr für gerechtfertigt. Es darf der Stift unter keinen Umständen länger als einige Tage in situ gelassen, muss dann aber entfernt werden, auch dann, wenn er von der Patientin gar nicht empfunden wird. Machen sich schmerzhafte oder entzündliche Symptome geltend, dann ist seine sofortige Beseitigung selbstverständlich und seine Wiedereinlegung ist absolut unstatthaft, bis diese Symptome bis auf die letzte Spur verschwunden sind.

Nach Entfernung des Stiftes lasse man Vaginalinjectionen brauchen und die Wiedereinführung des ersteren kann, wenn eben keine Contra-indicationen bestehen, nach Verlauf von einigen Tagen vorgenommen werden. Unter einem solchen Wechsel von Stift und freier Zeit glauben wir nicht leicht Schaden zufügen zu können. Welcher Art der Stift oder das intrauterine Pessarium, wie er auch genannt wird, sein soll, ist von keiner grossen Bedeutung. Die Hauptsache ist, dass er leicht eingeführt und eben so leicht entfernt werden kann. Diesen Anforderungen entspricht, unserer Ansicht nach, der Wright-Chambers'sche mit den von uns angebrachten Modificationen versehene [1], am vollkommensten. Diese Modification besteht wesentlich darin, dass die beiden zur Selbstbefestigung im Uterus bestimmten Arme an ihrer innern Fläche einen Metallbelag erhalten, ohne welchen sie bald ihre Elasticität einbüssen und dem Stift gestatten, herauszufallen.

Um nun zum Schlusse zu gelangen, bleibt nur noch die Besprechung der

Behandlung jener Zustände, welche den Uterus unfähig machen, das befruchtete Ei zu bebrüten,

übrig. Hier genügen jedoch einige wenige Worte. Es handelt sich dabei entweder um umfangreiche Tumoren, deren operative Entfernung, wenn sie möglich, hier keiner weitern Erörterung bedarf; oder um ausgedehnte Zerstörungen durch Krebs oder Tuberculose, denen gegenüber sich unser therapeutischer Apparat machtlos erweist; oder endlich um endometritische oder metritisch-hypertrophische Processe, gegen welche man, nach den von der Schule vorgeschriebenen Regeln, also mit Antiflogose, localen Applicationen u. s. w. einschreiten wird.

---

[1] Siehe: Krankheiten des weiblichen Geschlechts. Bd. II, S. 247. Figg. 77 und 78.

www.ingramcontent.com/pod-product-compliance
Lightning Source LLC
Chambersburg PA
CBHW032305280326
41932CB00009B/701